Avec le soutien du

CNL
Centre national du livre

TP ET TD
DE TOPOLOGIE GÉNÉRALE

Alain Faisant

TP ET TD
DE TOPOLOGIE GÉNÉRALE

COLLECTION MÉTHODES

HERMANN, ÉDITEURS DES SCIENCES ET DES ARTS

ISBN 2 7056 5745 2, septième tirage, 1996.

Table

Chapitre III : ESPACES SÉPARÉS, COMPACTS, CONNEXES

Chapitre IV : ESPACES MÉTRIQUES

Chapitre V : ESPACES NORMÉS. ESPACES FONCTIONNELS

Introduction

La topologie intervient dans de nombreuses branches des mathématiques, et à des niveaux d'abstraction divers : espaces de fonctions, espaces de suites, ou espaces $\mathbb{R}^n$ de la géométrie euclidienne ; espaces métriques ou topologies étranges de Zariski ; figures géométriques représentant des topologies quotients. Ces topologies peuvent être agrémentées de structures algébriques variées : espaces normés, mais aussi valeurs absolues sur les corps (où l'on rencontre les curieuses distances ultramétriques), ou encore groupes topologiques. Même lorsqu'elle est artificielle, la «vision topologique» peut être très utile pour guider le raisonnement et l'intuition, ne serait-ce que par le simple jeu de l'analogie.

L'objet de cet ouvrage est de présenter les diverses notions topologiques qui interviennent dans les situations évoquées ci-dessus. J'ai choisi de présenter les espaces topologiques non pas comme généralisation de situations classiques, mais comme notions de base, à partir desquelles on retrouve peu à peu les espaces connus en renforçant les propriétés. En procédant ainsi du général au particulier j'espère faire mieux voir ce qu'apporte telle ou telle propriété d'un espace à la connaissance de sa topologie.

Ce livre couvre le programme de topologie générale de licence et de maîtrise, ainsi que celui de la préparation au CAPES et à l'agrégation. Il est cependant abordable dès la seconde année d'université en raison de la grande simplicité des premiers exercices de chaque chapitre. La présentation est la suivante :

après quelques indications et les rappels de cours nécessaires, chaque chapitre présente des exercices gradués dont le but est l'acquisition progressive des définitions et théorèmes de cours, et des techniques propres à la topologie ; ces exercices sont suivis d'un nombre variable d'exercices marqués d'une * (parfois un peu plus difficiles) qui sont des illustrations plus précises de la théorie ; ensuite quelques problèmes récapitulent les notions acquises ; le chapitre se termine par la solution détaillée de tous les énoncés. De nombreux exemples sont étudiés et approfondis au cours de plusieurs chapitres, aussi est-il préférable de procéder selon l'ordre naturel des chapitres ; cependant les exercices * sont seulement dépendants entre eux et peuvent être sautés systématiquement.

Après l'acquisition des notions de base (chapitre I) on apprend à construire des espaces topologiques (chapitres I, II) grâce à la notion de produit et de quotient. Les propriétés particulières de séparation, compacité, connexité sont étudiées au chapitre III. Le chapitre IV est consacré aux espaces métriques et métrisables. Enfin le chapitre V est une initiation aux espaces normés et fonctionnels.

J'ai grand plaisir à remercier Laurent Schwartz : ses nombreuses suggestions m'ont été très précieuses ; son livre *Topologie générale et analyse fonctionnelle* couvre largement les notions utilisées ici, lesquelles sont répertoriées à la fin de l'ouvrage dans un index alphabétique.

CHAPITRE I

TOPOLOGIES

Indications

Ce chapitre comporte des exercices de vérifications simples des axiomes d'une topologie et donne diverses manières de fabriquer des topologies (engendrement, topologies associées à un ordre). On y trouvera aussi des propriétés de dénombrabilité qui seront utilisées au chapitre IV.

Les étudiants ayant des difficultés pour la compréhension des axiomes de base trouveront ici des exercices d'entraînement. Ceux qui les ont assimilés passeront avantageusement aux chapitres suivants, quitte à se reporter par la suite à ce chapitre.

$\mathbb{N}$ désigne l'ensemble des entiers naturels,
$\mathbb{Z}$ désigne l'anneau des entiers relatifs,
$\mathbb{Q}$ le corps des nombres rationnels,
$\mathbb{R}$ le corps des nombres réels,
$\mathbb{C}$ le corps des nombres complexes
$[\![a, b]\!]$, $[\![a, b[\![$, ... désignent des intervalles de $\mathbb{R}$; la notation $[a, b[$ est utilisée pour tous les autres ensembles ordonnés (y compris $\mathbb{Q}$, $\mathbb{Z}$, $\mathbb{N}$).

Rappels de cours

1. Espace topologique

Un *espace topologique* est un couple (X, $\mathcal{O}$) où X est un ensemble et $\mathcal{O}$ un sous-ensemble de $\mathcal{P}(X)$ (ensemble des parties de X) vérifiant les axiomes :

(O_1) $\varnothing \in \mathcal{O}$, $X \in \mathcal{O}$
(O_2) toute intersection finie d'éléments de $\mathcal{O}$ est un élément de $\mathcal{O}$
(O_3) toute réunion d'éléments de $\mathcal{O}$ est un élément de $\mathcal{O}$

La donnée d'un tel sous-ensemble $\mathcal{O}$ de $\mathcal{P}(X)$ définit une *topologie* $\mathcal{T}$ sur l'ensemble X; on dit que les ensembles de $\mathcal{O}$ sont les *ouverts* de la topologie $\mathcal{T}$ définie par $\mathcal{O}$ sur X. Les éléments de X sont souvent appelés *points*.

2. Sous-ensembles particuliers

Soit A une partie d'un espace topologique (X, $\mathcal{O}$) :

- A est une *partie fermée*, ou un *fermé* si $\complement A \in \mathcal{O}$. Par exemple $\varnothing$ et X sont à la fois ouvertes et fermées
- un *voisinage* de A est une partie V de X telle qu'il existe $U \in \mathcal{O} : A \subseteq U \subseteq V$. On note $\mathcal{V}(A)$ l'ensemble des voisinages de A et, si $A = \{a\}$, $\mathcal{V}(a)$ au lieu de $\mathcal{V}(\{a\})$.
- un *système fondamental de voisinages* d'un point x de X est un ensemble $\mathcal{B}(x)$ de parties de X tel que : $\mathcal{B}(x) \subseteq \mathcal{V}(x)$ et $\forall V, V \in \mathcal{V}(x), \exists U \in \mathcal{B}(x) : U \subseteq V$
- l'*adhérence* de A est $\overline{A} = \{x \in X, \forall V \in \mathcal{V}(x), V \cap A \neq \varnothing\}$. On a : $A \subseteq \overline{A}$, $\overline{\overline{A}} = \overline{A}$ et : A fermée équivaut à $\overline{A} = A$
- la *frontière* de A est $\mathrm{Fr}\,(A) = \overline{A} \cap \overline{\complement A}$, l'*extérieur* de A est $\mathrm{Ext}\,(A) = \complement \overline{A}$
- l'*intérieur* de A est $\mathring{A} = \{x \in X, A \in \mathcal{V}(x)\}$. On a $\mathring{A} \subseteq A$, $\mathring{\mathring{A}} = \mathring{A}$ et : A ouvert équivaut à $\mathring{A} = A$

Si B est une autre partie de X, on a les formules suivantes :

$$\overset{\circ}{\widehat{A \cap B}} = \mathring{A} \cap \mathring{B} \qquad \overline{A \cap B} \subseteq \overline{A} \cap \overline{B} \qquad \complement \overline{A} = \overset{\circ}{\widehat{\complement A}}$$

$$\overset{\circ}{\widehat{A \cup B}} \supseteq \mathring{A} \cup \mathring{B} \qquad \overline{A \cup B} = \overline{A} \cup \overline{B} \qquad \complement \mathring{A} = \overline{\complement A}$$

- $x \in A$ est un *point isolé* de A si : $\exists V \in \mathcal{V}(x) : V \cap A = \{x\}$
- A est *dense dans* X, ou *partout dense* si $\overline{A} = X$

3. Bases. Topologie induite.

Soit $(X, \mathcal{O})$ un espace topologique; une partie $\mathcal{B}$ de $\mathcal{O}$ est appelée *base de la topologie de* X si elle vérifie : tout ouvert de X est réunion d'éléments de $\mathcal{B}$.

Soit X un ensemble; $\mathcal{B} \subseteq \mathcal{P}(X)$ est une base de topologie sur X si et seulement si : $X = \bigcup_{B \in \mathcal{B}} B$ et : $\forall U, V \in \mathcal{B}$, $U \cap V$ est réunion d'éléments de $\mathcal{B}$.

La *topologie usuelle sur* $\mathbb{R}$ est définie par $\mathcal{B} = \{]x, y[; x, y \in \mathbb{R}\}$ qui est une base de topologie sur $\mathbb{R}$, notée $\mathcal{T}_0$ et souvent appelée *topologie de l'ordre* (la topologie de l'ordre sur un ensemble ordonné quelconque est définie page 24).

Soit A une partie d'un espace topologique $(X, \mathcal{O})$: la *topologie induite* sur A par celle de X est définie par $\mathcal{O}_A = \{U \cap A, U \in \mathcal{O}\}$; l'espace $(A, \mathcal{O}_A)$ est appelé *sous-espace* de X. La *topologie usuelle sur* $\mathbb{Q}$ est la topologie induite sur $\mathbb{Q}$ par la topologie usuelle sur $\mathbb{R}$.

Si A est un sous-espace de $(X, \mathcal{O})$ et B une partie de A : $\overline{B}^A$ désigne l'adhérence de B dans le sous-espace A; on a donc $\overline{B} = \overline{B}^X$.

4. Treillis des topologies

Soit X un ensemble muni de deux topologies $\mathcal{T}_1 = (X, \mathcal{O}_1)$ et $\mathcal{T}_2 = (X, \mathcal{O}_2)$. On dit que $\mathcal{T}_1$ est *plus fine*, ou *plus forte*, que $\mathcal{T}_2$ si $\mathcal{O}_1 \supseteq \mathcal{O}_2$ et l'on note $\mathcal{T}_1 \geqslant \mathcal{T}_2$. La relation $\leqslant$ est une relation d'ordre dans l'ensemble des topologies sur X. Cet ensemble est un treillis [i.e. pour deux topologies $\mathcal{T}_1$ et $\mathcal{T}_2$ sur X, il existe une topologie borne inférieure $\inf(\mathcal{T}_1, \mathcal{T}_2)$ et une topologie borne supérieure $\sup(\mathcal{T}_1, \mathcal{T}_2)$] possédant un plus grand et un plus petit élément :

- le plus petit élément est la topologie définie par $\mathcal{O} = \{\varnothing, X\}$, appelée *topologie grossière* sur X; X muni de cette topologie est appelé *espace grossier*.
- le plus grand élément est la topologie définie par $\mathcal{O} = \mathcal{P}(X)$, appelée *topologie discrète* sur X; X muni de cette topologie est appelé *espace discret*.

1 Exemples d'espaces topologiques

1) Est-ce que $(\mathbb{Z}, \mathcal{O})$ où $\mathcal{O} = \{\varnothing, \{1, 2\}, \{1, 2, 3\}, \{2, 3, -4\}, \{1, 2, 3, -4\}, \mathbb{Z}\}$ est un espace topologique?

2) $\mathcal{O} = \{\varnothing\} \cup \{n\mathbb{Z}\}_{n \in \mathbb{N}}$ est-elle une famille d'ouverts sur $\mathbb{Z}$?

3) *a*) Soit $\mathcal{O}$ l'ensemble des parties de $\mathbb{Q}$ qui sont réunions quelconques d'intervalles ouverts, bornés ou non de $\mathbb{Q}$. Montrer que $(\mathbb{Q}, \mathcal{O})$ est un espace topologique.

b) Pour cette topologie $\{1\}$ est fermé.

c) Pour tout $n \geqslant 1$ soit $A_n = \left]1 - \frac{1}{n}, 1 + \frac{1}{n}\right[$. La famille $(A_n)_{n \geqslant 1}$ vérifie :

- les A_n sont ouverts
- toute intersection finie de A_n est ouvert
- l'intersection de tous les A_n n'est pas ouvert

4) Soit, sur $\mathbb{R}$, l'ensemble $\mathcal{O} = \{\varnothing, \mathbb{R}\} \cup \{B_q\}_{q \in \mathbb{Q}}$ où $B_q =]q, +\infty[\cap \mathbb{Q}$
Montrer que $(\mathbb{R}, \mathcal{O})$ n'est pas un espace topologique.

2 Exemples d'espaces topologiques.

1) Trouver toutes les topologies sur un ensemble à deux éléments. Faire le treillis de ces topologies.

2) Soit $X = \{a, b, c, d, e\}$. Les ensembles suivants forment-ils des familles d'ouverts sur X :

$\mathcal{O}_1 = \{X, \varnothing, \{a\}, \{a, b\}, \{a, c\}\}$
$\mathcal{O}_2 = \{X, \varnothing, \{a, b, c\}, \{a, b, d\}, \{a, b, c, d\}\}$
$\mathcal{O}_3 = \{\varnothing, \{a, b\}, \{a\}, \{a, d, c\}, \{c, a, b, d\}, \{c, a, e, b, d\}\}$
$\mathcal{O}_4 = \{X, \varnothing, \{a\}, \{e\}, \{b, c\}, \{a, e, b, c\}\}$

3) *a*) Soit $(X, \mathcal{O})$ un espace topologique tel que $\mathcal{O} = \{\varnothing, X, A, B\}$ A quelles conditions satisfont A et B?

b) Soit $Y = \{0, 1, 2\}$. Trouver toutes les topologies sur Y ayant quatre ouverts. Expliciter le treillis de ces topologies.

c) Quelles sont sur Y les topologies à trois ouverts? Faire le treillis de ces topologies.

---

3 Définition d'une topologie par les voisinages

1) Soit $(X, \mathcal{O})$ un espace topologique. Montrer qu'en posant $\varphi(x) = \mathcal{V}(x)$ on définit une application $\varphi : X \to \mathcal{P}(\mathcal{P}(X))$ vérifiant $\varphi(x) \neq \varnothing$ pour tout $x \in X$, et les axiomes :

(V_1) $A \in \varphi(x)$ et $A \subseteq B \Longrightarrow B \in \varphi(x)$
(V_2) $A, B \in \varphi(x) \Longrightarrow A \cap B \in \varphi(x)$
(V_3) $A \in \varphi(x) \Longrightarrow x \in A$
(V_4) $A \in \varphi(x) \Longrightarrow \exists B \in \varphi(x)$ tel que $\forall y \in B : A \in \varphi(y)$.

2) Soit (X, φ) un couple où X est un ensemble et $\varphi : X \to \mathcal{P}(\mathcal{P}(X))$ une application vérifiant (V_1) à (V_4). On définit : $\mathcal{O} = \{A \in \mathcal{P}(X), \forall x \in A, A \in \varphi(x)\}$. Démontrer que $(X, \mathcal{O})$ est un espace topologique pour lequel $\varphi(x)$ est l'ensemble des voisinages de x, pour tout x de X.

3) Soit X un ensemble

a) on définit $\varphi : X \to \mathcal{P}(\mathcal{P}(X))$ par $\varphi(a) = \{A \subseteq X, a \in A\}$ pour tout $a \in X$. Montrer que φ vérifie (V_1) à (V_4). Quelle est la topologie ainsi définie?

b) on définit $\varphi : X \to \mathcal{P}(\mathcal{P}(X))$ par $\varphi(a) = \{X\}$ pour tout $a \in X$. Mêmes questions.

---

4 Axiomes de Kuratowski

1) Soit $(X, \mathcal{O})$ un espace topologique. Montrer que l'application $\varphi : \mathcal{P}(X) \to \mathcal{P}(X)$ définie par $\varphi(A) = \overline{A}$ vérifie :

a) $\varphi(\varnothing) = \varnothing$

b) $\forall A \in \mathscr{P}(X)\ A \subseteq \varphi(A)$

c) $\varphi \circ \varphi = \varphi$

d) $\varphi(A \cup B) = \varphi(A) \cup \varphi(B)$ (axiomes de Kuratowski).

2) Soit (X, φ) un couple où X est un ensemble et $\varphi : \mathscr{P}(X) \to \mathscr{P}(X)$ une application vérifiant *a*), *b*), *c*) et *d*). Soit $\mathscr{F} = \{A \in \mathscr{P}(X),\ \varphi(A) = A\}$ et $\mathcal{O} = \{A \in \mathscr{P}(X),\ \complement A \in \mathscr{F}\}$. Montrer que $X \in \mathcal{O} \cap \mathscr{F}$, $\varnothing \in \mathcal{O} \cap \mathscr{F}$ et que $(X, \mathcal{O})$ est un espace topologique pour lequel $\overline{A} = \varphi(A)$.

3) Soit X un ensemble et $\varphi : \mathscr{P}(X) \to \mathscr{P}(X)$ définie par $\varphi(\varnothing) = \varnothing$ et $\varphi(A) = X$ si $A \neq \varnothing$. Montrer que (X, φ) vérifie *a*), *b*), *c*), *d*), calculer $\mathscr{F}$ et $\mathcal{O}$. Quelle est la topologie ainsi définie?

4) Soit $\varphi = 1_{\mathscr{P}(X)}$. Montrer que (X, φ) vérifie *a*), *b*), *c*), *d*). Calculer $\mathcal{O}$ et $\mathscr{F}$. Quelle est cette topologie?

---

5 Base et engendrement d'une topologie

1) Soit $\mathscr{B}$ une base d'un espace topologique $(X, \mathcal{O})$. Démontrer que :

a) $\forall x \in X \quad \forall V \in \mathscr{V}(x) \quad \exists U \in \mathscr{B} : x \in U \subseteq V$

b) $X = \bigcup_{B \in \mathscr{B}} B$

c) $\forall U, V \in \mathscr{B} \quad U \cap V$ est réunion d'éléments de $\mathscr{B}$

d) $\forall U, V \in \mathscr{B} \quad \forall x \in U \cap V \quad \exists B \in \mathscr{B} : x \in B \subseteq U \cap V$.

2) Soient X un ensemble, et $\mathscr{B}$ un ensemble de parties de X vérifiant :

i) $X = \bigcup_{B \in \mathscr{B}} B$

ii) $\forall U, V \in \mathscr{B} \quad U \cap V$ est réunion d'éléments de B.

Si $\mathcal{O}$ est l'ensemble des réunions quelconques d'éléments de $\mathscr{B}$, montrer que $(X, \mathcal{O})$ est un espace topologique de base $\mathscr{B}$.

3) Soient X un ensemble et $\mathscr{A}$ un ensemble de parties de X. Soit $\mathscr{B}$ l'ensemble des intersections finies d'éléments de $\mathscr{A}$. Montrer que $\mathscr{B}$ vérifie *i*) et *ii*). D'après 2) $\mathscr{B}$ est donc la base d'un espace topologique $(X, \mathcal{O})$: cette topologie est dite *engendrée par l'ensemble de parties* $\mathscr{A}$.

4) Trouver la topologie engendrée sur $\mathbb{R}$ par $\mathscr{A} = \{[\![x, x+1]\!]\}_{x \in \mathbb{R}}$.

5) *a*) Montrer qu'une base de la topologie discrète sur $X \neq \varnothing$ est formée par les singletons $\{x\}$.

b) Trouver sur $X = \{0, 1, 2, 3, 4\}$ une famille $\mathscr{A}$ de doubletons $\{x, y\}$ engendrant la topologie discrète.

c) Décrire les ouverts de la topologie engendrée par :

$\mathscr{A} = \{\{0\}, \{0, 1, 2\}, \{2, 3, 4\}\}$.

---

6 Topologies associées à un ordre

Soit X un ensemble ordonné. On rappelle que si $x \in X$, on désigne par $[x, \rightarrow)$ l'ensemble : $\{y, y \in X, x \leqslant y\}$ et par $(\leftarrow, x]$ l'ensemble : $\{y, y \in X, y \leqslant x\}$. Les ensembles suivants de parties de X :

$$\mathscr{A}_d = \{[x, \rightarrow)\}_{x \in X}$$
$$\mathscr{A}_g = \{(\leftarrow, x]\}_{x \in X}$$

engendrent des topologies sur X (cf. Ex. I. 5) notées $\mathcal{T}_d$ et $\mathcal{T}_g$ et appelées respectivement *topologie droite* et *topologie gauche.*

Questions :

1) Les ensembles $\mathscr{A}_d$ et $\mathscr{A}_g$ forment une base de $\mathcal{T}_d$ et $\mathcal{T}_g$.

2) Pour les topologies $\mathcal{T}_d$ et $\mathcal{T}_g$ toute intersection d'ouverts est un ouvert.

3) Pour la topologie droite $\overline{\{x\}} = (\leftarrow, x]$.
Pour la topologie gauche $\overline{\{x\}} = [x, \rightarrow)$.

4) Pour ces deux topologies toute partie non vide finie possède un point isolé.

5) Si, pour $\mathcal{T}_d$, la partie X est sans point isolé, alors tout ouvert est infini (de même pour $\mathcal{T}_g$).

6) Sup $\{\mathcal{T}_d, \mathcal{T}_g\} = \mathscr{U}$ topologie discrète.

---

7 Calculs d'intérieurs, adhérences, frontières

1) Soit $(X, \mathcal{O})$ un espace topologique de base $\mathcal{B}$; pour $A \subseteq X$ montrer que $x \in \overline{A}$ équivaut à : $\forall U \in \mathcal{B}\ (x \in U \Longrightarrow U \cap A \neq \varnothing)$.

2) On munit $\mathbb{Q}$ de la topologie gauche $\mathcal{T}_g$ (cf. Ex. I. 6) dont une base d'ouverts est $\mathcal{A}_g = \{(\leftarrow, x],\ x \in \mathbb{Q}\}$. Calculer les adhérences, intérieurs et frontières de :

$A = [0, 1[$, $B = \mathbb{Z}$, $C = \mathbb{N}$.

3) On munit maintenant $\mathbb{Q}$ de la topologie notée $\mathcal{T}_+$ dont une base d'ouverts est $\mathcal{A}_+ = \{[x, y[,\ x, y \in \mathbb{Q}\}$. Calculer les adhérences, intérieurs et frontières de :

$A = [0, 1[$, $B = \mathbb{Z}$, $C = \mathbb{N}$, $D = [0, \rightarrow[\ = \mathbb{Q}^+$.

4) Peut-on affirmer en examinant les résultats de 2) et 3) que $\mathcal{T}_+$ et $\mathcal{T}_g$ ne sont pas des topologies comparables?

5) $\mathbb{R}$ étant muni de la topologie usuelle $\mathcal{T}_0$:

a) Trouver les points isolés de $A = \bigcup_{n \in \mathbb{N}} [\![n, n+1]\!]$ et $B = \mathbb{N}$.

b) Si $A = [\![0, 1]\!]$ et $B = [\![1, 2]\!]$ montrer que l'inclusion $\mathring{A} \cup \mathring{B} \subseteq \widehat{A \cup B}^{\circ}$ peut être stricte.

c) Avec $A =]\!]0, 1[\![$ et $B =]\!]1, 2[\![$ montrer que l'inclusion $\overline{A \cap B} \subseteq \overline{A} \cap \overline{B}$ peut être stricte.

---

8 Espaces séparables, de type dénombrable

On dit qu'un espace topologique $(X, \mathcal{O})$:

- satisfait au *premier axiome de dénombrabilité* si pour tout $x \in X$ il existe un système fondamental dénombrable de voisinages de x; propriété notée (1.A.D.),
- est *de type dénombrable*, ou satisfait au *deuxième axiome de dénombrabilité* si : il existe une base $\mathcal{B}$ de X telle que card $\mathcal{B} \leqslant$ card $\mathbb{N}$; propriété notée (2.A.D.).

1) Montrer qu'un espace de type dénombrable satisfait (1.A.D.).

2) Montrer qu'un espace de type dénombrable est *séparable* :

il existe une partie dénombrable partout dense. (Cette notion n'a rien à voir avec la notion d'espace séparé, qui sera étudiée au chapitre III.)

3) Trouver un exemple d'espace satisfaisant (1.A.D.) mais non (2.A.D.).

4) On munit $\mathbb{R}$ de la topologie $\mathcal{T}_+$ (cf. Ex. I. 7) dont une base d'ouverts est $\mathcal{A}_+ = \{[x, y[\}_{x, y \in \mathbb{R}}$. Démontrer que :

a) $\mathbb{R}$ est séparable.

b) $\mathbb{R}$ satisfait (1.A.D.).

---

9 Topologie induite

1) *a*) Pour tout $x \in \mathbb{R}$ soit $B_x = \{(x, y)\}_{y \in \mathbb{R}}$. Montrer que $\mathcal{B} = \{B_x\}_{x \in \mathbb{R}}$ est la base d'une topologie $\mathcal{T}$ sur $\mathbb{R} \times \mathbb{R}$.

b) Quelles sont les topologies induites par $\mathcal{T}$ sur $\mathbb{R} \times \{0\}$ et $\{0\} \times \mathbb{R}$?

c) Soit $S = \{(x, y) \in \mathbb{R} \times \mathbb{R},\ x^2 + y^2 = 1\}$. Quelle est la topologie induite sur S par $\mathcal{T}$?

d) Soit $A = \{(x, y) \in \mathbb{R} \times \mathbb{R},\ x^2 + y^2 = 1,\ y \leqslant 0\}$. Calculer $\overline{A}^S$ et $\overline{A}^{\mathbb{R} \times \mathbb{R}}$ et vérifier sur cet exemple la propriété générale suivante : si $A \subseteq B \subseteq X$ alors $\overline{A}^B = \overline{A}^X \cap B$.

e) Démontrer cette propriété.

2) *a*) Montrer qu'une base de topologie sur $\mathbb{Q} \times \mathbb{Q}$ est donnée par $\mathcal{B} = \{B_{x,x'}\}_{x,x' \in \mathbb{Q}}$ où $B_{x,x'} = \{(z, y) : x < z < x',\ y \in \mathbb{Q}\}$.

b) Si $A = \{(x, y) \in \mathbb{Q} \times \mathbb{Q},\ x^2 + y^2 = 1\}$ calculer $\mathring{A}$, $\overline{A}$, Fr (A), Ext (A).

c) Calculer les topologies induites sur $\mathbb{Q} \times \{0\}$ et $\{0\} \times \mathbb{Q}$.

d) Trouver les adhérences de ces deux ensembles dans $\mathbb{Q} \times \mathbb{Q}$.

---

10 Topologie induite

1) Sur $[1, 3] \subseteq \mathbb{N}$ calculer les topologies induites par $\mathcal{T}_+$, $\mathcal{T}_d$, $\mathcal{T}_g$ (Ex. I. 6 et I. 7).

2) Sur $X = \{a, b, c\}$ quelles sont les topologies pour lesquelles il y a identité entre ouvert et fermé? Faire leur treillis. Quelles topologies induisent-elles sur $\{a, b\}$?

3) *a*) Si $\mathcal{T}$ et $\mathcal{T}'$ sont deux topologies sur X, dont les ensembles d'ouverts sont $\mathcal{O}$ et $\mathcal{O}'$, montrer que $\mathcal{T} \geqslant \mathcal{T}' \Longrightarrow \text{card } \mathcal{O}' \leqslant \text{card } \mathcal{O}$.

b) Soient sur $\mathbb{N}$

$$\mathcal{O}_1 = \{\varnothing, \mathbb{N}\} \cup \big\{\{0, 1, \ldots, n\}\ n \in \mathbb{N}\big\}$$
$$\text{et } \mathcal{O}_2 = \{\varnothing, \mathbb{N}\} \cup \big\{\{1, 2, \ldots, n\}\ n \geqslant 1\big\} \cup \big\{\mathbb{N} - \{0\}\big\}$$

Démontrer que $(\mathbb{N}, \mathcal{O}_1)$ et $(\mathbb{N}, \mathcal{O}_2)$ sont des espaces topologiques, que $\text{card } \mathcal{O}_1 = \text{card } \mathcal{O}_2$ mais que les topologies $\mathcal{T}_1$ et $\mathcal{T}_2$ correspondantes ne sont pas comparables.

c) Soit sur $\mathbb{N}$: $\mathcal{O}_3 = \mathcal{O}_1 \cup \big\{\{1\}\big\}$. Montrer que $(\mathbb{N}, \mathcal{O}_3)$ est un espace topologique, que $\text{card } \mathcal{O}_3 \leqslant \text{card } \mathcal{O}_1$ mais que $\mathcal{T}_3 \gneqq \mathcal{T}_1$.

d) Trouver les topologies induites par $\mathcal{T}_1$, $\mathcal{T}_2$, $\mathcal{T}_3$ sur $A = [0, n]$, $B = [1, n]$, $C = [2, n]$ et $D = 2\mathbb{N} = \{2n, n \in \mathbb{N}\}$.

4) Soit $(X, \mathcal{O})$ un espace topologique, et A un sous-espace de X.

a) Montrer que $\text{card } \mathcal{O}_A \leqslant \text{card } \mathcal{O}$.

b) Trouver un exemple où $A \subsetneqq X$ et $\text{card } \mathcal{O}_A = \text{card } \mathcal{O}$.

c) Trouver un exemple où $\text{card } \mathcal{O}_A \lneqq \text{card } \mathcal{O}$.

---

11 Sous-espace et topologie induite

1) Soient $X = \{a, b, c, d, e\}$ et $\mathcal{O} = \big\{\varnothing, X, \{a\}, \{a, b\}, \{a, c, d\}, \complement\{e\}, \{a, b, e\}\big\}$

a) Montrer que $(X, \mathcal{O})$ est un espace topologique.

b) Soit $A = \{a, c, e\}$, trouver $\mathcal{O}_A$.

c) Trouver un ouvert du sous-espace A qui n'est pas ouvert pour X.

d) Même question avec un fermé de A.

2) *a*) Si $(X, \mathcal{O})$ est discret montrer que tout sous-espace est discret.

b) Si $(X, \mathcal{O})$ est grossier, montrer qu'il en est de même de tout sous-espace.

c) Soit $\mathbb{R}$ muni de la topologie usuelle. Quelles sont les topologies induites sur $\mathbb{N}$ et $\mathbb{Z}$?

1

Pour $a > 0$ et b, $c \in \mathbb{R}$ soit $D_{a,b,c} = \{(x, y) \in \mathbb{R} \times \mathbb{R},\ y \geqslant ax + b$ et $y \geqslant -ax + c\}$. On note $\mathscr{D}$ l'ensemble des $D_{a,b,c}$ où $a > 0$ et $b, c \in \mathbb{R}$.

1) Montrer que si A, B $\in \mathscr{D}$, alors $A \cap B \neq \varnothing$ et $\forall x \in A \cap B\ \exists C_x \in \mathscr{D}$ tel que $x \in C_x \subseteq A \cap B$.

2) En déduire que $A \cap B$ est réunion d'éléments de $\mathscr{D}$.

3) Soit $\mathscr{O}$ l'ensemble des réunions quelconques d'éléments de $\mathscr{D}$. Montrer que $(\mathbb{R}^2, \mathscr{O})$ est un espace topologique de base $\mathscr{D}$.

4) Pour cette topologie $\mathfrak{T}$ montrer que tout ouvert non vide est partout dense.

5) Déterminer l'intérieur et l'adhérence de :

$A = \{(0, 0)\}$; $B = \{(x, y),\ x^2 + y^2 < 1\}$; $B' = \{(x, y),\ x^2 + y^2 \leqslant 1\}$;
$S = \{(x, y),\ x^2 + y^2 = 1\}$; $C = \{(x, y), y > 0\}$; $D = \{(x, y),\ x > 0\}$;
$E = \{(0, y), y > 0\}$; $\mathbb{R} \times \{0\}$; $\{0\} \times \mathbb{R}$; $\mathbb{Z} \times \mathbb{Z}$.

6) Trouver les topologies induites sur $\mathbb{R} \times \{0\}$ et $\{0\} \times \mathbb{R}$ par $\mathfrak{T}$.

7) Soit $\mathscr{D}' = \mathscr{D} \cup \mathscr{E}$ où $\mathscr{E} = \{E_{a,b}\}_{a,b \in \mathbb{R}}$ et $E_{a,b} = \{(a, y),\ y \geqslant b\}$.

a) Montrer que $\mathscr{D}'$ est base d'une topologie $\mathfrak{T}'$ sur $\mathbb{R}^2$.

b) Démontrer que $\mathfrak{T}'$ est strictement plus forte que $\mathfrak{T}$.

c) Quelles sont les topologies induites par $\mathfrak{T}'$ sur $\{0\} \times \mathbb{R}$ et $\mathbb{R} \times \{0\}$?

d) Trouver les points isolés pour $\mathfrak{T}$ et $\mathfrak{T}'$ de B, B' et S.

e) Est-ce que $\mathfrak{T}'$ possède la propriété 4)?

f) Calculer $\mathring{D}$, $\overline{D}$ pour $\mathfrak{T}'$.

2

I

Soit X un ensemble ordonné. L'ensemble $\mathscr{A}_0 = \{(\leftarrow, x[\}_{x\in X} \cup \{]x, \rightarrow)\}_{x\in X}$ engendre sur X une topologie $\mathfrak{T}_0$ appelée *topologie de l'ordre*. On rappelle (Ex. I. 6) que $\mathscr{A}_d$ et $\mathscr{A}_g$ sont bases des topologies $\mathfrak{T}_d$ et $\mathfrak{T}_g$.

1) Soient : $\mathscr{A}_+ = \{[x, y[\}_{x, y\in X}$, $\mathfrak{T}_+$ la topologie engendrée
$\mathscr{A}_- = \{]x, y]\}_{x, y\in X}$, $\mathfrak{T}_-$ la topologie engendrée
$\mathscr{A}'_0 = \{]x, y[\}_{x, y\in X}$, $\mathfrak{T}'_0$ la topologie engendrée.

Démontrer que si X est totalement ordonné sans plus grand ni plus petit élément, les ensembles $\mathscr{A}_+$, $\mathscr{A}_-$, $\mathscr{A}'_0$ sont des bases des topologies $\mathfrak{T}_+$, $\mathfrak{T}_-$, $\mathfrak{T}'_0$. De plus $\mathfrak{T}'_0 = \mathfrak{T}_0$.

2) Sous la même hypothèse montrer que $\mathfrak{T}_d \leqslant \mathfrak{T}_+$, $\mathfrak{T}_g \leqslant \mathfrak{T}_-$ et que $\mathfrak{T}_0 = \inf(\mathfrak{T}_+, \mathfrak{T}_-)$.

3) On suppose que X est sans plus grand élément et bien ordonné (i.e. toute partie non vide possède un plus petit élément; en particulier X possède un plus petit élément). Démontrer que $\mathfrak{T}_+$ est la topologie discrète et que $\mathfrak{T}_0 = \mathfrak{T}_-$.

II

1) *a*) Soient $\mathfrak{T}$ et $\mathfrak{T}'$ deux topologies sur un ensemble X, ayant respectivement $\mathcal{O}$ et $\mathcal{O}'$ comme bases d'ouverts. Montrer que la topologie sup $(\mathfrak{T}, \mathfrak{T}')$ admet $\mathscr{U} = \{U \cap V\}_{U\in\mathcal{O},\, V\in\mathcal{O}'}$, comme base d'ouverts.

b) Si $\mathcal{O}$(resp $\mathcal{O}'$) est la famille des ouverts d'une topologie $\mathfrak{T}$(resp $\mathfrak{T}'$) sur un ensemble X montrer que $\mathscr{V} = \{A \subseteq X,\ A \in \mathcal{O} \text{ et } A \in \mathcal{O}'\}$ est la famille des ouverts de $\inf(\mathfrak{T}, \mathfrak{T}')$.

2) Sur l'ensemble ordonné $X = \mathbb{R}$ on a les topologies (partie I) :

$\mathfrak{T}_+$ ayant pour base les intervalles $[x, y[$
$\mathfrak{T}_-$ — — $]x, y]$
$\mathfrak{T}_0$ — — $]x, y[$ topologie usuelle
$\mathfrak{T}_g$ — — $]-\infty, x]$ topologie *gauche*
$\mathfrak{T}_d$ — — $[x, +\infty[$ topologie *droite.*

a) Montrer que sup $(\mathcal{T}_+, \mathcal{T}_-) = \mathcal{U}$ topologie discrète.

b) Montrer que les ensembles $\{]a, +\infty[\}_{a \in \mathbb{R}}$ et $\{]-\infty, a[\}_{a \in \mathbb{R}}$ sont des bases de topologies sur $\mathbb{R}$, qui seront notées respectivement $\mathcal{T}_\delta$ et $\mathcal{T}_\gamma$.

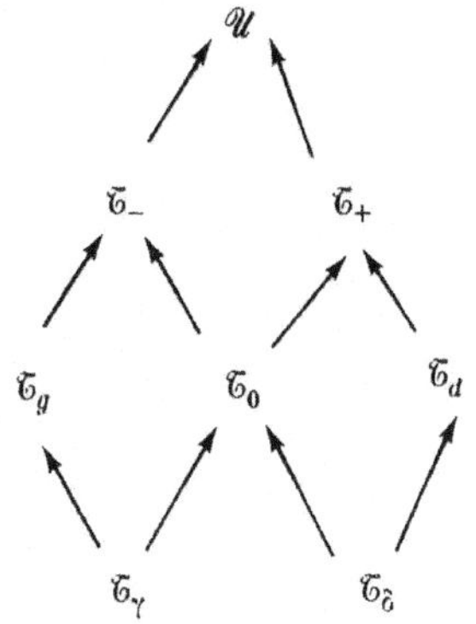

c) En déduire le treillis ci-contre de toutes ces topologies sur $\mathbb{R}$: $(\mathcal{T} \to \mathcal{T}'$ indique que $\mathcal{T}'$ est plus fine que $\mathcal{T})$.

c) Donner une base de la topologie inf $(\mathcal{T}_\gamma, \mathcal{T}_\delta)$, et calculer inf $(\mathcal{T}_g, \mathcal{T}_d)$.

III

Si $(X, \mathcal{O})$ est un espace topologique et A un sous-espace de X, on dit qu'une famille $(V_i)_{i \in I}$ de parties de X est un *recouvrement* de A si $A \subseteq \bigcup_{i \in I} V_i$; si pour tout $i \in I$ $V_i \in \mathcal{O}$ on dit que le *recouvrement est ouvert*; si de plus cette famille contient une sous-famille $(V_i)_{i \in J}$ dénombrable (i.e. J est de cardinal inférieur ou égal à card $\mathbb{N}$) qui est aussi un recouvrement de A, on dit que l'on a extrait du recouvrement $(V_i)_{i \in I}$ un recouvrement dénombrable.

$(X, \mathcal{O})$ est appelé *espace de Lindelöf* si de tout recouvrement ouvert de X on peut extraire un recouvrement dénombrable.

1) Montrer que tout sous-espace fermé d'un espace de Lindelöf est un espace de Lindelöf.

2) Montrer qu'un espace de type dénombrable (Ex. I. 8) est un espace de Lindelöf.

3) Démontrer que tout sous-espace d'un espace de type dénombrable est de type dénombrable.

4) En déduire que si X est un espace de Lindelöf et A un sous-espace de X qui est un espace de Lindelöf, A n'est pas nécessairement fermé. Exemple?

5) Si X est de type dénombrable, montrer que de toute base de X on peut extraire une base dénombrable.

6) On munit $\mathbb{R}$ de la topologie $\mathcal{T}_+$. Montrer que l'espace ainsi défini n'est pas de type dénombrable (utiliser 5).

1

1) On a $\{1, 2\} \cap \{2, 3, -4\} = \{2\} \notin \mathcal{O}$: l'axiome (O_2) n'est pas réalisé.

2) (O_1) est réalisé car, pour $n = 1$, $1.\mathbb{Z} = \mathbb{Z} \in \mathcal{O}$

(O_2) $\bigcap_{i=1}^{i=p} n_i\mathbb{Z} = n\mathbb{Z}$ où $n = ppcm(n_1, n_2, \ldots, n_p)$ est donc réalisé.

(O_3) n'est pas réalisé puisque $2\mathbb{Z} \cup 3\mathbb{Z} \neq n\mathbb{Z}$ pour tout $n \in \mathbb{N}$: en effet on ne peut avoir $n = 0, 1, 2, 3$, et si $n \geqslant 4$ avec n pair on a $3 \in 2\mathbb{Z} \cup 3\mathbb{Z}$ et $3 \notin n\mathbb{Z}$, et si $n \geqslant 4$ avec n impair on a $2 \in 2\mathbb{Z} \cup 3\mathbb{Z}$ et $2 \notin n\mathbb{Z}$.

3) *a*) (O_1) $\mathbb{Q} =]-\infty, +\infty[\in \mathcal{O}$, $\varnothing =]1, 1[\in \mathcal{O}$.

(O_2) Si $A_1, A_2, \ldots, A_n \in \mathcal{O}$ avec $A_i = \bigcup_{k \in K_i} I_{i,k}$ $I_{i,k}$ intervalle ouvert on a

$\bigcap_1^n A_i = \bigcap_{i=1}^n \bigcup_{k \in K_i} I_{i,k} = \bigcup_{\lambda \in L} \bigcap_{i=1}^n I_{i,k_i}$ où $L = \coprod_{i=1}^n K_i$ or toute intersection finie d'intervalles ouverts est un intervalle ouvert, donc en posant $B_\lambda = \bigcap_{i=1}^n I_{i,\lambda_i}$ intervalle ouvert, on a $\bigcap_1^n A_i = \bigcup_{\lambda \in L} B_\lambda \in \mathcal{O}$.

(O_3) évident.

b) En effet $\complement\{1\} =]-\infty, 1[\cup]1, +\infty[$ est ouvert donc $\{1\}$ est fermé.

c) • Les A_n sont bien ouverts.

• On remarque que $A_{n+1} \subset A_n$ donc $\bigcap_{k=1}^{p} A_{n_k} = A_n$ avec

$n = \min\{n_1, \ldots, n_p\}$

est bien ouvert.

• $\bigcap_{n \geqslant 1} A_n = \{1\}$ car $1 \in \bigcap_{n \geqslant 1} A_n$ et si $x \in \bigcap_{n \geqslant 1} A_n$ on a $|x - 1| < \frac{1}{n}$ pour tout $n \geqslant 1$ donc $x = 1$. Or $\{1\}$ est fermé d'après *b*). *Mais il se pourrait que* $\{1\}$ *soit également ouvert* : ici il n'est en rien car $\{1\}$ ne contient aucun intervalle ouvert. On voit bien sur cet exemple qu'une intersection quelconque (ici dénombrable) d'ouverts n'est pas nécessairement un ouvert.

4) Les axiomes (O_1) et (O_2) sont évidemment vérifiés, mais (O_3) ne l'est pas puisque $\bigcup_{q \in \mathbb{Q}} B_q = \mathbb{Q} \notin \mathcal{O}$.

2

1) On trouve facilement les quatre topologies possibles sur $X = \{a, b\}$:

$\mathcal{T}_1$ (grossière) : $\{\varnothing, X\}$
$\mathcal{T}_2$: $\{\varnothing, \{a\}, X\}$
$\mathcal{T}_3$: $\{\varnothing, \{b\}, X\}$
$\mathcal{T}_4$: $\mathcal{P}(X)$ discrète.

Leur treillis est :

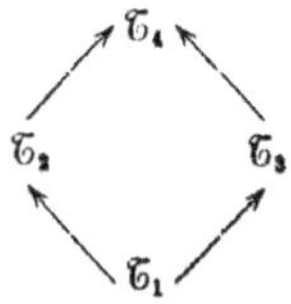

($\mathcal{T}_2$ et $\mathcal{T}_3$ ne sont pas comparables).

2) • $\mathcal{O}_1$ non car $\{a, b\} \cup \{a, c\} = \{a, b, c\} \notin \mathcal{O}_1$
• $\mathcal{O}_2$ non car $\{a, b, c\} \cap \{a, b, d\} = \{a, b\} \notin \mathcal{O}_2$
• $\mathcal{O}_3$ oui
• $\mathcal{O}_4$ non car $\{a\} \cup \{e\} = \{a, e\} \notin \mathcal{O}_4$.

3) *a*) L'axiome (O_2) implique : $A \cap B \in \mathcal{O}$. Il y a trois possibilités :

• $A \cap B = \varnothing$ or (O_3) implique $A \cup B \in \mathcal{O}$ donc $A \cup B = X$ i.e. : $B = \complement A$
• $A \cap B = A$ i.e. $A \subset B$
• $A \cap B = B$ i.e. $B \subset A$.

Donc A et B sont complémentaires ou « emboîtés ».

b) Il suffit de chercher tous les couples de parties (A, B) distinctes et différentes de $\varnothing$ et X vérifiant les conditions de *a*) :

- pour $B = \complement A$ on trouve

$\mathcal{O}_1 = \{\varnothing, \{0\}, \{1, 2\}, Y\}$
$\mathcal{O}_2 = \{\varnothing, \{1\}, \{0, 2\}, Y\}$
$\mathcal{O}_3 = \{\varnothing, \{2\}, \{0, 1\}, Y\}$

- pour $A \subset B$ ou $B \subset A$:

$\mathcal{O}_4 = \{\varnothing, \{0\}, \{0, 1\}, Y\}$
$\mathcal{O}_5 = \{\varnothing, \{0\}, \{0, 2\}, Y\}$
$\mathcal{O}_6 = \{\varnothing, \{1\}, \{0, 1\}, Y\}$
$\mathcal{O}_7 = \{\varnothing, \{1\}, \{1, 2\}, Y\}$
$\mathcal{O}_8 = \{\varnothing, \{2\}, \{0, 2\}, Y\}$
$\mathcal{O}_9 = \{\varnothing, \{2\}, \{1, 2\}, Y\}$

Ces neuf topologies n'étant pas comparables entre elles, leur treillis est évident.

c) On trouve

$\mathcal{O}_1 = \{\varnothing, \{0\}, Y\}$ $\mathcal{O}_2 = \{\varnothing, \{1\}, Y\}$ $\mathcal{O}_3 = \{\varnothing, \{2\}, Y\}$
$\mathcal{O}_4 = \{\varnothing, \{0, 1\}, Y\}$ $\mathcal{O}_5 = \{\varnothing, \{0, 2\}, Y\}$ $\mathcal{O}_6 = \{\varnothing, \{1, 2\}, Y\}$

Et le treillis est du même type car ces topologies sont incomparables entre elles.

3

1) $\varphi(x) = \mathcal{V}(x)$, ensemble des voisinages de x, n'est pas vide car $X \in \varphi(x)$.

(V_1) si $A \in \varphi(x)$ $\exists U \subseteq A$, $x \in U$, $U \in \mathcal{O}$. Et si $A \subseteq B$ on a $x \in U \subseteq B$ donc $B \in \mathcal{V}(x) = \varphi(x)$

(V_2) si A, $B \in \varphi(x)$ $\exists U \subseteq A$, $\exists V \subseteq B$, $x \in U$, $x \in V$ avec U, $V \in \mathcal{O}$ donc, axiome (O_2), $U \cap V \in \mathcal{O}$. Or $x \in U \cap V \subseteq A \cap B$ donc $A \cap B \in \varphi(x)$

(V_3) évident

(V_4) si $A \in \varphi(x)$ on a : $\exists U \in \mathcal{O}$, $x \in U \subseteq A$ et $U \in \varphi(x)$. Posons $B = U$: $\forall y \in B$ on a $y \in U \subseteq A$, et $U \in \mathcal{O}$; donc $A \in \varphi(y)$, et $B \in \varphi(x)$ car B est ouvert

2) (O_1) soit $x \in X$ et $A \in \varphi(x)$; d'après (V_1) comme $A \subseteq X$ on a $X \in \varphi(x)$ et ceci $\forall x \in X$. Donc $X \in \mathcal{O}$. D'autre part $\varnothing \in \mathcal{O}$ (immédiat)

(O_2) si $A_1, A_2, \ldots, A_n \in \mathcal{O}$, soit $x \in A = A_1 \cap A_2 \ldots \cap A_n$. On a $\forall i = 1, 2, \ldots, n$, $x \in A_i$ donc $A_i \in \varphi(x)$. D'après l'axiome (V_2) $A_1 \cap \ldots A_n = A \in \varphi(x)$. Donc $A \in \varphi(x)$

(O_3) si $x \in \bigcup_{i \in I} A_i$, $A_i \in \mathcal{O}$, il existe $j \in I$ tel que $x \in A_j$ donc $A_j \in \varphi(x)$ et $A_j \subseteq \bigcup_I A_i$ implique, selon (V_1), que $\bigcup_I A_i \in \varphi(x)$. Donc $\bigcup_I A_i \in \mathcal{O}$

Soit $\mathcal{V}(x)$ l'ensemble des voisinages de x dans l'espace $(X, \mathcal{O})$.

- $\mathcal{V}(x) \subseteq \varphi(x)$: si $A \in \mathcal{V}(x)$ $\exists U \in \mathcal{O}$ tel que $x \in U \subseteq A$, donc $U \in \varphi(x)$ et d'après (V_1) $A \in \varphi(x)$
- $\varphi(x) \subseteq \mathcal{V}(x)$: si $A \in \varphi(x)$ soit $U = \{y \in X, A \in \varphi(y)\}$. On a $x \in U$ par construction, et $U \subseteq A$ d'après (V_3). Montrons que $U \in \mathcal{O}$: soit $y \in U$ donc $A \in \varphi(y)$; d'après (V_4) : $\exists B \in \varphi(y)$ tel que si $z \in B$ on a $A \in \varphi(z)$ ie : $(z \in B \Longrightarrow z \in U)$, d'où $B \subseteq U$. De $B \in \varphi(y)$ et $B \subseteq U$ on conclut (V_1) : $U \in \varphi(y)$. Ainsi $U \in \mathcal{O}$.

On a donc $x \in U \subseteq A$ et $U \in \mathcal{O}$ ie $A \in \mathcal{V}(x)$.

3) *a*) les quatre axiomes sont trivialement vérifiés. La topologie définie est $\mathcal{O} = \{A \in \mathcal{P}(x),\ \forall x \in A : A \in \varphi(x)\} = \mathcal{P}(X)$ c'est donc la topologie discrète.

b) Les axiomes sont évidemment vérifiés. On a $\mathcal{O} = \{\varnothing, X\}$ c'est donc la topologie grossière.

4

1) *a*) est vérifié puisque $\overline{\varnothing} = \varnothing$.

b) exprime que $A \subseteq \overline{A}$: si $x \in A$ on a $\forall V \in \mathcal{V}(x)$ $x \in V \cap A \neq \varnothing$ donc $x \in \overline{A}$.

c) exprime que $\overline{\overline{A}} = \overline{A}$: si $x \in \overline{\overline{A}}$ on a $\forall V \in \mathcal{V}(x)$ $V \cap \overline{A} \neq \varnothing$; or il existe U ouvert tel que $x \in U \subseteq V$ et U étant voisinage de x : $U \cap \overline{A} \neq \varnothing$ soit donc $y \in U \cap \overline{A}$ donc $y \in \overline{A}$ et pour tout voisinage de y, en particulier U (car U est ouvert) on a $U \cap A \neq \varnothing$ d'où $V \cap A \supseteq U \cap A \neq \varnothing$ et $x \in \overline{A}$.

d) exprime que $\overline{A \cup B} = \overline{A} \cup \overline{B}$.

2) On a

$a)$ $\varphi(\varnothing) = \varnothing$ donc $\varnothing \in \mathcal{F}$ et $\complement\varnothing = X \in \mathcal{O}$.

$b)$ $X \subseteq \varphi(X)$ donc $\varphi(X) = X$ d'où $X \in \mathcal{F}$ et $\complement X = \varnothing \in \mathcal{O}$.

L'axiome (O_1) est donc vérifié

(O_2) soit $(A_i)_{1 \leqslant i \leqslant n}$, $A_i \in \mathcal{O}$, donc $\complement A_i \in \mathcal{F}$; d'après d :

$$\varphi\left(\bigcup_1^n \complement A_i\right) = \bigcup_1^n \varphi(\complement A_i)$$

or $\complement A_i \in \mathcal{F}$, donc $\varphi(\complement A_i) = \complement A_i$ et $\varphi\left(\bigcup_1^n \complement A_i\right) = \bigcup_1^n \complement A_i$ i.e. $\bigcup_1^n \complement A_i \in \mathcal{F}$

i.e. $\complement \bigcap_1^n A_i \in \mathcal{F}$, d'où $\bigcap_1^n A_i \in \mathcal{O}$.

(O_3) on a : $[A \subseteq B \Longrightarrow \varphi(A) \subseteq \varphi(B)]$ car si $A \subseteq B$:

$\varphi(B) = \varphi(A \cup B) = \varphi(A) \cup \varphi(B)$.

Soit alors $(A_i)_{i \in I}$, $A_i \in \mathcal{O}$, donc $F_i = \complement A_i \in \mathcal{F}$. $\forall_i$: $\varphi(\bigcap F_i) \subseteq \varphi(F_i)$ car $\bigcap F_i \subseteq F_i$, donc $\varphi(\bigcap F_i) \subseteq \bigcap \varphi(F_i) = \bigcap F_i$;

or, d'après b : $\bigcap F_i \subseteq \varphi(\bigcap F_i)$;

on a donc $\varphi(\bigcap F_i) = \bigcap F_i$ i.e. $\bigcap F_i = \complement \bigcup A_i \in \mathcal{F}$, d'où $\bigcup A_i \in \mathcal{O}$.

- $\overline{A} \subseteq \varphi(A)$:

si $x \in \overline{A}$: $\forall V \in \mathcal{V}(x)$ $V \cap A \neq \varnothing$, d'où $V \cap \varphi(A) \neq \varnothing$ car $A \subseteq \varphi(A)$ i.e. $x \in \overline{\varphi(A)}$ or $\varphi(A)$ est fermé (puisque $\varphi\varphi(A) = \varphi(A)$ on a $\varphi(A) \in \mathcal{F}$ i.e. $\complement\varphi(A) \in \mathcal{O}$) donc $x \in \varphi(A)$.

- $\varphi(A) \subseteq \overline{A}$: si $x \in \varphi(A)$ soit $V \in \mathcal{V}(x)$, V ouvert : si l'on avait $V \cap A = \varnothing$ on aurait $A \subseteq \complement V$ donc $\varphi(A) \subseteq \varphi(\complement V) = \complement V$ car $\complement V \in \mathcal{F}$ i.e.

$\varphi(A) \cap V = \varnothing$

d'où $x \notin \overline{\varphi(A)} = \varphi(A)$; donc $V \cap A \neq \varnothing$ et $x \in \overline{A}$.

3) Les conditions sont immédiates à vérifier. On a $\mathcal{F} = \{\varnothing, X\}$ et $\mathcal{O} = \{X, \varnothing\}$. Il s'agit donc de la topologie grossière.

4) Les conditions sont également vérifiées. On a $\mathcal{F} = \mathcal{P}(X)$, $\mathcal{O} = \mathcal{P}(X)$: topologie discrète.

5

1) *a*) Par définition de $\mathcal{V}(x)$, si $V \in \mathcal{V}(x)$, il existe $U \in \mathcal{O}$ tel que $x \in U \subseteq V$. $\mathcal{B}$ étant une base : $U = \bigcup_{i \in I} B_i$, $B_i \in \mathcal{B}$; or $x \in U$, donc $\exists i : x \in B_i \subseteq U \subseteq V$. Ainsi il existe $B_i \in \mathcal{B}$ tel que $x \in B_i \subseteq V$.

b) Si $x \in X$ soit $V = X \in \mathcal{V}(x)$. D'après *a*) $\exists B \in \mathcal{B} : x \in B$, donc $x \in \bigcup_{B \in \mathcal{B}} B$.

c) En effet si $U, V \in \mathcal{B}$ on a $U, V \in \mathcal{O}$, donc $U \cap V \in \mathcal{O}$ i.e.

$$U \cap V = \bigcup_{i \in I} B_i, \quad B_i \in \mathcal{B},$$

puisque $\mathcal{B}$ est une base.

d) Si $x \in U \cap V = \bigcup_{i \in I} B_i$, $B_i \in \mathcal{B}$ (d'après *c*), il existe $i \in I : x \in B_i \subseteq U \cap V$.

2) (O_1) $X \in \mathcal{O}$ d'après la condition *i*). Si $I = \varnothing$: $\bigcup_{i \in I} U_i = \varnothing \in \mathcal{O}$.

(O_2) Soient $A_1, A_2, \ldots, A_n \in \mathcal{O}$ avec $A_i = \bigcup_{k \in K_i} U_{i,k}$ $U_{i,k} \in \mathcal{B}$. On a $\bigcap_1^n A_i = \bigcap_1^n \bigcup_{K_i} U_{i,k} = \bigcup_{\lambda \in L} \bigcap_{i=1}^n U_{i,\lambda_i}$ avec $L = \prod_{i=1}^n K_i$ la condition *ii*) montre que $\bigcap_{i=1}^n U_{i,\lambda_i}$ est réunion d'éléments de $\mathcal{B}$: $B_{\lambda,j}$; donc

$$\bigcap_1^n A_i = \bigcup_{\lambda \in L} \bigcup_{j \in J} B_{\lambda,j} = \bigcup_{L \times J} B_{\lambda,j}$$

d'où $\bigcap_1^n A_i \in \mathcal{O}$.

(O_3) évident.

$\mathcal{B}$ est une base de cette topologie, car tout ouvert est par construction réunion d'éléments de $\mathcal{B}$.

3) *i*) en prenant $I = \varnothing$ on a $\bigcap_{i \in \varnothing} A_i = X \in \mathcal{B}$ donc $X = \bigcup_{B \in \mathcal{B}} B$.

ii) Si $A = \bigcap_{\text{finie}} A_i$ et $B = \bigcap_{\text{finie}} B_j$: $A \cap B = \bigcap A_i \cap \bigcap B_j$ est intersection finie d'éléments de $\mathcal{A}$ donc $A \cap B \in \mathcal{B}$.

4) On a $\mathscr{B} = \left\{ A = \bigcap_{\text{finie}} [\![x_i, x_i + 1]\!] \right\} = \{\mathbb{R}\} \cup \{[\![x, y]\!], x \leqslant y \leqslant x + 1\}$

donc $\mathcal{O} = \left\{ A \in \mathscr{P}(\mathbb{R}), A = \bigcup_{i \in I} A_i, A_i \in \mathscr{B} \right\}$

$$= \{\varnothing\} \cup \left\{ A = \bigcup_{i \in I} [\![x_i, y_i]\!], x_i \leqslant y_i \right\}.$$

On voit qu'en particulier $\forall x \in \mathbb{R} : \{x\} = [\![x - 1, x]\!] \cap [\![x + 1]\!] \in \mathcal{O}$. Ainsi $\mathcal{O} = \mathscr{P}(\mathbb{R})$ et la topologie est discrète.

5) *a*) Si $\mathcal{O} = \mathscr{P}(X)$ soit $\mathscr{B} = \left\{ \{x\}, x \in X \right\}$ on a

$$\mathscr{B} \subseteq \mathcal{O} \quad \text{et} \quad \forall A \in \mathcal{O} : A = \bigcup_{x \in A} \{x\}$$

est réunion d'éléments de $\mathscr{B}$.

b) Si $X = \{0, 1, 2, 3, 4\}$ et $\mathcal{O} = \mathscr{P}(X)$, il s'agit de trouver une famille de $\{x, y\}$ dont les intersections finies donnent les singletons de X (il est nécessaire d'obtenir tous les singletons de X). Par exemple :

$$\mathscr{A} = \left\{ \{0, 1\}, \{0, 3\}, \{1, 4\}, \{2, 3\}, \{2, 4\} \right\},$$

on voit qu'il suffit que chaque élément de X apparaisse exactement 2 fois dans des doubletons distincts et $\mathscr{A}$ comportera au minimum 5 doubletons. Autre exemple :

$$\mathscr{A} = \left\{ \{0, 1\}, \{0, 2\}, \{1, 3\}, \{2, 4\}, \{3, 4\} \right\}.$$

c) Pour $\mathscr{A} = \left\{ \{0\}, \{0, 1, 2\}, \{2, 3, 4\} \right\}$ on a $\mathscr{B} = \left\{ \varnothing, \{0\}, \{0, 1, 2\}, \{2, 3, 4\}, \{2\}, X \right\}$ où $X = \bigcap_{i \in \varnothing} A_i$ et $\mathcal{O} = \left\{ \varnothing, \{0\}, \{2\}, \{0, 2\}, \{0, 1, 2\}, \{2, 3, 4\}, \{0, 2, 3, 4\}, X \right\}$.

6

1) Pour $\mathscr{A}_d$ on a bien $X = \bigcup_{x \in X} [x, \rightarrow)$ et si $U, V \in \mathscr{A}_d$, avec

$$U = [x, \rightarrow) \quad \text{et} \quad V = [y, \rightarrow)$$

trois cas possibles :

- $x \leqslant y$ alors $U \cap V = [y, \rightarrow)$
- $y \leqslant x$ alors $U \cap V = [x, \rightarrow)$

• x et y non comparables : $U \cap V = \bigcup_{z \in U \cap V} [z, \rightarrow)$ est réunion d'éléments de $\mathscr{A}_d$ $\left(\text{si } U \cap V = \varnothing \text{ on a bien } U \cap V = \varnothing = \bigcup_{z \in \varnothing} [z, \rightarrow)\right)$. De même pour $\mathscr{A}_g$.

2) Montrons que pour $\mathscr{T}_d$ toute intersection d'ouverts est un ouvert : il suffit de le faire pour des ouverts de la base $\mathscr{A}_d$; on a comme ci-dessus $\bigcap_{i \in I} [x_i, \rightarrow) = \bigcup_{\substack{x \geqslant x_i \\ \text{pour tout } i \in I}} [x, \rightarrow)$ est un ouvert; soient alors $(U_i)_{i \in I}$ des ouverts : $\bigcap_{i \in I} U_i = \bigcap_{i \in I} \left(\bigcup_{h \in K_i} A_{i,k}\right) = \bigcup_{\lambda \in L} \bigcap_{i \in I} A_{i,\lambda_i}$ où $L = \prod_{i \in I} K_i$ et $A_{i,\lambda_i} \in \mathscr{A}_d$, donc $\bigcap_{i \in I} A_{i,\lambda_i} = B_\lambda$ est un ouvert et $\bigcap_{i \in I} U_i = \bigcup_{\lambda \in L} B_\lambda$ est ouvert. De même pour $\mathscr{T}_g$.

3) Montrons que, pour $\mathscr{T}_d$, $\overline{\{x\}} = (\leftarrow, x]$: dire que $z \in \overline{\{x\}}$ c'est dire que $\forall V$ ouvert contenant z on a $V \cap \{x\} \neq \varnothing$ ce qui équivaut aussi à $\forall V \in \mathscr{A}_d$, si $z \in V$ on a $V \cap \{x\} \neq \varnothing$ ou encore : $\forall V = [y, \rightarrow)$, si $z \in V$ (i.e. $z \geqslant y$) alors $x \in V$(i.e. $x \geqslant y$) c'est-à-dire : $\forall y$: $[z \geqslant y \Longrightarrow x \geqslant y]$. Alors :

• $\overline{\{x\}} \subseteq (\leftarrow, x]$ car si $z \in \overline{\{x\}}$: $z \geqslant z$ donc $x \geqslant z$ donc $z \in (\leftarrow, x]$.
• $(\leftarrow, x] \subseteq \overline{\{x\}}$ car si $z \leqslant x$ on a bien : $z \geqslant y$ d'où $x \geqslant y$ donc $z \in \overline{\{x\}}$.

De même pour $\mathscr{T}_g$.

4) Montrons-le pour $\mathscr{T}_g$: soit $A = \{a_1, \ldots, a_n\} \subseteq X$:

• si $(\leftarrow, a_1] \cap A = \{a_1\}$: a_1 est isolé,
• si non $\exists a_i$, $i \neq 1$ $a_i < a_1$ alors :
  • ou bien $(\leftarrow, a_i] \cap A = \{a_i\}$ et a_i est isolé,
  • ou bien $\exists j \neq i$: $a_j < a_i$; nécessairement $j \neq 1$ puisque $a_i < a_1$.

Et l'on recommence sur a_j : le procédé est fini puisque A est finie donc A possède un point isolé.

5) Supposons qu'il existe un ouvert fini U; comme U est réunion d'éléments de $\mathscr{A}_d$, il existe donc au moins un intervalle $[x, \rightarrow)$ qui soit fini donc possède un point isolé y, c'est-à-dire que : $[y, \rightarrow) \cap [x, \rightarrow) = \{y\}$ or $y \geqslant x$ donc $[y, \rightarrow) \cap [x, \rightarrow) = [y \rightarrow) = \{y\}$ et ceci signifie que y est isolé dans X : absurde.

6) On a évidemment $\mathscr{T}_d \leqslant \mathscr{U}$ et $\mathscr{T}_g \leqslant \mathscr{U}$.

Soit alors $\mathscr{T}$ telle que $\mathscr{T}_d \leqslant \mathscr{T}$ et $\mathscr{T}_g \leqslant \mathscr{T}$: pour tout $x \in X$ on a $[x, \rightarrow[\in \mathscr{T}_d$

donc $[x, \rightarrow) \in \mathcal{T}$, et $(\leftarrow, x] \in \mathcal{T}_g$ donc $(\leftarrow, x] \in \mathcal{T}$; on en déduit

$\{x\} = (\leftarrow, x] \cap [x, \rightarrow) \in \mathcal{T}$,

ce qui prouve que $\mathcal{T} = \mathcal{U}$.

7

1) • si $x \in \overline{A}$ on a $\forall V \in \mathscr{V}(x)$ $V \cap A \neq \varnothing$ ceci est donc *a fortiori* vrai lorsque $V \in \mathscr{B}$ et $x \in V$ (V est bien un voisinage de x car il contient un ouvert : lui-même, contenant x),

• réciproquement soit $V \in \mathscr{V}(x)$ donc $\exists U \in \mathcal{O}$ $x \in U \subseteq V$, or

$$U = \bigcup_{i \in I} W_i,\ W_i \in \mathscr{B}$$

et $x \in U$, donc $\exists i \in I$ $x \in W_i \subseteq V$. D'après l'hypothèse : $W_i \cap A \neq \varnothing$ et *a fortiori* $V \cap A \neq \varnothing$.

2) Exprimons la propriété ci-dessus dans le cas où $\mathscr{B} = \mathscr{A}_g$:

$x \in \overline{A} \Longleftrightarrow [\forall z \in \mathbb{Q} : (x \in (\leftarrow, z] \Longrightarrow (\leftarrow, z] \cap A \neq \varnothing)]$ i.e.
$x \in \overline{A} \Longleftrightarrow [\forall z \in \mathbb{Q} :$ (si $x \leqslant z$ il existe $y \leqslant z$ avec $y \in A$)].

• $A = [0, 1[$: $x \in \overline{A}$ si et seulement si : $x \leqslant z$ implique : $\exists y \leqslant z$ et $0 \leqslant y < 1$ alors : $(x \geqslant 0 \Longrightarrow x \in \overline{A})$ car si $0 \leqslant x \leqslant z$: $\exists y = 0$, $0 \leqslant y < 1$; si $x \in \overline{A}$ et $x < 0$: $\exists z$ $x < z < 0$ et : $y \leqslant z$ si $y < 0$ donc $y \notin [0, 1[$ d'où :

$\overline{A} = [0, \rightarrow)$; $\mathring{A} = \varnothing$, Fr (A) $= \overline{\complement A} = \complement \mathring{A} = \mathbb{Q}$.

• $B = \mathbb{Z}$: il est facile de voir que $\overline{B} = \mathbb{Q}$ car $\forall x \in \mathbb{Q}$: si $x \leqslant z$ soit $n \in \mathbb{Z}$ tel que $n \leqslant z : y = n \in \mathbb{Z}$; $\mathring{B} = \varnothing$, Fr (B) $= \mathbb{Q}$.

• $C = \mathbb{N}$: $\overline{C} = \mathbb{Q}^+ = \{x \in \mathbb{Q}, x \geqslant 0\}$, $\mathring{C} = \varnothing$, Fr (C) $= \mathbb{Q}$.

3) Comme $\overline{\complement A} = \complement \mathring{A}$ on a Fr(A) $= \overline{A} \cap \complement \mathring{A}$, et on trouve :

$\overline{A} = A$, $\mathring{A} = A$, $\mathrm{Fr}(A) = \varnothing$

$\overline{B} = B$, $\mathring{B} = \varnothing$, $\mathrm{Fr}(B) = B$

$\overline{C} = C$, $\mathring{C} = \varnothing$, $\mathrm{Fr}(C) = C$

$\overline{D} = D$, $\mathring{D} = D$, $\mathrm{Fr}(D) = \varnothing$

4) On a $\mathcal{T}_+ \nleq \mathcal{T}_g$ car A est ouvert pour $\mathcal{T}_+$ et non pour $\mathcal{T}_g$. Mais on ne peut conclure des calculs faits que $\mathcal{T}_g \nleq \mathcal{T}_+$: en effet pour $\mathcal{T}_g$ on a $\overline{A} = \mathbb{Q}_+$ fermé et il l'est aussi pour $\mathcal{T}_+$: $\overline{A} = D$ et des calculs sur B et C on ne tire aucun renseignement supplémentaire.

5) *a*) $A = \mathbb{R}^+$ aucun point de A n'est isolé car si $x \geqslant 0$ et $x \in]y, z[$ on a $x < z$ donc $]y, z[\cap A \supseteq \{z, x\}$. Tout point de B est isolé : $\forall n \in B$:

$$]n - \frac{1}{2}, n + \frac{1}{2}[\cap B = \{n\}.$$

b) En effet $\mathring{A} =]0, 1[$, $\mathring{B} =]1, 2[$, $A \cup B = [0, 2]$, $\widehat{A \cup B}^{\circ} =]0, 2[$ et $]0, 1[\cup]1, 2[\subsetneqq]0, 2[$.

c) $\overline{A} = [0, 1]$, $\overline{B} = [1, 2]$, $A \cap B = \varnothing$ donc $\overline{A \cap B} = \varnothing \subsetneqq \overline{A} \cap \overline{B} = \{1\}$.

8

1) Soit $\mathcal{B}$ une base dénombrable de $(X, \mathcal{O})$ et pour $x \in X$ soit $\mathcal{B}(x) = \{U \in \mathcal{B}, x \in U\}$. On a :

- $\mathcal{B}(x)$ dénombrable car $\mathcal{B}(x) \subseteq \mathcal{B}$,
- $\mathcal{B}(x) \subseteq \mathcal{V}(x)$: si $U \in \mathcal{B}(x)$ on a $U \in \mathcal{B}$ donc $U \in \mathcal{O}$, et $x \in U$ d'où $U \in \mathcal{V}(x)$,
- si $V \in \mathcal{V}(x)$ par définition il existe $U \in \mathcal{O}$: $x \in U \subseteq V$. Or $U = \bigcup_{i \in I} U_i$ avec $U_i \in \mathcal{B}$ puisque $\mathcal{B}$ est base de la topologie; et comme $x \in U$, il existe $i \in I$ tel que $x \in U_i$ donc $U_i \in \mathcal{B}(x)$ et $U_i \subseteq V$. Ceci montre que $\mathcal{B}(x)$ répond à la question.

2) Soit $\mathcal{B}' = \{U \in \mathcal{B}, U \neq \varnothing\} \subseteq \mathcal{B}$. Si $U \in \mathcal{B}'$, $U \neq \varnothing$ soit donc $x_U \in U$. On considère $D = \bigcup_{U \in \mathcal{B}'} \{x_U\}$. D est dénombrable car $\mathcal{B}'$ l'est. De plus si $x \in X$ et $V \in \mathcal{O}(x)$, il existe $W \in \mathcal{O}$, $x \in W \subseteq V$, or W est réunion d'éléments de $\mathcal{B}$, donc il existe $U \in \mathcal{B}'$: $x \in U \subseteq V$; alors $x_U \in V \cap D$. Donc $\overline{D} = X$.

3) Soit $\mathbb{R}$ muni de la topologie discrète : $\forall x \in \mathbb{R}$ $\mathcal{B}(x) = \{\{x\}\}$ est un système fondamental de voisinages de x donc (1.A.D.) est satisfait. Si $\mathcal{B}$ est une base de la topologie discrète sur $\mathbb{R}$: $\forall x \in \mathbb{R}$ $\{x\}$ est ouvert donc $\{x\}$ est réunion d'éléments de $\mathcal{B}$, d'où $\{x\} \in \mathcal{B}$ alors $\{\{x\}\}_{x \in \mathbb{R}} \subseteq \mathcal{B}$ ce qui

montre que card $\mathscr{B} \geqslant$ card $\mathbb{R}$ donc n'est pas dénombrable : ainsi (2.A.D.) n'est pas satisfait.

Remarque : la topologie usuelle de $\mathbb{R}$ satisfait (2.A.D.).

4) *a*) $\mathbb{Q}$ est une partie dénombrable et dense dans $\mathbb{R}$: si $x \in \mathbb{R}$ et $V \in \mathscr{V}(x)$, on a $V = \bigcup_{i \in I} V_i$, $V_i \in \mathscr{A}_+$ donc $x \in [y, z[\subseteq V$ et $[y, z[\cap \mathbb{Q} \neq \varnothing$.

b) Pour tout $x \in \mathbb{R}$ soit $\mathscr{B}(x) = \{[x, y[\}_{y \in \mathbb{Q}}$. Il est immédiat que $B(x)$ est un système fondamental dénombrable de voisinages de x.

Remarque : on peut montrer que $\mathbb{R}$ n'est pas de type dénombrable pour cette topologie (voir Pr. I. 2, partie III).

9

1) *a*) Il suffit de montrer (cf. rappels § 3) que :

- $\mathbb{R} \times \mathbb{R} = \bigcup_{x \in \mathbb{R}} B_x$: si $(x, y) \in \mathbb{R} \times \mathbb{R}$ on a $(x, y) \in B_x$,
- et que $\forall B_x, B_y \in \mathscr{B}$ $B_x \cap B_y$ est réunion d'éléments de $\mathscr{B}$: si $x = y$ $B_x \cap B_y = B_x \in B$, et si $x \neq y$ $B_x \cap B_y = \varnothing = \bigcup_{i \in \varnothing} B_{x_i}$,

b) $\mathscr{B} \cap \mathbb{R} \times \{0\}$ et $\mathscr{B} \cap \{0\} \times \mathbb{R}$ sont des bases des topologies induites. On a donc : $B_x \cap \mathbb{R} \times \{0\} = \{(x, 0\}$ et la topologie induite sur $\mathbb{R} \times \{0\}$ est discrète. $B_x \cap \{0\} \times \mathbb{R} = \varnothing$ si $x \neq 0$

$= \{0\} \times \mathbb{R}$ si $x = 0$ et la topologie induite sur $\{0\} \times \mathbb{R}$ est grossière. On voit parfaitement ce phénomène en projetant les droites B_x sur les deux axes :

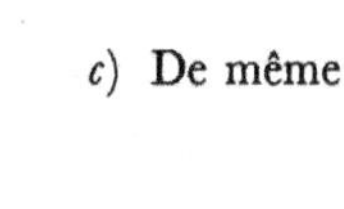

c) De même $B_x \cap S = \varnothing$ si $|x| > 1$

$= \{(x, \sqrt{1 - x^2}), (x, -\sqrt{1 - x^2})\}$ si $|x| \leqslant 1$.

Les ouverts de la base sont donc : $\{(1, 0)\}$, $\{(-1, 0)\}$, $\{(x, \sqrt{1 - x^2}), (x, -\sqrt{1 - x^2})\}_{|x|<1}$.

La topologie induite sur S n'est donc pas discrète, ni grossière.

d) On remarque que la topologie induite sur A est discrète.

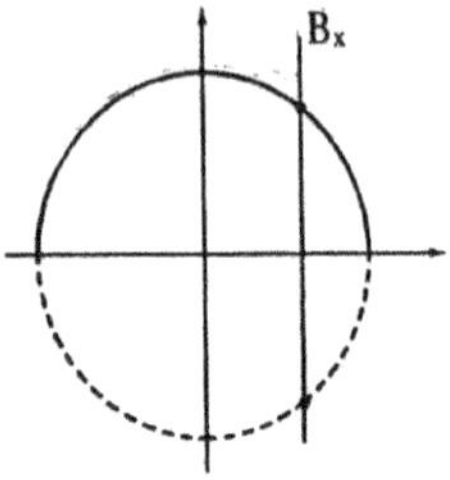

• $\overline{A}^S = S$ puisque si $\xi \in S$ on a $\xi \in A$ ou $\xi = (x, +\sqrt{1-x^2})$ avec $|x| < 1$ et tout voisinage de ξ est aussi voisinage de

$\xi' = (x, -\sqrt{1-x^2}) \in A$, donc $\xi \in \overline{A}^S$.

• $\overline{A}^{\mathbb{R}\times\mathbb{R}} = \{(x, y), |x| \leqslant 1\}$.

En effet : si $\xi = (x, y) \in \overline{A}$ on a $B_x \cap A \neq \varnothing$ donc $|x| \leqslant 1$ et si $\xi = (x, y)$ avec $|x| \leqslant 1$ soit $V \in \mathscr{V}(\xi)$ donc il existe $B_z \in \mathscr{B}$ tel que $\xi \in B_z \subseteq V$ d'où $z = x$ et $(x, -\sqrt{1-x^2}) \in V \cap A$. On a bien $\overline{A}^{\mathbb{R}\times\mathbb{R}} \cap S = S = \overline{A}^S$.

e) Soit $A \subseteq B \subseteq X$ où $(X, \mathcal{O})$ est un espace topologique :

• si $x \in \overline{A}^B$: $x \in B$; soit $V \in \mathscr{V}_X(x)$ donc $V \cap B \in \mathscr{V}_B(x)$ et

$V \cap B \cap A = V \cap A \neq \varnothing$ i.e. $x \in \overline{A}^X \cap B$,

• si $x \in \overline{A}^X \cap B$: $x \in B$; soit $V \in \mathscr{V}_B(x)$ donc $V = W \cap B$ avec $W \in \mathscr{V}_X(x)$ et $W \cap A \neq \varnothing$ car $x \in \overline{A}^X$; d'où $V \cap A = W \cap B \cap A = W \cap A \neq \varnothing$ i.e. $x \in \overline{A}^B$.

2) *a*) On a bien $\mathbb{Q} \times \mathbb{Q} = \bigcup_{x, x' \in \mathbb{Q}} B_{x,x'}$ car si $(x, y) \in \mathbb{Q} \times \mathbb{Q}$: $(x, y) \in B_{x-1, x+1}$. D'autre part $B_{x,x'} \cap B_{z,z'} = \varnothing$ si $x' \leqslant z$ ou $z' \leqslant x$ et $\varnothing = B_{0,0}$. Si $z < x'$ et $x < z'$ on a : $B_{x,x'} \cap B_{z,z'} = B_{t,t'}$ où $t = \max\{x, z\}$ et $t' = \min\{x', z'\}$.

b) • $\mathring{A} = \varnothing$ car A ne contient aucun des ouverts de la base (qui sont des « bandes verticales »).

• $\overline{A} = \{(x, y) \in \mathbb{Q} \times \mathbb{Q}, |x| \leqslant 1\}$: si $\xi = (x, y) \in \overline{A}$ on a $\forall \varepsilon > 0$ $B_{x-\varepsilon, x+\varepsilon} \cap A \neq \varnothing$ donc $|x| \leqslant 1$ (si par exemple $x > 1$, $\exists \varepsilon > 0$ tel que $x - \varepsilon > 1$ alors $B_{x-\varepsilon, x+\varepsilon} \cap A = \varnothing$); d'autre part si $\xi = (x, y)$ avec $|x| \leqslant 1$ et si $V \in \mathscr{V}(\xi)$, il existe $B_{t,t'} \in \mathscr{B}$ tel que $\xi \in B_{t,t'} \subseteq V$ d'où $t < x < t'$ et le point $(x, \sqrt{1-x^2}) \in B_{t,t'} \cap A$.

• $\operatorname{Fr}(A) = \overline{A} \cap \overline{\complement A} = \overline{A} \cap \complement \mathring{A} = \overline{A}$

• $\operatorname{Ext}(A) = \complement \overline{A} = \{(x, y), |x| > 1\}$.

c) Une base de la topologie induite sur $\mathbb{Q} \times \{0\}$ est donnée par l'ensemble des $B_{x,x'} \cap \mathbb{Q} \times \{0\} = \{(z, 0),\ x < z < x'\} =]x, x'[\times \{0\}$. Si l'on identifie $\mathbb{Q} \times \{0\}$ à $\mathbb{Q}$ on voit que l'on obtient la topologie usuelle de $\mathbb{Q}$. De même

$$\begin{aligned} B_{x,x'} \cap \{0\} \times \mathbb{Q} &= \varnothing \quad &\text{si } 0 \notin]x, x'[\\ &= \{0\} \times \mathbb{Q} \quad &\text{si } 0 \in]x, x'[, \end{aligned}$$

donc la topologie induite est la topologie grossière.

d) On trouvera facilement :

$$\overline{\mathbb{Q} \times \{0\}} = \mathbb{Q} \times \mathbb{Q} \qquad \text{et} \qquad \overline{\{0\} \times \mathbb{Q}} = \{0\} \times \mathbb{Q}$$

donc le premier ensemble est dense alors que le second est fermé.

10

1) • Pour la topologie $\mathcal{T}_+$ on a la base : $\big\{\{1, 2, 3\}, \{1, 2\}, \{1\}, \varnothing, \{2, 3\}, \{2\}, \{3\}\big\}$ qui engendre la topologie discrète puisque $\{1, 3\} = \{1\} \cup \{3\}$.

• De même pour $\mathcal{T}_d = \big\{\{1, 2, 3\}, \{2, 3\}, \{3\}, \varnothing\big\}$ base qui est elle-même famille d'ouverts de la topologie qu'elle engendre.

• Enfin pour $\mathcal{T}_g = \big\{\{1, 2, 3\}, \{1, 2\}, \{1\}, \varnothing\big\}$ base ayant la même propriété que la précédente.

2) Pour la topologie grossière $\mathcal{T}_g$: $\varnothing$ et $\{a, b, c\}$ sont ouverts et fermés. On a ensuite : $\mathcal{O}_a = \big\{\varnothing, \{a\}, \{b, c\}, X\big\}$ donnant une topologie $\mathcal{T}_a$ et les analogues $\mathcal{O}_b = \big\{\varnothing, \{b\}, \{a, c\}, X\big\}$, $\mathcal{O}_c = \big\{\varnothing, \{c\}, \{a, b\}, X\big\}$ donnant $\mathcal{T}_b$ et $\mathcal{T}_c$. On a enfin la topologie discrète $\mathcal{T}_d$. Il n'y en a pas d'autres car si par exemple $\{a\}$ est ouvert, $\{b, c\}$ doit l'être, d'où $\mathcal{T}_a$; et s'il y a un autre ouvert à un élément : $\{b\}$ ou $\{c\}$ on a la topologie discrète, ou à deux éléments $\{a, b\}$ ou $\{a, c\}$ alors $\{c\}$ ou $\{b\}$ est ouvert d'où $\mathcal{T}_d$. Le treillis est :

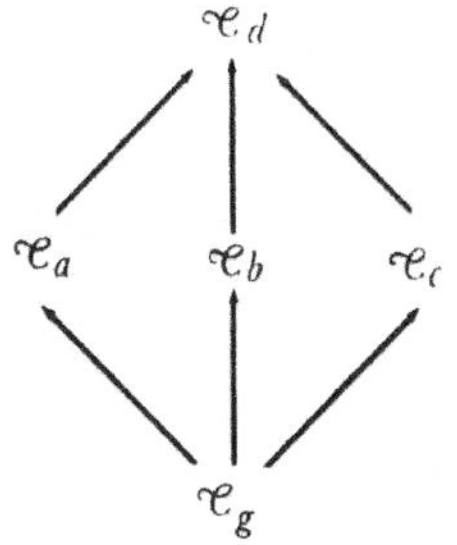

Les topologies $\mathcal{T}_g$ et $\mathcal{T}_d$ induisent sur $\{a, b\}$ $\mathcal{T}_g$ et $\mathcal{T}_d$ respectivement; $\mathcal{T}_a$ induit la topologie discrète, ainsi que $\mathcal{T}_b$; $\mathcal{T}_c$ induit la topologie grossière.

3) *a*) Si $\mathcal{T} \geqslant \mathcal{T}'$ on a $\mathcal{O}' \subseteq \mathcal{O}$ donc card $\mathcal{O}' \leqslant$ card $\mathcal{O}$.

b) Notons $[0, n] = \{0, 1, \ldots, n\}$. Pour $\mathcal{O}_1$ les axiomes (O_1) et (O_2) sont évidemment vérifiés; (O_3) : $\bigcup_{i \in I} [0, n_i] \in \mathcal{O}_1$? Deux cas sont possibles : ou bien l'ensemble $\{n_i, i \in I\} \subseteq \mathbb{N}$ a un plus grand élément n, alors

$$\bigcup [0, n_i] = [0, n]$$

ou bien il n'en a pas, alors $\bigcup_{i \in I} [0, n_i] = \mathbb{N}$. Si $I = \varnothing$: $\bigcup_{i \in \varnothing} [0, n_i] = \varnothing \in \mathcal{O}_1$.
De même pour $\mathcal{O}_2$. On a évidemment card $\mathcal{O}_1$ = card $\mathcal{O}_2$ = card $\mathbb{N}$ et : $\{0, 1\} \in \mathcal{O}_1$, $\{0, 1\} \notin \mathcal{O}_2$ $\{1, 2\} \in \mathcal{O}_2$, $\{1, 2\} \notin \mathcal{O}_1$ donc $\mathcal{T}_1$ et $\mathcal{T}_2$ sont incomparables.

c) On a

$$\begin{aligned} \{1\} \cup [0, n] &= [0, 1] & \text{si} \quad & n = 0 \\ &= [0, n] & \text{si} \quad & n \geqslant 1 \\ \{1\} \cap [0, n] &= \varnothing & \text{si} \quad & n = 0 \\ &= \{1\} & \text{si} \quad & n \geqslant 1 \end{aligned}$$

donc $(\mathbb{N}, \mathcal{O}_3)$ est un espace topologique. De plus

card $\mathcal{O}_3$ = card $\mathcal{O}_1$ = card $\mathbb{N}$:

comme $\mathcal{O}_1 \subseteq \mathcal{O}_3$ on a $\mathcal{T}_3 \geqslant \mathcal{T}_1$, et $\{1\} \in \mathcal{O}_3$, $\{1\} \notin \mathcal{O}_1$ donc $\mathcal{T}_3 \gneqq \mathcal{T}_1$.

d) Topologies induites sur A :

par $\mathcal{T}_1$: $\{\varnothing, A, \{0\}, \{0, 1\}, \ldots \{0, 1, \ldots, n-1\}\}$
par $\mathcal{T}_2$: $\{\varnothing, A, \{1\}, \{1, 2\}, \ldots \{1, n-1\}\}$
par $\mathcal{T}_3$: $\{\varnothing, A, \{0\}, \{0, 1\}, \ldots \{0, 1, \ldots n-1\}, \{1\}\}$

Topologies induites sur B :

par $\mathcal{T}_1$: $\{\varnothing, B, \{1\}, \{1, 2\}, \ldots \{1, 2, \ldots, n-1\}\}$
par $\mathcal{T}_2$: $\{\varnothing, B, \{1\}, \{1, 2\}, \ldots \{1, 2, \ldots, n-1\}\}$
par $\mathcal{T}_3$: encore la même.

Topologies induites sur C :

par $\mathcal{T}_1$: $\{\varnothing, C, \{2\}, \{2, 3\}, \ldots, \{2, 3, \ldots, n-1\}\}$
par $\mathcal{T}_2$ et $\mathcal{T}_3$: *idem.*

Topologies induites sur D :

par $\mathcal{T}_1$: $\{\varnothing, D, \{0\}, \{0, 2\}, \dots \{0, 2, 4, \dots, 2n\}, \dots\}$
par $\mathcal{T}_2$: $\{\varnothing, D, D - \{0\}, \{2\}, \{2, 4, \dots, 2n\}, \dots\}$
par $\mathcal{T}_3$: comme $\mathcal{T}_1$.

4) *a*) $\mathcal{O}_A = \{U \cap A\}_{U \in \mathcal{O}}$. L'application $U \longmapsto U \cap A$ de $\mathcal{O}$ sur $\mathcal{O}_A$ est surjective donc card $\mathcal{O}_A \leqslant$ card $\mathcal{O}$.

b) Par exemple $X = \mathbb{N}$ muni de la topologie $\mathcal{T}_1$ de 3.*b*) et $A = D = 2\mathbb{N}$.

c) Par exemple $X = \mathbb{N}$ muni de $\mathcal{T}_1$ et $A = [0, n]$.

11

1) *a*) La vérification est facile : il suffit de calculer la réunion et l'intersection de chaque ouvert avec tous les autres.

b) $\mathcal{O}_A = \{\varnothing, A, \{a\}, \{a, c\}, \{a, e\}\}$

c) $\{a, e\}$

d) $\{c\}$ ou $\{e, c\}$

2) *a*) $\mathcal{O} = \mathcal{P}(X)$ et si A est un sous-espace $\mathcal{O}_A = \{U \cap A, U \in \mathcal{O}\} = \mathcal{P}(A)$

b) $\mathcal{O} = \{\varnothing, X\}$ donc $\mathcal{O}_A = \{\varnothing, A\}$

c) On obtient des bases pour les topologies induites :

sur $\mathbb{N}$: $\mathcal{B} = \{\varnothing, \mathbb{N}\} \cup \{\{m, m+1, \dots, n\}\}_{m, n \in \mathbb{N}, m \leqslant n}$
sur $\mathbb{Z}$: $\mathcal{B} = \{\varnothing, \mathbb{Z}\} \cup \{\{m, m+1, \dots, n\}\}_{m, n \in \mathbb{Z}, m \leqslant n}$

1

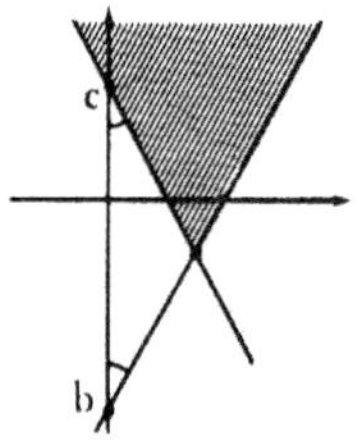

1) « Graphiquement » l'ensemble $D_{a,b,c}$ a l'allure ci-contre : il est alors immédiat que $A, B \in \mathscr{D} \Longrightarrow A \cap B \neq \varnothing$. On pourra d'ailleurs montrer que deux au moins des points d'intersection des quatre droites mises en jeu sont éléments de $A \cap B$.

Si $A = D_{a,b,c}$ et $B = D_{a',b',c'}$ et $z \in A \cap B$, soit $\alpha = \max\{a, a'\}$, β tel que la droite $y = \alpha x + \beta$ passe par z, et soit γ tel que la droite $y = -\alpha x + \gamma$ passe par z; alors $z \in D_{\alpha,\beta,\gamma} \subseteq A \cap B$.

2) En effet $A \cap B = \bigcup_{z \in A \cap B} C_z$.

3) On a $\mathbb{R}^2 = \bigcup_{\substack{a>0 \\ b,c \in \mathbb{R}}} D_{a,b,c}$ et la question 2 montre que $\mathscr{D}$ est base de topologie sur $\mathbb{R}^2$. On peut d'ailleurs vérifier directement que $\mathscr{O}$ est une famille d'ouverts :

(O_1) $\varnothing = \bigcup_{i \in \varphi} D_i \in \mathscr{O}$, $\mathbb{R}^2 = \bigcup D_{a,b,c} \in \mathscr{O}$

(O_2) Si $A^1 = \bigcup_{i_1 \in I_1} A^1_{i_1}, \ldots, A^n = \bigcup_{i_n \in I_n} A^n_{i_n}$,

$$\bigcap_{j=1}^{n} A^j = \bigcup_{(i_1, \ldots i_n) \in I_1 \times \cdots \times I_n} A^1_{i_1} \cap A^2_{i_2} \cdots \cap A^n_{i_n} \in \mathscr{O}$$

(O_3) évident.

4) Il suffit de montrer que $\overline{D}_{a,b,c} = \mathbb{R}^2$, ce qui est immédiat d'après la question 1) : $\forall A, B \in \mathscr{D}, A \cap B \neq \varnothing$.

5) On trouve : $\mathring{A} = \varnothing$, $\overline{A} = \{0\} \times \mathbb{R}^-$; $\mathring{B} = \varnothing$,

$\overline{B} = \{(x, y),\ |x| < 1, y \leqslant \sqrt{1 - x^2}\} \cup \{(-1, 0), (1, 0)\}$,
$\mathring{B}' = \varnothing$, $\overline{B}' = \{(x, y),\ |x| \leqslant 1,\ y \leqslant \sqrt{1 - x^2}\}$; $\mathring{S} = \varnothing$, $\overline{S} = \overline{B}'$, $\mathring{C} = C$,

$\overline{C} = \mathbb{R}^2$; $\mathring{D} = \varnothing$, $\overline{D} = \mathbb{R}^2$; $\mathring{E} = \varnothing$, $\overline{E} = \mathbb{R}^2$, $\overbrace{\mathbb{R} \times \{0\}}^{\circ} = \varnothing$, $\overline{\mathbb{R} \times \{0\}} = \{(x, y), y \leqslant 0\}$;

$\overbrace{\{0\} \times \mathbb{R}}^{\circ} = \varnothing$, $\overline{\{0\} \times \mathbb{R}} = \mathbb{R}^2$; $\overbrace{\mathbb{Z} \times \mathbb{Z}}^{\circ} = \varnothing$, $\overline{\mathbb{Z} \times \mathbb{Z}} = \mathbb{R}^2$.

6) La topologie induite sur $\mathbb{R} \times \{0\}$ est discrète car

$\{(z, 0)\} = D_{1, -z, z} \cap \mathbb{R} \times \{0\}$.

En identifiant $\{0\} \times \mathbb{R}$ à $\mathbb{R}$ on voit que la topologie induite est la topologie $\mathcal{T}_d$ (Ex. I. 6).

7) *a*) On a $\mathbb{R}^2 = \bigcup_{D \in \mathcal{D}'} D$ et si A, $B \in \mathcal{D}'$, $A \cap B$ est réunion d'éléments de $\mathcal{D}'$: soient A, $B \in \mathcal{D}$ (cf. 2); si $A \in \mathcal{D}$ et $B = E_{a, b}$ il est facile de voir que $A \cap B = E_{a, b'}$ avec b' convenable; si A, $B \in \mathcal{E}$: $A \cap B$ est soit vide, soit de la forme $E_{a, b}$.

b) En effet $E_{0, 0}$ est ouvert pour $\mathcal{T}'$, mais non pour $\mathcal{T}$ puisque son intérieur pour cette topologie est vide.

c) $\mathcal{T}'$ induit sur $\{0\} \times \mathbb{R}$ et $\mathbb{R} \times \{0\}$ les mêmes topologies que celles qui sont induites par $\mathcal{T}$.

d) Pour $\mathcal{T}$ les points isolés sont :

B : $\varnothing$; B' : $\{(x, y),\ |x| < 1, y = \sqrt{1 - x^2}\}$;
S : comme pour B'.

Pour $\mathcal{T}'$: B : $\varnothing$; B' : $\{(x, y),\ |x| \leqslant 1,\ y = \sqrt{1 - x^2}\}$; S : comme pour B'. On voit que plus la topologie est fine plus il y a de points isolés (exemple : B').

e) Non, car par exemple $\overline{E}_{0, 0} = \{0\} \times \mathbb{R}$.

f) On trouvera $\mathring{D} = \overline{D} = D$.

2

I

1) Pour $\mathcal{A}_+$: $\bigcup_{x, y \in X} [x, y[= X$ car X est sans plus grand élément; et $[x, y[\cap [z, t[= [\max\{x, z\}, \min\{y, t\}[$.

De même pour $\mathscr{A}_-$. Pour $\mathscr{A}'_0$: X étant sans plus grand ni plus petit élément on a $X = \bigcup_{x,y \in X}]x, y[$; de plus (même raison): $(\leftarrow, x[= \bigcup_{y<x}]y, x[$ et $[x, \rightarrow) = \bigcup_{y>x}]x, y[$ d'où $\mathscr{T}'_0 = \mathscr{T}_0$ (on a toujours $\mathscr{T}'_0 \leqslant \mathscr{T}_0$).

2) Si $[x, \rightarrow[\in \mathscr{A}_d$ $[x, \rightarrow[= \bigcup_{y \geqslant x} [x, y[$ car X est sans plus grand élément $[x, \rightarrow[$ est donc ouvert pour $\mathscr{T}_+$. *A fortiori* tout ouvert pour $\mathscr{T}_d$ est ouvert pour $\mathscr{T}_+$. Même raisonnement pour $\mathscr{T}_d$ et $\mathscr{T}_-$ en remarquant que

$]\leftarrow, y] = \bigcup_{x \leqslant y}]x, y]$.

On a $\mathscr{T}_+ \geqslant \mathscr{T}_0$ car $]x, y[= \bigcup_{z>x} [z, y[$ est ouvert pour $\mathscr{T}_+$ et de même $\mathscr{T}_- \geqslant \mathscr{T}$, car $]x, y[= \bigcup_{z<y}]x, z]$ est ouvert pour $\mathscr{T}_-$. Enfin si $\mathscr{T} \leqslant \mathscr{T}_+$ et $\mathscr{T} \leqslant \mathscr{T}_-$ et V voisinage de x pour $\mathscr{T}_+$ et $\mathscr{T}_-$: V contient des voisinages $]y, z]$ et $[y', z'[$ de x donc aussi $]y, z'[$ voisinage de x pour $\mathscr{T}_0$, d'où $\mathscr{T} \leqslant \mathscr{T}_0$.

3) Pour $x \in X$ soit $M_x = \{y \in X, y > x\}$. M_x n'est pas vide (car X est sans plus grand élément) donc possède un plus petit élément m; on a alors $[x, m[= \{x\}$ qui est donc ouvert pour $\mathscr{T}_+$. Ainsi $\mathscr{T}_+$ est discrète.

X ayant un plus petit élément, $\mathscr{A}_-$ et $\mathscr{A}_0$ ne sont pas des bases de $\mathscr{T}_-$ et $\mathscr{T}_0$. Mais il est immédiat que $\mathscr{A}_- \cup \{X\}$ et $\mathscr{A}_0 \cup \{X\}$ sont des bases de ces topologies. Montrons alors que $\mathscr{T}_- \leqslant \mathscr{T}_0$: il suffit donc de prouver que $\mathscr{A}_- \subseteq \mathscr{A}_0$; soit $V =]x, y]$ et $M_y = \{z, z > y\}$; comme ci-dessus M_y possède un plus petit élément m et $V =]x, m[$.

II

1) *a*) Montrons que $\mathscr{U}$ est une base d'ouverts sur X :

- $X = \bigcup_{U \in \mathcal{O},\, V \in \mathcal{O}'} U \cap V$
- $(U \cap V) \cap (U' \cap V') = (U \cap U') \cap (V \cap V')$ donc $U \cap U' = \bigcup_{i \in I} U_i$,

$U_i \in \mathcal{O}$ et $V \cap V' = \bigcup_{j \in J} V_j$, $V_j \in \mathcal{O}'$, d'où

$$(U \cap V) \cap (U' \cap V') = \bigcup_{(i,j) \in I \times J} U_i \cap V_j$$

est réunion d'éléments de $\mathscr{U}$.

La topologie de base $\mathcal{U}$ est évidemment plus fine que $\mathcal{T}$ et $\mathcal{T}'$. Si $\mathcal{T}''$ est plus fine que $\mathcal{T}$ et $\mathcal{T}'$ et $U \cap V \in \mathcal{U}$: $U \in \mathcal{O}$ (resp. $V \in \mathcal{O}'$) donc U(resp V) est ouvert pour $\mathcal{T}''$, donc $U \cap V$ aussi.

b) (O_1) $\varnothing \in \mathcal{V}$ car $\varnothing \in \mathcal{O}$ et $\varnothing \in \mathcal{O}'$

(O_2) $\bigcap_1^n A_i \in \mathcal{O} \cap \mathcal{O}'$

(O_3) *idem.*

Donc $\mathcal{V}$ est une famille d'ouverts sur X. Si $\mathcal{T}'' \leqslant \mathcal{T}$ et $\mathcal{T}'' \leqslant \mathcal{T}'$ tout ouvert A pour $\mathcal{T}''$ est ouvert pour $\mathcal{T}$ et $\mathcal{T}'$, donc $A \in \mathcal{O}$ et $A \in \mathcal{O}'$, donc $A \in \mathcal{O}$.

2) *a*) D'après ce qui précède les ensembles $[x, y[\cap]x', y']$ forment une base d'ouverts pour sup $(\mathcal{T}_+, \mathcal{T}_-)$; en particulier

$[x, x + 1[\cap]x - 1, x] = \{x\}$

est ouvert : la topologie est donc discrète. Cela résulte également du fait que sup $(\mathcal{T}_d, \mathcal{T}_g) = \mathcal{U}$ (Ex. I. 6) et que $\mathcal{T}_d \leqslant \mathcal{T}_+$, $\mathcal{T}_g \leqslant \mathcal{T}_-$.

b) Pour le premier ensemble :

- $\mathbb{R} = \bigcup_{a \in \mathbb{R}}]a, +\infty[$
- $]a, +\infty[\cap]b, +\infty[=]c, +\infty[$ où $c = \max\{a, b\}$.

De même pour le second ensemble.

c) Les relations $\mathcal{T}_\gamma \leqslant \mathcal{T}_g \leqslant \mathcal{T}_-$ et $\mathcal{T}_\gamma \leqslant \mathcal{T}_0 \leqslant \mathcal{T}_-$ sont claires. De plus inf $(\mathcal{T}_+, \mathcal{T}_-) = \mathcal{T}_0$ (partie I), inf $(\mathcal{T}_g, \mathcal{T}_0) = \mathcal{T}_\gamma$ et sup $(\mathcal{T}_g, \mathcal{T}_0) = \mathcal{T}^-$.

d) En utilisant la caractérisation précédente de inf $(\mathcal{T}, \mathcal{T}')$, la famille des ouverts de inf $(\mathcal{T}_\gamma, \mathcal{T}_\delta)$ sera l'ensemble des parties qui sont à la fois réunions d'intervalles $]a, +\infty[$ et réunions d'intervalles $]-\infty, b[$.

Mais on voit facilement que cette topologie est grossière : si U est voisinage de x pour $\mathcal{T}_\gamma$ et $\mathcal{T}_\delta$: $x \in]a, +\infty[\subseteq U$ et $x \in]-\infty, b[\subseteq U$ donc $U = \mathbb{R}$ (car $a < b$); les seuls ouverts sont $\varnothing$ et $\mathbb{R}$. De même on prouvera que inf $(\mathcal{T}_g, \mathcal{T}_d)$ est grossière.

Les ouverts de la topologie borne inférieure sont plus difficiles à obtenir que ceux de la borne supérieure. On se gardera en particulier de croire que la topologie borne inférieure est engendrée par : $\{U \cup V, U \in \mathcal{O}, V \in \mathcal{O}'\}$; en effet $U \cap V = (U \cup \varnothing) \cap (\varnothing \cup V)$ est ouvert pour cette dernière topologie, qui est donc plus fine que la topologie borne supérieure !

III

1) Soit A fermé dans X, espace de Lindelöf et soit $A = \bigcup_{i \in I} V_i$, V_i ouverts de A. On a $V_i = U_i \cap A$, U_i ouvert de X, d'où $X = \complement A \cup \bigcup_{i \in I} U_i$ recouvrement ouvert de X donc $X = \complement A \cup \bigcup_{i \in J} U_i$, J partie dénombrable de I, d'où $A = \bigcup_{i \in J} V_i$.

2) Si X est de type dénombrable et $\mathscr{B} = \{B_n\}_{n \in \mathbb{N}}$ une base dénombrable de X, soit $(V_i)_{i \in I}$ un recouvrement ouvert de X : $X = \bigcup_{i \in I} V_i$. Si $x \in X$, $\exists i_x \in I$ $x \in V_{i_x}$; $\mathscr{B}$ étant une base : $x \in B_{n_x} \subseteq V_{i_x}$ donc $X = \bigcup_{x \in X} B_{n_x}$. Or $\{B_{n_x}, x \in X\} \subseteq \mathscr{B}$ donc est dénombrable : $X = \bigcup_{\lambda \in L} B_\lambda$ où L est dénombrable avec $B_{n_x} = B_\lambda$. Pour $\lambda \in L$ soit $i_\lambda \in I$ tel que $B_\lambda \subseteq V_{i_\lambda}$: $X = \bigcup_{\lambda \in L} V_{i_\lambda}$ recouvrement dénombrable de X.

3) Si $\mathscr{B} = \{B_n\}_{n \in \mathbb{N}}$ est une base dénombrable de X, alors $\{B_n \cap A\}_{n \in \mathbb{N}}$ est une base dénombrable du sous-espace A.

4) En effet, il résulte de 2) et 3) que si X est de type dénombrable, tout sous-espace de X est un espace de Lindelöf, et pas seulement les sous-espaces fermés. Par exemple $\mathbb{R}$ muni de $\mathscr{T}_0$, topologie usuelle, est de type dénombrable et le sous-espace $[0, 1[$ n'est pas fermé, mais est un espace de Lindelöf.

5) Soit $\mathscr{G} = \{G_i\}_{i \in I}$ une base de X et $\mathscr{B} = \{B_n\}_{n \in \mathbb{N}}$ une base dénombrable de X. Pour $n \in \mathbb{N}$ $B_n = \bigcup_{G \in \mathscr{G}_n} G$ où $\mathscr{G}_n \subseteq \mathscr{G}$ (puisque $\mathscr{G}$ est une base de X); $\mathscr{G}_n$ est donc un recouvrement ouvert de B_n et d'après la question III, 2) on peut en extraire un recouvrement dénombrable $\mathscr{G}_n^*$: $B_n = \bigcup_{G \in \mathscr{G}_n^*} G$ où $\mathscr{G}_n^*$ est dénombrable. Alors $\mathscr{G}^* = \bigcup_{n \in \mathbb{N}} \mathscr{G}_n^*$ est une base dénombrable de X extraite de $\mathscr{G}$.

6) Supposons $(\mathbb{R}, \mathscr{T}_+)$ de type dénombrable : d'après 5) on peut extraire de la base $\mathscr{A}_+$ une base dénombrable $\mathscr{A}_+^* = \{[x_n, y_n[\}_{n \in \mathbb{N}}$; soit alors $x \in \mathbb{R}$, $x \neq x_n$ pour tout n (ce qui est possible puisque $\mathbb{R}$ n'est pas dénombrable) et $y > x$: comme $[x, y[$ est ouvert on a $[x, y[= \bigcup_{n \in I} [x_n, y_n[$ où $I \subseteq \mathbb{N}$ et cette égalité implique l'égalité impossible de x avec un x_n, $n \in I$.

CHAPITRE II

FONCTIONS CONTINUES

Indications

La notion de filtre et les exercices qui s'y rapportent sont traités indépendamment du reste. On peut donc sauter sans inconvénient les Ex. II. 1 à Ex. II. 3.

Les propriétés élémentaires des espaces quotients sont indispensables pour traiter les Ex. II* : beaucoup de figures géométriques sont en effet obtenues par « recollement » c'est-à-dire par passage au quotient.

1. Filtre sur un ensemble

On appelle *filtre sur un ensemble* E toute partie non vide $\mathscr{F}$ de $\mathscr{P}(E)$ vérifiant les axiomes :

(F_1) si $A \in \mathscr{F}$ et $A \subseteq B$, $B \in \mathscr{F}$
(F_2) si $A, B \in \mathscr{F}$, alors $A \cap B \in \mathscr{F}$
(F_3) $\varnothing \notin \mathscr{F}$.

Une partie $\mathscr{B}$ de $\mathscr{P}(E)$ est une *base de filtre* si :

(B_1) pour $A, B \in \mathscr{B}$, $\exists C \in \mathscr{B}$ tel que $C \subseteq A \cap B$
(B_2) $\varnothing \notin \mathscr{B}$.

Si $\mathscr{B}$ est une base de filtre, $\mathscr{F} = \{A \in \mathscr{P}(E),\ \exists B \in \mathscr{B} : B \subseteq A\}$ est un filtre, appelé *filtre engendré par la base de filtre* $\mathscr{B}$.

L'ensemble des filtres sur E est ordonné par la relation : $\mathscr{F}$ *est plus fin que* $\mathscr{G}$ si $\mathscr{F} \supseteq \mathscr{G}$. Ainsi ordonné cet ensemble est inductif : les éléments maximaux sont appelés *ultrafiltres*. Tout filtre est contenu dans un ultrafiltre. Un filtre $\mathscr{F}$ est un ultrafiltre si et seulement si pour tout $A \in \mathscr{P}(E)$: $A \in \mathscr{F}$ ou $\complement A \in \mathscr{F}$.

2. Filtre sur un espace topologique

Soit $(X, \mathcal{O})$ un espace topologique : pour tout $x \in X$, $\mathscr{V}(x)$ est un filtre sur X (filtre des voisinages de x). On dit qu'un *filtre* $\mathscr{F}$ *sur* X *converge vers* $x \in X$ si $\mathscr{F} \supseteq \mathscr{V}(x)$: x est appelé point limite, ou *limite de* $\mathscr{F}$; on note $x = \lim \mathscr{F}$.

Soit $f : X \to Y$ une application, où X et Y sont des espaces topologiques : si $\mathscr{F}$ est un filtre sur X, $f(\mathscr{F}) = \{f(A), A \in \mathscr{F}\}$ est une base de filtre sur Y.

Soit $(x_n)_{n \geqslant 0}$ une suite de points d'un espace topologique X; pour $n \geqslant 0$ soit $X_n = \{x_n, x_{n+1}, \dots\}$: le *filtre élémentaire associé à la suite* $(x_n)_{n \geqslant 0}$ est : $\mathscr{F} = \{A \in \mathscr{P}(X),\ \exists n \geqslant 0 : X_n \subseteq A\}$.

3. Continuité. Convergence. Homéomorphisme

Soient $(X, \mathcal{O})$ et $(Y, \mathcal{O}')$ deux espaces topologiques, et soit $f : X \to Y$ une application : on dit que *f est continue au point* $x \in X$ si : $\forall V \in \mathscr{V}(f(x))$,

$f^{-1}(V) \in \mathscr{V}(x)$ [ce qui équivaut à : le filtre engendré par $f(\mathscr{V}(x))$ converge vers $f(x)$], on dit que *f est continue sur* X, ou *continue*, si f est continue en tout point de X. f est continue si et seulement si : $\forall V \in \mathcal{O}', f^{-1}(V) \in \mathcal{O}$. f est *ouverte* (resp. *fermée*) si pour tout ouvert (resp. fermé) A de X, $f(A)$ est ouvert (resp. fermé) dans Y.

Une suite $(x_n)_{n \geqslant 0}$ de points de l'espace topologique X est dite *convergente* vers $x \in X$ si : $\forall V \in \mathscr{V}(x)$, $\exists n_0$ tel que pour tout $n \geqslant n_0$ $x_n \in V$ [ceci équivaut à : le filtre élémentaire associé à $(x_n)_{n \geqslant 0}$ converge vers x]; on note $x = \lim x_n$.

Deux espaces topologiques X et Y sont dits *homéomorphes* s'il existe une application $f : X \to Y$ bijective et *bicontinue* (i.e. f et f^{-1} sont continues); une telle application prend le nom d'*homéomorphisme*.

4. Topologie produit

Soit $X = \prod_{i \in I} X_i$ où $(X_i, \mathcal{O}_i)_{i \in I}$ est une famille d'espaces topologiques. Si $p_i : X \to X_i$ est la projection canonique d'indice i, l'ensemble

$$\mathscr{A} = \{p_j^{-1}(U_j)\}_{j \in I, U_j \in \mathcal{O}_j}$$

engendre une topologie sur X, appelée *topologie produit* des topologies $\mathfrak{T}_i$ de X_i : l'ensemble $\mathscr{B}$ des intersections finies d'éléments de $\mathscr{A}$ est une base de cette topologie dont l'ensemble des ouverts est

$$\mathcal{O} = \{A \subseteq X, \exists \Lambda : A = \bigcup_{\lambda \in \Lambda} V_\lambda, V_\lambda \in \mathscr{B}\}.$$

L'espace $(X, \mathcal{O})$ est appelé *espace produit* des espaces $(X_i, \mathcal{O}_i)$.

5. Topologies associées à une application. Topologie quotient

Soit $(X, \mathcal{O})$ un espace topologique et soit Y un ensemble. Pour toute application $f : X \to Y$, l'ensemble $\mathscr{U}_f = \{U \subseteq Y, f^{-1}(U) \in \mathcal{O}\}$ définit une topologie sur Y dite *induite par l'application f.*

En particulier si $Y = X/R$ (où R est une équivalence sur X), la topologie induite par la surjection canonique $p : X \to X/R$ s'appelle *topologie quotient de* X *par* R.

Si X est un ensemble et $(Y, \mathcal{O})$ un espace topologique, pour toute application $f : X \to Y$ l'ensemble $\mathscr{U} = \{f^{-1}(U), U \in \mathcal{O}\}$ définit sur X une topologie appelée *image réciproque par f de la topologie* $\mathfrak{T}$ *de* Y et notée $f^{-1}(\mathfrak{T})$.

1 Filtres

Soit (X, $\mathcal{O}$) un espace topologique.

1) Soit $x \in X$, $\mathcal{V}(x)$ l'ensemble des voisinages de x, $\mathcal{F}(x)$ un système fondamental de voisinages de x. Montrer que $\mathcal{V}(x)$ est un filtre, que $\mathcal{F}(x)$ est une base de filtre engendrant $\mathcal{V}(x)$.

2) Soit E un ensemble infini. On note I(E) l'ensemble des complémentaires des parties finies de E. Montrer que I(E) est un filtre sur E. Lorsque $E = \mathbb{N}$, $I(\mathbb{N})$ est appelé le *filtre de Fréchet*. Que se passe-t-il quand E est fini ?

3) Soit $(x_n)_{n \geqslant 0}$ une suite d'éléments de X et f l'application : $\mathbb{N} \to X$ associé (i.e. $f(n) = x_n$). Montrer que $f(I(\mathbb{N}))$ est une base de filtre sur X, qui engendre le filtre élémentaire associé à $(x_n)_{n \geqslant 0}$.

4) *a*) Montrer que la suite $(x_n)_{n \geqslant 0}$ converge vers x si et seulement si le filtre élémentaire associé à $(x_n)_{n \geqslant 0}$ converge vers x.

b) Soit $f : X \to Y$ où (X, $\mathcal{O}$) et (Y, $\mathcal{U}$) sont des espaces topologiques. Démontrer que f est continue en $z \in X$ si et seulement si le filtre engendré par $f(\mathcal{V}(z))$ converge vers $f(z)$.

2 Ultrafiltres

1) Soit Φ_E l'ensemble ordonné par inclusion des filtres sur un ensemble E.

a) Montrer que $\Phi_\varnothing = \varnothing$.

b) Montrer que si $E \neq \varnothing$ $\mathcal{F} = \{E\}$ est le plus petit filtre sur E. Pourquoi $\mathcal{F} = \mathcal{P}(E)$ n'est-il pas un filtre sur E ?

c) Montrer que Φ_E est inductif.

2) Si $\mathcal{U}$ est un ultrafiltre sur un espace topologique X montrer que : $\mathcal{U}$ converge vers x équivaut à : x est *adhérent* à $\mathcal{U}$ (i.e. $\forall U \in \mathcal{U} : x \in \overline{U}$).

3) On munit $\mathbb{R}$ de la topologie usuelle. Soient $F_1 = \{A \subseteq \mathbb{R}, \sqrt{2} \in A\}$, $F_2 = \{A \subseteq \mathbb{R}; \sqrt{2}, \sqrt{3} \in A\}$ et $\mathscr{B} = \{]x, +\infty[, x \in \mathbb{R}\}$.

Questions :

a) F_1 et F_2 sont des filtres, $\mathscr{B}$ est la base d'un filtre F_3, mais n'est pas un filtre.

b) F_1 est un ultrafiltre, $F_2 \subseteq F_1$, F_1 est convergent, F_2 n'est pas convergent.

c) F_3 n'est pas un ultrafiltre, F_3 n'est pas convergent.

d) Soit $\mathscr{U}$ un ultrafiltre contenant F_3 : $\mathscr{U}$ n'est pas convergent.

---

3 Filtres spéciaux

1) X est un ensemble fini non vide.

a) soit $\mathscr{B} = \{B_1, B_2, \ldots, B_n\}$ une base de filtre, engendrant un filtre $\mathscr{F}$. Montrer que $\bigcap_{i=1}^{n} B_i$ contient un élément $A \in \mathscr{B}$ et que $\mathscr{B}$ et $\{A\}$ engendrent toutes deux le filtre $\mathscr{F}$.

On note $\mathscr{P}(A)$ le filtre engendré par $\{A\}$, avec $A \neq \varnothing$.

b) En déduire que tout filtre est de la forme $\mathscr{P}(A)$.

2) X est un ensemble non vide et $\mathscr{F}$ un filtre sur X.

a) On suppose que $\mathscr{F}$ est ultrafiltre. Soit $A \subseteq X$: si $A \notin \mathscr{F}$ soit

$\mathscr{F}_A = \{M \subseteq X, M \cup A \in \mathscr{F}\}$.

Montrer que $\mathscr{F}_A$ est un filtre, plus fin que $\mathscr{F}$. En déduire que $\complement A \in \mathscr{F}$.

b) Réciproquement on suppose que $\mathscr{F}$ vérifie : $\forall A \subseteq X$: $A \in \mathscr{F}$ ou $\complement A \in \mathscr{F}$. Montrer que $\mathscr{F}$ est un ultrafiltre.

3) X est un ensemble non vide.

a) $\forall x \in X$ $\mathscr{P}(\{x\})$ est un ultrafiltre (dit *ultrafiltre trivial*).

b) Si X est fini soit $\mathscr{P}(A)$ un filtre sur X. Si $\mathscr{P}(A)$ est un ultrafiltre montrer que $A = \{a\}$.

c) En déduire la forme et le nombre des filtres et ultrafiltres sur un ensemble fini.

d) Faire le treillis des filtres sur un ensemble à trois éléments.

4) *a*) Montrer que, sur $\mathbb{N}$, $I(\mathbb{N})$ filtre de Fréchet (Ex. II. 1) n'est pas un ultrafiltre et n'est comparable à aucun ultrafiltre trivial. Ceci démontre l'existence d'ultrafiltres non triviaux.

b) Montrer que les filtres $\mathscr{P}(3\mathbb{N})$ et $\mathscr{P}(2\mathbb{N})$ ne sont pas des ultrafiltres et ne sont pas comparables.

c) Montrer : $\mathscr{P}(6\mathbb{N}) = \sup\{\mathscr{P}(3\mathbb{N}), \mathscr{P}(2\mathbb{N})\}$.

---

4 Continuité locale

Soit f: $X \to Y$ où X et Y sont deux espaces topologiques. On rappelle que f est continue en $x \in X$ si : $\forall V \in \mathscr{V}(f(x)),\ f^{-1}(V) \in \mathscr{V}(x)$.

1) On choisit $X = \{a, b, c, d\}$ $\mathcal{O} = \{\varnothing, X, \{a\}, \{a, b\}, \{b, c, d\}, \{b\}\}$

$Y = \{x, y, z, t\}$ $\mathscr{U} = \{\varnothing, Y, \{x\}, \{x, y\}, \{x, y, z\}\}$ et
f: $(X, \mathcal{O}) \to (Y, \mathscr{U})$

définie par $f(a) = f(b) = x, f(c) = y, f(d) = t$.

a) Vérifier que $(X, \mathcal{O})$ et $(Y, \mathscr{U})$ sont des espaces topologiques.

b) Calculer $\mathscr{V}(a)$, $\mathscr{V}(b)$, $\mathscr{V}(c)$, $\mathscr{V}(d)$.

c) Calculer $\mathscr{V}(x)$, $\mathscr{V}(y)$, $\mathscr{V}(z)$, $\mathscr{V}(t)$.

d) Calculer $f^{-1}(\mathscr{V}(x)), f^{-1}(\mathscr{V}(y)), f^{-1}(\mathscr{V}(t))$.

e) En déduire que f est continue en *a*, *b*, *d*, discontinue en *c*.

f) Soit g : $(Y, \mathscr{U}) \to (X, \mathcal{O})$ avec $g(x) = b$, $g(y) = c$, $g(z) = a$, $g(t) = d$. Montrer que g est discontinue en $f(d)$ mais que $g \circ f$ est continue en *d*. $g \circ f$ est-elle continue sur X?

2) Soit f: $(X, \mathcal{O}) \to (Y, \mathscr{U})$ et g : $(Y, \mathscr{U}) \to (Z, \mathscr{W})$.

a) Si f est continue en x_0 et g continue en $f(x_0)$ alors $g \circ f$ est continue en x_0 (utiliser 1).

b) Déduire de 1) que la réciproque de l'assertion 2*a*) est fausse.

---

5 Continuité locale et continuité globale

Soient X un ensemble et A une partie de X : la *fonction caractéristique de* A est l'application $\chi_A : X \to \mathbb{R}$ définie par

$$\begin{cases} \chi_A(x) = 1 & \text{si} \quad x \in A \\ \chi_A(x) = 0 & \text{si} \quad x \notin A. \end{cases}$$

1) $(X, \mathcal{O})$ est un espace topologique, A un sous-espace de X.

a) $\mathbb{R}$ est muni de la topologie usuelle; démontrer que χ_A est continue en x si et seulement si $x \notin F_r(A)$.

b) A quelle condition χ_A est-elle continue sur X?

c) A quelle condition a-t-on : « $\forall A \in \mathcal{P}(X)$ χ_A est continue sur X »?

2) $X = \{a, b\}$ muni de la topologie grossière. Soit $A = \{a\}$.

a) Montrer que $\overline{A} = X$, $\overline{\complement A} = X$, $F_r(A) = X$.

b) χ_A n'est continue en aucun point.

c) Si $f = \chi_A|A$: f est continue sur A, si $g = \chi_A|\complement A$: g est continue sur $\complement A$.

3) Un espace topologique X est *résoluble* s'il existe dans X deux parties complémentaires partout denses $\left(\overline{A} = X, \overline{\complement A} = X\right)$. Démontrer, comme au 2), que si dans un espace résoluble $\overline{A} = \overline{\complement A} = X$ on a :

a) χ_A n'est continue en aucun point

b) $\chi_{\complement A}$ n'est continue en aucun point

c) $\chi_A|A$ et $\chi_{\complement A}|\complement A$ sont continues.

6 Continuité globale

Soit $f : (X, \mathcal{O}) \to (Y, \mathcal{U})$. On rappelle que f est continue en x si :

$\forall V \in \mathcal{V}(f(x)) : f^{-1}(V) \in \mathcal{V}(x)$

(cf. Ex. II. 4).

Soit $\mathcal{B}$ une base d'ouverts de Y.

1) Montrer l'équivalence de :

a) f est continue en tout point

b) $\forall U \in \mathscr{U}\ f^{-1}(U) \in \mathscr{O}$

c) $\forall U \in \mathscr{B}\ f^{-1}(U) \in \mathscr{O}$.

Ex. En utilisant *c*) montrer que $f : \mathbb{R} \to \mathbb{R}$ avec $f(x) = x^2$ est continue sur $\mathbb{R}$ (muni de la topologie usuelle). Trouver $A \subseteq \mathbb{R}$ tel que $f^{-1}(A)$ soit ouvert sans que A le soit. Trouver $B \subseteq \mathbb{R}$ ouvert tel que $f(B)$ ne soit pas ouvert.

2) Montrer l'équivalence de ces propriétés avec

d) Pour tout fermé F de Y $f^{-1}(F)$ est fermé dans X.

e) $\forall A \subseteq X\ f(\overline{A}) \subseteq \overline{f(A)}$.

Ex. 1 $f : \left[0, \frac{\pi}{2}\right[\to \mathbb{R}$, $f(x) = \operatorname{tg} x$; $\mathbb{R}$ muni de la topologie usuelle, $\left[0, \frac{\pi}{2}\right[$ muni de la topologie induite calculer $f^{-1}(F)$ où $F = [0, +\infty[$ (fermé de $\mathbb{R}$). f est-elle continue ?

Ex. 2 $f : [0, +\infty[\to \mathbb{R}$, $f(x) = \dfrac{x}{x+1}$; $\mathbb{R}$ muni de la topologie usuelle, $[0, +\infty[$ muni de la topologie induite. En utilisant *c*) montrer que f est continue. Trouver $A \subseteq [0, +\infty[$ tel que $f(\overline{A}) \subsetneq \overline{f(A)}$.

3) *a*) Montrer que pour tout espace topologique X, l'application identique 1_X est continue.

b) Montrer que toute application constante est continue.

c) Soit $f : (X, \mathscr{O}) \to (Y, \mathscr{U})$ continue et A un sous-espace de X. Si $f_A = f|A$ montrer que f_A est continue (sur A). La réciproque est fausse :

Ex. $f : \mathbb{R} \to \mathbb{R}$ (topologie usuelle) avec $f(x) = 1$ si $x \geqslant 0$; $f(x) = 0$ si $x < 0$ $A = [0, +\infty[$. Montrer que f_A est continue mais que f n'est pas continue.

---

7 Convergence et continuité

1) Soit $(X, \mathscr{T})$ un espace topologique.

a) Si $\mathscr{T}$ est la topologie grossière toute suite converge vers tout point de X.

b) Si $\mathcal{T}$ est la topologie discrète les suites convergentes sont les suites stationnaires (i.e. $\exists n_0\ \forall n \geqslant n_0\ x_n = x_{n_0}$).

c) Si X est infini soit $\mathcal{O} = \{\varnothing\} \cup \{A \subseteq X \quad \text{card}\, \complement A \leqslant \text{card}\, \mathbb{N}\}$. Montrer que $(X, \mathcal{O})$ est un espace topologique dans lequel les suites convergentes sont les suites stationnaires.

d) Soit A un sous-espace de X. Si $(x_n)_{n\geqslant 0}$ est une suite de points de A et si $(x_n)_{n\geqslant 0}$ converge dans X vers x, on a $x \in \bar{A}$.

2) *a*) Soit f: $(X, \mathcal{O}) \to (Y, \mathcal{U})$ continu en $x_0 \in X$. Montrer que f est *séquentiellement continue en* x_0, c'est-à-dire vérifie :

$$[SC]_{x_0} \forall (y_n)_{n\geqslant 0}\, y_n \in X : \lim y_n = x_0 \Longrightarrow \lim f(y_n) = f(x_0).$$

b) On munit $\mathbb{R}$ de la topologie $\mathcal{D}$ définie en 1 *c*). Montrer que pour tout espace topologique $(Y, \mathcal{T})$ et toute application f: $(\mathbb{R}, \mathcal{D}) \to (Y, \mathcal{T})$ f vérifie $[SC]_x$ pour tout $x \in \mathbb{R}$.

c) En particulier $f = 1_{\mathbb{R}}$: $(\mathbb{R}, \mathcal{D}) \to (\mathbb{R}, \mathcal{T}_0)$, $\mathcal{T}_0$ désignant la topologie usuelle de $\mathbb{R}$, vérifie $[SC]_x$ pour tout x mais n'est pas continue (calculer $f^{-1}(]0, 1[)$). Montrer que de plus f n'est continue en aucun point.

---

8 Continuité et topologie

1) Soit X un espace discret : montrer que pour tout espace topologique Y et toute application f: $X \to Y$, f est continue.

2) Soit Y un espace grossier : montrer que pour tout espace X et toute application f: $X \to Y$ f est continue.

3) On munit $\mathbb{R}$ de la topologie usuelle. Soit $(X, \mathcal{O})$ un espace topologique tel que toute application f: $X \to \mathbb{R}$ soit continue. Montrer que X est discret.

4) Soit f: $\mathbb{N} \to \mathbb{R}$ avec $f(n) = n + 1$.

a) si $\mathbb{N}$ est muni de la topologie $\mathcal{T}$ définie par $\mathcal{O} = \{\varnothing, \mathbb{N}\} \cup \{[0, n]\}_{n\in\mathbb{N}}$ et si $\mathbb{R}$ est muni de la topologie $\mathcal{T}'$ définie par $\mathcal{O}' = \{\varnothing, \mathbb{R}\} \cup \{[1, x[\}_{x\in\mathbb{R},\, x\geqslant 1}$ montrer que f: $(\mathbb{N}, \mathcal{T}) \to (\mathbb{R}, \mathcal{T}')$ est continue.

b) Soit $\mathcal{T}_0$ la topologie sur $\mathbb{N}$ définie par $\mathcal{O}_0 = \{\varnothing, \mathbb{N}\} \cup \{[0, n]\}_{n\geqslant 1}$. Montrer que $\mathcal{T}_0 \leqslant \mathcal{T}$ et que f: $(\mathbb{N}, \mathcal{T}_0) \to (\mathbb{R}, \mathcal{T}')$ n'est pas continue.

c) soit $\mathfrak{T}'_0$ la topologie sur $\mathbb{R}$ définie par $\mathcal{O}'_0 = \{[\![2, x]\!], x \in \mathbb{R}, x \geqslant 2\} \cup \mathcal{O}'$. Montrer que $\mathfrak{T}' \leqslant \mathfrak{T}'_0$ et que f: $(\mathbb{N}, \mathfrak{T}) \to (\mathbb{R}, \mathfrak{T}'_0)$ n'est pas continue.

5) Soit f: $(X, \mathfrak{T}) \to (Y, \mathfrak{T}')$ une application continue.

a) Montrer que si $\mathfrak{T} \leqslant \mathfrak{T}_1$ f: $(X, \mathfrak{T}_1) \to (Y, \mathfrak{T}')$ est continue. Que peut-on dire si $\mathfrak{T}_1 \leqslant \mathfrak{T}$?

b) Montrer que si $\mathfrak{T}'_1 \leqslant \mathfrak{T}'$ f: $(X, \mathfrak{T}) \to (Y, \mathfrak{T}'_1)$ est continue. Que peut-on dire si $\mathfrak{T}' \leqslant \mathfrak{T}'_1$?

6) Soit f: $(X, \mathfrak{T}) \to (Y, \mathfrak{T}')$ une application non continue.

a) Montrer que si $\mathfrak{T}_1 \leqslant \mathfrak{T}$ f: $(X, \mathfrak{T}_1) \to (Y, \mathfrak{T}')$ n'est pas continue. Que peut-on dire si $\mathfrak{T} \leqslant \mathfrak{T}_1$?

b) Montrer que si $\mathfrak{T}' \leqslant \mathfrak{T}'_1$ f: $(X, \mathfrak{T}) \to (Y, \mathfrak{T}'_1)$ n'est pas continue. Que peut-on dire si $\mathfrak{T}'_1 \leqslant \mathfrak{T}'$?

7) Soit f: $E \to F$ une application, où E est un espace topologique, et $\mathfrak{T}$, $\mathfrak{T}'$ deux topologies sur F. Si $\mathscr{S} = \sup(\mathfrak{T}, \mathfrak{T}')$ montrer l'équivalence des propriétés :

a) f: $E \to (F, \mathscr{S})$ est continue en $a \in E$.

b) f: $E \to (F, \mathfrak{T})$ et f: $E \to (F, \mathfrak{T}')$ sont continues en $a \in E$. (On pourra utiliser Pr. I. 2, question II, 1.)

8) Soit f: $E \to F$ une application, où F est un espace topologique et $\mathfrak{T}$, $\mathfrak{T}'$ deux topologies sur E. Si $\mathfrak{J} = \inf(\mathfrak{T}, \mathfrak{T}')$ montrer l'équivalence de :

a) f: $(E, \mathfrak{J}) \to F$ est continue en $a \in E$.

b) f: $(E, \mathfrak{T}) \to F$ et f: $(E, \mathfrak{T}') \to F$ sont continues en $a \in E$.

---

9 Applications ouvertes, fermées

Soit f: $(X, \mathcal{O}) \to (Y, \mathcal{U})$.

1) Montrer que : $[f \text{ ouverte}] \Longleftrightarrow \left[\forall A \subseteq X\ f(\mathring{A}) \subseteq \widehat{f(A)}^{\circ}\right]$

2) Montrer que $[f \text{ fermée}] \Longleftrightarrow [\forall A \subseteq X\ \overline{f(A)} \subseteq f(\overline{A})]$.

3) Soit $f(x) = \sin x$, $x \in \mathbb{R}$ muni de la topologie usuelle, et $g : x \longmapsto x^2$, $x \in \mathbb{R}$: f et g ne sont pas ouvertes.

4) Soit f: $(\mathbb{R}, \mathcal{T}) \to (\mathbb{R}, \mathcal{T}')$ ($\mathcal{T}$ topologie grossière, $\mathcal{T}'$ topologie discrète) définie par :

$x < 0$ $f(x) = -1$
$x = 0$ $f(x) = 0$
$x > 0$ $f(x) = +1$.

Démontrer que f est ouverte, fermée, non continue.

5) L'application f: $\mathbb{R} \to \mathbb{R}$ définie par $f(x) = 0$ est continue, fermée et non ouverte.

6) f: $(\mathbb{R}, \mathcal{T}_0) \to (\mathbb{R}, \mathcal{G})$, avec $\mathcal{T}_0$ topologie usuelle, $\mathcal{G}$ topologie grossière définie par $f(x) = 1$ est continue, non ouverte, non fermée.

7) Montrer que f: $(X, \mathcal{O}) \to (Y, \mathcal{U})$ est ouverte si et seulement si pour tout $x \in X$ et tout voisinage V de x, $f(V)$ est un voisinage de $f(x)$ dans Y.

---

10 Homéomorphismes

1) On munit $\mathbb{R}$ de la topologie usuelle et $A =]-\frac{\pi}{2}, +\frac{\pi}{2}[$ de la topologie induite. Soit f: $A \to \mathbb{R}$ définie par $f(x) = \operatorname{tg} x$.

a) Montrer que f est un homéomorphisme.

b) Soit g : $]0, 1[\to A$ définie par $g(x) = \pi x - \frac{\pi}{2}$. Montrer que g est un homéomorphisme.

c) Montrer que $\mathbb{R}$ et $]0, 1[$ sont homéomorphes.

2) Sur $X = \{1, 2, 3, 0\}$ soit $\mathcal{O} = \{X, \varnothing, \{0\}, \{0, 1\}, \{0, 1, 2\}, \{1\}\}$ et soit $\mathcal{U} = \{X, \varnothing, \{0\}, \{0, 1\}, \{0, 1, 2\}\}$. On considère $f = 1_X$:

$(X, \mathcal{O}) \to (X, \mathcal{U})$.

Montrer que f est bijective, continue, mais non un homéomorphisme. Autre exemple sur X?

3) Si $\mathcal{T}$ et $\mathcal{T}'$ sont deux topologies sur X, montrer que l'application 1_X : $(X, \mathcal{T}) \to (X, \mathcal{T}')$ est

a) continue si et seulement si $\mathcal{T}' \leqslant \mathcal{T}$,

b) un homéomorphisme si et seulement si $\mathcal{T}' = \mathcal{T}$.

4) Soit A un sous-espace de $(X, \mathcal{T})$ (muni de la topologie induite $\mathcal{T}_A$). Montrer que l'injection canonique $i : (A, \mathcal{T}_A) \to (X, \mathcal{T})$ est continue.

5) Démontrer que $\mathbb{R}$ muni de la topologie usuelle $\mathcal{T}_0$ est homéomorphe au sous-espace $]-1, +1[$ (muni de la topologie induite) par l'application f définie par $f(x) = \frac{x}{1+|x|}$, dont on calculera l'application réciproque.

---

11 Topologie produit

Soit $(X_i, \mathcal{O}_i)_{i \in I}$ une famille d'espaces topologiques, et soit $X = \prod_{i \in I} X_i$ muni de la topologie produit : $(X, \mathcal{O})$.

1) Appelons *ouvert élémentaire* de X toute partie A de X de la forme $A = \prod_{i \in I} A_i$ et telle que $A_i = X_i$ sauf pour un nombre fini d'indices pour lesquels $A_i \in \mathcal{O}_i$. Démontrer que l'ensemble $\mathcal{B}$ des ouverts élémentaires est une base de $\mathcal{O}$.

2) Décrire l'ensemble $\mathcal{B}$ lorsque I est fini.

3) Si pour tout $i \in I$ $\mathcal{B}_i$ est une base de $\mathcal{O}_i$, montrer que l'ensemble $\mathcal{B}'$ des parties de la forme $\prod_{i \in I} A_i$, avec $A_i = X_i$, sauf pour un nombre fini d'indices pour lesquels $A_i \in \mathcal{B}_i$ est une base de $\mathcal{O}$.

4) Décrire $\mathcal{B}'$ pour $\mathbb{R} \times \mathbb{R}$, où $\mathbb{R}$ est muni de la topologie usuelle.

5) Décrire $\mathcal{B}'$ pour $X_1 \times X_2$ où X_1 est discret et X_2 grossier. La topologie produit est-elle discrète? grossière?

6) Montrer que tout produit d'espaces grossiers est grossier, et que tout produit fini d'espaces discret est discret.

7) Soit $E = \{0, 1\}$ muni de la topologie discrète. Si $X = \prod_{n \in \mathbb{N}} X_n$ avec pour tout $n : X_n = E$, démontrer que l'ensemble $A = \{(x_n)_{n \in \mathbb{N}}, x_n = 0 \ \forall n\}$ n'est pas ouvert. Conclusion?

---

12 Topologie produit : aspect catégorique

Soit $(X_i, \mathcal{O}_i)_{i\in I}$ une famille d'espaces topologiques. On note

$$p_j : \prod_{i\in I} X_i \to X_j$$

la projection canonique d'indice j : $p_j((x_i)_{i\in I}) = x_j$.

1) Montrer que les p_j sont continues sur ΠX_i.

2) Montrer que le couple $(\Pi X_i, (p_j)_{j\in I})$ est un produit direct dans la catégorie des espaces topologiques; c'est-à-dire vérifie : [P] pour tout couple $(Z, (f_i)_{i\in I})$ où Z est un espace topologique et $\forall i \in I$ $f_i : Z \to X_i$ est continue, il existe une unique application continue f telle que $\forall i \in I$ $p_i \circ f = f_i$.

3) Si un couple $(P, (f_i)_{i\in I})$ vérifie la propriété [P] montrer que P est homéomorphe à ΠX_i.

4) Montrer que la topologie produit sur ΠX_i est la moins fine qui rend les p_j continues.

---

13 Topologie quotient

1) Soit $(X, \mathcal{O})$ un espace topologique, $f : X \to Y$.

a) Vérifier que la topologie $\mathcal{T}_f$ induite par f sur Y admet bien $\mathcal{U} = \{U \subseteq Y, f^{-1}(U) \in \mathcal{O}\}$ comme famille d'ouverts.

b) Montrer que $f : (X, \mathcal{O}) \to (Y, \mathcal{U})$ est continue.

c) Montrer que si $\mathcal{T}'$, topologie sur Y, rend f continue, on a $\mathcal{T}' \leqslant \mathcal{T}_f$.

d) Montrer que $A \subseteq Y$ est fermé si et seulement si $f^{-1}(A)$ est fermé.

2) Soit $(X, \mathcal{O})$ espace topologique et $f : X \to Y$.

a) Quelle est la topologie la moins forte sur Y rendant f continue?

b) Lorsque f est constante, ou lorsque X est discret, calculer $\mathcal{T}_f$.

c) Pour $\mathcal{T}_f$: $\complement f(X)$ est discret. De plus il est ouvert et fermé dans Y.

d) Si f injective, f est ouverte et fermée.

e) Si f est bijective f est un homéomorphisme.

3) Soit $(X/R, \mathscr{U})$ l'espace quotient de $(X, \mathcal{O})$ par une équivalence R. On désigne par $p : X \to X/R$ la surjection canonique.

Montrer l'équivalence de :

a) p est ouverte.

b) $A \in \mathcal{O} \Longrightarrow \bigcup_{x \in A} p(x) \in \mathcal{O}$.

4) Soit E un espace topologique et soit R une équivalence sur E. Si $r = E \to E/R$ est la surjection canonique continue, on dit que l'*équivalence* R est *ouverte* (resp. *fermée*) si r est une application ouverte (resp. fermée). Si A est une partie de E, le *saturé* de A pour R est $r^{-1}r(A)$.

a) Montrer que R est ouverte (resp. fermée) si et seulement si le saturé de toute partie ouverte (resp. fermée) est ouvert (resp. fermé).

b) Pour tout espace topologique F on note $\mathscr{C}_R(E, F)$ l'ensemble des applications continues f de E dans F telles que : $xRy \Longrightarrow f(x) = f(y)$. Pour deux espaces topologiques X et Y, $\mathscr{C}(X, Y)$ désigne l'ensemble des applications continues de X dans Y.

Démontrer que pour toute $f \in \mathscr{C}_R(E, F)$ il existe $\tilde{f} \in \mathscr{C}(E/R, F)$ unique telle que $\tilde{f} \circ r = f$.

c) En déduire une bijection $\varphi : \mathscr{C}_R(E, F) \to \mathscr{C}(E/R, F)$.

d) Démontrer que si $f \in \mathscr{C}_R(E, F)$ est ouverte (resp. fermée) il en est de même pour $\varphi(f)$.

14* Homéomorphisme dans $\mathbb{R}^2$

On identifie $\mathbb{R}^2$ à $\mathbb{C}$ par la bijection $(x, y) \longmapsto x + iy$, et l'on désigne par $\mathscr{B}(z, r)$ l'ensemble $\{t \in \mathbb{C}, |z - t| < r\}$.

1) Montrer que l'ensemble $B = \{\mathscr{B}(z, r)\}_{z \in \mathbb{C}, r > 0}$ est une base d'ouverts sur $\mathbb{C}$ (utiliser la caractérisation des bases vue à Ex. I. 5 : $\mathbb{C} = \bigcup_{V \in B} V$ et $\forall z \in U \cap V \ \exists W \in B : z \in W \subseteq U \cap V$).

2) *a*) Soit $z = x + iy$ un point de $\mathbb{C}$ et $\mathscr{B}(z, r)$ un voisinage ouvert de z. Démontrer que $(x, y) \in \left]x - \frac{r}{\sqrt{2}}, x + \frac{r}{\sqrt{2}}\right[\times \left]y - \frac{r}{\sqrt{2}}, y + \frac{r}{\sqrt{2}}\right[\subseteq \mathscr{B}(z, r)$.

b) Réciproquement si $V =]x - r, x + r[\times]y - r', y + r'[$ est un voisinage de (x, y) pour la topologie produit dans $\mathbb{R}^2$ (voir Ex. II. 11), montrer qu'il existe $s > 0$ tel que $(x, y) = z \in \mathscr{B}(z, s) \subseteq V$.

c) En déduire que la topologie produit dans $\mathbb{R}^2$ est la topologie de base B.

3) On note $B_2 = \mathscr{B}(0, 1)$ dans $\mathbb{C}$ et l'on définit $f : \mathbb{R}^2 \to B_2$ par

$$f(z) = \frac{z}{1 + |z|}.$$

B_2 est muni de la topologie induite.

Montrer que f est bijective et calculer $f^{-1} = g$.

4) *a*) Montrer que pour $z, t \in \mathbb{C}$ on a $||z| - |t|| \leqslant |z - t|$ et en déduire que $|t|z| - z|t|| \leqslant 2|z| . |t - z|$.

b) Soit $\mathscr{B}(f(z), r)$ un voisinage de $f(z)$. Démontrer qu'en posant

$$\rho = \frac{r}{2|z| + 1}$$

on a l'implication : $t \in \mathscr{B}(z, \rho) \Longrightarrow f(t) \in \mathscr{B}(f(z), r)$. En déduire la continuité de f.

5) *a*) Soit $\mathscr{B}(g(z), r)$ un voisinage de $g(z)$. On pose

$$\rho = \min \left\{ \frac{1 - |z|}{2}, \frac{r}{2}(1 - |z|)^2 \right\}.$$

Montrer que si $|t - z| < \rho$ on a $1 - |t| \geqslant \dfrac{1 - |z|}{2}$.

b) Montrer que pour $a, b \in \mathbb{C}$ on a : $|a - b - a|b| + b|a|| \leqslant |a - b|$ dès que $|b| < 1$.

c) En déduire que : $t \in \mathscr{B}(z, \rho) \Longrightarrow g(t) \in \mathscr{B}(g(z), r)$.

6) Montrer que f est un homéomorphisme.

15* Application géométrique

1) Soit $\mathscr{V}(x)$ l'ensemble des voisinages de $x \in \mathbb{R}$ pour la topologie usuelle $\mathscr{T}_0$. On définit par les voisinages une topologie $\mathscr{T}$ sur $\mathbb{R}$ en posant

$\mathcal{W}(x) = \mathcal{V}(x)$ si $x \neq 0$ et $\mathcal{W}(0) = \{U \in \mathcal{V}(0),\ \exists A > 0 :]A, +\infty[\subseteq U\}$.
$\mathcal{T}$ est-elle comparable à $\mathcal{T}_0$?

2) $\mathbb{R}^2$ étant muni de la topologie usuelle produit (Ex. II. 11), on définit $f : \mathbb{R} \to \mathbb{R}^2$ par :

$$\begin{cases} f(x) = (x, 0) \quad \text{si} \quad x \leqslant 2 \\ f(x) = \left(\dfrac{2}{1 + \left(\dfrac{x}{2} - 1\right)^2}, \dfrac{x - 2}{1 + \left(\dfrac{x}{2} - 1\right)^2} \right) \quad \text{si} \quad x \geqslant 2. \end{cases}$$

Géométriquement f ne modifie pas $]-\infty, 2]$ et transforme $[2, +\infty[$ successivement en une demi-droite verticale : $\Delta = \{(2, x - 2),\ x \geqslant 2\}$, puis en un demi-cercle par une inversion de pôle O :

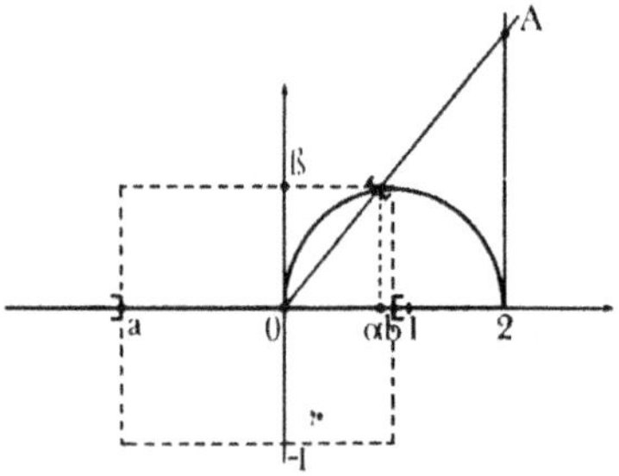

a) Démontrer que f est continue lorsqu'on munit $\mathbb{R}$ de la topologie $\mathcal{T}$.

b) Montrer que f n'est pas ouverte.

3) Soit $\Gamma = f(\mathbb{R})$ muni de la topologie induite par celle de $\mathbb{R}^2$. Démontrer que l'application $\tilde{f} : \mathbb{R} \to \Gamma$ qui a même graphe que f est continue et ouverte (utiliser Ex. II. 9, question 7). En déduire que $\tilde{f}$ est un homéomorphisme.

4) Montrer que la suite $(x_n)_{n \geqslant 0}$ définie par $x_n = n$ est convergente dans $\mathbb{R}$ (pour la topologie $\mathcal{T}$).

16* Le tore à une dimension

Sur $I = [0, 1]$ muni de la topologie usuelle induite, soit R l'équivalence dont les classes sont réduites à un élément, sauf la classe de 0 et 1 qui est

$\{0, 1\}$. On note $I/\{0, 1\}$ l'espace quotient et $r : I \to I/\{0, 1\}$ la surjection canonique; $I/\{0, 1\}$ est le *tore à une dimension* T^1.

1) Montrer que R n'est pas ouverte, et que R est fermée (Ex. II. 13).

2) Soit $S^1 = \{z \in \mathbb{C}, |z| = 1\}$ muni de la topologie induite par celle de $\mathbb{C}$ (identifié à $\mathbb{R}^2$, Ex. II. 14). On définit $f : I \to S^1$ par $f(t) = e^{2\pi it}$. Démontrer que $f \in \mathscr{C}_R(I, S^1)$ (Ex. II. 13) et se prolonge en une bijection continue $\tilde{f} : I/\{0, 1\} \to S^1$ telle que $\tilde{f} \circ r = f$.

3) Sur $\mathbb{R}$ notons $\mathbb{Z}$ l'équivalence : $x\mathbb{Z}y$ si et seulement si $x - y \in \mathbb{Z}$. On désigne par $p : \mathbb{R} \to \mathbb{R}/\mathbb{Z}$ la surjection canonique.

a) En remarquant que les translations $f_x : \mathbb{R} \to \mathbb{R}$ (avec $f_x(y) = x + y$) sont des homéomorphismes, démontrer que l'équivalence $\mathbb{Z}$ est ouverte.

b) Soit $i : I \to \mathbb{R}$ l'injection canonique et soit $q = p \circ i$. Montrer que i est fermée.

c) Soit F un fermé de I, et $F_n = \{x + n, x \in F\}$. Si $x \notin p^{-1}(q(F))$ et si $n \leqslant x \leqslant n + 1$, construire un voisinage V de x tel que

$$V \cap (F_{n-1} \cup F_n \cup F_{n+1}) = \varnothing$$

et que pour tout $z \in V$ on ait $n - 1 < z < n + 2$. Conclure alors que $V \cap p^{-1}(q(F)) = \varnothing$ et que q est fermée.

d) Démontrer que $q \in \mathscr{C}_R(I, \mathbb{R}/\mathbb{Z})$ et déduire de l'Ex. II. 13 que $T^1 = I/\{0, 1\}$ est homéomorphe à $\mathbb{R}/\mathbb{Z}$.

4) Démontrer qu'il existe une bijection entre les fonctions $f : \mathbb{R} \to F$ continues et 1-périodiques et les fonctions $g : T^1 \to F$ continues.

1

I

Soit $\mathscr{F}$ un filtre sur un ensemble X et $\omega \notin X$. On pose $X' = X \cup \{\omega\}$.

1) Montrer que $\mathscr{F}' = \{M \cup \{\omega\}, M \in \mathscr{F}\}$ est un filtre sur X'.

2) Pour tout $x \in X$ soit $\mathscr{V}(x) = \{M \subseteq X', x \in M\}$ et $\mathscr{V}(\omega) = \mathscr{F}'$. Montrer que $(\mathscr{V}(x))_{x \in X'}$ définit, par les voisinages (Ex. I. 3), une topologie $\mathfrak{T}(\mathscr{F})$ sur X'.

3) Montrer que pour cette topologie $\overline{X} = X'$.

4) Si $\mathfrak{T}_1 \geqslant \mathfrak{T}(\mathscr{F})$ montrer que : $\mathfrak{T}_1$ est discrète ou bien il existe $\mathscr{F}_1 \supseteq \mathscr{F}$ tel que $\mathfrak{T}_1 = \mathfrak{T}(\mathscr{F}_1)$. Réciproque ?

II

Soit X un espace topologique, $\mathfrak{T}$ sa topologie; soit $A \subseteq X$ partout dense. On définit $\theta(\mathfrak{T})$ comme étant l'ensemble des topologies $\mathfrak{T}'$ sur X telles que :

a) $\mathfrak{T} \leqslant \mathfrak{T}'$

b) A est partout dense dans X pour $\mathfrak{T}'$

c) $\mathfrak{T}'_A = \mathfrak{T}_A$ (topologies induites sur A).

1) En ordonnant $\theta(\mathfrak{T})$ par la relation : $\mathfrak{T}_1 \leqslant \mathfrak{T}_2$, montrer que cet ensemble est inductif et par suite possède au moins un élément maximal (si $(\mathfrak{T}_i)_{i \in I}$ est une chaîne d'éléments de $\theta(\mathfrak{T})$, $\mathscr{B} = \{U \subseteq X, \exists i \in I \text{ U ouvert pour } \mathfrak{T}_i\}$ est une base de la topologie borne supérieure).

2) Une topologie $\mathfrak{T}$ sur X est dite A-*maximale* si $A \subseteq X$ est partout dense pour $\mathfrak{T}$ et si $\theta(\mathfrak{T}) = \{\mathfrak{T}\}$. Démontrer l'équivalence des propriétés :

α) $\mathfrak{T}$ est A-maximale,

β) les ouverts pour $\mathfrak{T}$ sont les parties U de X telles que $A \cap U$ soit ouvert dans A pour $\mathfrak{T}_A$ et telles que $U \subseteq \overline{A \cap U}$.

(On remarquera que $U \subseteq \overline{A \cap U}$ est vrai pour toute topologie $\mathcal{T}$ pour laquelle U est ouvert et A partout dense.)

3) Montrer qui $\mathcal{T}$ est A-maximale, $\mathcal{T}_{\complement A}$ est discrète et $\complement A$ est fermé dans X.

4) En revenant à la partie I, montrer que $\mathcal{F}$ est ultrafiltre sur X si et seulement si $\mathcal{T}(\mathcal{F})$ est X-maximale.

2

I

On dit qu'une application f: $X \to Y$ est *séquentiellement continue* en $x \in X$ si elle vérifie : $[SC]_x$: $\forall (x_n)_{n \geqslant 0}$, $x_n \in X$: $\lim x_n = x \Longrightarrow \lim f(x_n) = f(x)$ (cf. Ex. II. 7).

1) Démontrer que si f est continue en x, f vérifie $[SC]_x$.

2 Soit X un espace topologique satisfaisant (1.A.D.) : tout point possède un système fondamental dénombrable de voisinages.

a) construire pour tout $x \in X$ un système fondamental de voisinages de x $\mathcal{F}(x) = \{V_n\}_{n \in \mathbb{N}}$ tel que pour tout $n \in \mathbb{N}$ $V_n \supseteq V_{n+1}$,

b) soit Y un espace topologique et f: $X \to Y$. Démontrer que f est continue en $x \in X$ si et seulement si f vérifie $[SC]_x$ (raisonner par l'absurde),

c) si $\mathbb{R}$ est muni de la topologie usuelle, toute application f: $\mathbb{R} \to Y$ est continue dès que f vérifie $[SC]_x$ pour tout $x \in \mathbb{R}$.

II

1) Soient E, F, G trois espaces topologiques, f: $E \to F$, g : $F \to G$. Démontrer que :

a) si f et g sont ouvertes (fermées), $g \circ f$ est ouverte (fermée),

b) si $g \circ f$ est ouverte (fermée) et si g est injective et continue, f est ouverte (fermée),

c) si $g \circ f$ est ouverte (fermée) et si f est surjective et continue, g est ouverte (fermée).

2) *a*) Montrer que si E et F sont deux espaces topologiques et f : E → F continue surjective et ouverte (fermée), la topologie de F est identique à $\mathcal{T}_f$.

b) soit f : E → F continue surjective, F étant muni de la topologie $\mathcal{T}_f$. Si G est un espace topologique, montrer que pour qu'une application g : F → G soit continue il faut et il suffit que $g \circ f$ le soit. Que peut-on dire si F = E/R?

3

Soit (X, $\mathcal{T}$) un espace topologique. On dit qu'une partie A est *rare* si $\overline{\mathrm{A}}$ est d'intérieur vide : $\mathring{\overline{\mathrm{A}}} = \varnothing$. Une réunion au plus dénombrable de parties rares est dite *maigre*.

1) Montrer que si A est rare, toute partie de $\overline{\mathrm{A}}$ est rare (donc $\overline{\mathrm{A}}$ est rare).

2) Montrer que si M est maigre, toute partie de $\overline{\mathrm{M}}$ est maigre, et que toute réunion dénombrable de parties maigres est maigre.

3) Prouver que les conditions suivantes sont équivalentes :

a) Toute partie maigre est rare.

b) Pour toute suite $(\mathrm{F}_n)_{n \in \mathbb{N}}$ de fermés rares, $\bigcup_n \mathrm{F}_n$ est rare.

c) Pour toute suite $(\mathrm{U}_n)_{n \in \mathbb{N}}$ d'ouverts denses, $\bigcap_n \mathrm{U}_n$ est dense.

On dit alors que (X, $\mathcal{T}$) est un *espace de Baire*.

4) Est-ce que les topologies $\mathcal{D}$ (page 55) et $\mathcal{T}_d$ (page 24) sur $\mathbb{R}$ sont des topologies d'espaces de Baire?

5) Montrer que tout sous-espace ouvert d'un espace de Baire est un espace de Baire.

1

1) Les axiomes (F_1) et (F_2) sont évidemment vérifiés; (F_3) : $\varnothing \notin \mathscr{V}(x)$ car si $A \in \mathscr{V}(x)$ on a $x \in A$ donc $A \neq \varnothing$.

$\mathscr{F}(x)$ est une base de filtre : (B_1) si $A, B \in \mathscr{F}(x)$ on a $A \cap B \in \mathscr{V}(x)$ et par définition d'un système fondamental de voisinages (cf. I. rappels de cours, § 2) : $\exists C \in \mathscr{F}(x)$, $C \subseteq A \cap B$. $(B_2) \varnothing \notin \mathscr{F}(x)$ pour la même raison que ci-dessus. Enfin $\mathscr{F}(x)$ engendre $\mathscr{V}(x)$ d'après la définition même d'un système fondamental de voisinages.

2) (F_1) si $A \in I(E)$ et $A \subseteq B$: $\complement A$ est fini et $\complement B \subseteq \complement A$, d'où $\complement B$ est fini et $B \in I(E)$

(F_2) si $A, B \in I(E)$: $\complement A$, $\complement B$ finis donc $\complement A \cup \complement B = \complement A \cap B$ fini et

$A \cap B \in I(E)$

(F_3) $\varnothing \notin I(E)$ car $\complement \varnothing = E$ est infini

Si E est fini l'axiome (F_3) n'est pas vérifié et I(E) n'est pas un filtre.

3) (B_1) si A, $B \in f(I(\mathbb{N}))$: $A = f(A')$, $B = f(B')$ avec $A', B' \in I(\mathbb{N})$, d'où $A' \cap B' \in I(\mathbb{N})$ donc $C = f(A' \cap B') \subseteq f(A') \cap f(B') = A \cap B$.
(B_2) $\varnothing = f(\varnothing) \notin f(I(\mathbb{N}))$ car $\varnothing \notin I(\mathbb{N})$.

Soit $\mathscr{F}$ le filtre élémentaire associé à $(x_n)_{n \geqslant 0}$ et $\mathscr{G}$ le filtre engendré par $f(I(\mathbb{N}))$:

- si $A \in \mathscr{G}$: $A \supseteq f(B)$, $B \in I(\mathbb{N})$, d'où $\complement B = \{i_1, \ldots, i_n\}$ et si

$m = \max \{i_1, \ldots, i_n\}$ on a $\complement B \subseteq \{0, 1, \ldots, m\}$ donc
$\complement f(B) \subseteq \{x_0, x_1, \ldots, x_m\} = \complement X_{m+1}$,
d'où $X_{m+1} \subseteq f(B) \subseteq A$ donc $A \in \mathscr{F}$,

- si $A \in \mathscr{F}$: $\exists n \geqslant 0$ $X_n \subseteq A$, or $X_n = f(B)$ avec $B = \{n, n+1, \ldots\}$, d'où $B \in I(\mathbb{N})$ et $f(B) \subseteq A$: $A \in \mathscr{G}$.

4) *a*) On a la suite d'équivalences : [le filtre élémentaire $\mathscr{F}$ associé à $(x_n)_{n \geqslant 0}$ converge vers x]

$\Longleftrightarrow \lim \mathscr{F} = x \Longleftrightarrow [\mathscr{F} \supseteq \mathscr{V}(x)] \Longleftrightarrow [\forall V \in \mathscr{V}(x), \exists n \geqslant 0 : X_n \subseteq V]$
$\Longleftrightarrow [\forall V \in \mathscr{V}(x)\ \exists n \geqslant 0 : \forall m \geqslant n\ x_m \in V] \Longleftrightarrow (x_n)$ converge vers x.

b) De même on a les équivalences : [le filtre $\mathscr{F}$ engendré par $f(\mathscr{V}(z))$ converge vers $f(z)$]

$\Longleftrightarrow [\mathscr{F} \supseteq \mathscr{V}(f(z))] \Longleftrightarrow [\forall V \in \mathscr{V}(f(z))\ \exists U \in \mathscr{V}(z) : f(U) \subseteq V]$
$\Longleftrightarrow [\forall V \in \mathscr{V}(f(z))\ \exists U \in \mathscr{V}(z) :\ U \subseteq f^{-1}(V)] \Longleftrightarrow [\forall V \in \mathscr{V}(f(z)),$
$f^{-1}(V) \in \mathscr{V}(z)] \Longleftrightarrow f$ continue en z.

2

1) *a*) Si $E = \varnothing$, $\mathscr{P}(E) = \{\varnothing\}$ et si $\mathscr{F}$ est un filtre sur E : $\mathscr{F} \neq \varnothing$ donc nécessairement $\varnothing \in \mathscr{F}$, contraire à l'axiome (F_3) : $\Phi_\varnothing$ est donc vide.

b) Si $E \neq \varnothing$, $\mathscr{F} = \{E\}$ est un filtre sur E : les axiomes (F_1) et (F_2) sont évidemment vérifiés, (F_3) aussi car $E \neq \varnothing$. C'est le plus petit filtre sur E, c'est-à-dire le moins fin : si $\mathscr{G}$ est un filtre sur E soit $A \in \mathscr{G}$; comme $A \subseteq E$: $(F_1) \Longrightarrow E \in \mathscr{G}$ donc $\mathscr{F} \subseteq \mathscr{G}$ $\mathscr{P}(E)$ n'est pas un filtre car $\varnothing \in \mathscr{P}(E)$.

c) Soit $(\mathscr{F}_i)_{i \in I}$ une famille totalement ordonnée de filtres sur E; $\mathscr{F} = \bigcup_{i \in I} \mathscr{F}_i$ est un filtre sur E :

(F_1) si $A \in \mathscr{F}$ et $A \subseteq B$: $\exists i \in I$ $A \in \mathscr{F}_i$ et $A \subseteq B$, d'où $B \in \mathscr{F}_i$ et $B \in \mathscr{F}$,
(F_2) si $A, B \in \mathscr{F}$: $\exists i, j \in I$, $A \in \mathscr{F}_i$, $B \in \mathscr{F}_j$; $(\mathscr{F}_i)_{i \in I}$ étant une chaîne :

ou bien $\mathscr{F}_i \subseteq \mathscr{F}_j$, ou bien $\mathscr{F}_j \subseteq \mathscr{F}_i$, donc $A, B \in \mathscr{F}_i$ ou $A, B \in \mathscr{F}_j$, i.e. : $A \cap B \in \mathscr{F}_i$ ou $A \cap B \in \mathscr{F}_j$, d'où $A \cap B \in \mathscr{F}$,

(F_3) si on avait $\varnothing \in \mathscr{F}$, $\exists i \in I : \varnothing \in \mathscr{F}_i$ impossible.

2) On sait que $\mathscr{U}$ converge vers x équivaut à $\mathscr{U} \supseteq \mathscr{V}(x)$

si $\mathscr{U}$ converge vers x : soit $U \in \mathscr{U}$ et soit $V \in \mathscr{V}(x)$: $V \in \mathscr{U}$ donc $U \cap V \in \mathscr{U}$ d'où $U \cap V \neq \varnothing$ et $x \in \overline{U}$,

si x est adhérent à $\mathscr{U}$: soit $V \in \mathscr{V}(x)$; on a $V \in \mathscr{U}$ sinon ($\mathscr{U}$ étant un ultrafiltre) on aurait $\complement V \in \mathscr{U}$, or $x \notin \overline{\complement V}$ car $V \cap \complement V = \varnothing$.

3) *a*) Pour F_1 :

(F_1) $[A \in F_1,\ A \subseteq B] \Longrightarrow [\sqrt{2} \in A \subseteq B] \Longrightarrow [\sqrt{2} \in B] \Longrightarrow [B \in F_1]$
(F_2) *idem*
(F_3) évident.

Pour F_2 : démonstration analogue.

Pour B :

(B_1) si A, $B \in \mathscr{B}$: $A =]x, +\infty[$, $B =]y, +\infty[$ donc $A \cap B =]z, +\infty[$ avec $z = \max\{x, y\}$,
(B_2) évident.

$\mathscr{B}$ n'est pas un filtre car $]0, +\infty[\subseteq \{-1\} \cup]0, +\infty[\notin \mathscr{B}$: (F_1) non vérifié.

3) *b*) • F_1 est un ultrafiltre car $\forall A \in \mathscr{P}(\mathbb{R})$ ou bien $\sqrt{2} \in A$, donc $A \in F_1$, ou bien $\sqrt{2} \notin A$ donc $\sqrt{2} \in \complement A$ et $\complement A \in F_1$.

- $F_2 \subseteq F_1$ car si $A \in F_2$: $\sqrt{2}, \sqrt{3} \in A$ donc $\sqrt{2} \in A$ et $A \in F_1$.
- F_1 est convergent vers $\sqrt{2}$ car $\sqrt{2}$ est adhérent évidemment à F_1.
- F_2 n'est pas convergent : pour tout $x \in \mathbb{R}$ il existe au moins un voisinage V de x ne contenant pas $\sqrt{2}$ et $\sqrt{3}$ à la fois, alors $V \in \mathscr{V}(x)$ et $V \notin F_2$: $\mathscr{V}(x) \subsetneq F_2$ pour tout $x \in \mathbb{R}$.

c) F_3 n'est pas un ultrafiltre : $\mathbb{Z} \in \mathscr{P}(\mathbb{R})$ mais $\mathbb{Z} \notin F_3$ et $\complement\mathbb{Z} \notin F_3$. F_3 non convergent : $\forall x \in \mathbb{R}$ $]x-1, x+1[\in \mathscr{V}(x)$ et $]x-1, x+1[\notin F_3$.

d) Soit $x \in \mathbb{R}$: x n'est pas adhérent à $\mathscr{U}$ car

$$U =]x+1, +\infty[\in F_3 \subseteq \mathscr{U} \quad \text{et} \quad x \notin \overline{U} = [x+1, +\infty[.$$

3

1) *a*) Axiome (B_1) : $\exists A_1 \in \mathscr{B}$, $A_1 \subseteq B_1 \cap B_2$; de nouveau : $\exists A_2 \in \mathscr{B}$, $A_2 \subseteq A_1 \cap B_3$, etc... $\exists A_{n-1} \in \mathscr{B}$ $A_{n-1} \subseteq A_{n-2} \cap B_n \subseteq B_1 \cap B_2 \ldots \cap B_n$. Donc $A_{n-1} = A \subseteq \bigcap_1^n B_i$. Soit $\mathscr{G}$ le filtre engendré par $\{A\}$ qui est une base de filtre évidente :

si $U \in \mathscr{G}$: $A \subseteq U$ or $A \in \mathscr{B}$ donc $U \in \mathscr{F}$,

si $U \in \mathscr{F}$: $\exists B_i \in \mathscr{B}$ $B_i \subseteq U$ donc $A = \bigcap_1^n B_i \subseteq U$ et $U \in \mathscr{G}$.

b) Soit $\mathscr{F}$ un filtre : $\mathscr{F} = \{F_1, \ldots, F_m\}$ en particulier $\mathscr{F}$ est une base du filtre $\mathscr{F}$ et d'après *a*) $\mathscr{F} = \mathscr{P}(A)$ avec $A = \bigcap_1^m F_i$.

2) *a*)

(F_1) $[V \in \mathscr{F}_A, V \subseteq B] \Longrightarrow [V \cup A \in \mathscr{F}] \Longrightarrow [B \cup A \in \mathscr{F}] \Longrightarrow [B \in \mathscr{F}_A]$
(F_2) *idem*
(F_3) si $\varnothing \in \mathscr{F}_A$: $\varnothing \cup A = A \in \mathscr{F}$ contraire à l'hypothèse.

$\mathscr{F}_A$ est plus fin que $\mathscr{F}$: si $U \in \mathscr{F}$, $U \cup A \in \mathscr{F}$, donc $U \in \mathscr{F}_A$. Donc $\mathscr{F} \subseteq \mathscr{F}_A$ comme $\mathscr{F}$ est un ultrafiltre : $\mathscr{F}_A = \mathscr{F}$; en particulier : $\complement A \in \mathscr{F}_A$ car $\complement A \cup A = X \in \mathscr{F}$ donc $\complement A \in \mathscr{F}$.

b) Soit $\mathscr{G} \supseteq \mathscr{F}$: si $M \in \mathscr{G}$ on a $M \in \mathscr{F}$ car sinon $\complement M \in \mathscr{F} \subseteq \mathscr{G}$ d'où $M \cap \complement M = \varnothing \in \mathscr{G}$ impossible car $\mathscr{G}$ est un filtre. Donc $\mathscr{G} = \mathscr{F}$.

3) *a*) $\mathscr{P}(\{x\})$ est le filtre engendré par $\{\{x\}\}$: $A \in \mathscr{P}(\{x\})$ si et seulement si $x \in A$. D'après la caractérisation de 2) $\mathscr{P}(\{x\})$ est évidemment un ultrafiltre.

b) Si X est fini tout filtre sur X est de la forme $\mathscr{P}(A)$ d'après 1). Supposons que $\mathscr{P}(A)$ soit un ultrafiltre : $\forall U \in \mathscr{P}(X)$ $U \in \mathscr{P}(A)$ ou $\complement U \in \mathscr{P}(A)$; si A avait au moins deux éléments *a* et *b* on aurait

$$U = \{a\} \notin \mathscr{P}(A) \qquad \text{et} \qquad \complement U \notin \mathscr{P}(A)$$

car $a \notin \complement U$. Donc A est réduit à un élément.

c) Il résulte de 3 *a*) et 3 *b*) que sur un ensemble fini tout ultrafiltre est trivial. On a donc si X est fini :

les filtres sont les $\mathscr{P}(A)$, $A \neq \varnothing$, $A \subseteq X$,
les ultrafiltres sont les $\mathscr{P}(\{a\})$ $a \in X$.

d) Si $X = \{a, b, c\}$ on a le treillis suivant :

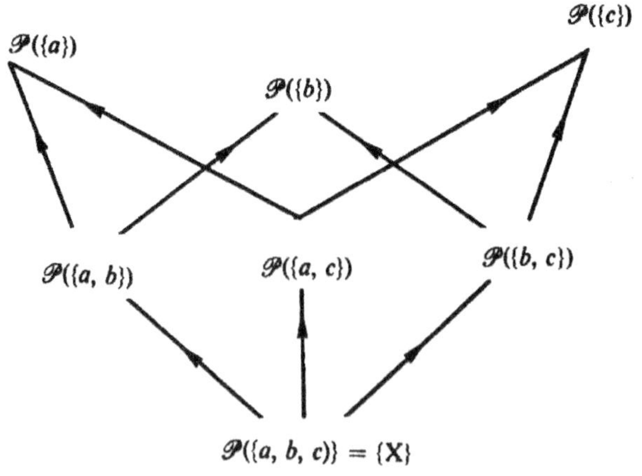

4) *a*) Par exemple $A = 2\mathbb{N} \notin I(\mathbb{N})$ et $\complement A = \{1, 3, 5, \ldots\} \notin I(\mathbb{N})$.

$I(\mathbb{N}) \nsubseteq \mathscr{P}(\{n\})$

pour tout $n \in \mathbb{N}$ car $A = \{n+1, n+2, \ldots\} \in I(\mathbb{N})$ et $n \notin A$. Il existe donc sur $\mathbb{N}$ un ultrafiltre non trivial au moins : tout ultrafiltre plus fin que $I(\mathbb{N})$.

b) Pour $\mathscr{P}(3\mathbb{N})$: $A = 2\mathbb{N} \notin \mathscr{P}(3\mathbb{N})$ et $\complement A \notin \mathscr{P}(3\mathbb{N})$ par exemple.

Pour $\mathscr{P}(2\mathbb{N})$: $A = \{0\} \notin \mathscr{P}(2\mathbb{N})$ et $\complement A \notin \mathscr{P}(2\mathbb{N})$ par exemple.

Ils ne sont évidemment pas comparables :

$3\mathbb{N} \in \mathscr{P}(3\mathbb{N}),\ 3\mathbb{N} \notin \mathscr{P}(2\mathbb{N})$
$2\mathbb{N} \in \mathscr{P}(2\mathbb{N}),\ 2\mathbb{N} \notin \mathscr{P}(3\mathbb{N})$.

c) On a évidemment $\mathscr{P}(3\mathbb{N}) \subseteq \mathscr{P}(6\mathbb{N})$ et $\mathscr{P}(2\mathbb{N}) \subseteq \mathscr{P}(6\mathbb{N})$ et si

$\mathscr{F} \supseteq \mathscr{P}(3\mathbb{N})$ et $\mathscr{F} \supseteq \mathscr{P}(2\mathbb{N})$

soit $A \in \mathscr{P}(6\mathbb{N})$: $6\mathbb{N} \subseteq A$; or $6\mathbb{N} = 2\mathbb{N} \cap 3\mathbb{N}$ et : $2\mathbb{N} \in \mathscr{F}$, $3\mathbb{N} \in \mathscr{F}$ d'où $6\mathbb{N} \in \mathscr{F}$ et $A \in \mathscr{F}$.

4

1) *a*) Vérifications immédiates.

b) $\mathscr{V}(a) = \{\{a\}, \{a, b\}, \{a, c\}, \{a, d\}, \{a, b, c\}, \{a, b, d\}, \{a, c, d\}, X\}$
$\mathscr{V}(b) = \{\{b\}, \{b, a\}, \{b, c\}, \{b, d\}, \{b, a, c\}, \{b, a, d\}, \{b, c, d\}, X\}$
$\mathscr{V}(c) = \{\{b, c, d\}, X\}$
$\mathscr{V}(d) = \{\{b, c, d\}, X\}$

c) $\mathscr{V}(x) = \{\{x\}, \{x, y\}, \{x, z\}, \{x, t\}, \{x, y, z\}, \{x, y, t\}, \{x, z, t\}, Y\}$
$\mathscr{V}(y) = \{\{x, y\}, \{x, y, z\}, \{x, y, t\}, Y\}$
$\mathscr{V}(z) = \{\{x, y, z\}, Y\}$
$\mathscr{V}(t) = \{Y\}$

d) $f^{-1}(\mathscr{V}(x)) = \{\{a, b\}, \{a, b, c\}, \{a, b, d\}, X\}$
$f^{-1}(\mathscr{V}(y)) = \{\{a, b, c\}, X\}$ $f^{-1}(\mathscr{V}(b)) = \{X\}$

e) La propriété 1) s'exprime aussi par : f continue en $x \iff$

$[f^{-1}(\mathscr{V}(f(x)) \subseteq \mathscr{V}(x)]$
continuité en $a \iff f^{-1}(\mathscr{V}(x)) \subseteq \mathscr{V}(a)$ réalisée
continuité en $b \iff f^{-1}(\mathscr{V}(x)) \subseteq \mathscr{V}(b)$ réalisée
continuité en $c \iff f^{-1}(\mathscr{V}(y)) \subseteq \mathscr{V}(c)$ non réalisée
continuité en $d \iff f^{-1}(\mathscr{V}(t)) \subseteq \mathscr{V}(d)$ réalisée.

f) • g est discontinue en $f(d) = t$ car $\{b, c, d\} \in \mathscr{V}(g(t))$ et

$g^{-1}(\{b, c, d\}) = \{x, y, t\} \notin \mathscr{V}(t)$

• $g \circ f$ est continue en d :

$(g \circ f)^{-1}(X) = X \in \mathscr{V}(d)$
$(g \circ f)^{-1}(\{b, c, d\}) = X \in \mathscr{V}(d)$

• continuité de $g \circ f$ en a : oui car $\forall V \in \mathscr{V}(b)$, $b = g \circ f(a)$, on a

$(g \circ f)^{-1}(V) \supseteq \{a\}$ et $\mathscr{V}(a) = \{A \subseteq X, a \in A\}$,

• continuité de $g \circ f$ en b : oui même remarque pour $\mathscr{V}(b)$,
• continuité de $g \circ f$ en c : $(g \circ f)^{-1}(\{b, c, d\}) = X \in \mathscr{V}(c)$ continue
$g \circ f$ est donc continue sur X.

2) *a*) Par hypothèse :

si $V \in \mathscr{V}(f(x_0))$ on a $f^{-1}(V) \in \mathscr{V}(x_0)$ et
si $W \in \mathscr{V}(g \circ f(x_0))$ on a $g^{-1}(W) \in \mathscr{V}(f(x_0))$

donc si $W \in \mathscr{V}(g \circ f(x_0))$,

$g^{-1}(W) \in \mathscr{V}(f(x_0))$ et $f^{-1}(g^{-1}(W)) = (g \circ f)^{-1}(W) \in \mathscr{V}(x_0)$

i.e. $g \circ f$ est continue en x_0.

b) En choisissant $(X, \mathscr{O})$ et $(Y, \mathscr{U})$ comme en 2) et en prenant $Z = X$, $\mathscr{W} = \mathscr{O}$ avec f et g comme en 2) on a $g \circ f$ continu en d, f continue en d mais g discontinue en $f(d) = t$.

5

1) *a*) Si χ_A est continue en x : soit V un voisinage de $\chi_A(x)$ dans $\mathbb{R}$ ne contenant pas O si $\chi_A(x) = 1$, ne contenant pas 1 si $\chi_A(x) = 0$; alors

$\chi_A^{-1}(V) = \chi_A^{-1}(\chi_A(x))$ est égal soit à A soit à $\complement A$ et est un voisinage de x donc on a : soit $A \in \mathscr{V}(x)$, soit $\complement A \in \mathscr{V}(x)$ d'où : soit $x \notin \overline{\complement A}$ dans le premier cas, soit $x \notin \overline{A}$ dans le second cas (car $A \cap \complement A = \varnothing$) d'où

$x \notin \overline{A} \cap \overline{\complement A} = \mathrm{Fr}\,(A)$,

si $x \notin \mathrm{Fr}\,(A)$: supposons $x \in A$ alors $x \in \overline{A} \Longrightarrow x \notin \overline{\complement A} \Longrightarrow \exists V \in \mathscr{V}(x)$: $V \cap \complement A = \varnothing$ i.e. $V \subseteq A$; soit U un voisinage de $\chi_A(x) = 1$: si $0 \in U$ on a $\chi_A^{-1}(U) = X \in \mathscr{V}(x)$; si $0 \notin U$ on a $\chi_A^{-1}(U) = A \in \mathscr{V}(x)$ car $V \subseteq A$ et $V \in \mathscr{V}(x)$; même raisonnement si $x \in \complement A$.

b)
$[\chi_A$ continue sur $X] \Longleftrightarrow [\forall x \in X : \chi_A$ continue en $x] \Longleftrightarrow [\mathrm{Fr}\,(A) = \varnothing]$

i.e. : $\overline{A} \cap \complement \mathring{A} = \varnothing$ i.e. : $\overline{A} \subseteq \mathring{A}$ i.e. : $A = \overline{A} = \mathring{A}$. Donc χ_A continue équivaut à A ouverte et fermée.

c) à la condition : $\forall A \in \mathscr{P}(X)$ A est ouverte et fermée i.e. X est discret.

2) *a*) Évident car $\mathscr{V}(a) = \mathscr{V}(b) = \{X\}$.

b) conséquence immédiate de 1) *a*).

c) f est l'application constante $x \longmapsto 1$ qui est continue, de même pour g.

3) *a*) En effet $\mathrm{Fr}\,(A) = X$,

b) de même $\mathrm{Fr}\,(\complement A) = \mathrm{Fr}\,(A) = X$,

c) $f = \chi_A | A$ est continue car $f(x) = 1$ pour tout $x \in A$; si $V \in \mathscr{V}(1)$ $f^{-1}(V) = A \in \mathscr{V}(x)$ pour tout $x \in A$; de même pour $\chi_{\complement A} | \complement A$.

6

1) *a*) $\Longrightarrow$ *b*) soit $U \in \mathscr{U}$: ou bien $f^{-1}(U) = \varnothing \in \mathscr{O}$, ou bien $f^{-1}(U) \neq \varnothing$: si $x \in f^{-1}(U)$, $f(x) \in U$, donc $U \in \mathscr{V}(f(x))$ car $U \in \mathscr{U}$, d'où :

$f^{-1}(U) \in \mathscr{V}(x)$

et ceci pour tout $x \in f^{-1}(U)$; donc $f^{-1}(U) \in \mathcal{O}$,

$b) \Longrightarrow c)$ évident,

$c) \Longrightarrow a)$ soit $V \in \mathcal{V}(f(x))$ donc $\exists U \in \mathcal{U}\ f(x) \in U \subseteq V$ et $U = \bigcup_{i \in I} B_i$, $B_i \in \mathcal{B}$ et il existe $i \in I : f(x) \in B_i \subseteq U \subseteq V$; alors $f^{-1}(B_i) \in \mathcal{O}$ et l'on a $x \in f^{-1}(B_i) \subseteq f^{-1}(V)$ donc $f^{-1}(V) \in \mathcal{V}(x)$.

Ex. : une base d'ouverts de $\mathbb{R}$ est $\mathcal{B} = \{]x, y[\}_{x, y \in \mathbb{R}}$. Pour $]x, y[\in \mathcal{B}$ calculons $f^{-1}(]x, y[)$:

- si $y \leqslant 0$ $f^{-1}(]x, y[) = \varnothing$ ouvert,
- si $y > 0$ et $x \leqslant 0$ $f^{-1}(]x, y[) =]-\sqrt{y}, +\sqrt{y}[$ ouvert de la base,
- si $y > 0$ et $x > 0$ $f^{-1}(]x, y[) =]-\sqrt{y}, -\sqrt{x}[\cup]\sqrt{x}, \sqrt{y}[$ ouvert

non dans la base. Donc f est continue sur $\mathbb{R}$.

Si $A = \mathbb{R}^+ = \{x \in \mathbb{R}, x \geqslant 0\} = [0, +\infty[$ A n'est pas ouvert mais

$$f^{-1}(A) = \mathbb{R}$$

est ouvert.

Si $B = \mathbb{R}$: B est ouvert, $f(B) = [0, +\infty[$ n'est pas ouvert.

2) $b) \Longleftrightarrow d)$ évident puisque : $[U \in \mathcal{U}] \Longleftrightarrow [\complement U$ fermé$]$ et que $f^{-1}(\complement A) = \complement f^{-1}(A)$.

$a) \Longrightarrow e)$ si $z \in f(\overline{A}) : z = f(x)$, $x \in \overline{A}$; soit $V \in \mathcal{V}(z)$ d'où

$$f^{-1}(V) \in \mathcal{V}(x)$$

car f continue, donc $f^{-1}(V) \cap A \neq \varnothing$ et $f[f^{-1}(V) \cap A] \neq \varnothing$, or

$$f[f^{-1}(V) \cap A] \subseteq ff^{-1}(V) \cap f(A) \subseteq V \cap A$$

donc $V \cap A \neq \varnothing$ et $z \in \overline{A}$,

$e) \Longrightarrow d)$ si F est fermé dans Y appliquons $e)$ avec $A = f^{-1}(F)$: $f[\overline{f^{-1}(F)}] \subseteq \overline{ff^{-1}(F)}$ or $\overline{ff^{-1}(F)} \subseteq \overline{F} = F$ donc $f[\overline{f^{-1}(F)}] \subseteq F$ d'où

$$\overline{f^{-1}(F)} \subseteq f^{-1}(F)$$

i.e. $f^{-1}(F)$ est fermé dans X.

Ex. 1 $f^{-1}(F) = [0, \frac{\pi}{2}[$ est bien fermé dans $[0, \frac{\pi}{2}[$, mais il est aussi ouvert !

f est continue car $f^{-1}(]x, y[) =]\text{Arctg}\, x, \text{Arctg}\, y[$ est ouvert dans $]0, \frac{\pi}{2}[$, pour $x > 0$.

Ex. 2 On calcule

$$
\begin{aligned}
f^{-1}(]x, y[) &= \varnothing \quad \text{si} \quad y \leqslant 0 \\
&= [0, \frac{y}{1-y}[\quad \text{si} \quad 0 < y < 1 \ \text{et} \ x < 0 \\
&=]\frac{x}{1-x}, \frac{y}{1-y}[\quad \text{si} \quad 0 < y < 1 \ \text{et} \ x \geqslant 0 \ (\text{et } x < y) \\
&= [0, +\infty[\quad \text{si} \quad y \geqslant 1 \ \text{et} \ x < 0 \\
&=]\frac{x}{1-x}, +\infty[\quad \text{si} \quad y \geqslant 1 \ \text{et} \ 0 \leqslant x < 1 \\
&= \varnothing \quad \text{si} \quad y \geqslant 1 \ \text{et} \ x \geqslant 1
\end{aligned}
$$

et l'on voit que dans chaque cas on trouve un ouvert de $[0, +\infty[$. En choisissant $A =]0, +\infty[$ on a

$$\overline{A} = [0, +\infty[, \quad f(\overline{A}) = [0, 1[\neq \overline{f(A)} = \overline{]0, 1[} = [0, 1[.$$

3) *a*) Immédiat : $\forall U$ ouvert $1_x^{-1}(U) = U$ est ouvert,

b) si $f : (X, \mathcal{O}) \to (Y, \mathcal{U})$ avec $f(x) = a$ pour tout $x \in X$, soit $U \in \mathcal{U}$: si $a \in U$ $f^{-1}(U) = X \in \mathcal{O}$, si $a \notin U$ $f^{-1}(U) = \varnothing \in \mathcal{O}$,

c) si $U \in \mathcal{U}$: $f_A^{-1}(U) = f^{-1}(U) \cap A$ ouvert de A car $f^{-1}(U)$ est un ouvert de X.

Ex. : $f_A = f|A$ est continue car constante (3 *b*)) : $f(x) = 1$; f n'est pas continue car $f^{-1}\left(]\frac{1}{2}, \frac{3}{2}[\right) = A$ n'est pas ouvert dans $\mathbb{R}$. Remarquons que $f_A^{-1}\left(]\frac{1}{2}, \frac{3}{2}[\right) = A$ est ouvert dans A.

7

1) *a*) Rappelons que $(x_n)_{n \geqslant 0}$ converge vers x si le filtre élémentaire associé à $(x_n)_{n \geqslant 0}$ (rappels § 3) converge vers x, ou bien (Ex. II. 1, question 4) si $\forall V \in \mathcal{V}(x)$ $\exists n \geqslant 0 : m \geqslant n \Longrightarrow x_m \in V$. Si X est grossier et $(x_n)_{n \geqslant 0}$ $x_n \in X$ on a pour tout $x \in X$: $\mathcal{V}(x) = \{X\}$ d'où la convergence vers x.

b) Si X est discret et $(x_n)_{n \geqslant 0}$ converge vers x, comme $\{x\} \in \mathcal{V}(x)$, il existe $n \geqslant 0$ tel que : $m \geqslant n \Longrightarrow x_m \in \{x\}$ i.e. $m \geqslant n \Longrightarrow x_m = x$ donc la suite est stationnaire. Une suite stationnaire est toujours convergente : si $\forall n \geq n_0 : x_n = x_{n_0} = x$ on a $\forall V \in \mathcal{V}(x)$ et $\forall n \geq n_0 : x_n \in V$.

c) (O_1) $\varnothing \in \mathcal{O}$ par hypothèse, $X \in \mathcal{O}$ car $\complement X = \varnothing$ est dénombrable,

(O_2) si $A_1, \ldots, A_n \in \mathcal{O}$:

$$\text{card } \complement \bigcap_1^n A_i = \text{card } \bigcup_1^n \complement A_i \leq \sum_1^n \text{card } \complement A_i \leq n \text{ card } \mathbb{N} = \text{card } \mathbb{N},$$

(O_3) immédiat.

Si $(x_n)_{n\geq 0}$ converge vers x, soit $A = \{x_n, x_n \neq x\}$; on a card A $\leq$ card $\mathbb{N}$ donc $\complement A \in \mathcal{O}$ et $x \in \complement A$ donc $\complement A \in \mathcal{V}(x)$ donc $\exists n_0, \forall n \geq n_0\ x_n \in \complement A$, d'où $\exists n_0\ \forall n \geq n_0\ x_n = x$ donc la suite est stationnaire.

d) En effet $\forall V \in \mathcal{V}(x)$, $\exists n_0 : [n \geq n_0 \Longrightarrow x_n \in V]$ donc en particulier $x_{n_0} \in V \cap A : x \in \overline{A}$.

2) *a*) Soit $(y_n)_{n\geq 0}$ convergente vers x_0 : $\forall V \in \mathcal{V}(f(x_0)) : f^{-1}(V) \in \mathcal{V}(x_0)$ donc $\exists n : \forall m \geq n\ y_m \in f^{-1}(V)$, donc $\forall m \geq n\ f(y_m) \in V$ i.e. $(f(y_n))_{n\geq 0}$ converge vers $f(x_0)$,

b) si $\lim y_n = x_0$ la suite est stationnaire donc la suite $(f(y_n))_{n\geq 0}$ aussi et comme $\forall n \geq n_0\ y_n = x_0$ on a $\forall n \geq n_0\ f(y_n) = f(x_0)$ et $(f(y_n))_{n\geq 0}$ converge vers $f(x_0)$,

c) f vérifie $[SC]_x$ pour tout x d'après 2 *b*) mais f n'est pas continue car $f^{-1}(]0,1[) =]0, 1[$ n'est pas ouvert pour la topologie $\mathcal{D}$ puisque $\complement]0, 1[$ n'est pas dénombrable. Pour $x \in \mathbb{R}$ soit $]x - 1, x + 1[$ qui est un voisinage de x pour $\mathcal{T}_0$; on a $f^{-1}(]x - 1, n + 1[) =]x - 1, x + 1[$ qui n'est pas un voisinage de x pour $\mathcal{D}$ (sinon $\exists A \subseteq]x - 1, x + 1[$ avec $\complement A$ dénombrable d'où $\complement]x - 1, x + 1[$ dénombrable, ce qui est faux). Ce phénomène ne se serait pas produit si $\mathcal{D}$ avait vérifié 1. A.D. (voir Pr II, 2 p. 65).

8

1) Pour tout ouvert U de Y, $f^{-1}(U) \in \mathcal{P}(X)$ est donc un ouvert de X.

2) Les ouverts de Y sont Y et $\varnothing$: $f^{-1}(Y) = X$ et $f^{-1}(\varnothing) = \varnothing$ sont toujours ouverts.

3) Pour tout $x \in X$ soit $f_x : X \to \mathbb{R}$ avec $f_x(x) = 1, f_x(y) = 0$ pour $y \neq x$; f_x étant continue et $\left]\frac{1}{2}, \frac{3}{2}\right[$ un voisinage de $f_x(x) = 1$:

$$f_n^{-1}\left(\left]\frac{1}{2}, \frac{3}{2}\right[\right) = \{x\}$$

est un voisinage de x donc est ouvert. Ainsi X est discret.

4) *a*) $f^{-1}([\![1, x]\!]) = [0, E(x-1)] \in \mathcal{O}$ où $E(x)$ désigne la partie entière de x. On remarquera que $\mathcal{O}'$ est une base d'ouverts, alors que $\mathcal{O}$ est une famille d'ouverts.

b) On a évidemment $\mathcal{O}_0 \subseteq \mathcal{O}$ donc $\mathfrak{T}_0 \subseteq \mathfrak{T}$. L'inclusion est d'ailleurs stricte car $\{0\} \in \mathcal{O}$ et $\{0\} \notin \mathcal{O}_0$; f n'est pas continue car $f^{-1}([\![1, 1]\!]) = \{0\} \notin \mathcal{O}_0$

c) $\mathcal{O}' \subseteq \mathcal{O}'_0$ donc $\mathfrak{T}' \leqslant \mathfrak{T}'_0$; f n'est pas continue car $f^{-1}([\![2, 2]\!]) = \{1\} \notin \mathcal{O}$.

5) *a*) Si U est ouvert pour $\mathfrak{T}'$, $f^{-1}(U)$ est ouvert pour $\mathfrak{T}$ donc pour $\mathfrak{T}_1$. Si $\mathfrak{T}_1 \leqslant \mathfrak{T}$, f peut encore être continue, mais elle peut ne pas l'être, exemple : 4 *b*).

b) Si U est ouvert pour $\mathfrak{T}'_1$, U est ouvert pour $\mathfrak{T}'$ donc $f^{-1}(U)$ est ouvert pour $\mathfrak{T}$. Si $\mathfrak{T}' \leqslant \mathfrak{T}'_1$, f peut devenir discontinue, exemple : 4 *c*).

6) Par hypothèse il existe U ouvert pour $\mathfrak{T}'$ tel que $f^{-1}(U)$ ne soit pas ouvert pour $\mathfrak{T}$,

a) si $\mathfrak{T}_1 \leqslant \mathfrak{T}$, $f^{-1}(U)$ ne peut être ouvert pour $\mathfrak{T}_1$, sinon il le serait pour $\mathfrak{T}$ donc on ne peut avoir continuité. Si $\mathfrak{T} \leqslant \mathfrak{T}_1$ f peut devenir continue, exemple : 4 *b*),

b) U étant ouvert pour $\mathfrak{T}'$ l'est pour $\mathfrak{T}'_1$ et $f^{-1}(U)$ n'est pas ouvert pour $\mathfrak{T}$ d'où la non continuité. Si $\mathfrak{T}'_1 \leqslant \mathfrak{T}'$ f peut devenir continue, exemple : 4 *c*).

7) *a*) $\Longrightarrow$ *b*) : évident.

b) $\Longrightarrow$ *a*) : soit U un voisinage ouvert de $f(a)$ pour $\mathcal{S}$, $U = V \cap V'$ où V (resp V') est un voisinage ouvert de $f(a)$ pour $\mathfrak{T}$ (resp $\mathfrak{T}'$) (Pr. I. 2, question II, 1) donc $f^{-1}(U) = f^{-1}(V) \cap f^{-1}(V')$ est un voisinage de a.

8) *a*) $\Longrightarrow$ *b*) évident,

b) $\Longrightarrow$ *a*) : soit U un voisinage ouvert de $f(a)$, donc $f^{-1}(U)$ est un voisinage ouvert de a pour $\mathfrak{T}$ et $\mathfrak{T}'$; il est donc ouvert pour $\mathfrak{J}$ (Pr. I. 2, question II, 1) et c'est alors un voisinage de a pour $\mathfrak{J}$.

9

1) Rappelons que f est ouverte (Rappels § 3) si : $[U \in \mathcal{O} \Longrightarrow f(U) \in \mathcal{U}]$,

- si f est ouverte : $\forall x \in \mathring{A}$ on a $f(x) \in f(\mathring{A}) \subseteq f(A)$, or $\mathring{A} \in \mathcal{O}$ donc

$f(\mathring{A}) \in \mathcal{U}$ et $f(A) \in \mathcal{V}(f(x)) \Longrightarrow f(x) \in \widehat{f(A)}^{\circ}$.

Donc $f(\mathring{A}) \subseteq \widehat{f(A)}^{\circ}$,

- réciproquement soit $U \in \mathcal{O}$: $\mathring{U} = U$ et $f(\mathring{U}) = f(U) \subseteq \widehat{f(U)}^{\circ}$ donc $f(U)$ est ouvert.

2) f est fermée (Rappels § 3) si : [U fermé de X $\Longrightarrow f(U)$ fermé de Y].

- si f est fermée : soit $x \in \overline{f(A)}$ donc $\forall V \in \mathcal{V}(x)$ $V \cap f(A) \neq \varnothing$; or $f(A) \subseteq f(\overline{A})$, donc $\forall V \in \mathcal{V}(x)$ $V \cap f(\overline{A}) \neq \varnothing$, d'où $x \in \overline{f(\overline{A})} = f(\overline{A})$ car : $\overline{A}$ est fermé donc $f(\overline{A})$ est fermé.

On peut aussi remarquer que $\overline{f(A)}$ est le plus petit fermé contenant $f(A)$ et que $f(\overline{A})$ est un fermé contenant $f(A)$,

- réciproquement si U est fermé $\overline{U} = U$ et $f(U) = f(\overline{U}) \supseteq \overline{f(U)}$ donc $f(U)$ est fermé.

3) • f n'est pas ouverte car $f(]-\pi, +\pi[) = [-1, +1]$ n'est pas ouvert.

• g n'est pas ouverte car $g(\mathbb{R}) = [0, +\infty[$ n'est pas ouvert.

4) • f est ouverte : les seuls ouverts de $\mathbb{R}$ sont $\varnothing$ et $\mathbb{R}$; $f(\varnothing) = \varnothing$, $f(\mathbb{R}) = \{-1, 0, +1\}$ sont des ouverts.

• f est fermée : même remarque; on peut aussi remarquer que $\forall A \in \mathbb{R}$ on a $f(A)$ ouvert et fermé pour la topologie discrète.

• f n'est pas continue : $\{0\}$ est ouvert pour $(\mathbb{R}, \mathcal{T}')$ et $f^{-1}(\{0\}) = \{0\}$ n'est pas ouvert pour $\mathcal{T}$.

5) • f est continue car constante.

• f est fermée : si F est fermé non vide on a $f(F) = \{0\}$ fermé, et $f(\varnothing) = \varnothing$ est fermé.

• f n'est pas ouverte : $U =]-1, 0[$ est ouvert mais $f(U) = \{0\}$ n'est pas ouvert.

6) • f est continue car constante.
• f n'est pas ouverte, car : $f(]0, 1[) = \{1\}$ non ouvert.
• f n'est pas fermée car $f([0, 1]) = \{1\}$ non fermé.

7) Si f est ouverte et V un voisinage ouvert de x, $f(V)$ est un ouvert contenant $f(x)$ donc c'est un voisinage de $f(x)$.

Réciproquement soit V un ouvert de X : si $V = \varnothing, f(V) = \varnothing$ est ouvert; si $V \neq \varnothing$ on a $\forall x \in V$, $V \in \mathcal{V}(x)$ donc : $\forall x \in V$, $f(V) \in \mathcal{V}(f(x))$ donc $f(V)$ est voisinage de chacun de ses points, c'est-à-dire est ouvert.

10

1) *a*) • f est continue : $f^{-1}(]x, y[) =]\text{Arctg}\, x, \text{Arctg}\, y[$ est un ouvert de $]-\frac{\pi}{2}, +\frac{\pi}{2}[$.

• f est bijective : l'application réciproque est $x \longmapsto \text{Arctg}\, x$.
• f^{-1} est continue : $(f^{-1})^{-1}(]x, y[) =]\text{tg}\, x, \text{tg}\, y[$ est ouvert dans $\mathbb{R}$.

b) • g est continue : $g^{-1}(]x, y[) =]\frac{x}{\pi} + \frac{1}{2}, \frac{y}{\pi} + \frac{1}{2}[$.

• g est bijective : la réciproque est $x \longmapsto \frac{x}{\pi} + \frac{1}{2}$.

• g^{-1} est continue : $(g^{-1})^{-1}(]x, y[) =]\pi x - \frac{\pi}{2}, \pi y - \frac{\pi}{2}[$.

c) $f \circ g$: $]0, 1[\to \mathbb{R}$ composé de deux homéomorphismes est un homéomorphisme.

2) • f est évidemment bijective.
• f est continue : on remarque que $\mathcal{U} \subseteq \mathcal{O}$ et $\forall U \in \mathcal{U} : f^{-1}(U) = U \in \mathcal{O}$.
• f n'est pas un homéomorphisme car $f^{-1} = 1_X : (X, \mathcal{U}) \to (X, \mathcal{O})$ n'est pas continue : $(f^{-1})^{-1}(\{1\}) = \{1\}$ n'est pas ouvert pour $\mathcal{U}$.

Autre exemple f : $(X, \mathcal{O}) \to (X, \mathcal{U})$ avec $f(0) = 1, f(1) = 0, f(2) = 2$, $f(3) = 3$ est bijective, continue et non un homéomorphisme.

3) *a*) Dire que 1_X est continue équivaut à : U ouvert pour $\mathcal{T}' \Longrightarrow$ U ouvert pour $\mathcal{T}$, c'est-à-dire à $\mathcal{T}' \leqslant \mathcal{T}$.

b) Si 1_X est un homéomorphisme : $\mathcal{T}' \leqslant \mathcal{T}$ et $\mathcal{T} \leqslant \mathcal{T}' \Longrightarrow \mathcal{T}' = \mathcal{T}$ et réciproquement.

4) Si U est un ouvert pour $\mathcal{T}$, $i^{-1}(U) = U \cap A$ est ouvert pour $\mathcal{T}_A$.

5) Soit $g =]-1, +1[\to \mathbb{R}$ définie par $g(x) = \frac{x}{1-|x|}$. On vérifie que $g \circ f = 1_{\mathbb{R}}$ et $f \circ g = 1_{]-1,+1[}$, ce qui montre que f est bijective.

- f est continue : $f^{-1}(]a, b[\cap]-1, +1[) =]\frac{a'}{1-|a'|}, \frac{b'}{1-|b'|}[$ avec $a' = \max\{-1, a\}$, $b' = \min\{1, b\}$ et la convention $\frac{-1}{0} = -\infty$, $\frac{+1}{0} = +\infty$. C'est donc un ouvert de $\mathbb{R}$.
- g est continue : $g^{-1}(]a, b[) =]\frac{a}{1+|a|}, \frac{b}{1+|b|}[$.

11

1) • Tout ouvert élémentaire est un ouvert : soit $A = \prod_{i \in I} A_i$, avec $A_i = X_i$ et $A_{i_1} \in \mathcal{O}_{i_1}, \ldots, A_{i_n} \in \mathcal{O}_{i_n}$; on a $A = \bigcap_{k=1}^{n} p_{i_k}^{-1}(A_{i_k}) \in \mathcal{O}$,

• tout ouvert est réunion d'ouverts élémentaires : si $A \in \mathcal{O}$, on a $A = \bigcup_{\lambda \in L} V_\lambda$ avec $V_\lambda = \bigcap_{k=1}^{n} p_{i_k}^{-1}(U_{i_k})$ où $U_{i_k} \in \mathcal{O}_{i_k}$; il suffit de montrer que chaque V_λ est réunion d'ouverts élémentaires; or $\bigcap_{k=1}^{n} p_{i_k}^{-1}(U_{i_k})$ est l'ouvert élémentaire $\prod_{i \in I} A_i$ avec $A_i = X_i$ sauf pour les indices $i_1, \ldots, i_n$ où $A_{i_k} = U_{i_k} \in \mathcal{O}_{i_k}$.

Autrement dit la base $\mathcal{B}$ formée des ouverts élémentaires est exactement la base déduite de l'ensemble $\mathcal{A}$ de II. Rappels § 4.

2) Lorsque I est fini un ouvert élémentaire est plus simplement $\prod_{i \in I} A_i$, où $\forall_i \in I$ $A_i \in \mathcal{O}_i$.

3) Les éléments de $\mathcal{B}'$ sont des ouverts élémentaires, et si $A = \prod_{i \in I} A_i$ est un ouvert élémentaire avec $A_{i_1} \in \mathcal{O}_{i_1}, \ldots, A_{i_n} \in \mathcal{O}_{i_n}$ on a, puisque $\mathcal{B}_{i_k}$ est une base de $\mathcal{O}_{i_k}$: $A_{i_1} = \bigcup_{\lambda_1 \in \Lambda_1} C_{\lambda_1}, \ldots, A_{i_n} = \bigcup_{\lambda_n \in \Lambda_n} C_{\lambda_n}$, avec $C_{\lambda_j} = \mathcal{B}_{i_j}$

pour tout $\lambda_j \in \Lambda_j$ d'où $A = \bigcup_{(\lambda_1, \ldots, \lambda_n) \in \Lambda_1 \times \cdots \times \Lambda_n} C_{\lambda_1, \ldots, \lambda_n}$ où

$$C_{\lambda_1, \ldots, \lambda_n} = \prod_{i \in I} C^i_{\lambda_1, \ldots, \lambda_n}$$

avec $C^i_{\lambda_1, \ldots, \lambda_n} = X_i$ sauf pour les indices $i_1, \ldots, i_n$ pour lesquels :

$$C^{i_k}_{\lambda_1, \ldots, \lambda_n} = C_{\lambda_k} \in \mathscr{B}_{i_k};$$

et chaque $C_{\lambda_1, \ldots, \lambda_n}$ est un élément de $\mathscr{B}'$. Tout ouvert élémentaire est donc réunion d'éléments de $\mathscr{B}'$, *a fortiori* tout ouvert est réunion d'éléments de $\mathscr{B}'$.

4) Un élément de $\mathscr{B}'$ est de la forme $]x, y[\times]z, t[$ avec $x, y, z, t \in \mathbb{R}$ (ou bien $x, y, z, t \in \mathbb{Q}$).

5) Une base de la topologie discrète sur X_1 est $\mathscr{B}_1 = \{\{x\}\}_{x \in X_1}$.

Une base de la topologie grossière sur X_2 est $\mathscr{B}_2 = \{\varnothing, X_2\}$.

D'où $\mathscr{B}' = \{\{x\} \times X_2\}_{x \in X_1}$ et la topologie produit est discrète si et seulement si X_2 est réduit à un élément, grossière si et seulement si X_1 est réduit à un élément, donc en général ni grossière ni discrète.

6) Si $X = \prod_{i \in I} X_i$ avec X_i grossier on a $\mathscr{B}' = \{\varnothing, X\}$ donc X est grossier.

Si $X = \prod_{i=1}^{n} X_i$ avec X_i discret on a $B' = \left\{\prod_{i=1}^{n} \{x_i\}\right\}_{(x_1, \ldots, x_n) \in X} = \{\{x\}\}_{x \in X}$ donc X est discret.

7) A est réduit à un élément, s'il était ouvert ce serait donc un ouvert élémentaire ce qui n'est pas le cas puisque $A = \prod_{n \in \mathbb{N}} A_n$ avec $A_n = \{0\}$ pour tout n, alors qu'on devrait avoir A_n réduit à un élément seulement pour un nombre fini d'indices. Ainsi un produit infini d'espaces discrets n'est pas discret en général.

12

1) Évident puisque si $U_j \in \mathscr{O}_j$: $p_j^{-1}(U_j) \in \mathscr{A}$ (II. Rappels, § 4).

2) Posons pour $z \in Z$ $f(z) = (f_i(z))_{i \in I} \in \Pi X_i$. Pour montrer que f

est continue, il suffit de montrer que $f^{-1}(\mathrm{U})$ est ouvert lorsque U est un ouvert élémentaire (Ex. II. 11, Ex. II. 6, question 1 *c*)) : soit $\mathrm{U} = \bigcap_{k=1}^{n} p_{jk}^{-1}(\mathrm{U}_k)$, $\mathrm{U}_k \in \mathcal{O}_{jk}$;

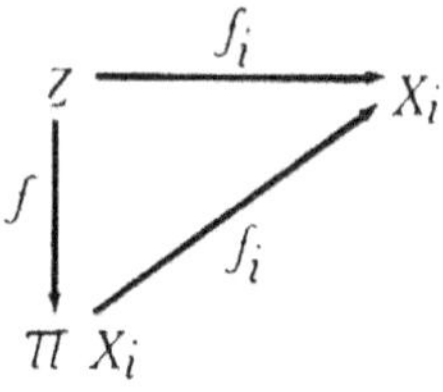

$$f^{-1}(\mathrm{U}) = \bigcap_{k=1}^{n} f^{-1}(p_{jk}^{-1}(\mathrm{U}_k))$$
$$= \bigcap_{k=1}^{n} (p_{jk} \circ f)^{-1}(\mathrm{U}_k) = \bigcap_{k=1}^{n} f_{jk}^{-1}(\mathrm{U}_k)$$

car il est immédiat que : $\forall i \in \mathrm{I}\ p_i \circ f = f_i$; or les f_{jk} sont continues donc $f_{jk}^{-1}(\mathrm{U}_k)$ est ouvert et $f^{-1}(\mathrm{U})$ aussi.

f est unique puisque si : $\forall i \in \mathrm{I}\ p_i \circ g = f_i = p_i \circ f$, on a $g(z) = (z_i)_{i \in \mathrm{I}}$ avec $z_i = p_i \circ g(z) = f_i(z)$, d'où $g(z) = (f_i(z))_{i \in \mathrm{I}} = f(z)$.

3) En appliquant la propriété [P] du couple $(\Pi \mathrm{X}_i, (p_j))$ au couple $(\mathrm{P}, (f_j))$: il existe $f : \mathrm{P} \to \Pi \mathrm{X}_i$ unique et continue telle que $\forall_i \in \mathrm{I}\ p_i \circ f = f_i$. En appliquant [P] du couple $(\mathrm{P}, (f_j))$ au couple $(\Pi \mathrm{X}_i, (p_j))$: il existe $g : \Pi \mathrm{X}_i \to \mathrm{P}$ unique et continue telle que $\forall i \in \mathrm{I}\ f_i \circ g = p_i$. D'où $\forall i \in \mathrm{I}$ $f_i \circ (g \circ f) = (f_i \circ g) \circ f = p_i \circ f = f_i$ et de même $p_i \circ (f \circ g) = p_i$. Or il existe d'après [P] une application continue unique $\sigma : \mathrm{P} \to \mathrm{P}$ telle que $\forall_i \in \mathrm{I} : f_i \circ \sigma = f_i$; c'est $\sigma = 1_{\mathrm{P}}$; $g \circ f$ ayant cette propriété on a donc $g \circ f = 1_{\mathrm{P}}$. Et de même $f \circ g = 1_{\Pi \mathrm{X}_i}$; ceci montre que $f : \mathrm{P} \to \Pi \mathrm{X}_i$ est bijective, continue et que sa réciproque g est continue, d'où l'homéomorphisme.

4) Soit $\mathfrak{G}$ la topologie produit, et soit $\mathfrak{G}'$ rendant les p_j continues. Si $\mathrm{U} = \bigcap_{k=1}^{n} p_{jk}^{-1}(\mathrm{U}_k)$ est un ouvert élémentaire, $\forall k = 1, \ldots, n : p_{jk}^{-1}(\mathrm{U}_k)$ est ouvert pour $\mathfrak{G}'$ donc U aussi. Donc $\mathfrak{G} \leqslant \mathfrak{G}'$.

13

1) *a*) (O_1) $\varnothing \in \mathcal{U}$ car $f^{-1}(\varnothing) = \varnothing \in \mathcal{O}$; $\mathrm{X} \in \mathcal{U}$ car $f^{-1}(\mathrm{Y}) = \mathrm{X} \in \mathcal{O}$,

(O_2) si $\mathrm{U}_i \in \mathcal{U}$ pour $i = 1, \ldots, n$ $f^{-1}\left(\bigcap_1^n \mathrm{U}_i\right) = \bigcap_1^n f^{-1}(\mathrm{U}_i) \in \mathcal{O}$ donc $\bigcap_1^n \mathrm{U}_i \in \mathcal{U}$,

(O_3) si $\mathrm{U}_i \in \mathcal{U}$ pour $i \in \mathrm{I}$, $f^{-1}\left(\bigcup_{i \in \mathrm{I}} \mathrm{U}_i\right) = \bigcup_{i \in \mathrm{I}} f^{-1}(\mathrm{U}_i) \in \mathcal{O}$.

b) évident,

c) si U est ouvert pour $\mathcal{T}'$, $f^{-1}(U)$ est ouvert pour $\mathcal{T}$, donc U est ouvert pour $\mathcal{T}_f$,

d) [A fermé $\Longrightarrow f^{-1}(A)$ fermé] car f est continue. Si $f^{-1}(A)$ est fermé, $\complement f^{-1}(A) = f^{-1}(\complement A)$ est ouvert donc $\complement A$ est ouvert et A est fermé.

2) *a*) C'est la topologie grossière.

b) • Si $f(x) = a$ pour tout x, soit U un ouvert pour $\mathcal{T}_f$: si $a \in U$ $f^{-1}(U) = X$, si $a \notin U$ $f^{-1}(U) = \varnothing$; donc toute partie de Y est ouverte pour $\mathcal{T}_f$ qui est la topologie discrète.

• Si X est discret on a encore $\mathcal{T}_f$ discrète.

c) En effet si $y \in \complement f(X)$ on a $f^{-1}(\{y\}) = \varnothing$ ouvert donc $\{y\}$ est ouvert : $\mathcal{T}_f$ induit donc sur $\complement f(X)$ la topologie discrète; $f(X)$ est ouvert et fermé car $f^{-1}f(X) = X$ est ouvert et fermé.

d) Si f injective, soit $A \in \mathcal{O}$ $f(A)$ est ouvert car $f^{-1}f(A) = A$ (f étant injective); soit F fermé dans X, $f(F)$ est fermé car $f^{-1}f(F) = F$ et d'après la question 1 *d*).

e) Si f est bijective, f est injective donc ouverte i.e. : f^{-1} continue; donc f est un homéomorphisme.

3) Immédiat : il suffit de remarquer que $p^{-1}p(A) = \bigcup_{x \in A} p(x)$.

4) *a*) Pour R ouverte le résultat découle de la question 3). Pour R fermée on peut raisonner de façon analogue ou remarquer que $F \subseteq E/R$ est fermé si et seulement si $r^{-1}(F)$ est fermé dans E.

b) En effet on définit $\tilde{f} : E/R \to F$ par $\tilde{f}(r(x)) = f(x)$.

• $\tilde{f}$ est bien définie car si $r(x) = r(y)$, $x R y$, donc $f(x) = f(y)$; et l'on a : $\tilde{f} \circ r = f$.

• $\tilde{f}$ est continue : soit V un ouvert de F; pour que $\tilde{f}^{-1}(V)$ soit ouvert il faut et il suffit que $r^{-1}(\tilde{f}^{-1}(V)) = f^{-1}(V)$ soit ouvert dans E, ce qui est vrai puisque f est continue.

• $\tilde{f}$ est unique car si $g(r(x)) = f(x)$ on a $g(r(x)) = \tilde{f}(r(x))$ donc $g = \tilde{f}$.

c) Il suffit de poser $\varphi(f) = \tilde{f}$. L'injectivité de φ résulte de l'unicité de $\tilde{f}$; φ est surjective car si $g : E/R \to F$, $g = \varphi(g \circ r)$.

d) Si f est ouverte, soit V un ouvert de E/R, donc $r^{-1}(V)$ est ouvert dans E et $f(r^{-1}(V))$ est ouvert dans F. Or

$$(r^{-1}(V)) = \tilde{f} \circ r(r^{-1}(V)) = \tilde{f}(V)$$

d'où le résultat.

Même raisonnement si f est fermée.

14*

1) • $\mathbb{C} = \bigcup_{z \in \mathbb{C}} \mathcal{B}(z, 1)$,

• si $t \in \mathcal{B}(z, r) \cap \mathcal{B}(z', r')$ on a $t \in \mathcal{B}(t, s) \subseteq \mathcal{B}(z, r) \cap \mathcal{B}(z', r')$ avec $s = \min \{r - |z - t|, r' - |z' - t|\}$.

2) *a*) si $(x', y') \in \left]x - \frac{r}{\sqrt{2}}, x + \frac{r}{\sqrt{2}}\right[\times \left]y - \frac{r}{\sqrt{2}}, y + \frac{r}{\sqrt{2}}\right[$ on a

$$|x' - x| < \frac{r}{\sqrt{2}} \text{ et } |y' - y| < \frac{r}{\sqrt{2}}.$$

D'où, en posant $z' = x' + iy'$: $|z' - z| = \sqrt{(x' - x)^2 + (y' - y)^2} < r$,

b) il suffit de prendre $s = \min \{r, r'\}$: si $|z' - z| < s$ avec $z' = x' + iy'$ on a $|x' - x| \leqslant |z - z'| < r$ et $|y' - y| \leqslant |z - z'| < r'$, donc $(x', y') \in V$,

c) si V est un voisinage de z pour la topologie de base B, V contient un ouvert de base $\mathcal{B}(z, r)$ donc d'après *a*) V est un voisinage de z pour la topologie produit.

Réciproquement si V est un voisinage de z pour la topologie produit, V contient un ouvert de base de la forme $]a, b[\times]c, d[$, qui contient z ; ce dernier ouvert contient de façon évidente un ouvert de la forme

$$]x - r, x + r[\times]y - r, y + r[$$

et l'on est ramené à *b*).

3) On vérifiera aisément que $f^{-1} = g$ est définie par $g(z) = \dfrac{z}{1 - |z|}$.

4) *a*) En effet $|z| \leqslant |z-t| + |t|$ d'où $|z| - |t| \leqslant |z-t|$ et de même $|t| \leqslant |t-z| + |z|$, d'où $|t| - |z| \leqslant |t-z| = |z-t|$. Donc

$$||z| - |t|| \leqslant |z-t|.$$

D'autre part $|t|z| - z|t|| = |t|z| - z|z| + z|z| - z|t||$

$$= ||t-z)|z| + z(|z| - |t|)|$$
$$\leqslant |z|\,|t-z| + |z|\,||z| - |t|| \leqslant 2|z|.|t-z|.$$

b) Si $|t-z| < \rho$ on a

$$|f(t) - f(z)| = \left|\frac{t}{1+|t|} - \frac{z}{1+|z|}\right| = \left|\frac{t-z+t|z|-z|t|}{(1+|b|)(1+|z|)}\right|$$
$$\leqslant |t-z+t|z|-z|t|| \leqslant |t-z| + 2|z|\,|t-z|$$
$$\leqslant |t-z|(1+2|z|) < r.$$

Ceci signifie que f est continue en z pour tout z.

5) *a*) Si $|t-z| < \rho$ on a $|t-z| < \dfrac{1-|z|}{2}$; or $|t| - |z| \leqslant |t-z|$ (question 4 *a*)), $|t| < |z| + \dfrac{1-|z|}{2} = 1 - \dfrac{1-|z|}{2}$ et $\dfrac{1-|z|}{2} < 1 - |t|$,

b) $|a-b-a|b|+b|a|| = |a-b-a|b|+b|b|-b|b|+b|a||$

$$= |(a-b)(1-|b|) + b(|a|-|b|)|$$
$$\leqslant |a-b|(1-|b|) + |b|\,|a-b| = |a-b|,$$

c) si $|t-z| < \rho$,

$$|g(t) - g(z)| = \left|\frac{t-z-t|z|-z|t|}{(1-|t|)(1-|z|)}\right| \leqslant \frac{|t-z|}{(1-|t|)(1-|z|)}.$$

Or (question 5 *a*)) $\dfrac{1}{1-|t|} < \dfrac{2}{1-|z|}$, donc $|g(t) - g(z)| < \dfrac{2.\rho}{(1-|z|)^2} \leqslant r$.
Ceci démontre la continuité de g au point z, pour tout $z \in B_2$.

6) f et f^{-1} étant continues, f est un homéomorphisme.

Remarque : en notation exponentielle on a $f(\rho e^{i\theta}) = \dfrac{\rho}{1+\rho} e^{i\theta}$ et l'on voit que f est une sorte de prolongement de l'homéomorphisme $x \longmapsto \dfrac{x}{1+|x|}$ de $\mathbb{R}$ sur $]-1, +1[$ (Ex. II. 10) dans « chaque direction ». Voir aussi Ex. III. 18, question 3.

15*

1) $\mathcal{C}$ est moins fine que $\mathcal{C}_0$ car $\forall x : \mathcal{W}(x) \subseteq \mathcal{V}(x)$. Elle est même strictement moins fine car $]-1, +1[\in \mathcal{V}(0)$ mais $]-1, +1[\notin \mathcal{W}(0)$.

2) *a*) Seule la continuité au point O n'est pas immédiate : soit V un voisinage de $f(0) = (0, 0)$; V contient un ouvert de base $]a, b[\times]c, d[$ contenant $(0, 0)$, et l'on peut supposer que $b < 2$ et $d < 1$; alors :
$$f^{-1}(V) =]a, b[\cup \left\{x \in \mathbb{R},\ x > 2 \text{ et } \frac{x-2}{1+\left(\frac{x}{2}-1\right)^2} < d\right\} =]a, b[\cup U \text{ ; or}$$
$x \in U$ équivaut à : $x > 2$ et $d\frac{x^2}{4} - x(d+1) + 2d > 0$ c'est-à-dire à $x > A = \max\{2, \alpha\}$ où α désigne la plus grande racine du trinôme. Donc $f^{-1}(V) =]a, b[\cup]A, +\infty[\in \mathcal{W}(0)$.

b) $f\left(]-1, -\frac{1}{2}[\right) =]-1, -\frac{1}{2}[\times \{0\}$ n'est pas ouvert dans $\mathbb{R}^2$.

3) La continuité de $\tilde{f}$ résulte immédiatement de celle de f. Pour montrer que $\tilde{f}$ est ouverte, montrons que : $V \in \mathcal{W}(x) \Longrightarrow f(V) \in \mathcal{V}(f(x))$:

- si $x \neq 0$: $V \supseteq]a, b[$ tel que $x \in]a, b[$ et $0 \notin]a, b[$; alors $f(]a, b[)$ est l'arc de la courbe Γ, arc ouvert allant de $f(a)$ à $f(b)$,
- si $x = 0$: $V \supseteq]a, b[\cup]A, +\infty[= W$ avec $a < 0 < b$. On peut supposer $b < 1$ et A assez grand pour que, si $f(A) =]\alpha, \beta[$, on ait $\alpha < b$; alors $\tilde{f}(W) = (]a, b[\times]-1, \beta[) \cap \Gamma$ est un ouvert de Γ :

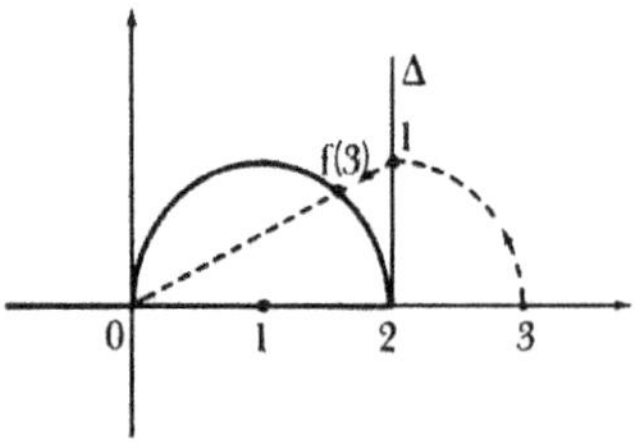

$\tilde{f}$ étant bijective, il en résulte que c'est un homéomorphisme. On peut donc interpréter la figure Γ comme étant $\mathbb{R}$ muni d'une certaine topologie.

4) En effet tout voisinage de O contient un intervalle $]A, +\infty[$ donc tous les x_n pour $n > A$. On peut « voir » ce phénomène sur la courbe Γ où les x_n sont sur le demi-cercle ; l'homéomorphisme $\tilde{f}$ courbe $\mathbb{R}$ en « soudant le zéro et l'infini » (d'après une idée de A. Koestler).

16*

1) • $U = \left[0, \frac{1}{2}\right[$ est ouvert dans I, mais $r(U)$ n'est pas ouvert car $r^{-1}r(U) = \left[0, \frac{1}{2}\right[\cup \{1\}$ n'est pas ouvert dans I.

• Le saturé d'un fermé F est F si $0, 1 \notin F$, sinon c'est $F \cup \{0, 1\}$ qui est encore fermé.

2) La continuité de f résulte de celle de $z \longmapsto e^z$. Comme

$f(0) = f(1) = 1$

on a $f \in \mathscr{C}_R(I, S^1)$ donc (Ex. II. 13) admet un prolongement continu unique $\tilde{f} : I/R \to S^1$ avec $\tilde{f} \circ r = f$. De plus $\tilde{f}$ est bijective car $f(0) = f(1)$ est le seul cas où $f(x) = f(y)$ avec $x \neq y$ donc $\tilde{f}$ est injective; la surjectivité est immédiate.

Le passage au quotient I/R peut s'interpréter comme un recollement de 0 et 1. C'est ce qu'exprime géométriquement $\tilde{f}$ qui courbe le segment I sur lui-même et soude les extrémités. Mais cette transformation trouvera sa justification et son intérêt lorsqu'on aura démontré que $\tilde{f}$ est un homéomorphisme (Ex. III. 17).

3) *a*) Le saturé d'un ouvert U est $U + \mathbb{Z} = \bigcup_{n \in \mathbb{Z}} U + n$ où $U + n = \{x + n,\ x \in U\}$.

Or $f_n : \mathbb{R} \to \mathbb{R}$ définie par $f_n(x) = x + n$ est un homéomorphisme donc $f_n(U) = U + n$ est ouvert, d'où le résultat.

b) i est fermée puisque I est fermé dans $\mathbb{R}$.

c) On a $p^{-1}(q(F)) = \bigcup_{n \in \mathbb{Z}} F_n$. Pour $x \in \mathbb{R}$, il existe n tel que $n \leqslant x \leqslant n + 1$.

Si $x \notin \bigcup F_n$ en particulier $x \notin F_{n-1}$, $x \notin F_n$, $x \notin F_{n+1}$ qui sont fermés (car f_{n-1}, f_n, f_{n+1} sont des homéomorphismes) d'où un voisinage U de x ne coupant pas ces trois ensembles. Alors soit $V = U \cap \left]x - 1, x + 1\right[$ qui a cette même propriété; de plus si $z \in V$, $x - 1 < z < x + 1$ donc

$n - 1 < z < n + 2.$

Soit F_p avec $p \geqslant n+2$: si $z \in F_p$ on a $z = z' + p$ avec $z' \in F$, d'où $z' \in I$ et $z' \geqslant 0$; donc $z \geqslant p \geqslant n+2$ et $z \notin V$ ce qui montre que $F_p \cap V = \varnothing$ pour $p \geqslant n+2$. Un raisonnement analogue montre que $F_p \cap V = \varnothing$ pour $p \leqslant n-2$. D'où $V \cap \bigcup F_n = \varnothing$ et $x \notin \overline{p^{-1}(q(F))}$. Ceci démontre que q est fermée.

d) $q \in \mathscr{C}_R(I, \mathbb{R}/\mathbb{Z})$ car $q(0) = q(1)$ donc admet un prolongement $\tilde{q}$: $I/\{0, 1\} \to \mathbb{R}/\mathbb{Z}$ qui est continue et fermée puisque q est fermée (Ex. II. 13). Or $\tilde{q}$ est injective et si $p(x) \in \mathbb{R}/\mathbb{Z}$ il existe un entier n tel que $y = x + n \in I$, donc $p(y) = p(x) = q(y) = \tilde{q} \circ r(y)$. Donc $\tilde{q}$ est bijective continue et fermée et c'est un homéomorphisme (puisque : $\tilde{q}$ fermée $\Longleftrightarrow$ $\tilde{q}^{-1}$ continue).

4) En effet si $f: \mathbb{R} \to F$ est continue 1-périodique, on a $f \in \mathscr{C}_{\mathbb{Z}}(\mathbb{R}, F)$ et réciproquement, d'où la bijection (Ex. II. 13).

1

I

1) (F_1) Si $M \cup \{\omega\} \in \mathscr{F}'$ et $M \cup \{\omega\} \subseteq N$: $N = M' \cup \{\omega\}$ avec

$M \subseteq M' \subseteq X$,
$M \in \mathscr{F}$, donc $M' \in \mathscr{F}$ et $N \in \mathscr{F}'$,
(F_2) *idem*, (F_3) évident.

2) Il s'agit de vérifier les axiomes (V_1) à (V_4) de l'ex. I. 3,

(V_1) si $x \in X$ évident; si $x = \omega$ c'est l'axiome (F_1) pour $\mathscr{F}'$,
(V_2) si $x \in X$ évident; si $x = \omega$ c'est l'axiome (F_2) pour $\mathscr{F}'$,
(V_3) évident,
(V_4) si $x \in X$ et $A \in \mathscr{V}(x)$, soit $B = A \cap X$: $\forall y \in B\ A \in \mathscr{V}(y)$,
si $x = \omega$ et $A \in \mathscr{V}(\omega)$, $A = M \cup \{\omega\}$, $M \in \mathscr{F}$ soit $B = A$ et $y \in B$:
si $y \in X$, $M \in \mathscr{V}(y) \Longrightarrow A \in \mathscr{V}(y)$,
si $y = \omega$, $A \in \mathscr{V}(\omega)$.

3) Il suffit de montrer que $\omega \in \overline{X}$ ce qui est évident car $\varnothing \notin \mathscr{F}$.

4) Si $\mathscr{T}(\mathscr{F}) \leqslant \mathscr{T}_1$ soit $\mathscr{V}_1(\omega)$ l'ensemble des voisinages de ω pour $\mathscr{T}_1$; donc $\mathscr{V}(\omega) \subseteq \mathscr{V}_1(\omega)$. Soit $\mathscr{F}_1 = \{A \subseteq X,\ A \cup \{\omega\} \in \mathscr{V}_1(\omega)\}$. Deux cas :

- ou bien $\varnothing \in \mathscr{F}_1$, alors $\{\omega\} \in \mathscr{V}_1(\omega)$ et $\mathscr{T}_1$ est discrète,
- ou bien $\varnothing \notin \mathscr{F}_1$ alors $\mathscr{F}_1$ est un filtre, plus fin que $\mathscr{F}$ car

$\mathscr{V}_1(\omega) \supseteq \mathscr{V}(\omega)$;

soit alors $\mathscr{V}'(x)$ l'ensemble des voisinages de x pour $\mathscr{T}(\mathscr{F}_1)$: si $x \in X$

$\mathscr{V}'(x) = \mathscr{V}_1(x)$;

si $x = \omega$: $\mathscr{V}'(\omega) = \mathscr{F}_1' = \mathscr{V}_1(\omega)$ donc $\mathscr{T}(\mathscr{F}_1) = \mathscr{T}_1$.

Réciproquement : si $\mathscr{T}_1$ est discrète ou $\mathscr{T}_1 = \mathscr{T}(\mathscr{F}_1)$ avec $\mathscr{F}_1 \supseteq \mathscr{F}$ alors $\mathscr{T}_1 \geqslant \mathscr{T}$; évident si $\mathscr{T}$ est discrète; si $\mathscr{F} \subseteq \mathscr{F}_1$ on a $\mathscr{T}(\mathscr{F}) \leqslant \mathscr{T}(\mathscr{F}_1)$ d'où le résultat.

II

1) $\theta(\mathcal{T}) \neq \varnothing$ car $\mathcal{T} \in \theta(\mathcal{T})$; si $(\mathcal{T}_i)_{i \in I}$ est une chaîne, soit

$\mathcal{B} = \{U \subseteq X, \exists i \in I : U \text{ ouvert pour } \mathcal{T}_i\}$.

On a $X = \bigcup_{U \in \mathcal{B}} U$ et si U, $V \in \mathcal{B}$, U ouvert pour $\mathcal{T}_i$, V pour $\mathcal{T}_j$, comme $\mathcal{T}_i \leqslant \mathcal{T}_j$ ou $\mathcal{T}_j \leqslant \mathcal{T}_i$, U et V sont ouverts pour $\mathcal{T}_k$, $k = i$ ou j, d'où $U \cap V \in \mathcal{B}$.

a) $\mathcal{T} \leqslant \mathcal{T}_i \leqslant \mathcal{T}'$, $\mathcal{T}'$ topologie engendrée par $\mathcal{B}$,

b) si $x \in X$ et V voisinage de x pour $\mathcal{T}'$, il existe $U \in \mathcal{B} : x \in U \subseteq V$, d'où U ouvert pour $\mathcal{T}_i$ et $U \cap A \neq \varnothing \Longrightarrow V \cap A \neq \varnothing$,

c) si U est ouvert de A pour $\mathcal{T}'_A$: $U = V \cap A$, avec V ouvert de X pour $\mathcal{T}'$, donc $V = \bigcup_{j \in J} V_j$ avec V_j ouvert de $\mathcal{T}_j$, donc $U = \bigcup_{j \in J} V_j \cap A$ avec $V_j \cap A$ ouvert de A pour $\mathcal{T}_{j_A}$ donc pour $\mathcal{T}$, d'où : U ouvert de A pour $\mathcal{T}_A$. Réciproque immédiate. D'où $\mathcal{T}_A = \mathcal{T}'_A$. Ainsi $\mathcal{T}' \in \theta(\mathcal{T})$ et $\forall i \in I$ $\mathcal{T}_i \leqslant \mathcal{T}$.

2) $\alpha) \Longrightarrow \beta)$ soit U ouvert pour $\mathcal{T}$, alors $U \cap A$ est ouvert pour $\mathcal{T}_A$; si $x \in U$, $x \in \overline{A} = X$ soit $V \in \mathcal{V}(x)$, donc $U \cap V \in \mathcal{V}(x)$, donc

$U \cap V \cap A \neq \varnothing$, c'est-à-dire : $V \cap (U \cap A) \neq \varnothing$ d'où $x \in \overline{U \cap A}$. Si $A \cap U$ est ouvert pour $\mathcal{T}_A$ et $U \subseteq \overline{A \cap U}$, notons $\mathcal{O}$ la famille des ouverts de $\mathcal{T}$, et soit $\mathcal{T}'$ la topologie engendrée par $\mathcal{O}$ et U : $\mathcal{T} \leqslant \mathcal{T}'$; A est dense pour $\mathcal{T}'$: $\mathcal{O} \cup \{V \cap U\}_{V \in \mathcal{O}}$ est une base d'ouverts de $\mathcal{T}'$; soit donc $x \in X$: si $x \in V$, $V \in \mathcal{O}$ on a $V \cap A \neq \varnothing$; et si $x \in V \cap U$, $V \in \mathcal{O}$ alors $x \in U$ et $V \in \mathcal{V}(x)$ donc $V \cap (A \cap U) = (V \cap U) \cap A \neq \varnothing$. $\mathcal{T}_A = \mathcal{T}'_A$ car $U \cap A$ est ouvert pour $\mathcal{T}_A$. Donc $\mathcal{T}' \in \theta(\mathcal{T})$ et $\mathcal{T}' = \mathcal{T}$, i.e. U ouvert pour $\mathcal{T}$.

$\beta) \Longrightarrow \alpha)$ soit $\mathcal{T}' \in \theta(\mathcal{T})$ et U ouvert pour $\mathcal{T}'$, donc $U \cap A$ ouvert pour $\mathcal{T}'_A$ donc pour $\mathcal{T}_A$; comme A est dense pour $\mathcal{T}'$ on a $U \subseteq \overline{A \cap U}_{\mathcal{T}'} \subseteq \overline{A \cap U}_{\mathcal{T}}$, ce qui montre que U est ouvert pour $\mathcal{T}$.

3) Soit $x \in \complement A$ et U un ouvert contenant x; posons $V = (U \cap A) \cup \{x\} \subseteq U$. On a :

- $V \cap A = U \cap A$ ouvert pour $\mathcal{T}_A$.
- $V \subseteq U \subseteq \overline{U \cap A} \subseteq \overline{V \cap A}$, donc (d'après II. 2)) V est ouvert pour $\mathcal{T}$ et $V \cap \complement A = \{x\}$ est ouvert dans $\complement A$.

A vérifie la condition β : $A \cap A$ ouvert A pour $\mathcal{T}_A$ et $A \subseteq \overline{A \cap A}$ entraîne : A est ouvert pour $\mathcal{T}$ donc $\complement A$ est fermé.

4) • Si $\mathscr{F}$ est un ultrafiltre on a $\overline{X} = X'$ pour $\mathcal{T}(\mathscr{F})$ (d'après I. 3); soit $\mathcal{T} \in \theta(\mathcal{T}(\mathscr{F}))$: donc $\mathcal{T} \geqslant \mathcal{T}(\mathscr{F})$, d'où (I. 4)) $\mathcal{T}$ est discrète ou $\mathcal{T} = \mathcal{T}(\mathscr{F}')$ avec $\mathscr{F}' \supseteq \mathscr{F}$ i.e. $\mathcal{T}$ discrète ou $\mathcal{T} = \mathcal{T}(\mathscr{F})$ car $\mathscr{F}$ est un ultrafiltre; or $\mathcal{T}$ ne peut être discrète, sinon $\{\omega\} \in \mathscr{V}(\omega)$ et $\{\omega\} \cap X = \varnothing$ entraînent : X non dense dans X' pour $\mathcal{T}$. Ainsi $\theta(\mathcal{T}(\mathscr{F})) = \{\mathcal{T}(\mathscr{F})\}$ et $\mathcal{T}(\mathscr{F})$ est X-maximale.

• si $\mathcal{T}(\mathscr{F})$ est X-maximale et si $\mathscr{F} \subseteq \mathscr{F}_1$, on a (I. 4) réciproque) $\mathcal{T}(\mathscr{F}) \leqslant \mathcal{T}(\mathscr{F}_1)$ comme X est dense dans X' pour $\mathcal{T}(\mathscr{F}_1)$ (I. 3) et

$$\mathcal{T}(\mathscr{F})_A = \mathcal{T}(\mathscr{F}_1)_A, \quad \mathcal{T}(\mathscr{F}_1) \in \theta(\mathcal{T}(\mathscr{F}))$$

i.e. $\mathcal{T}(\mathscr{F}_1) = \mathcal{T}(\mathscr{F})$ d'où $\mathscr{F}_1 = \mathscr{F}$ et $\mathscr{F}$ est un ultrafiltre.

2

I

1) Soit $(x_n)_{n\geqslant 0}$ convergente vers x : si $V \in \mathscr{V}(f(x))$, $f^{-1}(V) \in \mathscr{V}(x)$ car f est continue en x donc il existe n_0 tel que : $\forall n \geqslant n_0 \;\; x_n \in f^{-1}(V)$, d'où $\forall n \geqslant n_0 \; f(x_n) \in V$ d'où $(f(x_n))_{n\geqslant 0}$ converge vers $f(x)$.

2) *a*) Soit $\mathscr{B}(x) = \{U_n\}_{n\in\mathbb{N}}$ un système fondamental dénombrable de voisinages de x. On pose

$$V_0 = U_0, \quad V_1 = U_0 \cap U_1, \ldots, V_n = U_0 \cap U_1 \cap \cdots \cap U_n, \ldots$$

Pour tout n: $V_n = \bigcap_{i=0}^{n} U_i$ est un voisinage de x, et $V_{n+1} \subseteq V_n$ par construction. Si V est un voisinage de x, il existe $n \in \mathbb{N}$ tel que $x \in U_n \subseteq V$ donc

$$x \in V_n \subseteq U_n \subseteq V;$$

ainsi $\mathscr{F}(x) = \{V_n\}_{n\in\mathbb{N}}$ satisfait aux conditions requises.

b) si f vérifie $[SC]_x$ et n'est pas continue en x, il existe $V \in \mathscr{V}(f(x))$ tel que $f^{-1}(V) \notin \mathscr{V}(x)$ d'où $\forall n \in \mathbb{N} \;\; V_n \not\subseteq f^{-1}(V)$ i.e. : $\forall n \in \mathbb{N}$, $\exists x_n \in V_n$, $x_n \notin f^{-1}(V)$. La suite $(x_n)_{n\geqslant 0}$ converge vers x : $\forall W$ voisinage de x, $\exists n_0 \in \mathbb{N}$ $x \in V_{n_0} \subseteq W$ donc pour tout $n \geqslant n_0 \;\; x_n \in V_n \subseteq V_{n_0} \subseteq W$, d'où $\forall n \geqslant n_0$: $x_n \in W$. Mais la suite $f(x_n)$ ne converge pas vers $f(x)$ car $V \in \mathscr{V}(f(x))$ et $\forall n \in \mathbb{N} : f(x_n) \notin V$.

c) immédiat d'après *b*) car $\mathbb{R}$ satisfait (1.A.D.) :

$$\forall x \in \mathbb{R} : \left\{ \left]x - \frac{1}{n}, x + \frac{1}{n}\right[\right\}_{n>0}$$

est un système fondamental dénombrable de voisinages de x.

Remarque: *c*) est faux si la topologie ne vérifie pas 1. A.D. (voir Ex. II.7, page 54).

II

1) *a*) Soit U ouvert de E, donc $f(U)$ est ouvert de F, donc

$$g(f(U)) = (g \circ f)(U)$$

est ouvert dans G. De même si f et g sont fermées.

b) g est injective donc $g^{-1} \circ g(A) = A$ pour tout $A \subseteq F$. Soit U ouvert de E, donc $g \circ f(U)$ est ouvert de G, or g est continue :

$g^{-1}(g \circ f(U)) = f(U)$ est un ouvert de F.

De même si $g \circ f$ est fermée.

c) si U ouvert de F, $f^{-1}(U)$ ouvert de E donc $g \circ f(f^{-1}(U))$ ouvert de G. Or f est surjective donc : $ff^{-1}(U) = U$, donc $g(f \circ f^{-1}(U)) = g(U)$ ouvert de G. De même si $g \circ f$ est fermée.

2) *a*) Si U est ouvert pour $\mathcal{T}_f$: $f^{-1}(U)$ est ouvert dans E par définition de $\mathcal{T}_f$ donc $ff^{-1}(U)$ est ouvert de F (car f ouverte); or f est surjective, donc $ff^{-1}(U) = U$ est ouvert de F.

Si U est ouvert de F, $f^{-1}(U)$ est ouvert de E donc U ouvert pour $\mathcal{T}_f$.

Si f est fermée on raisonne avec les fermés de la même façon.

b) • Si g est continue, $g \circ f$ est continue puisque f l'est,

• si $g \circ f$ est continue, soit U un ouvert de G, donc $(g \circ f)^{-1}(U)$ est ouvert de E et $g^{-1}(f^{-1}(U))$ ouvert de E, i.e. : $f^{-1}(U)$ ouvert de F, car F est muni de $\mathcal{T}_f$.

Si $F = E/R$ et $f : E \to E/R$ est la surjection canonique on a donc : si $g \circ f$ ouverte (resp. fermée, continue), alors g ouverte (fermée, continue) par application de II. 1) *c*) et de ce qui précède.

3

1) Si $\overline{\mathring{A}} = \varnothing$ et $B \subseteq A$ on a $\mathring{\overline{B}} \subseteq \mathring{\overline{A}} = \varnothing$ donc B est rare.

2) Si $M = \bigcup_n R_n$, R_n rares, et si $N \subseteq \overline{M}$ on a $N \subseteq \overline{M} \subseteq \bigcup_n \overline{R}_n$ d'où $N = \bigcup_n N \cap \overline{R}_n$ et les $N \cap \overline{R}_n$ sont rares d'après 1). La seconde assertion est évidente.

3) Noter que les complémentaires des ouverts denses sont les fermés rares.

$a \Longrightarrow b$: car $F = \bigcup_n F_n$ est maigre (par définition) donc rare. Attention F n'est pas nécessairement fermé.

$b \Longrightarrow c$: $F_n = \complement U_n$ est un fermé rare donc $\bigcup F_n = \complement \bigcap_n U_n = \complement G$ est rare, i.e. $\complement \mathring{\overline{G}} = \varnothing$ d'où $\mathring{\overline{G}} = X$; a fortiori $G = \bigcap_n U_n$ est dense. Attention : $\bigcap_n U_n$ n'est pas nécessairement ouvert.

$c \Longrightarrow a$: soit $M = \bigcup_n R_n$, R_n rares : $\overline{M} \subseteq \bigcup \overline{R}_n$ i.e. $\complement \overline{M} \supseteq \bigcap_n \complement \overline{R}_n = \bigcap_n U_n$ où les $U_n = \complement \overline{R}_n$ sont des ouverts denses; donc $\bigcap_n U_n$ est dense et a fortiori $\complement \overline{M}$ aussi donc $\overline{M}$ est rare.

4) Pour $\mathscr{D}$: les fermés sont les parties (au plus) dénombrables donc sont d'intérieur vide, i.e. rares. Alors si les F_n sont des fermés rares $\bigcup_n F_n$ est dénombrable donc fermé et rare : $(\mathbb{R}, \mathscr{D})$ est un espace de Baire.

Pour $\mathscr{T}_d$: tout ouvert non vide est dense, et si $U_n = [\![n, +\infty[\![$ on a $\bigcap_n U_n = \varnothing$ non dense : $(\mathbb{R}, \mathscr{T}_d)$ n'est pas un espace de Baire.

5) Soit Ω un ouvert de l'espace de Baire X. Dire que les $U_n \subseteq \Omega$ sont ouverts denses de Ω signifie que les U_n sont ouverts dans X et que $\overline{U}_n \supseteq \Omega$ (voir Ex. I.9 p. 21) donc $\overline{U}_n \supseteq \overline{\Omega}$. Posons $U = \complement \overline{\Omega}$: alors les $V_n = U \cup U_n$ sont ouverts, et denses car $\overline{V}_n = \overline{U} \cup \overline{U}_n \supseteq \complement \overline{\Omega} \cup \overline{\Omega} = X$. Donc $\bigcap_n V_n$ est dense :

$$X = \overline{\bigcap_n V_n} = \overline{U \cup \bigcap_n U_n} = \overline{U} \cup \overline{\bigcap_n U_n}, \text{ d'où } \overline{\bigcap_n U_n} \supseteq \complement \overline{U} = \mathring{\overline{\Omega}} \supseteq \Omega$$

($\mathring{\overline{\Omega}} \supseteq \Omega$ car Ω est ouvert) et cela signifie que $\bigcap_n U_n$ est dense dans Ω.

Remarque: un sous-espace fermé d'un espace de Baire n'est pas nécessairement un espace de Baire.

CHAPITRE III

ESPACES SÉPARÉS, COMPACTS, CONNEXES

Indications

Les espaces connexes peuvent être traités indépendamment des espaces séparés et des espaces compacts.

Il est préférable d'étudier les Ex. II* avant les Ex. III* : les références utiles sont d'ailleurs toujours données dans les énoncés.

La notion d'espace compact est étudiée dans les Ex. III. 6 à Ex. III. 9; elle est fondamentale; en particulier le théorème de Weierstrass (Ex. III. 6) est d'utilité constante.

1. Espaces séparés

On dit qu'un espace topologique $(X, \mathcal{O})$ est *séparé*, ou un espace de *Hausdorff*, si : $\forall x, y \in X, \; x \neq y \Longrightarrow \exists V \in \mathcal{V}(x), \; \exists W \in \mathcal{V}(y) : \; V \cap W = \varnothing$ axiome de Hausdorff (ne pas confondre avec espace séparable : il existe une partie dénombrable partout dense).

* $\mathbb{Q}$ et $\mathbb{R}$ munis des topologies usuelles sont des espaces séparés.

2. Espaces compacts

Un espace topologique $(X, \mathcal{O})$ est un *espace compact* s'il est séparé et vérifie : *Axiome de Borel-Lebesgue :* de tout recouvrement ouvert de X

$$\left(\text{i.e. } X = \bigcup_{i \in I} V_i, \; V_i \in \mathcal{O}\right)$$

on peut extraire un recouvrement fini

$$\left(\text{i.e. } \exists V_{i_1}, V_{i_2}, \ldots, V_{i_n} : X = \bigcup_{k=1}^{n} V_{i_k}\right).$$

Une partie A d'un espace topologique $(X, \mathcal{O})$ est appelée *partie compacte* de X, ou *ensemble compact* si le sous-espace $(A, \mathcal{O}_A)$ est compact; *relativement compacte* si $\overline{A}$ est compact.

Dans un espace séparé tout sous-espace compact est fermé.

Dans un espace compact X les parties compactes sont les parties fermées de X.

Théorème de Heine-Borel : tout intervalle $[\![a, b]\!]$ de $\mathbb{R}$ est compact.

Théorème de Weierstrass : soit $f : E \to F$ continue, avec F séparé; si E est compact, $f(E)$ est compact.

Théorème de Tychonoff : tout produit d'espaces compacts est un espace compact.

Un espace topologique séparé X est *localement compact* si tout point possède un voisinage compact.

Tout espace compact est localement compact.

$\mathbb{R}$ et $\mathbb{C}$ sont localement compacts, mais non compacts.

Dans un espace localement compact tout point possède un système fondamental de voisinages compacts.

3. Espaces connexes

Un espace topologique X (non nécessairement séparé) est *connexe* si :

il n'existe pas de partition de X en deux ensembles ouverts ou, condition équivalente : $\varnothing$ et X sont les seules parties à la fois ouvertes et fermées.

Une partie A d'un espace topologique X est une *partie connexe*, ou *ensemble connexe*, si le sous-espace A est connexe.

Soit $x \in X$ espace topologique : la *composante connexe* de x, $C(x)$, est la réunion de toutes les parties connexes contenant x.

$C(x)$ est une partie connexe de X, et c'est la plus grande partie connexe contenant x.

Un espace X est *totalement discontinu* si : $\forall x \in X \; C(x) = \{x\}$.

$\mathbb{R}$ est connexe, $\mathbb{Q}$ est totalement discontinu.

Les parties connexes de $\mathbb{R}$ sont les intervalles : $]x, y[$, $]x, y]$, $[x, y[$, $[x, y]$, $[x, +\infty[$, $]x, +\infty[$, $]-\infty, x[$, $]-\infty, x[$.

Théorème de Bolzano : si $f : E \to F$ est continue, avec E connexe, alors $f(E)$ est connexe.

Tout produit d'espaces connexes est connexe.

Un espace topologique X est *localement connexe* si : tout point possède un système fondamental de voisinages connexes (ne pas confondre avec localement compact où il suffit que chaque point possède un voisinage compact).

$\mathbb{R}$ est localement connexe.

Soit $(X, \mathcal{O})$ un espace topologique, et soient a, b deux points de X : une application $\gamma : [0, 1] \to (X, \mathcal{O})$ continue et telle que $\gamma(0) = a$, $\gamma(1) = b$ s'appelle *chemin* d'origine a et d'extrémité b. On dit que X est *connexe par arcs* si, pour tout couple de points a, b de X, il existe un chemin d'origine a et d'extrémité b.

Tout espace connexe par arcs est connexe.

1 Espaces séparés

1) Soit $E = \{a, b, c, d\}$ $\mathcal{O} = \Big\{\varnothing, \{a\}, \{b\}, \{a, b\}, \{a, b, c\}, E\Big\}$. $(E, \mathcal{O})$ est-il séparé ? Le sous-espace $\{a, b, c\}$ est-il séparé ? Et $\{a, b\}$?

2) Montrer que $\mathbb{R}$ muni de la topologie usuelle est séparé. En est-il de même du sous-espace $\mathbb{Q}$, du sous-espace $\mathbb{Z}$?

3) Soit E un ensemble ordonné.

La topologie droite $\mathcal{T}_d$ est-elle séparée ?

Trouver une condition nécessaire et suffisante pour qu'elle le soit.

si $E = \mathbb{R}$ montrer que les topologies $\mathcal{T}_+$ et $\mathcal{T}_-$ sont séparées,
si $E = \mathbb{C}$ est muni de l'ordre : $a + ib \leqslant c + id$ si $a \leqslant c$ et $b \leqslant d$ montrer que la topologie $\mathcal{T}_+$ est séparée sur E.

4) Soit E un ensemble non vide, $a \in E$, $\mathcal{O} = \{A \subseteq E,\ a \in A\} \cup \{\varnothing\}$.

a) Montrer que $(E, \mathcal{O})$ est un espace topologique non séparé.

b) Montrer que le sous-espace $\complement\{a\}$ est séparé. Quelle est la topologie de ce sous-espace ?

2 Espaces séparés : quelques propriétés

1) Soit $(E, \mathcal{O})$ un espace séparé. Montrer que pour toute suite finie $(x_i)_{1 \leqslant i \leqslant n}$ de points distincts de E il existe une suite $(U_i)_{1 \leqslant i \leqslant n}$ de voisinages de x_i deux à deux disjoints.

2) Montrer que tout espace discret est séparé, qu'un espace muni de la topologie grossière est séparé s'il a au plus un élément.

3) Montrer que tout espace séparé fini est discret.

4) Montrer que dans un espace séparé toute partie réduite à un point est fermée, tout sous-espace est séparé, tout sous-ensemble fini est fermé.

5) *a*) Démontrer que tout produit d'espaces séparés est un espace séparé, et que si $\prod_{i \in I} E_i$ est séparé et $E_i \neq \varnothing$ alors E_i séparé pour tout $i \in I$.

b) $\mathbb{R}$ muni de $\mathcal{T}_+$ est séparé (voir Ex. III. 1). Montrer que $\mathbb{R}^2$ muni de la topologie produit est homéomorphe à $\mathbb{C}$ muni la topologie $\mathcal{T}_+$, l'ordre étant $a + ib \leqslant c + id$ si $a \leqslant c$ et $b \leqslant d$.

c) Tout espace homéomorphe à un espace séparé est séparé.

6) Prouver que si $(E, \mathcal{T})$ est séparé et $\mathcal{T} \leqslant \mathcal{T}'$ alors $(E, \mathcal{T}')$ est séparé.

7) Soit $f : (E, \mathcal{T}) \to (F, \mathcal{T}')$ continue, avec F séparé. On définit une relation R sur E par : $x R y$ si et seulement si $f(x) = f(y)$. Montrer que E/R est séparé.

---

3 Espaces séparés : définitions équivalentes

1) Soit $(E, \mathcal{O})$ un espace topologique. On considère les assertions :

a) E est séparé.

b) Tout filtre convergent a une seule limite.

c) Toute suite convergente a une seule limite.

d) Pour tout $x \in E$ l'intersection des voisinages fermés de x est réduite à $\{x\}$.

e) La diagonale Δ_E de $E \times E$ est fermée. Démontrer que *a*), *b*), *d*), *e*) sont équivalentes, et que *b*) implique *c*).

2) Soit $(E, \mathcal{O})$ un espace topologique. Montrer que l'implication : [A sous-espace séparé $\Longrightarrow \bar{A}$ sous-espace séparé] est fausse, avec l'exemple suivant : $E = \{0, 1, 2\}$ $\mathcal{O} = \{\varnothing, \{0\}, E\}$.

3) L'image continue d'un espace séparé n'est pas nécessairement séparée : soit $\mathcal{T}_0$ la topologie usuelle sur $\mathbb{R}$, $\mathcal{T}'$ la topologie grossière sur $\mathbb{R}$; montrer que $1_{\mathbb{R}} : (\mathbb{R}, \mathcal{T}_0) \to (\mathbb{R}, \mathcal{T}')$ fournit le contre-exemple cherché.

Montrer que cependant $f : (\mathbb{R}, \mathcal{T}_0) \to (\mathbb{R}, \mathcal{T}')$ définie par $f(x) = 0$ vérifie cette propriété.

4) Soit (E, $\mathcal{O}$) un espace topologique et R une équivalence sur E.

a) Montrer que si E/R est séparé le graphe C de R est fermé dans E × E.

b) Si l'on suppose R ouverte [i.e. la surjection canonique $p : E \to E/R$ ouverte] montrer que la réciproque est vraie.

---

4 Espaces séparés : axiomes faibles de séparation

Soit (E, $\mathcal{O}$) un espace topologique : on dit que

E est *accessible* si $\forall x, y \in E : [x \neq y \Longrightarrow \exists V \in \mathcal{V}(x) : y \notin V]$. E est un *espace de Kolmogoroff* si : $\forall x, y \in E$, $x \neq y$, il existe un voisinage de l'un de ces deux points ne contenant pas l'autre.

1) Démontrer les implications : E séparé $\Longrightarrow$ E accessible $\Longrightarrow$ E espace de Kolmogoroff.

2) *a*) Soit $E = [\![-1, +1]\!] \subseteq \mathbb{R}$ muni de la topologie induite, R l'équivalence sur E définie par $x R y$ si et seulement si $x = y$ ou $x = -y \neq \pm 1$. Démontrer que R est ouverte, que E/R est accessible mais non séparé.

b) Soit $E = \{a, b\}$ $\mathcal{O} = \{\varnothing, \{a\}, E\}$: E est espace de Kolmogoroff non accessible.

3) *Propriétés des espaces accessibles.*

a) Montrer que « E accessible » équivaut à « pour tout x, $\{x\}$ est fermé » et à « pour tout x l'intersection des voisinages de x est réduite à $\{x\}$ ». Comparer cette dernière propriété à celle de Ex. III. 3, question 1) *d*.

b) Tout espace accessible fini est discret.

c) Tout sous-espace d'un espace accessible est accessible.

d) Soit (E, $\mathcal{T}_d$) (ensemble ordonné muni de la topologie droite). E est-il accessible? Montrer que si E est totalement ordonné, E ne peut être accessible que s'il a moins de deux éléments.

e) Si (E, $\mathcal{T}$) est accessible et $\mathcal{T} \leqslant \mathcal{T}'$ alors (E, $\mathcal{T}'$) est accessible.

4) *Propriétés des espaces de Kolmogoroff.*

a) Soit (E, $\mathcal{T}_d$) (ensemble ordonné muni de la topologie droite). Montrer que E est un espace de Kolmogoroff dans lequel toute intersection d'ouverts est un ouvert.

b) Réciproquement soit $(E, \mathcal{T})$ un espace de Kolmogoroff où toute intersection d'ouverts est un ouvert : montrer que $x \leqslant y$ si $x \in \overline{\{y\}}$ est une relation d'ordre et que $\mathcal{T} = \mathcal{T}_d$.

c) Soit E un espace de Kolmogoroff. Montrer que toute partie finie non vide possède un point isolé et que s'il n'existe pas de point isolé dans E, tout ouvert est infini. Qu'en est-il dans $(\mathbb{N}, \mathcal{T}_d)$?

d) Soit $(E, \mathcal{T})$ un espace topologique. On définit une équivalence R sur E par : xRy si $\overline{\{x\}} = \overline{\{y\}}$. Si $p : E \to E/R$ est la surjection canonique, montrer que E/R est un espace de Kolmogoroff.

Que devient R lorsque E est lui-même un espace de Kolmogoroff?

---

5 Espaces séparés spéciaux

Soit $(E, \mathcal{T})$ un espace topologique : on dit que E vérifie l'axiome de régularité si : [R] pour tout fermé F et tout x, $x \notin F$ il existe $V \in \mathcal{V}(F)$, $W \in \mathcal{V}(x)$: $V \cap W = \varnothing$. E sera dit *espace régulier* si E est séparé et vérifie l'axiome [R].

1) Il existe des espaces séparés non réguliers : soit $E = [0, 1] \subseteq \mathbb{R}$, $D = \left\{\frac{1}{n}, n \geqslant 1\right\} \subseteq E$.

$\mathcal{O}_1 = \{A \cap]0, 1], \text{ A ouvert de } \mathbb{R} \text{ pour la topologie usuelle}\}$

$\mathcal{O}_2 = \{[0, a[\cap \complement_E D, 0 < a \leqslant 1\}$.

On prend comme topologie sur E la topologie engendrée par la famille $\mathcal{O}_1 \cup \mathcal{O}_2$.

a) Montrer que E est un espace séparé.

b) En choisissant $F = D$, $x = 0$ montrer que E n'est pas régulier.

2) Sur un espace topologique $(E, \mathcal{O})$ l'axiome [R] équivaut à : l'ensemble des voisinages fermés de chaque point est un système fondamental de voisinage de ce point.

3) Tout espace de Kolmogoroff vérifiant [R] est régulier (donc séparé).

4) Sur un ensemble totalement ordonné E les topologies $\mathcal{T}_0$, $\mathcal{T}_+$, $\mathcal{T}_-$ sont régulières.

5) Montrer que

- dans un espace séparé E, pour tout x : $\{x\}$ est fermé et $\bigcap_{V \in \mathcal{V}(x)} \overline{V} = \{x\}$,
- dans un espace régulier pour tout fermé F : $\bigcap_{V \in \mathcal{V}(F)} \overline{V} = F$.

6 Exemples d'espaces compacts

1) Soit (E, $\mathcal{O}$) un espace topologique tel que card $\mathcal{O}$ soit fini. Montrer que E est compact. En déduire que tout espace topologique fini (i.e. card E fini) est compact.

2) *a*) Soit $\mathbb{N}$ muni de la topologie discrète. Montrer que $\mathbb{N}$ n'est pas compact.

b) Montrer qu'un espace discret est compact si et seulement si il est fini.

3) Soit $\mathbb{R}$ muni de la topologie usuelle. En posant $U_n =]n - 1, n + 1[$ pour $n \in \mathbb{Z}$ démontrer que $\mathbb{R}$ n'est pas compact. En déduire que les espaces $\mathbb{Q}$ et $\mathbb{Z}$ munis de la topologie induite ne sont pas compacts; cependant le sous-espace $[0, 1]$ de $\mathbb{R}$ est compact.

4) Démontrer le *théorème de Weierstrass :* si f : E $\to$ F est continue, avec E compact et F séparé, alors f (E) est un espace compact.

7 Espaces compacts : définitions équivalentes

Soit (E, $\mathcal{O}$) un espace topologique séparé.

1) Soit $\mathcal{U}$ un ultrafiltre sur E, A, B $\subseteq$ E tels que $A \cup B \in \mathcal{U}$. Montrer que si $A \notin \mathcal{U}$ $\mathcal{A} = \{M, A \cup M \in \mathcal{U}\}$ est un filtre plus fin que $\mathcal{U}$ et en déduire que $B \in \mathcal{U}$. En déduire que : $\bigcup_1^n A_i \in \mathcal{U} \Longrightarrow \exists i : A_i \in \mathcal{U}$.

2) On suppose E compact et soit $\mathcal{U}$ un ultrafiltre sur E : si $\mathcal{U}$ n'était pas convergent (i.e. $\mathcal{V}(x) \not\subseteq \mathcal{U}$ pour tout x) en déduire un recouvrement ouvert de E d'où une contradiction (utiliser 1).

3) Supposons que dans E tout ultrafiltre soit convergent et soit $(F_i)_{i\in I}$ une famille de fermés de E telle que $\bigcap_{i\in I} F_i = \varnothing$: supposons qu'aucune intersection finie de F_i ne soit vide et soit $\mathscr{A}$ l'ensemble de ces intersections finies. Montrer que $\mathscr{A}$ est une base de filtre, en déduire l'existence d'un ultrafiltre $\mathscr{U}$ tel que $\mathscr{A} \subseteq \mathscr{U}$ puis d'un point x tel que $x \in \overline{U}$, pour tout $U \in \mathscr{U}$, et enfin que $x \in \bigcap_I F_i$.

4) On suppose que, dans E, de toute famille $(F_i)_I$ de fermés telle que $\bigcap_I F_i = \varnothing$ on peut extraire une sous-famille finie dont l'intersection est vide. Montrer que E est compact. Conclusions?

---

8 Quelques propriétés des espaces compacts

1) Soit $E = [0, 1[\subseteq \mathbb{R}$ muni de la topologie usuelle induite. On définit $f : E \to \mathbb{R}^2$ par $f(t) = (\cos 2\pi t, \sin 2\pi t)$. Soit $F = \{(x, y), x^2 + y^2 = 1\} \subseteq \mathbb{R}^2$ muni de la topologie induite.

a) Montrer que f réalise une bijection continue de E sur F.

b) Calculer $f\left(\left[0, \frac{1}{2}\right[\right)$ et en déduire que f n'est pas un homéomorphisme.

2) Montrer à partir du théorème de Weierstrass que si $f : E \to F$ est bijective et continue avec E compact, alors f est un homéomorphisme. Pourquoi l'application f de 1) ne peut-elle être un homéomorphisme?

3) Démontrer la réciproque du théorème de Tychonoff : si $(E_i)_{i\in I}$ est une famille d'espaces topologiques séparés et si $\prod_{i\in I} E_i$ est un espace compact alors $\forall i \in I$ E_i est compact.

4) On dit qu'un espace topologique E (non nécessairement séparé) est *quasi-compact* si de tout recouvrement ouvert de E on peut extraire un recouvrement fini. Démontrer la généralisation suivante du théorème de Weierstrass : si f : $E \to F$ est continue et E quasi-compact, alors $f(E)$ est quasi-compact.

Il ne faut pas croire que les espaces quasi-compacts ont les mêmes propriétés que les espaces compacts, « moins la séparation » : un sous-espace quasi-compact d'un espace quasi-compact n'est pas nécessairement fermé, et son adhérence n'est pas nécessairement quasi-compacte.

---

9 Ensembles compacts

1) Un sous-espace d'un espace compact ne l'est pas nécessairement : $E = [0, 1] \subseteq \mathbb{R}$ est compact; montrer que le sous-espace $]0, 1[$ n'est pas compact en utilisant $U_n =]\frac{1}{n+2}, \frac{1}{n}[$, $n > 0$.

2) Montrer que si E est compact et F un sous-ensemble fermé de E, F est compact.

3) *a*) Soit $(E, \mathcal{O})$ un espace topologique séparé, K un sous-espace compact de E. Montrer que $\forall x : [x \notin K \Longrightarrow \exists V \in \mathscr{V}(x), \exists U \in \mathscr{V}(K) : U \cap V = \varnothing]$.

b) En déduire que si E est compact et F un sous-ensemble de E il y a équivalence entre : F fermé dans E et F compact.

c) Montrer que dans un espace séparé E, si A et B sont deux sous-ensembles compacts alors $A \cup B$ et $A \cap B$ le sont.

4) Montrer que tout espace compact est régulier, c'est-à-dire que tout point possède un système fondamental de voisinages fermés (cf. Ex. III. 5).

En déduire que tout espace compact est localement compact.

---

10 Espaces localement compacts

1) Démontrer que tout espace compact est localement compact.

2) Montrer que $\mathbb{R}$ est localement compact, mais non compact, de même que $\mathbb{R}^2$.

3) Montrer que tout espace localement compact vérifie la propriété : tout point possède un système fondamental de voisinages compacts et est *a fortiori* régulier (i.e. tout point possède un système fondamental de voisinages fermés).

4) *a*) Démontrer que dans un espace séparé tout sous-ensemble compact est fermé.

b) Soit $(E, \mathcal{O})$ un espace localement compact, $\omega \notin E$, $E' = E \cup \{\omega\}$. On définit $\mathcal{O}' = \mathcal{O} \cup \{\complement_{E'} K, \text{ K compact de E}\}$. Montrer que $(E', \mathcal{O}')$ est un espace topologique dont $(E, \mathcal{O})$ est un sous-espace.

c) Montrer que E′ est séparé.

d) Soit $(U_i)_{i \in I}$ un recouvrement ouvert de E′, montrer qu'il existe un indice i_0 tel que $U_{i_0} = (E - K) \cup \{\omega\}$ où K est un compact de E et en déduire que E′ est compact.

e) Montrer que si E n'est pas compact on a $\overline{E} = E'$ et en conclure que (*théorème d'Alexandroff*) : tout espace localement compact E est immersible dans un espace compact E′, avec $\overline{E} = E'$.

5) E étant un espace localement compact, un espace compact F est appelé *compactifié* de E s'il existe une injection continue $f : E \to F$ telle que f soit un homéomorphisme de E sur $f(E)$ et que $f(E)$ soit dense dans F; on dit que f réalise une *compactification de* E. Lorsque, de plus, $\complement_F f(E)$ est réduit à un point, on dit que F est un *compactifié d'Alexandroff* de E et que f réalise une *compactification d'Alexandroff* de E.

Soit E un espace localement compact :

a) si $f : E \to F$ est injective continue, avec $f(E)$ dense dans F compact, et $\complement f(E)$ fermé, montrer que f est une compactification de E si et seulement si f est ouverte,

b) soit $E' = E \cup \{\omega\}$ l'espace compact de la question 4), et soit $f : E \to E'$ l'injection canonique. Démontrer que E′ est un compactifié d'Alexandroff de E,

c) soit $g : E \to G$ une seconde compactification d'Alexandroff de E, avec $\{\omega'\} = \complement_G g(E)$. Construire une bijection continue $\varphi : E' \to G$ et en déduire que φ est un homéomorphisme,

d) en déduire que deux compactifiés d'Alexandroff de E sont homéomorphes.

Voici, pour mémoire, un tableau situant les espaces compacts parmi les espaces étudiés jusqu'ici :

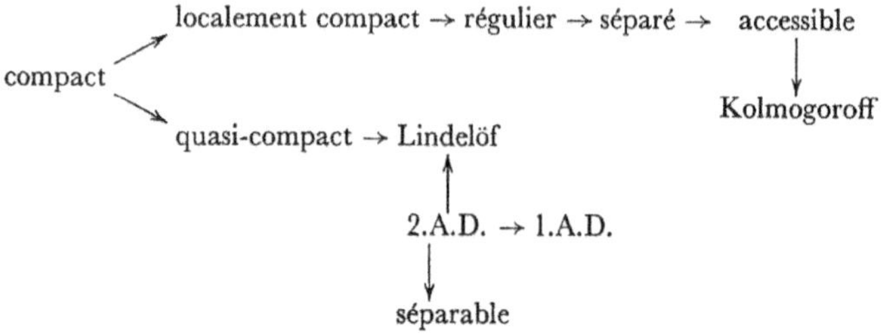

---

11 Espaces connexes

1) Soient $E = \{a, b, c, d, e\}$, et $\mathcal{O} = \{ \varnothing, \{a\}, \{c, d\}, \{a, c, d\}, \{b, c, d, e\}, E \}$
E est-il connexe? Les sous-espaces $\{a, e\}$ et $\{b, c, d\}$ sont-ils connexes?

2) Démontrer qu'un espace discret est connexe si et seulement si il est réduit à un point, et que tout espace grossier est connexe.

3) Soit E un ensemble totalement ordonné muni de la topologie $\mathcal{T}_0$ (définition : Pr. I. 2). On suppose E connexe. Démontrer que :

a) $x < y \Longrightarrow]x, y[\neq \varnothing$,

b) toute partie non vide majorée A admet une borne supérieure (montrer que sinon l'ensemble des majorants de A est une partie ouverte et fermée).

4) Pour un ensemble totalement ordonné ayant au moins deux éléments, montrer que :

la topologie $\mathcal{T}_+$ (Pr. I. 2) n'est pas connexe,
la topologie $\mathcal{T}_d$ (Ex. I. 6) est connexe.

5) Montrer l'équivalence des propriétés suivantes :

a) E est connexe,

b) il n'existe pas de partition fermée,

c) E et $\varnothing$ sont les seuls ensembles à la fois ouverts et fermés de E, *d*) pour toute partie $A \neq \varnothing$ et $A \neq E$ on a $\mathrm{Fr}(A) \neq \varnothing$,

e) toute application continue f de E dans l'espace discret $\{0, 1\}$ est constante.

---

12 Ensembles connexes

1) Soit $(E, \mathcal{O})$ avec $E = \{a, b, c, d\}$ $\mathcal{O} = \{\varnothing, \{a\}, \{b, c\}, \{a, b, c\}, E\}$. Montrer que E est connexe et trouver un sous-ensemble non connexe de E.

2) Soit $(E, \mathcal{O})$ un espace topologique.

a) Soient A une partie connexe, et B une partie de E : montrer que si A coupe B et $\complement B$, alors A coupe $\mathrm{Fr}(B)$ [propriété connue sous le nom de *Théorème de passage des douanes*].

b) Si A est une partie connexe montrer que $A \subseteq B \subseteq \overline{A}$ implique B connexe. En déduire que $\overline{A}$ est connexe.

c) Si A, B sont connexes et $A \cap B \neq \varnothing$ alors $A \cup B$ est connexe. En déduire que $(A_i)_{1 \leqslant i \leqslant n}$ A_i connexes et $A_i \cap A_{i+1} \neq \varnothing$, $i = 1, ..., n-1$ implique $\bigcup_1^n A_i$ connexe, et en particulier $\bigcap_1^n A_i \neq \varnothing$ implique $\bigcup_1^n A_i$ connexe.

3) *Théorème des valeurs intermédiaires :* soit $f : E \to \mathbb{R}$ continue, avec E connexe. Montrer que si $f(x) = a < b = f(y)$ alors f prend toutes les valeurs entre a et b.

4) Soit $I = [0, 1] \subseteq \mathbb{R}$: I est donc connexe; et soit $f : I \to I$ une application continue.

a) Montrer que $F : I \to I \times I$ définie par $F(x) = (x, f(x))$ est continue.

b) En déduire que $F(I)$ est connexe dans $I \times I$.

c) Soit $G = \{(x, y) \in I \times I,\ x \leqslant y\}$. Montrer que $G \cap F(I) \neq \varnothing$.

Si $\complement G \cap F(I) \neq \varnothing$, déduire de 2) *a*) qu'il existe $x \in I$ tel que $f(x) = x$. Que se passe t-il si $\complement G \cap F(I) = \varnothing$?

---

13 Composantes connexes

1) Montrer que dans un espace topologique $(E, \mathcal{O})$: $\forall x \in E$ $C(x)$ est fermé.

2) Montrer que E connexe $\Longleftrightarrow$ $\forall x \in E : C(x) = E$.

3) Parmi les espaces ci-dessous, lesquels sont totalement discontinus ?

a) $E = \{a, b, c, d\}$, $\mathcal{O} = \big\{ \varnothing, \{a\}, \{a, b\}, \{a, c\}, \{c\}, E \big\}$.

b) E espace discret.

c) E ensemble infini, $\mathcal{O} = \big\{ \complement A$, A partie finie de $E \big\} \cup \{\varnothing\}$.

4) Montrer que E est totalement discontinu si et seulement si tout fermé ayant plus d'un point est non connexe.

5) Montrer que la relation : $x R y$ si $y \in C(x)$, est une équivalence et que E/R est totalement discontinu. Calculer R et E/R pour l'espace de 3) *a*).

6) Montrer que tout espace totalement discontinu est accessible (mais pas toujours séparé : voir contre-exemple Ex 21* page 117).

7) Soit $(E, \mathcal{O})$ un espace topologique.

a) Montrer que si E a un nombre fini de composantes connexes alors pour tout x : $C(x)$ est un *of* (i.e. ouvert et fermé).

8) Soit $(E_i)_{i \in I}$ une famille d'espaces topologiques, $x = (x_i)_{i \in I} \in \prod_I E_i$. Montrer que $C(x) = \prod_{i \in I} C(x_i)$.

---

14 Espaces localement connexes

1) Soient $E = \{a, b, c, d\}$ et $\mathcal{O} = \big\{ \varnothing, \{a\}, \{a, b\}, \{a, b, c\}, E \big\}$.

Montrer que $(E, \mathcal{O})$ est connexe et localement connexe.

2) Montrer qu'un espace discret ayant plus d'un point est localement connexe et non connexe. Il existe également des espaces connexes non localement connexes.

3) Soit $(E, \mathcal{O})$ avec card E fini, $a \in E$ tel que E ne soit pas localement connexe en a.

a) Montrer qu'il existe un voisinage U de a non connexe et ne contenant aucun voisinage connexe de a. Soit $n = \text{card } U$.

b) De la non connexité de U déduire l'existence d'un voisinage V de a tel que $V \subsetneqq U$ et card $V < n$. Montrer que V a la même propriété que U.

c) En conclure une contradiction.

d) Montrer que tout espace fini est localement connexe.

4) *a*) Montrer que si E est localement connexe : $\forall x, x \in E$ $C(x)$ est un *of* (ouvert et fermé).

b) Tout sous-ensemble ouvert d'un espace localement connexe est localement connexe.

5) *a*) Montrer que tout produit fini d'espaces localement connexes est localement connexe.

b) Soit $(E_i)_{i \in I}$ une famille non nécessairement finie d'espaces connexes et localement connexes. Montrer que $\prod_I E_i$ est localement connexe (et connexe).

c) $\forall n \in \mathbb{N}$ soit $E_n = \{0, 1\}$ espace discret. Soit $x = (x_n)_{n \in \mathbb{N}}$ où $\forall_n\ x_n = 0$. De Ex. III. 13, 7) déduire $C(x) = \{x\}$ et montrer que $\{x\}$ n'est pas ouvert. Conclure alors de 4) *a*) que $\prod_{\mathbb{N}} E_n$ ne peut être localement connexe.

15 Espaces connexes par arcs

1) Soit $(E, \mathcal{O})$ un espace topologique, $I = [\![0, 1]\!]$.

a) Trouver un chemin ayant même extrémité qu'origine.

b) Soit $\gamma : I \to E$ $\gamma(0) = a$, $\gamma(1) = b$ un chemin. Construire un chemin γ' tel que $\gamma'(0) = b$, $\gamma'(1) = a$.

c) Si $\gamma, \delta : I \to E$ sont des chemins, $\gamma(0) = a$, $\gamma(1) = \delta(0) = b$, $\delta(1) = c$. On définit $\varepsilon : I \to E$ par

$$\varepsilon(x) = \gamma(2x) \quad \text{si} \quad 0 \leqslant x \leqslant \frac{1}{2}$$

$$\varepsilon(x) = \delta(2x - 1) \quad \text{si} \quad \frac{1}{2} \leqslant x \leqslant 1$$

Démontrer que ε est un chemin de a à c.

d) Déduire de ces propriétés que la relation : $a\mathrm{R}b$ si il existe un chemin de a à b est une relation d'équivalence.

2) Montrer que tout espace connexe par arcs est connexe.

3) Soit $\mathrm{A} = \left\{\left(x, \sin\frac{\pi}{2x}\right) 0 < x \leqslant 1\right\} \subseteq \mathbb{R}^2$.

a) Montrer que A est connexe. Calculer $\overline{\mathrm{A}}$.

b) Montrer que $\overline{\mathrm{A}}$ n'est pas localement connexe.

c) Montrer que $\overline{\mathrm{A}}$ n'est pas connexe par arcs.

4) Si $\mathrm{E} = \{a, b, c\}$ et $\mathcal{O} = \{\varnothing, \{a\}, \{a, b\}, \mathrm{E}\}$: E est connexe, localement connexe et connexe par arcs.

16* Continuité à droite

Soit E un espace topologique. On dit qu'une application $f\colon \mathbb{R} \to \mathrm{E}$ est *continue à droite en* $a \in \mathbb{R}$ si : $\forall \mathrm{V} \in \mathcal{V}(f(a))$, $\exists \mathrm{W} \in \mathcal{V}(a)$ pour $\mathcal{T}_0$ tel que $\mathrm{W} \cap [a, +\infty[\, \subseteq f^{-1}(\mathrm{V})$.

f est *continue à gauche en* a si : $\forall \mathrm{V} \in \mathcal{V}(f(a))$, $\exists \mathrm{W} \in \mathcal{V}(a)$ pour $\mathcal{T}_0$ tel que $\mathrm{W} \cap\,]-\infty, a] \subseteq f^{-1}(\mathrm{V})$. Enfin f est *continue à droite* (resp à gauche) si elle est continue à droite (resp à gauche) en tout point de $\mathbb{R}$.

1) On rappelle qu'une base de la topologie $\mathcal{T}_+$ sur $\mathbb{R}$ est formée des intervalles $[a, b[$ (Ex. I. 7, I. 8, Pr. I. 2). Montrer que $f\colon \mathbb{R} \to \mathrm{E}$ est continue à droite en a si et seulement si $f\colon (\mathbb{R}, \mathcal{T}_+) \to \mathrm{E}$ est continue en a; et que f est continue à gauche en a si et seulement si $f\colon (\mathbb{R}, \mathcal{T}_-) \to \mathrm{E}$ est continue en a.

2) En déduire, à l'aide de Pr. I. 2 et Ex. II. 8, que f est continue en a si et seulement si f est continue à droite et à gauche en a.

3) Démontrer que l'espace $(\mathbb{R}, \mathcal{T}_+)$:

a) est séparé et régulier.

b) n'est pas localement compact, ni compact (on remarquera que $[a, b[\, = \bigcup_{n \geqslant 1} \left[a, b - \frac{1}{n}\right[$).

c) est totalement discontinu.

17* Compactifications de $\mathbb{R}$

Soit $\overline{\mathbb{R}}$ l'ensemble obtenu en rajoutant à $\mathbb{R}$ deux éléments $+\infty$, et $-\infty$. On ordonne cet ensemble par : $-\infty < x < +\infty$ pour tout $x \in \mathbb{R}$. Cet ensemble, totalement ordonné avec plus grand et plus petit élément, est appelé *droite réelle achevée.*

On munit $\overline{\mathbb{R}}$ ainsi ordonné de la topologie de l'ordre $\mathcal{C}_0$ (cf. p. 24) engendrée par les intervalles $]a, +\infty]$ et $[-\infty, b[$, $a, b \in \overline{\mathbb{R}}$.

1) Montrer qu'une base de la topologie de $\overline{\mathbb{R}}$ est formée des intervalles $]a, b[$, $a, b \in \mathbb{R}$, et $[-\infty, a[$, $]a, +\infty]$, $a \in \mathbb{R}$.

2) Démontrer que cette topologie induit sur $\mathbb{R}$ la topologie usuelle, et que $\mathbb{R}$ est un ouvert dense de $\overline{\mathbb{R}}$. Donner un système fondamental de voisinages de $+\infty$.

3) Montrer que toute partie non vide de $\overline{\mathbb{R}}$ admet une borne supérieure et une borne inférieure.

4) Prouver que $\overline{\mathbb{R}}$ est : *a*) séparé *b*) compact *c*) connexe *d*) localement connexe.

5) Démontrer que l'injection canonique $i : \mathbb{R} \to \overline{\mathbb{R}}$ réalise une compactification de $\mathbb{R}$ (Ex. III. 10).

6) *a*) On rappelle (Ex. II. 10) que $f : \mathbb{R} \to]-1, +1[$ définie par $f(x) = \dfrac{x}{1+|x|}$ est un homéomorphisme. Si $j :]-1, +1[\to [-1, +1]$ est l'injection canonique, montrer que $j \circ f : \mathbb{R} \to [-1, +1]$ est une compactification de $\mathbb{R}$.

b) Démontrer que les compactifiés $\overline{\mathbb{R}}$ et $[-1, +1]$ sont homéomorphes en prolongeant f à $\overline{\mathbb{R}}$.

7) On rappelle (Ex. II. 16) que $h : I = [0, 1] \to S^1 = \{z \in \mathbb{C}, |z| = 1\}$ définie par $h(t) = e^{2\pi i t}$ est continue et se prolonge en une bijection continue $\tilde{h} : I/_{\{0,1\}} \to S^1$. On notera $r : I \to I/_{\{0,1\}} = T^1$ la surjection canonique.

a) Démontrer que $\tilde{h}$ est un homéomorphisme (on utilisera le théorème de Weierstrass en remarquant que I est compact). En déduire les homéomorphismes : $S^1 \simeq T^1 \simeq \mathbb{R}/\mathbb{Z}$.

b) A l'aide de l'application f de la question 6, construire une injection continue $g : \mathbb{R} \to [\![0, 1]\!]$ et montrer que $r \circ g : \mathbb{R} \to T^1$ est une compactification d'Alexandroff de $\mathbb{R}$.

c) En déduire que S^1 et $\mathbb{R}/\mathbb{Z}$ sont des compactifiés d'Alexandroff de $\mathbb{R}$.

8) Comment peut-on obtenir directement un compactifié d'Alexandroff de $\mathbb{R}$:

a) à partir de la compactification $i : \mathbb{R} \to \overline{\mathbb{R}}$?

b) à partir de la compactification $j \circ f : \mathbb{R} \to [\![-1, +1]\!]$?

18* Topologie des cercles tangents

1) Sur $I = [\![0, 1]\!]$ soit R l'équivalence : $x R y$ si et seulement si $x, y \in \left\{0, \frac{1}{2}\right\}$ et soit $r : I \to I/R = I \Big/ \left\{0, \frac{1}{2}\right\}$ la surjection canonique.

a) Démontrer que R est fermée et non ouverte.

b) Soit $S^1 = \{z \in \mathbb{C}, |z| = 1\}$, et $J = \{1\} \times I$. On munit $\Gamma = S^1 \cup J$ de la topologie usuelle de $\mathbb{R}^2$ (identifié à $\mathbb{C}$). Construire une application continue $f : I \to \Gamma$.

c) Démontrer que f est fermée (utiliser le théorème de Weierstrass).

d) Montrer que $f \in \mathscr{C}_R(I, \Gamma)$ et se prolonge en un homéomorphisme $\tilde{f}$: $I/R \to \Gamma$.

e) En déduire que I/R est un espace séparé, compact et connexe.

2) Sur $I = [\![0, 1]\!]$ on recolle maintenant les trois points $0, \frac{1}{2}, 1$ par l'équivalence $x R y$ si et seulement si $x, y \in \left\{0, \frac{1}{2}, 1\right\}$. Par une méthode analogue à la précédente démontrer que I/R est homéomorphe à $S^1 \cup S'$, où $S' = \{z \in \mathbb{C}, |z - 2| = 1\}$.

3) Soit $\mathscr{V}(x)$ l'ensemble des voisinages de $x \in \mathbb{R}$ pour la topologie usuelle $\mathscr{T}_0$. On définit une topologie $\mathscr{T}'$ sur $\mathbb{R}$ par les voisinages : $\mathscr{V}'(x) = \mathscr{V}(x)$ pour $x \neq 0$,

$$\mathscr{V}'(0) = \{U \in \mathscr{V}(0), \exists A > 0, B < 0 : U \supseteq]\!]-\infty. B[\![\cup]\!]A, +\infty[\![\}$$

a) montrer que la topologie $\mathscr{T}'$ est moins fine que la topologie $\mathscr{T}$ de Ex. II. 15*, *b*) montrer que $(\mathbb{R}, \mathcal{T}')$ est séparé et compact,

c) soient $S = \{z \in \mathbb{C},\ |z+1| = 1\}$ et $T = \{z \in \mathbb{C},\ |z-1| = 1\}$.

On définit géométriquement $f : \mathbb{R} \to S \cup T$ de la façon suivante :

- $\mathbb{R}$ est identifié à $\mathbb{R} \times \{0\} \subseteq \mathbb{R}^2$,
- on relève l'intervalle $]-\infty, -2]$ en la demi-droite verticale

$\Delta = \{(-2, y), y \geqslant 0\}$ par rotation de centre $(-2, 0)$,

- chaque point de Δ est transformé en un point du demi-cercle S_+ par une inversion de pôle O (c'est-à-dire que $A \in \Delta$ est transformé en l'intersection de S avec la droite passant par O et A),

- chaque point A de $[-2, 0]$ est projeté sur le demi-cercle S_-,
- chaque point de $[0, 2]$ est projeté sur le demi-cercle T_-,
- la demi-droite $[2, +\infty[$ est transformée en $\Delta' = \{(z, y), y \geqslant 0\}$ par rotation de centre $(z, 0)$ puis les points de Δ' sont transformés sur T_+ par inversion de pôle O :

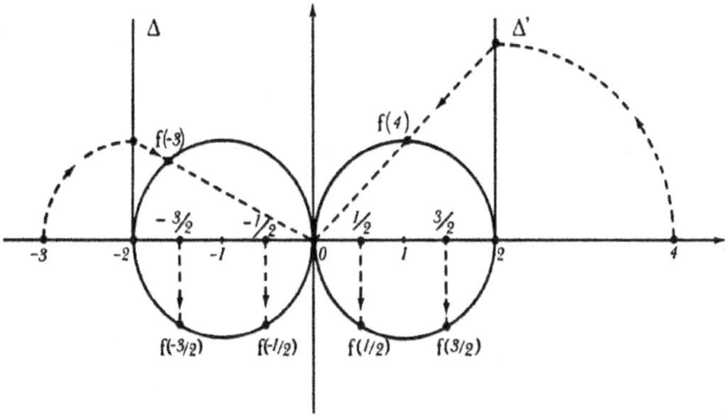

Expliciter l'application $f : \mathbb{R} \to \mathbb{R}^2$ ainsi définie et montrer que f est une bijection de $\mathbb{R}$ sur $S \cup T$.

d) Montrer que f est continue et en déduire que c'est un homéomorphisme.

e) Prouver que $I \Big/ \left\{0, \frac{1}{2}, 1\right\}$ est homéomorphe à $(\mathbb{R}, \mathcal{T}')$.

f) Démontrer que si à $(\mathbb{R}, \mathcal{T}')$ on enlève un point $a \neq 0$, on obtient un espace connexe. Est-ce encore vrai dans $(\mathbb{R}, \mathcal{T}_0)$?

g) Montrer que la suite (x_n) définie par $x_n = (-1)^n n$ converge vers 0 pour $\mathcal{T}'$, alors qu'elle diverge pour la topologie $\mathcal{T}$ de l'Ex. II. 15*, ainsi que pour $\mathcal{T}_0$. Si $f : (\mathbb{R}, \mathcal{T}_0) \to (\mathbb{R}, \mathcal{T}')$ est définie par $f(x) = \frac{1}{x}$ et $f(0) = 0$ prouver que f est continue, mais qu'elle ne l'est plus si on remplace $\mathcal{T}'$ par $\mathcal{T}$ ou $\mathcal{T}_0$.

19* Compactifications de $\mathbb{R}^2$

1) *a*) On sait (Ex. II. 10) que $f(x) = \frac{x}{1 + |x|}$ définit un homéomorphisme $f : \mathbb{R} \to]-1, +1[$. Démontrer que $\alpha(x) = \frac{x+1}{2}$ définit un homéomorphisme de $]-1, +1[$ sur $]0, 1[$ et en déduire que :

$$\alpha_0 f : \mathbb{R} \to [0, 1] = \mathrm{I}$$

est une injection continue et ouverte. Construire alors une compactification $g : \mathbb{R} \times \mathbb{R} \to \mathrm{I} \times \mathrm{I} = \mathrm{I}^2$.

b) Soit $h : \mathrm{I} \to \mathrm{S}^1 = \{z \in \mathbb{C}, |z| = 1\}$ avec $h(t) = e^{2\pi i t}$; on a vu (Ex. II. 16) que h est continue. En déduire que S^1 est compact et construire par analogie avec 1 *a*) une compactification $k : \mathbb{R} \times \mathbb{R} \to \mathrm{S}^1 \times \mathrm{S}^1$.

2) L'espace quotient de I^2 par l'équivalence $x\mathrm{R}y$ si $x = y$ ou $x = (0, s)$, $y = 1, s)$ ou $x = (s, 0)$, $y = (s, 1)$ est appelé *tore à deux dimensions* T^2. On note $r : \mathrm{I}^2 \to \mathrm{T}^2$ la surjection canonique.

a) A l'aide de l'application h de 1, *b*) construire une application $p \in \mathscr{C}_{\mathrm{R}}(\mathrm{I}^2, \mathrm{S}^1 \times \mathrm{S}^1)$ (Ex. II. 13). Démontrer que p est fermée et se prolonge en un homéomorphisme $\tilde{p} : \mathrm{T}^2 \to \mathrm{S}^1 \times \mathrm{S}^1$.

b) En déduire que T^2 est séparé, compact, connexe et est un compactifié de $\mathbb{R}^2$.

c) Montrer que $\mathrm{T}^1 \times \mathrm{T}^1$ (Ex. II. 16) est aussi un compactifié de $\mathbb{R}^2$.

3) *a*) Démontrer que $\mathrm{B}'_2 = \{z \in \mathbb{C}, |z| \leqslant 1\}$ est un compact de $\mathbb{R}^2$.

b) En utilisant l'homéomorphisme $k(z) = \frac{z}{1 + |z|}$ (Ex. II. 14) de $\mathbb{R}^2$ sur $\mathrm{B}_2 = \{z \in \mathbb{C}, |z| < 1\}$, montrer que B'_2 est un compactifié de $\mathbb{R}^2$.

4) *a*) Soit B_2'/S^1 l'espace obtenu en identifiant dans B_2' tous les points de S^1. Montrer que B_2'/S^1 est un espace séparé et en déduire que c'est un compactifié d'Alexandroff de $\mathbb{R}^2$ (utiliser Ex. II. 14).

b) On appelle *sphère de Riemann* le sous-espace $S^2 = \{(x, y, z) \in \mathbb{R}^2, x^2 + y^2 + z^2 = 1\}$ de $\mathbb{R}^3$. Démontrer que S^2 est compact.

c) On définit géométriquement $p : \mathbb{R}^2 \to S^2$ de la façon suivante : à tout point A de $\mathbb{R}^2$ (identifié à $\mathbb{R} \times \mathbb{R} \times \{0\} \subseteq \mathbb{R}^3$) p associe le point d'intersection de la droite Δ_A passant par A et $\omega = (0, 0, 1)$ avec la sphère $S^2 (p(A) \neq \omega)$ (projection stéréographique de pôle ω) :

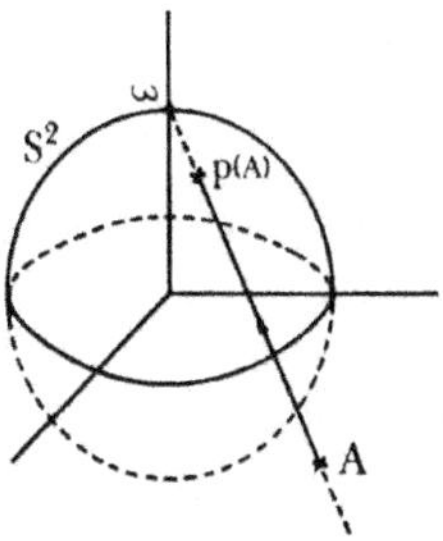

Expliciter l'application p ainsi définie et montrer qu'elle est continue.

d) Montrer que $p(\mathbb{R}^2) = \complement_{S^2}\{\omega\}$, que p est injective, et calculer la réciproque $q : \complement_{S^2}\{\omega\} \to \mathbb{R}^2$.

e) Montrer que p est une compactification d'Alexandroff de $\mathbb{R}^2$ et que S^2 est homéomorphe à B_2'/S^1.

20* Semi-continuités inférieure et supérieure

Soit $f : E \to \overline{\mathbb{R}}$ une application. On dit que f est *semi-continue supérieurement* en $a \in E$ (resp. *semi-continue inférieurement* en a) si :

$$\forall b > f(a), \quad f^{-1}([\!-\infty, b[) \in \mathcal{V}(a)$$

(resp. $\forall b < f(a), f^{-1}(]b, +\infty]) \in \mathcal{V}(a)$). Si f est semi-continue supérieurement en tout point on dit qu'elle est semi-continue supérieurement.

1) Montrer que les conditions suivantes sont équivalentes :

a) f est semi-continue supérieurement.

b) $\forall b \in \overline{\mathbb{R}}\, f^{-1}([\!-\infty, b[)$ est ouvert.

c) $\forall b \in \overline{\mathbb{R}}\, f^{-1}([b, +\infty])$ est fermé.

d) $-f$ (définie par $(-f)(x) = -f(x)$) est semi-continue inférieurement.

Énoncer les propriétés analogues à *b*) et *c*) pour la semi-continuité inférieure.

2) Soit $f\colon (\mathbb{R}, \mathcal{T}_0) \to \overline{\mathbb{R}}$ avec $f(x) = \dfrac{1}{x}$ pour $x > 0$, $f(x) = 0$ pour $x \leqslant 0$. Montrer que f est semi-continue inférieurement, mais non supérieurement.

3) *a*) Démontrer que $\mathcal{B} = \{]\!]a, +\infty]\!]\}_{a \in \overline{\mathbb{R}}} \cup \{\overline{\mathbb{R}}\}$ est une base d'ouverts sur $\overline{\mathbb{R}}$.

b) Donner un système fondamental de voisinages dénombrable de chaque point de $\overline{\mathbb{R}}$.

c) Montrer que la topologie induite sur $\mathbb{R}$ est $\mathcal{T}_\delta$ (Pr. I. 2). On notera encore $\mathcal{T}_\delta$ cette topologie sur $\overline{\mathbb{R}}$.

4) Soit $f\colon E \to \overline{\mathbb{R}}$. Montrer que f est semi-continue inférieurement en $a \in E$ si et seulement si $f\colon E \to (\overline{\mathbb{R}}, \mathcal{T}_\delta)$ est continue en a.

5) On définit de façon analogue la topologie $\mathcal{T}_\gamma$ par la base

$\mathcal{B}' = \{[\![-\infty, a[\![\}_{a \in \overline{\mathbb{R}}} \cup \{\overline{\mathbb{R}}\}$.

a) Montrer que $(\overline{\mathbb{R}}, \mathcal{T}_\gamma)$ est de type dénombrable et séparable.

b) Montrer que c'est un espace de Kolmogoroff non accessible.

c) Prouver qu'il est connexe et localement connexe.

6) On rappelle que sur $\mathbb{R}$ on a $\sup(\mathcal{T}_\gamma, \mathcal{T}_\delta) = \mathcal{T}_0$ (Pr. I. 2). Démontrer que $f\colon E \to (\mathbb{R}, \mathcal{T}_0)$ est continue en a si et seulement si f est semi-continue supérieurement et inférieurement en a.

7) Soit $f_i : E \to \overline{\mathbb{R}}$ pour $i \in I$. L'*enveloppe supérieure* des f_i est l'application $f\colon E \to \overline{\mathbb{R}}$ définie par $f(x) = \sup\limits_{i \in I} f_i(x)$, l'*enveloppe inférieure* des f_i est g : $E \to \overline{\mathbb{R}}$ avec $g(x) = \inf\limits_{i \in I} f_i(x)$.

a) On suppose que $\forall i \in I$ f_i est semi-continue inférieurement. Démontrer que l'enveloppe supérieure f est semi-continue inférieurement.

b) Montrer que si de plus I est fini, l'enveloppe inférieure g est également semi-continue inférieurement.

c) Pour $n \geqslant 0$ soit $f_n : [\![0, 1]\!] \to \overline{\mathbb{R}}$ avec $f_n(x) = \dfrac{1}{(1+x)^n}$. Calculer les enveloppes supérieure et inférieure f et g des applications continues f_n. Montrer que g n'est pas semi-continue inférieurement. Démontrer directement que g est semi-continue supérieurement.

8) Soit E un espace quasi-compact (Ex. III. 8) et $f : E \to \overline{\mathbb{R}}$ semi-continue supérieurement. On pose $M = \sup_{x \in E} f(x)$.

a) On suppose que $\forall x \in E, f(x) < M$. Montrer que

$$f(E) = \bigcup_{\lambda < M} f(E) \cap [\![-\infty, \lambda[\![$$

et en conclure une contradiction.

b) Énoncer le théorème obtenu.

c) Déduire que toute fonction continue sur un espace compact à valeurs dans $\overline{\mathbb{R}}$ passe par un maximum et un minimum.

21* Un espace totalement discontinu non séparé

On ajoute à $\mathbb{N}$ deux éléments notés ω et ω' : $\mathbb{N}' = \mathbb{N} \cup \{\omega, \omega'\}$. Pour tout $n \in \mathbb{N}$ on notera $[n, \omega]$ pour $\{m \in \mathbb{N},\ m \geqslant n\} \cup \{\omega\}$ et $[n, \omega']$ pour $\{m \in \mathbb{N},\ m \geqslant n\} \cup \{\omega'\}$. On choisit comme base d'ouverts de $\mathbb{N}'$: les $\{n\}$, $n \in \mathbb{N}$, les $[n, \omega]$, $n \in \mathbb{N}$ et les $[n, \omega']$, $n \in \mathbb{N}$. Démontrer que :

1) $\mathbb{N}'$ est accessible non séparé.

2) $\mathbb{N}'$ est totalement discontinu.

1

I

Soit f une application continue d'un espace séparé E dans un espace localement compact F : on dit que f est une *application propre* si pour tout compact K de F, $f^{-1}(K)$ est un compact de E.

1) Montrer que l'application $1_{\mathbb{R}} : \mathbb{R} \to \mathbb{R}$ est propre, mais que l'application $x \longmapsto 1$ de $\mathbb{R}$ dans $\mathbb{R}$ n'est pas propre, ainsi que $x \longmapsto \sin x$.

2) Si E est un sous-espace fermé de F localement compact, montrer que l'injection canonique $i : E \to F$ est propre.

3) Démontrer que

a) si f est propre, f est fermée,

b) f homéomorphisme équivaut à : f bijective et propre.

c) si E est compact : f continue équivaut à f propre, pour $f : E \to F$.

II

Dans ce qui suit E est un espace topologique, R une équivalence sur E, $p : E \to E/R$ la surjection canonique; E/R est muni de la topologie quotient de E par R.

1) *a*) Montrer que si E/R est séparé, le graphe C de R est fermé dans $E \times E$.

b) Si l'on suppose R ouverte (i.e. p ouverte) établir la réciproque.

2) On suppose E compact. Démontrer l'équivalence des propriétés :

a) C est fermé dans $E \times E$ et R est fermée.

b) p est une application propre.

c) E/R est séparé.

Démontrer que si ces conditions sont réalisées, E/R est compact.

3) *a*) Montrer que si E est connexe, E/R est connexe.

b) Inversement si E/R est connexe et si chaque classe d'équivalence selon R est connexe, démontrer que E est connexe.

c) Montrer que si E est connexe par arcs, il en est de même de E/R.

2

I

Soient X un espace topologique, Y un espace séparé, $f, g : X \to Y$ continues.

1) Montrer que $G = \{x \in X, f(x) = g(x)\}$ est fermé dans X.

2) Soit A une partie partout dense de X. Montrer que si pour tout $a \in A : f(a) = g(a)$ alors $f = g$ (*principe de prolongement des égalités*).

3) Démontrer que le graphe de f: $G(f) = \{(x, f(x), x \in X\}$ est fermé dans $X \times Y$.

II

Soit X un espace topologique, A une partie de X et f: $A \to Y$ une application continue du sous-espace A dans un espace topologique Y.

1) Pour tout $x \in X$ soit $\mathscr{V}_A(x) = \{V \cap A,\ V \in \mathscr{V}(x)\}$. Montrer que : $x \in \overline{A}$ équivaut à $\mathscr{V}_A(x)$ est un filtre sur A.

2) Pour $x \in \overline{A}$, si la base de filtre $f(\mathscr{V}_A(x))$ engendre un filtre convergent $\mathscr{F}$, on notera, au lieu de $y = \lim \mathscr{F}$, $y = \lim\limits_{\substack{z \in A \\ z \to x}} f(z)$. Expliciter cette propriété et montrer qu'alors $y \in \overline{f(A)}$.

A quelle condition cette limite y est-elle unique?

3) On suppose maintenant que $\overline{A} = X$, que Y est séparé, et que pour tout $x \in X$ $\lim\limits_{\substack{z \in A \\ z \to x}} f(z)$ existe.

a) Calculer $\lim\limits_{\substack{z \in A \\ z \to x}} f(z)$ lorsque $x \in A$.

b) Pourquoi $\tilde{f}(x) = \lim\limits_{\substack{z \in A \\ z \to x}} f(z)$ définit-elle une application de X dans Y?

c) Soit $x \in X$ et soit V' un voisinage *fermé* de $\tilde{f}(x)$ dans Y. Montrer qu'il existe un voisinage ouvert V de x dans X tel que $f(V \cap A) \subseteq V'$.

d) Montrer que : $\forall z \in V\ \tilde{f}(z) = \lim\limits_{\substack{z \in A \cap V \\ z \to y}} f(y)$ et conclure que $\tilde{f}^{-1}(V')$ est un voisinage de x dans X.

e) Si Y est supposé régulier montrer que $\tilde{f}$ est continue, prolonge f et que ce prolongement est unique.

---

3 Ceinture de Mœbius

1) Soient E un espace régulier, R une équivalence sur E, G le graphe de R dans $E \times E$ ($G = \{(x, y),\ xRy\}$). On suppose que R est fermée et soit $(a, b) \in \overline{G}$.

a) Soit V un voisinage fermé de a. Montrer que pour tout voisinage W de b on a $r^{-1}r(V) \cap W \neq \varnothing$ ($r^{-1}r(V)$ est le saturé de V, Ex. II. 13, avec $r : E \to E/R$ surjection canonique). En déduire que $b \in r^{-1}r(V)$.

b) Soit $S = r^{-1}r(\{b\})$. Montrer que tout voisinage fermé V de a coupe S et en conclure que $a \in S$.

c) En déduire que G est fermé.

2) Soit E un espace compact et R une équivalence fermée sur E. Déduire de Pr. III. 1, partie II que E/R est séparé et compact.

3) Sur $I \times I = I^2 = [\![0, 1]\!] \times [\![0, 1]\!]$ soit M l'équivalence définie par : $(0, y)M(1, 1 - y)$ pour $0 \leqslant y \leqslant 1$ (recollement des bords verticaux après torsion). Désignons par $m : I^2 \to I^2/M$ la surjection canonique : l'espace quotient I^2/M s'appelle la *ceinture de Mœbius*.

a) Montrer que M est fermée, non ouverte.

b) En déduire que I^2/M est compact et connexe.

c) Soit $L = \left\{\left(x, \dfrac{1}{2}\right), x \in I\right\} \subseteq I^2$. Montrer que $I^2 \cap \complement L$ n'est pas connexe.

d) Soit $E = I^2/M \cap \complement m(L)$ et soient $a = m(x, y)$, $b = m(x', y')$ deux points de E. Montrer que si $y > \dfrac{1}{2}$ et $y' > \dfrac{1}{2}$ il existe un chemin γ de a à b (dans E).

e) Si $y > \dfrac{1}{2}$ et $y' < \dfrac{1}{2}$ construire un chemin de a à b. En déduire que E est connexe par arcs.

1

1) (E, $\mathcal{O}$) n'est pas séparé car $\mathcal{V}(c) = \{\{a, b, c\}, E\}$ et $\forall V \in \mathcal{V}(c)$, $b \in V$ donc b et c ne peuvent être « séparés ». Le sous-espace $\{a, b, c\}$ non plus car $\mathcal{V}(c) = \{\{a, b, c\}\}$. Mais $\{a, b\}$ est séparé car la topologie induite est discrète.

2) Si $x, y \in \mathbb{R}$ et $x \neq y$, par exemple $x < y$, soit z tel que $x < z < y$; alors $]-\infty, z[\cap]z, +\infty[= \emptyset$ et $]-\infty, x[\in \mathcal{V}(x)$, $]z, +\infty[\in \mathcal{V}(y)$. Le sous-espace $\mathbb{Q}$ est séparé pour la même raison, $\mathbb{Z}$ est séparé car discret. De façon générale tout sous-espace d'un espace séparé est séparé.

3) • $\mathcal{T}_d$ n'est pas séparée en général car pour $x \neq y$ il peut exister z tel que $x \leqslant z$ et $y \leqslant z$ donc $[x, \rightarrow[\cap [y, \rightarrow[\neq \emptyset$. $\mathcal{T}_d$ est séparée si et seulement si : $\forall x \neq y\ \forall z$: [z non comparable à x et z non comparable à y] c'est-à-dire $\forall x \neq y$, x et y non comparables, i.e. l'ordre est l'égalité.

• $\mathbb{R}$ muni de $\mathcal{T}_+$: si $x < y$ soit z : $x < z < y$, alors

$[x, z[\cap [y, y+1[= \emptyset$.

De même pour $\mathcal{T}_-$.

• $\mathbb{C}$: si $a + ib \neq c + id$ avec $a < c$:

$[a + ib, z + i(b+1)[\cap [c + id, c + 1 + i(d+1)[= \emptyset$

où $a < z < c$ si $a = c$ et $b \neq d$ avec par exemple $b < z < d$:

$[a + ib, (a+1) + iz[\cap [c + id, (c+1) + i(d+1)[= \emptyset$.

4) *a*) (E, $\mathcal{O}$) est évidemment un espace topologique. Il n'est pas séparé car si $x \neq a$ et $V \in \mathcal{V}(x)$ on a $a \in V$ donc a et x ne sont pas « séparables ».

b) $\complement\{a\}$ est séparé car discret.

2

1) Pour $n = 1$ c'est trivial, pour $n = 2$ c'est la définition de la séparation. Supposons la propriété vraie jusqu'à l'ordre n et soit $(x_i)_{1 \leqslant i \leqslant n+1}$ une suite

de $n+1$ points; par hypothèse il existe $U_1, \ldots, U_n$ disjoints deux à deux: $\forall i = 1, 2, \ldots, n : x_{n+1} \neq x_i$ donc il existe $V_1, V_2, \ldots, V_n$ voisinages de $x_1, x_2, \ldots, x_n$ et $W_1, W_2, \ldots, W_n$ voisinages de x_{n+1} tels que $V_i \cap W_i = \varnothing$.

Alors $U_1 \cap V_1, \ldots, U_n \cap V_n, \bigcap_1^n W_i$ répont à la question.

2) Si E est discret et $x \neq y$, $\{x\} \cap \{y\} = \varnothing$ avec $\{x\} \in \mathscr{V}(x)$, $\{y\} \in \mathscr{V}(y)$. Si E est grossier et $E = \{x\}$, E est évidemment séparé (il est d'ailleurs discret !)

3) Si $E = \{x_1, \ldots, x_n\}$ est séparé, d'après 1) $(U_i)_{1 \leqslant i \leqslant n}$ forme une partition de E donc $\operatorname{card} E = n = \sum_1^n \operatorname{card} U_i$ et $\operatorname{card} U_i \geqslant 1$ car $x_i \in U_i$

donc $\operatorname{card} U_i = 1$ et $U_i = \{x_i\}$.

E est donc discret.

4) • Si E est séparé et $x \neq y : \exists V \in \mathscr{V}(y), W \in \mathscr{V}(x) : V \cap W = \varnothing$ donc $V \cap \{x\} = \varnothing$, donc $y \notin \overline{\{x\}}$. D'où $\overline{\{x\}} = \{x\}$.

• Si F est un sous-espace et $x \neq y$, $x, y \in F : \exists V \in \mathscr{V}(x), W \in \mathscr{V}(y)$: $V \cap W = \varnothing$ d'où $V \cap F \in \mathscr{V}_F(x)$, $W \cap F \in \mathscr{V}_F(y)$ et $(V \cap F) \cap (W \cap F) = \varnothing$.

• Si F est un sous-ensemble fini : $F = \{x_1, \ldots, x_n\} = \bigcup_{i=1}^n \{x_i\}$, comme chaque $\{x_i\}$ est fermé, F est fermé.

5) *a*) Si E_i est séparé pour tout $i \in I$ et si $x \neq y$, $x = (x_i)_{i \in I}$, $y = (y_i)_{i \in I}$ il existe au moins $j \in I$ tel que $x_j \neq y_j$, donc : $\exists V_j \in \mathscr{V}(x_j)$, $W_j \in \mathscr{V}(y_j)$ tels que $V_j \cap W_j = \varnothing$. Alors $\prod_{i \in I} U_i \cap \prod_{i \in I} U'_i = \varnothing$ avec :

$i \neq j \quad U_i = E_i, \quad U'_i = E_i$
$i = j \quad U_j = V_j, \quad U'_j = W_j$

et ce sont bien des voisinages de x et y.

Réciproquement si $\prod_{i \in I} E_i$ est séparé et $x_j \neq y_j$, soit $(a_i)_{i \in I}$ et $(b_i)_{i \in I}$ avec :

$i \neq j$ $a_i = b_i \in E_i$ (car $Ei \neq \varnothing$), et $a_j = x_j$, $b_j = y_j$. Alors $(a_i) = a \neq b = (b_i)$ donc il existe V, W disjoints tels que

$a \in V = \bigcap_K p_i^{-1}(V_i)$, $b \in W = \bigcap_L p_i^{-1}(W_i)$

où K et L sont des parties finies de I. Il est clair que $j \in K \cap L$, et $x_j \in V_j$, $y_j \in W_j$. Enfin s'il existait $z_j \in V_j \cap W_j$, en posant $z_i = a_i = b_i$ pour $i \neq j$ on aurait $(z_i) \in V \cap W$.

b) L'homéomorphisme est la bijection classique φ :

$$\begin{aligned} \mathbb{R}^2 &\longrightarrow \mathbb{C} \\ (x, y) &\longmapsto x + iy \end{aligned}$$

et l'on a

$$\varphi^{-1}([a + ib, c + id[) = [\![a, c[\![= [\![b, d[\![,$$
$$\varphi([\![a, c[\![= [\![b, d[\![) = [a + ib, c + id[.$$

c) Si E est séparé et $\varphi : E \to F$ un homéomorphisme, pour $x, y \in F$ $x \neq y$ on a $\varphi^{-1}(x) \neq \varphi^{-1}(y)$, donc $\exists V \in \mathscr{V}(\varphi^{-1}(x))$, $W \in \mathscr{V}(\varphi^{-1}(y))$: $V \cap W = \varnothing$, d'où $\varphi(V) \cap \varphi(W) = \varnothing$ avec $\varphi(V) \in \mathscr{V}(x)$, $\varphi(W) \in \mathscr{V}(y)$.

6) Si $x \neq y$ on a : $\exists V \in \mathscr{V}(x)$ pour $\mathscr{T}$, $W \in \mathscr{V}(y)$ pour $\mathscr{T}$: $V \cap W = \varnothing$. D'où le résultat puisque V est un voisinage de x pour $\mathscr{T}'$ et W voisinage de y pour $\mathscr{T}'$.

7) Soit p la surjection canonique $E \to E/R$. Si $p(x) \neq p(y)$ alors $f(x) \neq f(y)$ donc $\exists$ V, W ouverts de F tels que $f(x) \in V$, $f(y) \in W$ et $V \cap W = \varnothing$; d'où $V' = f^{-1}(V)$, $W' = f^{-1}(W)$ ouverts disjoints de E; mais V′ est saturé pour R (car si $z \in V'$ et $z'Rz : f(z') = f(z) \in V$) et de même W′; donc $p(V') \cap p(W') = \varnothing$ et $p(V')$ est ouvert car $p^{-1}p(V') = V'$ est ouvert (saturé) : $p(V')$ et $p(W')$ sont des voisinages disjoints de $p(x)$ et $p(y)$. Autre démonstration : l'application $i : E/R \to F$ définie par $i(p(x) = f(x)$ est une injection continue et i induit (cf. p. 49) sur F une topologie plus fine que celle de F, donc séparée, donc E/R est séparé.

3

1) $a \Longleftrightarrow d : \left[\forall x : \bigcap_{V \in U(x)} \overline{V} = \{x\}\right] \Longleftrightarrow \forall x(y \neq x \Longrightarrow y \notin \bigcap \overline{V})$

$$\Longleftrightarrow \forall x(y \neq x \Longrightarrow \exists V \in \mathscr{V}(x)\, y \notin \overline{V})$$
$$\Longleftrightarrow \forall x(y \neq x \Longrightarrow \exists V \in \mathscr{V}(x),$$
$$W \in \mathscr{V}(y) : V \cap W = \varnothing) \Longleftrightarrow \text{E séparé.}$$

$a \Longleftrightarrow e$: E séparé $\Longleftrightarrow [\forall x, y \in E,\ x \neq y,\ \exists V \in \mathscr{V}(x),\ W \in \mathscr{V}(y) :$
$V \cap W = \varnothing] \Longleftrightarrow [\forall (x,y) \notin \Delta_E$
$\exists V \times W \in \mathscr{V}(x,y)) : V \times W \cap \Delta_E = \varnothing]$
$\Longleftrightarrow \Delta_E$ fermé.

$a \Longrightarrow b$: si $\mathscr{F}$ converge vers x, $\mathscr{F} \supseteq \mathscr{V}(x)$; soit $y \neq x$ donc $\exists V \in \mathscr{V}(x)$, $W \in \mathscr{V}(y)$, $V \cap W = \varnothing$, or $V \in \mathscr{F}$, donc $W \notin \mathscr{F}$ (sinon $\varnothing \in \mathscr{F}$) donc $\mathscr{V}(y) \nsubseteq \mathscr{F}$.

$b \Longrightarrow a$: si $\forall V \in \mathscr{V}(x)$, $\forall W \in \mathscr{V}(y)$: $V \cap W \neq \varnothing$ soit $\mathscr{F} = \{V \cap W, V \in \mathscr{V}(x), W \in \mathscr{V}(y)\}$ il est facile de voir que $\mathscr{F}$ est un filtre; de plus $\mathscr{V}(x) \subseteq \mathscr{F}$ car si $U \in \mathscr{V}(x)$: $U = U \cap E \in \mathscr{F}$, et de même $\mathscr{V}(y) \subseteq \mathscr{F}$; donc $x = y$.

$b \Longrightarrow c$: si $(x_n)_{n \geqslant 0}$ est une suite : $(x_n)_{n \geqslant 0}$ converge si et seulement si le filtre élémentaire associé à cette suite converge; d'où le résultat.

2) Le sous-espace $\{0\}$ est évidemment séparé, mais $\overline{\{0\}} = E$ n'est pas séparé.

3) $(\mathbb{R}, \mathscr{T}_0)$ est séparé, mais $(\mathbb{R}, \mathscr{T}')$ ne l'est pas et $1_{\mathbb{R}}(\mathbb{R}) = \mathbb{R}$. On a

$f(\mathbb{R}) = \{0\}$

évidemment séparé.

4) *a*) Soit $p : E \to E/R$ la surjection canonique. Si $(x, y) \notin C$ on a $\neg(xRy)$ donc $p(x) \neq p(y)$; E/R est séparé donc : $\exists V \in \mathscr{V}(p(x))$, $W \in \mathscr{V}(p(y))$: $V \cap W = \varnothing$ et il est facile de voir que ceci entraîne :
$p^{-1}(V) \times p^{-1}(W) \cap C = \varnothing$.

Or $p^{-1}(V) \times p^{-1}(W) \in \mathscr{V}((x, y))$ donc $(x, y) \notin \overline{C}$, et $C = \overline{C}$.

b) Si $p(x) \neq p(y)$ on a $(x, y) \notin C$, donc $(x, y) \notin \overline{C}$, donc $\exists V \times W \in \mathscr{V}((x, y))$: $V \times W \cap C = \varnothing$. On peut toujours supposer V et W ouverts, alors $p(V)$ et $p(W)$ sont des voisinages ouverts de $p(x)$ et $p(y)$ et $V \times W \cap C = \varnothing$ donc $p(V) \cap p(W) = \varnothing$, c.q.f.d.

4

1) Séparé $\Longrightarrow$ accessible évident. Si E est accessible et $x \neq y$: $\exists V \in \mathscr{V}(x)$ $y \notin V$.

2) *a*) R est ouverte :

si $0 \leqslant x < y \leqslant 1$: $p(]x, y[)$ est ouvert car $p^{-1}p(]x, y[) =]-y, -x[\cup]x, y[$
si $x < 0$: $p^{-1}p(]x, y[) =]-y, +y[$

$p(]x, 1])$ est ouvert car $p^{-1}p(]x, 1]) =]-1, -x[\cup]x, 1]$ ouvert de E.

E/R est accessible : si $p(x) \neq p(y)$ avec $|x| < |y|$: soit z tel que

$|x| < z < |y|$,

alors $p(y) \notin p(]-z, +z[)$ voisinage de $p(x)$. Si $|y| < |x|$ et $|y| < z < |x|$, $p(y) \notin p(]z, 1])$ voisinage de $p(x)$.

E/R n'est pas séparé : $p(1) \neq p(-1)$ mais tout voisinage V de $p(1)$ contient un $p(x)$, $x < 1$ et tout voisinage W de $p(-1)$ contient un $p(-y)$, $y < 1$ donc $p(y)$, et si $z = \max\{x, y\}$, $p(z) \in V \cap W$.

b) $\mathscr{V}(a) = \{\{a\}, E\}$ $\mathscr{V}(b) = \{E\}$; $a \neq b$ $\{a\} \in \mathscr{V}(a)$ et $b \notin \{a\}$ E n'est pas accessible car $b \neq a$ mais $\forall V \in \mathscr{V}(b)$, $a \in V$.

3) *a*) E accessible $\Longleftrightarrow [\forall x \in E(y \neq x \Longrightarrow \exists V \in \mathscr{V}(y), x \notin V)]$

$\Longleftrightarrow [\forall x \in E(y \neq x \Longrightarrow \exists V \in \mathscr{V}(y), V \cap \{x\} = \emptyset)]$

$\Longleftrightarrow [\forall x \in E(y \neq x \Longrightarrow y \notin \overline{\{x\}})] \Longleftrightarrow [\forall x \in E : \overline{\{x\}} = \{x\}]$

E accessible $\Longleftrightarrow [\forall x \in E(y \neq x \Longrightarrow \exists V \in \mathscr{V}(x), y \notin V)]$

$$\Longleftrightarrow \left[\forall x \in E\left(y \neq x \Longrightarrow y \notin \bigcap_{V \in \mathscr{V}(x)} V\right)\right]$$

$$\Longleftrightarrow \left[\forall x \in E : \bigcap_{V \in \mathscr{V}(x)} V = \{x\}\right].$$

Cette propriété est plus faible que :

$\forall x \in E : \bigcap_{V \in \mathscr{V}(x)} \overline{V} = \{x\}$ (qui est équivalente à la séparation)

car $\bigcap_{V \in \mathscr{V}(x)} V \subseteq \bigcap_{V \in \mathscr{V}(x)} \overline{V}$.

b) Si card E $= n$ on a pour tout $x \in E$ card $\mathscr{V}(x) \leqslant$ card $\mathscr{P}(E) = 2^n$ donc $\mathscr{V}(x)$ est fini et $\bigcap_{V \in \mathscr{V}(x)} V$ intersection finie de voisinages de x est un voisinage de x, donc $\{x\}$ est un voisinage de x et E est discret.

c) Si $A \subseteq X$, $\forall x \in A$ $\overline{\{x\}}^A = \overline{\{x\}}^E \cap A = \{x\} \cap A = \{x\}$, le résultat découle de *a*).

d) E n'est pas en général accessible car si $x \neq y$ il se peut que $y \geqslant x$ ou $y \leqslant x$ (c'est-à-dire que $y \in [x, \rightarrow[$ ou $x \in [y, \rightarrow[$) ce qui montre que si E est totalement ordonné, E est accessible s'il a un élément au plus.

e) Immédiat.

4) *a*) Si $x \neq y$

- ou bien x et y ne sont pas comparables, alors $x \notin [y, \rightarrow[$,
- ou bien $x < y$ alors $x \notin [y, \rightarrow[$,
- ou bien $y < x$ alors $y \notin [x, \rightarrow[$.

Toute intersection d'ouverts est un ouvert : cf. Ex. I. 6.

b) La relation est évidemment réflexive; elle est antisymétrique : si $x \in \overline{\{y\}}$ et $y \in \overline{\{x\}}$ on a $\forall V \in \mathscr{V}(x)$, $y \in V$ et $\forall V \in \mathscr{V}(y)$, $x \in V$ donc $x = y$ (car E est de Kolmogoroff). Transitivité : si $x \in \overline{\{y\}}$ et $y \in \overline{\{z\}}$, pour $V \in \mathscr{V}(x)$, $\exists U$ ouvert : $x \in U \subseteq V$, d'où $U \in \mathscr{V}(x)$, donc $y \in U$ et $U \in \mathscr{V}(y)$ d'où $z \in U$ et $z \in V$; donc $x \in \overline{\{z\}}$.

$\mathcal{T} = \mathcal{T}_d$:

- pour tout x $[x, \rightarrow[= \big\{ y \in E, x \in \overline{\{y\}} \big\}$ est ouvert pour $\mathcal{T}$ car il est facile de voir que : $[x, \rightarrow[= \bigcap_{V \in \mathring{\mathscr{V}}(x)} V$, $\mathring{\mathscr{V}}(x)$ ensemble des voisinages ouverts de x, qui est ouvert comme intersection d'ouverts pour $\mathcal{T}$,
- si U est ouvert pour $\mathcal{T}$ et $x \in U$ on a $[x, \rightarrow[\subseteq U$ (car si $y \geqslant x$ comme $U \in \mathscr{V}(x)$, $y \in U$) donc U est ouvert pour $\mathcal{T}_d$.

c) Soit $X = \{x_1, \ldots, x_n\}$ une partie finie. Si $n = 1$ le résultat est évident (si $n = 2$ c'est la définition même d'un espace de Kolmogoroff). Supposons-le vrai jusqu'à n et soit $X = \{x_1, \ldots, x_{n+1}\}$ par hypothèse $\exists x_i \in \{x_1, \ldots, x_n\}$ isolé dans $\{x_1, \ldots, x_n\}$: $\exists V$ voisinage ouvert de x_i, $V \cap \{x_1, \ldots, x_n\} = \{x_i\}$,

- si $\exists W \in \mathscr{V}(x_i)$ tel que $x_{n+1} \notin W$ alors $(V \cap W) \cap C = \{x_i\}$,
- sinon $\exists U \in \mathscr{V}(x_{n+1})$, $x_i \notin U$ et $x_{n+1} \in V$ donc $V \in \mathscr{V}(x_{n+1})$, alors $(U \cap V) \cap X = \{x_{n+1}\}$. S'il n'y a pas de point isolé dans E cela signifie que : $\forall x \in E$ $\{x\} \notin \mathscr{V}(x)$; si un ouvert U était fini il posséderait un point isolé x : $\exists V \in \mathscr{V}(x)$: $V \cap U = \{x\}$, or $U \in \mathscr{V}(x)$ donc $U \cap V = \{x\} \in \mathscr{V}(x)$ absurde.

Dans $(\mathbb{N}, \mathcal{T}_d)$ il n'y a pas de point isolé car $\mathbb{N}$ est sans plus grand élément donc tout ouvert est infini.

d) Si $p(x) \neq p(y)$ on a $x \notin \overline{\{y\}}$ ou $y \notin \overline{\{x\}}$; supposons par exemple $x \notin \overline{\{y\}}$ donc $x \in \complement\overline{\{y\}} = p^{-1}(\complement\{p(y)\})$ ouvert de E donc $\complement\{p(y)\}$ est ouvert dans E/R et contient $p(x)$ mais non $p(y)$.

Si E est de Kolmogoroff R est l'égalité.

5

1) *a*) Soient $x, y \in E$ $x \neq y$. Si $x \neq 0$ et $y \neq 0$ avec par exemple $x < y$, soit $z : x < z < y$ alors $x \in]0, z[\in \mathcal{O}_1, y \in]z, 1[\in \mathcal{O}_1$ et $]0, z[\cap]z, 1[= \varnothing$. Si $x = 0$ soit $z : 0 < z < y : x \in [0, z[\cap \complement D \in \mathcal{O}_2$ et $y \in]z, 1[\in \mathcal{O}_2$.

b) D est fermé car si $x \notin D : x \neq 1$ donc $x < 1$ et $\exists a : x < a < 1$ alors $x \in [0, a[\cap \complement D = V$ voisinage de x et $V \cap D = \varnothing$, d'où $x \notin \overline{D}$.

Soit V un voisinage ouvert de D et $W = [0, a[\cap \complement D \in \mathcal{V}(0)$, donc $a > 0$ et $\exists n\ 0 < \frac{1}{n} < a$ or $\frac{1}{n} \in D \subseteq V$ donc $\exists \alpha, \beta\ \frac{1}{n} \in]\alpha, \beta[\subseteq V$; si l'on choisit $z : \frac{1}{n} < z < \min(a, \beta)$ et $z \notin D$ alors $z \in V \cap W$.

2) Si l'axiome [R] est vérifié, soit $V \in \mathcal{V}(x)$ donc $\exists U$ ouvert : $x \in U \subseteq V$ d'où $\complement U$ est fermé, et comme $x \notin \complement U$:

$$\exists W \in \mathcal{V}(\complement U),\ X \in \mathcal{V}(x) : \ W \cap X = \varnothing,$$

or $W \in \mathcal{V}(\complement U)$ donc $\exists W'$ ouvert : $\complement U \subseteq W' \subseteq W$, alors $x \in \complement W' \subseteq U \subseteq V$ et $\complement W'$ est fermé et voisinage de x car $x \in X \subseteq \complement W \subseteq \complement W'$ et $\complement W'$ contient le voisinage X de x.

Réciproquement : si F est fermé et $x \notin F$, $\complement F$ est ouvert et contient x, donc $\complement F \in \mathcal{V}(x)$; d'après [R] $\exists W \in \mathcal{V}(x)$ W fermé et $W \subseteq \complement F$, alors $F \subseteq \complement W$ ouvert donc $\complement W = V \in \mathcal{V}(F)$ et $V \cap W = \varnothing$.

3) Il s'agit de montrer que si E est de Kolmogoroff, E est séparé : soient $x, y \in E$, $x \neq y$; par hypothèse

- $\exists V \in \mathcal{V}(x)$, $y \notin V$, donc, question 2), on peut supposer V fermé, alors $\complement V \in \mathcal{V}(y)$ et $V \cap \complement V = \varnothing$,
- ou bien $\exists V \in \mathcal{V}(y)$, $x \notin V$ même raisonnement.

4) • $\mathcal{T}_0$: un système fondamental de voisinages de x est

$$\mathcal{F}(x) = \{]z, z'[,\ z < x < z'\}.$$

Il suffit donc de montrer que tout élément de $\mathcal{F}(x)$ contient un voisinage fermé de x : Soit $]z, z'[\in \mathscr{F}(x)$:

1er *cas* $\exists t : z < t < x$ et $\exists t'\ x < t' < z'$ alors :

$x \in]t, t'[\subseteq [t, t'] \subseteq]z, z'[$

2e *cas* $\nexists t : z < t < x$ alors :

ou bien $\exists t'\ x < t' < z'$, d'où $x \in]z, t'[\subseteq [x, t'] \subseteq]z, z'[$,
ou bien $\nexists t'\ x < t' < z'$, alors $]z, z'[= \{x\}$ voisinage fermé de x.

3e *cas* $\nexists t' : x < t' < z'$ raisonnement analogue. L'axiome [R] est donc réalisé et comme $\mathscr{T}_0$ est séparée, l'espace est régulier.

- $\mathscr{T}_+$ est séparée et on remarque que les ouverts $[x, y[$ sont également fermés car $\complement[x, y[= \bigcup_{z<x} [z, x[\cup \bigcup_{y<z'} [y, z'[$; l'axiome [R] est donc trivialement vérifié.
- $\mathscr{T}_-$ même remarque.

On notera que, d'après la question 3), il suffit de montrer que $\mathscr{T}_0$, $\mathscr{T}_+$, $\mathscr{T}_-$ vérifient [R] et sont des topologies de Kolmogoroff.

5) On a vu (Ex. III. 3, question 1, *d*) que si E est séparé : $\bigcap_{V \in \mathscr{V}(x)} \overline{V} = \{x\}$, donc $\{x\}$ est fermé comme intersection de fermés.

Si E est régulier : $\forall F$ fermé : $(x \notin F \Longrightarrow \exists V \in \mathscr{V}(x), W \in \mathscr{V}(F), V \cap W = \varnothing)$ d'où

$\forall F$ fermé : si $x \notin F$, $\exists W \in \mathscr{V}(F)$, $x \notin \overline{W}$, donc
$\forall F$ fermé : si $x \notin F$, $x \notin \bigcap_{W \in \mathscr{V}(F)} \overline{W}$ i.e. $\bigcap_{W \in \mathscr{V}(F)} \overline{W} \subseteq F$,

d'où $F = \bigcap_{W \in \mathscr{V}(F)} \overline{W}$.

Remarque : $F \notin \mathscr{V}(F)$ en général mais : $F \in \mathscr{V}(F) \Longleftrightarrow F$ est ouvert.

6

1) On a $E = \bigcup_{V \in \mathscr{O}} V$ recouvrement ouvert et fini de E donc tout recouvrement de E est nécessairement fini. Si E est fini, $\mathscr{O}$ est nécessairement fini puisque card $\mathscr{O} \leqslant$ card $\mathscr{P}(E) = 2^{\text{card } E}$, donc E est compact.

2) *a*) $(\{n\})_{n\in\mathbb{N}}$ est un recouvrement ouvert de $\mathbb{N}$ et on ne peut en extraire un recouvrement fini, sinon $\mathbb{N}$ serait fini,

b) • si E est discret et compact, du recouvrement $E = \bigcup_{x\in E} \{x\}$ on peut extraire un recouvrement fini $E = \bigcup_{i=1}^{n} \{x_i\}$ d'où card $E \leqslant n$,

• si E est discret et fini, E est fini donc E est compact (question 1).

3) Les U_n sont ouverts et $\mathbb{R} = \bigcup_{n\in\mathbb{Z}} U_n$; soit $(U_{n_i})_{1\leqslant i\leqslant p}$ une famille finie extraite de ce recouvrement : si $n = \max\{n_1, n_2, \dots, n_p\}$, $n \notin \bigcup_{i=1}^{p} U_{n_i}$ donc $\mathbb{R}$ n'est pas compact.

On peut appliquer le même raisonnement avec la famille $(U_n \cap \mathbb{Q})_{n\in\mathbb{Z}}$ ce qui montre que $\mathbb{Q}$ n'est pas compact; de même $U_n \cap \mathbb{Z} = \{n\}$ et L n'est pas compact car infini et discret.

D'après le théorème de Heine-Borel $[\![0, 1]\!]$ est compact.

4) $f(E)$ sous-espace de F séparé est séparé; si $(U_i)_{i\in I}$ est un recouvrement de $f(E)$, $U_i = V_i \cap f(E)$, V_i ouvert de F, d'où $f^{-1}(U_i) = f^{-1}(V_i)$ est un ouvert de E car f est continue; de plus $E = \bigcup_{i\in I} f^{-1}(U_i)$, E est compact, donc $E = \bigcup_{k=1}^{n} f^{-1}(U_{i_k})$ d'où il résulte $f(E) = \bigcup_{k=1}^{n} U_{i_k}$ donc $f(E)$ est compact.

7

1) $\mathscr{A} \neq \varnothing$ car $B \in \mathscr{A}$;

(F_1) $[M \in \mathscr{A},\ M \subseteq N] \Longrightarrow [A \cup M \in \mathscr{U}] \Longrightarrow [A \cup N \in \mathscr{U}] \Longrightarrow [N \in \mathscr{A}]$;

(F_2) $[M, N \in \mathscr{A}] \Longrightarrow [M \cup A,\ N \cup A \in \mathscr{U}] \Longrightarrow [A \cup (M \cap N) \in \mathscr{U}]$
$\Longrightarrow [M \cap N \in \mathscr{A}]$

(F_3) $\varnothing \notin \mathscr{A}$ sinon $A \cup \varnothing = A \in \mathscr{U}$.

$\mathscr{U} \subseteq \mathscr{A}$ car : $M \in \mathscr{U} \Longrightarrow A \cup M \in \mathscr{U} \Longrightarrow M \in \mathscr{A}$.

$\mathscr{U}$ étant un ultrafiltre : $\mathscr{A} = \mathscr{U}$, or $B \in \mathscr{A}$, donc $B \in \mathscr{U}$.

Le résultat se généralise immédiatement par récurrence.

2) Si $\forall x \in E$ $\mathscr{V}(x) \not\subseteq \mathscr{U}$, il existe $V_x \in \mathscr{V}(x)$ tel que $V_x \notin \mathscr{U}$; on peut supposer V_x ouvert, alors $E = \bigcup_{x \in E} V_x$ recouvrement ouvert de E, donc $\exists n$: $E = \bigcup_{i=1}^{n} V_{x_i}$. Alors $\bigcup_{1}^{n} V_{x_i} = E \in \mathscr{U}$ et d'après 1) : $\exists i$ tel que $V_{x_i} \in \mathscr{U}$ contradictoire.

3) $\mathscr{A}$ est évidemment une base de filtre; si $\mathscr{F}$ est le filtre engendré par $\mathscr{A}$, $\mathscr{F}$ est contenu dans un ultrafiltre $\mathscr{U}$, donc $\mathscr{A} \subseteq \mathscr{U}$; $\mathscr{U}$ étant convergent il existe $x \in E$ tel que $\mathscr{V}(x) \subseteq \mathscr{U}$: $\forall V \in \mathscr{V}(x)$, $V \in \mathscr{U}$ et si $U \in \mathscr{U}$ $V \cap U \in \mathscr{U}$, donc $V \cap U \neq \varnothing$ donc $x \in \overline{U}$ pour tout $U \in \mathscr{U}$. En particulier : $\forall i \in I$ $F_i \in \mathscr{U}$ donc $x \in \overline{F}_i = F_i$, d'où $x \in \bigcap_{i \in I} F_i$. Il en résulte qu'il existe une intersection finie de F_i qui est vide.

4) En effet si $E = \bigcup_{i \in I} V_i$, V_i ouverts de E, on a $\complement E = \varnothing = \bigcap_{i \in I} \complement V_i$, $\complement V_i$ fermé; donc $\exists n$: $\varnothing = \bigcap_{k=1}^{n} \complement V_{i_k}$, d'où $E = \bigcup_{k=1}^{n} V_{i_k}$.

On a montré l'équivalence des propriétés suivantes pour un espace séparé E :

- E compact,
- tout ultrafiltre est convergent,
- pour toute famille de fermés $(F_i)_{i \in I}$, si $\bigcap_{i \in I} F_i = \varnothing$ on peut en extraire

une sous-famille finie dont l'intersection est vide.

8

1) *a*) f est bijective car f est injective et si $(x, y) \in F$, $\exists t \in [0, 1[$:
$x = \cos 2\pi t$, $y = \sin 2\pi t$

f est continue : $f^{-1}(]\cos 2\pi t, \cos 2\pi t'[\times]\sin 2\pi t, \sin 2\pi t'[\cap F) =]t, t'[$.

b) $[0, \frac{1}{2}[$ est ouvert dans E et $f\left([0, \frac{1}{2}[\right) = \{(t, \sqrt{1-t^2}), -1 < t \leqslant 1\}$ n'est pas ouvert dans F, car ne contient aucun voisinage de $(1, 0) \in F$. Donc f^{-1} n'est pas continue et f n'est pas un homéomorphisme.

2) Il suffit de montrer que f est fermée : si A est un fermé de E compact, A est un sous-espace compact de E (chap. III. Rappels § 2) donc (théorème de Weierstrass) $f(A)$ est compact, et c'est un sous-espace du compact $f(E) = F$, donc $f(A)$ est fermé dans F (chap. III. Rappels § 2).

L'application f de 1) ne peut être un homéomorphisme car F est compact alors que E n'est pas compact.

3) En effet $\forall i \in I$ $p_i : \prod_{i \in I} E_i \to E_i$ projection canonique est continue (définition de la topologie produit) et le théorème de Weierstrass montre que $p_i\left(\prod_{i \in I} E_i\right) = E_i$ est compact.

4) Soit $(U_i \cap f(E))_{i \in I}$ un recouvrement ouvert de $f(E)$, où U_i est ouvert dans F. Donc $(f^{-1}(U_i))_{i \in I}$ est un recouvrement ouvert de E dont on peut extraire un recouvrement fini $(f^{-1}(U_i))_{i \in J}$, J partie finie de I. Alors $(U_i \cap f(E))_{i \in J}$ est un recouvrement fini de $f(E)$.

9

1) On a : U_n ouvert de $]0, 1[$, $\bigcup_{n \geqslant 1} U_n =]0, 1[$ mais aucune sous-famille finie ne peut recouvrir $]0, 1[$.

2) Si $F = \bigcup_{i \in I} V_i$, V_i ouvert de F; on a $V_i = U_i \cap F$, U_i ouvert de E, d'où $E = \complement F \cup \bigcup_{i \in I} U_i$ recouvrement ouvert de E, d'où $E = \complement F \cup \bigcup_{k=1}^{n} U_{i_k}$ et $F = \bigcup_{k=1}^{n} V_{i_k}$.

3) *a*) Soit $a \in K$, donc $x \neq a$; E étant séparé il existe V_a, W_a ouverts tels que $x \in V_a$, $a \in W_a$, $V_a \cap W_a = \varnothing$. D'où $K = \bigcup_{a \in k} W_a \cap K$ et K étant compact, $K = \bigcup_{i=1}^{n} W_{a_i} \cap K$. Soient $W = \bigcup_{1}^{n} W_{a_i}$ et $V = \bigcap_{1}^{n} V_{a_i}$; V et W sont ouverts. De plus $K \subseteq W$ et $x \in V$ donc $W \in \mathscr{V}(K)$, $V \in \mathscr{V}(x)$ et enfin $V \cap W = \left(\bigcup_{1}^{n} W_{a_i}\right) \cap V = \bigcup_{1}^{n} V \cap W_{a_i} \subseteq \bigcup_{1}^{n} V_{a_i} \cap W_{a_i} = \varnothing$.

b) Si F est fermé dans E compact, F est compact d'après 2). Si F est compact, d'après 3 *a*) : $\forall x \notin K \ \exists V \in \mathscr{V}(x) \ \ V \cap K = \varnothing$, donc : $\forall x \notin K$ $x \notin \overline{K}$, donc $K = \overline{K}$.

c) Si A et B sont compacts, A et B sont fermés et $A \cap B$ est fermé dans A compact, donc $A \cap B$ compact. On démontre directement de façon immédiate que $A \cup B$ est compact.

4) Soit E compact, F fermé de E donc F compact, et $x \notin F$; d'après 3 *a*) : $\exists V \in \mathscr{V}(x)$, $W \in \mathscr{V}(F)$: $V \cap W = \varnothing$. L'axiome [R] de régularité est donc satisfait (Ex. III. 5). Si $x \in E$, il existe un voisinage V fermé de x puisque E est régulier et V fermé dans E compact est compact, donc V est un voisinage compact de x.

10

1) Si E est compact et $x \in E$, soit $V \in \mathscr{V}(x)$, donc $\overline{V} \in \mathscr{V}(x)$ et $\overline{V}$ fermé dans E compact est compact.

2) Pour tout $x \in \mathbb{R}$ $[\![x - 1, x + 1]\!] \in \mathscr{V}(x)$ et est compact (théorème de Heine-Borel). Si $(x, y) \in \mathbb{R}^2$ $[\![x - 1, x + 1]\!] \times [\![y - 1, y + 1]\!] \in \mathscr{V}((x, y))$ et est compact (théorème de Tychonoff).

3) Soit E localement compact et $x \in E$: il existe $K \in \mathscr{V}(x)$, K compact; le sous-espace K est régulier donc x possède un système fondamental de voisinages dans K qui sont fermés donc compacts; or ces voisinages dans K sont des voisinages dans E, puisque $K \in \mathscr{V}(x)$ et ils forment un système fondamental de voisinages de x dans E qui sont compacts. E est donc régulier puisque E est séparé et : K compact dans $E \Longrightarrow$ K fermé dans E.

4) *a*) On a vu [Ex. III. 9, question 3, *a*) que si E est séparé et K compact de E : $x \notin K \Longrightarrow [\exists V \in \mathscr{V}(x),\ W \in \mathscr{V}(K) \ \ V \cap W = \varnothing]$. En particulier $x \notin K \Longrightarrow [\exists V \in \mathscr{V}(x) \ \ V \cap K = \varnothing]$; i.e. : $x \notin K \Longrightarrow x \notin \overline{K}$; i.e. $K = \overline{K}$.

b) (O_1) $\varnothing \in \mathscr{O}'$ car $\varnothing \in \mathscr{O}$; $E' \in \mathscr{O}'$ car $E' = \complement_{E'} \varnothing$ et $\varnothing$ compact de E. (O_2) $(U,\ V \in \mathscr{O}) \Longrightarrow (U \cap V \in \mathscr{O})$; $\complement_{E'} K \cap \complement_{E'} L = \complement_{E'} K \cup L \in \mathscr{O}'$ car $K \cup L$ est compact (Ex. III. 9, question 3 *c*) $U \cap \complement_{E'} K = U \cap \complement_E K \in \mathscr{O}$ car K compact donc $\complement_E K$ ouvert (question 4 *a*).

(O_3) $\bigcup_{i\in I} V_i \in \mathcal{O}$, $\bigcup_{j\in J} \complement_{E'} K_j = \complement \bigcap_{j\in J} K_j \in \mathcal{O}'$ (Ex. III. 9, question 3 *c*).
Reste donc à montrer que si $U \in \mathcal{O}$ et $\complement_{E'} K \in \mathcal{O}'$, $U \cup \complement_{E'} K \in \mathcal{O}'$; en effet $U \cup \complement_{E'} K = \complement_{E'} (K \cap \complement_E U)$ et $\complement_E U \cap K$ est fermé dans K compact donc compact (Ex. III. 9, question 3 *b*).

La topologie induite sur E est bien celle de E car $\complement_{E'} K \cap E = \complement_E K \in \mathcal{O}$.

c) E étant séparé il suffit de montrer que ω est « séparé » des points de E : si $x \in E$ x possède un voisinage compact K, et $\complement_{E'} K \in \mathcal{V}(\omega)$.

d) Si $\forall i \in I$ $U_i \in \mathcal{O}$ on aurait $\bigcup_{i\in I} U_i \subseteq E$, donc $\exists i_0 : U_{i_0} = \complement_{E'} K$ et $K \subseteq \bigcup_{j\neq i_0} U_j$; K étant compact on a $K \subseteq \bigcup_{k=1}^{n} U_{j_k}$ et $E' = U_{i_0} \cup \bigcup_{1}^{n} U_{j_k}$ recouvrement ouvert fini de E′.

e) Si E non compact et $V \in \mathcal{V}(\omega)$, $V \supseteq \complement_{E'} K$ avec $K \neq E$ donc

$V \cap E \neq \varnothing$.

D'où les résultats.

5) *a*) En effet $\complement f(E)$ est fermé dans F donc $f(E)$ est ouvert dans F. Alors :

- si f est un homéomorphisme de E sur $f(E)$ et si U est un ouvert de E, $f(U)$ est ouvert dans $f(E)$ donc dans F,
- si f est ouverte, l'image par f d'un ouvert de E est ouvert dans F donc dans $f(E)$ et $f : E \to f(E)$ est continue bijective ouverte, donc un homéomorphisme.

b) f est continue : si U est ouvert dans E′, ou bien U est ouvert de E alors $U = f^{-1}(U)$ est ouvert de E, ou bien $U = \complement_{E'} K$ où K est un compact de E alors $f^{-1}(U) = \complement_E K$ est ouvert car K estfermé dans E (rappels, § 2).

f est ouverte par construction de E′, donc f est une compactification d'Alexandroff de E d'après 5 *a*), puisque $\{\omega\} = \complement f(E)$ est fermé (E′ étant séparé).

c) On définit $\varphi : E' \to G$ par $\varphi(f(x)) = g(x)$, $\varphi(\omega) = \omega'$.
φ est bien bijective.

φ est continue : soit U un ouvert de G, donc $g^{-1}(U)$ est ouvert dans E et $f(g^{-1}(U))$ est ouvert dans E′. Or si $\omega' \notin U$ on a $\varphi^{-1}(U) = f(g^{-1}(U))$ ouvert de E′; et si $\omega' \in U$, $K = g^{-1}(\complement U) = \complement g^{-1}(U)$ est compact dans E (car $\complement U \subseteq g(E)$ et $g^{-1} = g(E) \to E$ est un homéomorphisme et $\complement U$ étant fermé dans G compact est compact dans G donc dans $g(E)$; alors $g^{-1}(\complement U)$ est compact d'après le théorème de Weierstrass) et l'on a $\varphi^{-1}(U) = \complement_{E'} K$ est ouvert dans E'.

Il résulte alors du théorème de Weierstrass que φ est un homéomorphisme (Ex. III. 8, question 2).

d) En effet deux compactifiés d'Alexandroff de E sont, d'après 5 *c*), homéomorphes à E', donc homéomorphes entre eux.

11

1) E n'est pas connexe car $E = \{a\} \cup \{b, c, d, e\}$.

Topologie induite sur $\{a, e\}$: $\{\varnothing, \{a\}, \{e\}, \{a, e\}\}$ donc non connexe.

Topologie induite sur $\{b, c, d\}$: $\{\varnothing, \{c, d\}, \{b, c, d\}\}$ donc connexe.

2) Si E est discret et connexe, $\varnothing$ et E sont les seuls ouverts et fermés; or $\forall x \in E$: $\{x\}$ est ouvert et fermé, donc $\{x\} = E$.

Si E est discret et réduit à un point E est évidemment connexe.

Si E est grossier les seuls ouverts sont $\varnothing$ et E et ils sont les seuls ouverts et fermés, d'où E connexe.

3) *a*) Supposons $x < y$ et $]x, y[= \varnothing$ alors $E =]x, \to[\cup]\leftarrow, y[$ est une partition de E en ouverts disjoints donc E n'est pas connexe.

b) Soit A une partie non vide majorée, M(A) l'ensemble des majorants de A; donc $M(A) \neq \varnothing$. M(A) est fermé car $M(A) = \bigcap_{x \in A} [x, \to[$ intersection de fermés; si A n'a pas de borne supérieure, M(A) est ouvert car pour $x \in M(A)$, $\exists y \in M(A)$, $y < x \Longrightarrow x \in]y, \to[\subseteq M(A)$. D'où le résultat, puisque $M(A) \neq E$, A étant non vide.

4) $(E, \mathcal{C}_+)$ n'est pas connexe car si $x, y \in E$ avec par exemple $x < y$ on a $E = A \cup [y, \to[$ avec $A = \bigcup_{t<y} [t, y[$; $A \neq \varnothing$ car $x \in A$ et A ouvert; de plus $A \cap [y, \to[= \varnothing$.

$(E, \mathcal{C}_d)$ est connexe car deux ouverts ne peuvent être disjoints.

5) $a \Longrightarrow b$ évident par passage aux complémentaires,

$b \Longrightarrow c$ si A est ouvert et fermé, A et $\complement A$ sont deux fermés disjoints et $E = A \cup \complement A$, donc $A = \varnothing$ ou $\complement A = \varnothing$.

$c \Longrightarrow d$ si $F_r(A) = \overline{A} \cap \overline{\complement A} = \varnothing$ comme $\overline{A} \cup \overline{\complement A} = E$ on a

$$\complement \overline{A} = \overline{\complement A} = \complement \mathring{A},$$

donc $\overline{A} = \mathring{A}$ est ouvert et fermé, d'où $A = \varnothing$ ou $A = E$.

$d \Longrightarrow e$: f étant continue, $f^{-1}(\{1\})$ est fermé, de même que $f^{-1}(\{0\})$. Or $\mathrm{Fr}\,(f^{-1}(\{1\})) = f^{-1}(\{1\}) \cap \overline{\complement f^{-1}(\{1\})} = f^{-1}(\{1\}) \cap f^{-1}(\{0\}) = \varnothing$ donc :

ou bien $f^{-1}(\{1\}) = \varnothing$, alors $\forall x \in E\ f(x) = 0$,
ou bien $f^{-1}(\{1\}) = E$, alors $\forall x \in E\ f(x) = 1$.

$e \Longrightarrow a$ si $E = A \cup B$, A, B ouverts disjoints; soit $f : E \to \{0, 1\}$ avec $f(x) = 1$ si $x \in A$, $f(x) = 0$ si $x \in B$; f est continue car $f^{-1}(\{1\}) = A$ ouvert, $f^{-1}(\{0\}) = B$ ouvert ($\{1\}$ et $\{0\}$ sont ouverts dans $\{0, 1\}$), donc f constante, donc $A = \varnothing$ ou $B = \varnothing$.

12

1) Les fermés de E sont : E, $\{b, c, d\}$, $\{a, d\}$, $\{d\}$, $\varnothing$, donc E et $\varnothing$ sont les seules parties ouvertes et fermées. Par exemple $\{a, b, c\}$ et $\{a, b\}$ ne sont pas connexes.

2) *a*) $\left.\begin{array}{l} \text{Si } A \cap B \neq \varnothing, X = A \cap \overline{B} \neq \varnothing \text{ et X fermé de A} \\ \text{si } A \cap \complement B \neq \varnothing, Y = A \cap \overline{\complement B} \neq \varnothing \text{ et Y fermé de A} \end{array}\right\}$

de plus $X \cup Y = A$, donc

$$X \cap Y = A \cap \overline{B} \cap \overline{\complement B} = A \cap \mathrm{Fr}\, B \neq \varnothing.$$

b) Si B non connexe : $\exists C$, D ouverts de E tels que $C \cap B \neq \varnothing$,

$$D \cap B \neq \varnothing \quad \text{et} \quad B \subseteq C \cup D$$

avec $B \cap C \cap D = \varnothing$. Alors $C \cap A \neq \varnothing$ car $C \cap B \neq \varnothing$, donc $\exists x \in C \cap B$

et $C \cap B$ est un voisinage de $x \in \overline{A}$, de même $D \cap A \neq \varnothing$; $A \cap C \cap D = \varnothing$ et $A \subseteq C \cup D$, d'où A non connexe.

En particulier $\overline{A}$ est connexe.

c) Supposons $A \cup B$ non connexe : il existe C, D ouverts de E tels que: $C \cap (A \cup B) \neq \varnothing$, $D \cap (A \cup B) \neq \varnothing$, $A \cup B \subseteq C \cup D$ et $(C \cap D) \cap (A \cup B) = \varnothing$. Donc $C \cap D \cap A = C \cap D \cap B = \varnothing$. De plus $(C \cap A) \cup (C \cap B) \neq \varnothing$ donc $C \cap A \neq \varnothing$ ou $C \cap B \neq \varnothing$. Supposons $C \cap A \neq \varnothing$ (le cas $C \cap B$ se traite de la même façon) :

1. $D \cap A \neq \varnothing$ alors $A \subseteq C \cup D$, $C \cap D \cap A = \varnothing$ donc A non connexe.

2. $D \cap A = \varnothing$ alors $D \cap B \neq \varnothing$. Deux cas à nouveau :

- $C \cap B \neq \varnothing$ alors $B \subseteq C \cup D$, $C \cap D \cap B = \varnothing$ donc B non connexe.
- $C \cap B = \varnothing$ alors $B \subseteq D$ d'où $A \cap B \subseteq A \cap D = \varnothing$, donc $A \cap B = \varnothing$

contraire à l'hypothèse.

Le résultat se généralise aisément par récurrence sur *n*.

3) Si $c \in]a, b[$ n'était pas atteint par f on aurait $x \in U = f^{-1}(]-\infty, c[)$, $y \in V = f^{-1}(]c, +\infty[)$, et (U, V) formerait une partition ouverte de E : E ne serait pas connexe.

4) *a*) En effet $F^{-1}(]x, y[\times]z, t[) =]x, y[\cap f^{-1}(]z, t[)$ ouvert de I.

b) D'après le théorème de Bolzano.

c) Comme $0 \leqslant f(0)$, $(0, f(0)) \in G \cap F(I)$. Si $\complement G \cap F(I) \neq \varnothing$, d'après 2 *a*) $\operatorname{Fr}(G) \cap F(I) \neq \varnothing$. Or $\operatorname{Fr}(G) = \Delta_I = \{(x, x), x \in I\}$ donc $\exists x \in I$: $f(x) = x$. Si $\complement G \cap F(I) = \varnothing$, comme $(1, f(1)) \in F(I)$, $(1, f(1)) \in G$, donc $1 \leqslant f(1)$; or $f(1) \leqslant 1$, d'où $f(1) = 1$ même conclusion.

13

1) $C(x)$ est un connexe donc (Ex. III. 12, question 2, *b*) $\overline{C(x)}$ est connexe; or $C(x)$ est le plus grand connexe contenant x, donc $\overline{C(x)} = C(x)$.

2) Si E connexe on a $C(x) = E$ plus grand connexe contenant x, pour tout $x \in E$. Réciproque évidente.

3) *a*) $C(a) = C(b) = \{a, b\}$, $C(c) = \{c\}$.

b) Si E est discret, toute partie est un of donc $\forall x \in E$ $C(x) = \{x\}$: E est totalement discontinu (réciproque fausse, exemple : $\mathbb{Q}$).

c) E est connexe : sinon $E = U \cup V$ serait fini.

4) Si E est totalement discontinu : $\forall x$, $C(x) = \{x\}$; soient $x, y \in F$ fermé alors $F \supseteq C(x) \cup C(y)$ donc n'est pas connexe. Réciproquement $\forall x \in E$ $C(x)$ est fermé et connexe donc réduit à x.

5) Remarquons que si $x \in C(y)$ on a $C(y) \subseteq C(x)$ car $C(y)$ est un connexe contenant x, d'où $y \in C(x)$ et l'on tire $C(x) = C(y)$. Il est alors clair que R est une équivalence.

E/R est totalement discontinu : soit $p : E \to E/R$ la surjection canonique; utilisons le critère de la question 4) : soit F un fermé de E/R ayant plus d'un point, alors $G = p^{-1}(F)$ est un fermé de E, saturé pour R, contenant au moins deux composants connexes, donc G n'est pas connexe : $G = A \cup B$, A, B fermés disjoints non vides de E. Si $x \in A$, $C(x)$ ne peut couper B (car $C(x)$ est connexe), et $C(x) \subseteq G$ car $C(x)$ est aussi la composante connexe de x dans G. Il en résulte donc que $C(x) \subseteq A$: ainsi A et B sont saturés pour R, d'où $p(A) \cap p(B) = \varnothing$ et $p(G) = F = p(A) \cup p(B)$: F n'est pas connexe. Pour l'espace de 3 *a*) il y a deux classes modulo R : $\{a, b\}$ et $\{c\}$; E/R est discret.

6) En effet $\forall x$, $x \in E$: $\{x\} = C(x)$ est fermé donc E est accessible (Ex. III, 4 page 100).

7) *a*) Soient $C(x_1), \ldots, C(x_n)$ les composantes connexes de E. Pour tout $x \in E$, $\exists i = 1, \ldots, n$ tel que $C(x) = C(x_i)$ fermé, de plus $\complement C(x) = \bigcup_{j \neq i} C(x_j)$ réunion finie de fermés est fermé, donc $C(x)$ est ouvert.

b) Si E est compact et si $\forall x \in E$ $C(x)$ est un of, on a $E = \bigcup_{x \in E} C(x)$ recouvrement ouvert de E donc $E = \bigcup_{i=1}^{n} C(x_i)$, c.q.f.d.

8) On a $\prod_{i \in I} C(x_i)$ est connexe comme produit de connexes. D'autre part $C(x) \subseteq \prod_{i \in I} C(x_i)$ car si $y = (y_i) \in C(x)$, $\forall i$ $p_i(y) \in p_i(C(x))$ connexe

(théorème de Bolzano) contenant x_i donc p_i $(C(x)) \subseteq C(x_i)$, donc $p_i(y) = y_i \in C(x_i)$;

C(x) étant le plus grand connexe contenant x est donc égal à $\prod_{i \in I} C(x_i)$.

14

1) Les fermés de E sont E, $\{b, c, d\}$, $\{c, d\}$, $\{d\}$, $\varnothing$ donc les seuls ofs (ouverts et fermés) sont $\varnothing$ et E, et E est connexe.

Tous les voisinages de a : $\{a\}$, $\{a, b\}$, $\{a, b, c\}$, E sont connexes.
Tous les voisinages de b : $\{a, b\}$, $\{a, b, c\}$, E sont connexes.
Tous les voisinages de c : $\{a, b, c\}$, E sont connexes.
Tous les voisinages de d : E sont connexes, donc E est localement connexe.

2) Si E est discret avec plus d'un point, E n'est pas connexe, car $C(x) = \{x\}$ pour tout x. Mais $\{\{x\}\}$ est un système fondamental de voisinages connexes de x.

3) a) Sinon tout voisinage contiendrait un voisinage connexe de a et E serait localement connexe en a.

b) U étant non connexe, $\exists$A, B ouverts de E : $A \cap U \neq \varnothing$, $B \cap U \neq \varnothing$, $A \cap B \cap U = \varnothing$, $U \subseteq A \cup B$. Comme $a \in U$, $a \in A$ ou $a \in B$, par exemple $a \in A$ ouvert, donc $A \in \mathscr{V}(a)$ et $V = A \cap V \in \mathscr{V}(a)$. On a $V \subsetneq U$ ($V \neq U$ sinon $U \subseteq A$ et $B \cap U = \varnothing$) donc card V < card U = n. D'après a) V est non connexe donc possède la même propriété.

c) On construit ainsi une suite de voisinages $V_1 = V$, V_2, ..., tels que $V_i \subsetneq V_{i+1}$; donc une suite strictement décroissante d'entiers : card V_1, card V_2, ..., ce qui est absurde.

4) C(x) est fermé, et c'est un voisinage de chacun de ses points : si $y \in C(x)$, $C(y) = C(x)$, E étant un voisinage de x contient un voisinage connexe V de y, donc $V \subseteq C(y) = C(x)$, donc $C(x) \in \mathscr{V}(y)$.

b) Soit A ouvert de E localement connexe; pour $x \in A$ soit $V \cap A$ un voisinage de x dans A, avec $V \in \mathscr{V}(x)$; donc $\exists$W voisinage connexe de x contenu dans $V \cap A$ (puisque $V \cap A \in \mathscr{V}(x)$, A étant ouvert) et W est un voisinage de x dans A et il est connexe dans A puisque A est ouvert.

5) *a*) En effet tout produit de connexes est connexe, et dans le cas d'un produit fini $\prod_1^n E_i$ tout voisinage de $x = (x_1, \ldots, x_n)$ contient un voisinage de la forme $\prod_1^n V_i$, $V_i \in \mathscr{V}(x_i)$.

b) Si $V \in \mathscr{V}(x)$, $x = (x_i) \in \prod E_i$, V contient un ouvert élémentaire $\prod_{i \in I} V_i$ avec V_i voisinage ouvert de x_i pour un nombre fini d'indices (alors V_i contient un voisinage connexe de x_i) et pour les autres indices $V_i = E_i$ est connexe. D'où le résultat puisque tout produit de connexes est connexe.

c) Dans $E_n = \{0, 1\}$ on a $C(0) = \{0\}$ et $C\{1\} = \{1\}$. D'après Ex. III. 13, question 7: $C(x) = \prod_n C(x_n)$ donc ici $C(x) = \prod_n \{x_n\} = \{x\}$. D'autre part $\{x\}$ ne contient aucun ouvert élémentaire (voir aussi Ex. II. 11, question 7) donc n'est pas ouvert; ainsi $C(x)$ n'est pas un of et d'après la question 4 *a*), $\prod_{n \in \mathbb{N}} E_n$ n'est pas localement connexe bien que chaque E_n soit localement connexe (car discret). On ne peut appliquer *b*) car les E_n ne sont pas connexes.

15

1) *a*) L'application $\gamma : [\![0, 1]\!] \rightarrow E$ définie par $\gamma(t) = a$ pour $t \in [\![0, 1]\!]$ est continue car constante donc définit un chemin d'origine $\gamma(0) = a$ et d'extrémité $\gamma(1) = a$.

b) L'application $f : t \longmapsto 1 - t$ de $[\![0, 1]\!]$ dans lui-même est continue, et $\gamma' = \gamma \circ f$ est un chemin vérifiant les conditions requises.

c) ε est continue en x, si $x \neq \frac{1}{2}$: par exemple si $x < \frac{1}{2}$ on a $\varepsilon(x) = \gamma(2x)$ continue.

La continuité en $\frac{1}{2}$ résulte aussitôt de la continuité de

$f : x \longmapsto 2x$ et $g : x \rightarrow 2x - 1$:

si $U \in \mathscr{V}(b)$ on a $\varepsilon^{-1}(U) = f^{-1}\gamma^{-1}(U) = g^{-1}\delta^{-1}(U)$.

d) Les questions *a*), *b*) et *c*) montrent respectivement la réflexivité, symétrie et transitivité de R.

2) Soit $a \in E$ connexe : pour tout $x \in E$ il existe $f_x : I \to E$ chemin de a à x. De plus $f_x(I)$ est connexe (image continue d'un connexe). Si l'on avait $C(a) \neq E$ soit $x \notin C(a)$ alors $f_x(I) \cup C(a)$ serait un connexe (puisque $a \in f_x(I) \cap C(a) \neq \varnothing$ et Ex. III. 12, question 2) contenant strictement $C(a)$.

3) *a*) A, graphe de l'application continue $x \longmapsto \sin \frac{\pi}{2x}$ définie sur le connexe $]0, 1]$ est connexe. $\overline{A} = A \cup \{0\} \times [-1, 1]$ est donc connexe.

b) Aucun voisinage assez petit de $(0, 0)$ n'est connexe dans $\overline{A}$, car formé d'un ensemble de la forme $\{0\} \times]x, y[$ qui est connexe, et ouvert, et d'une partie du graphe de $\sin \frac{\pi}{2x}$ coupé par $]a, b[\times]c, d[$ qui est disjoint de $\{0\} \times]x, y[$ dès que $d < 1$.

c) $\overline{A}$ n'est pas connexe par arcs puisque aucun chemin ne peut joindre un élément de $\{0\} \times [-1, +1]$ à un élément de A.

4) E est localement connexe car fini (Ex. III. 14, question 3). Il est connexe par arcs :

- chemin de a à b : $0 \leqslant t < 1 : \gamma_1(t) = a$; $t = 1 : \gamma(t) = b$ γ_1 continue,
- chemin de a à c : $0 \leqslant t < 1 : \gamma_2(t) = a$; $t = 1 : \gamma(t) = c$ γ_2 continue,
- chemin de b à c : $0 \leqslant t < 1 : \gamma_3(t) = b$; $t = 1 : \gamma(t) = c$ γ_3 continue,

(ou bien composer γ_1 et l'« inverse de γ_2 »). Donc il est aussi connexe.

16*

1) Dire que f est continue à droite en a c'est dire que : $\forall V \in \mathcal{V}(f(x))$ $\exists W =]x, y[\in \mathcal{V}(a)$ tel que $]x, y[\cap [a, +\infty[\subseteq f^{-1}(V)$, donc que :

$\forall V \in \mathcal{V}(f(a))$ $\exists y > a$ tel que $[a, y[\subseteq f^{-1}(V)$,

c'est-à-dire que $\forall V \in \mathcal{V}(f(a))$, $f^{-1}(V)$ est voisinage de a pour $\mathcal{T}_+$.

Raisonnement analogue pour la continuité à gauche. Donc une fonction continue à droite est une fonction continue sur un certain espace.

2) On sait (Pr. I. 2) que $\mathcal{T}_0 = \inf(\mathcal{T}_+, \mathcal{T}_-)$ et (Ex. II. 8) que :

$f : (\mathbb{R}, \mathcal{T}_0) \to E$

continue en a équivaut à $f : (\mathbb{R}, \mathcal{T}_+) \to E$ et $f : (\mathbb{R}, \mathcal{T}_-) \to E$ continues en a. D'où le résultat. On peut évidemment faire une démonstration directe, sans passer par $\mathcal{T}_+$ et $\mathcal{T}_-$.

3) *a*) Si $a < b$, il existe $x \in \mathbb{R}$ tel que $a < x < b$, alors

$[a, x[\cap [x, b+1[= \varnothing$.

Voir aussi Ex. III. 1. $(\mathbb{R}, \mathcal{C}_+)$ est régulier car $[a, b[$ est ouvert et fermé.

b) Supposons que a possède un voisinage compact K, alors $\exists b$: $[a, b[\subseteq K$. Mais $[a, b[$ est fermé dans $(\mathbb{R}, \mathcal{C}_+)$ donc dans K, donc est compact, or ceci est absurde car $[a, b[= \bigcup_{n \geqslant 1} [a, b - \frac{1}{n}[$ et l'on ne peut extraire aucun recouvrement fini de ce recouvrement. En particulier $(\mathbb{R}, \mathcal{C}_+)$ n'est pas compact.

c) Si $x \neq y$ avec par exemple $x < y$ on a $\mathbb{R} =]-\infty, y[\cup [y, +\infty[$ partition ouverte de $(\mathbb{R}, \mathcal{C}_+)$; il est donc impossible que x et y appartiennent à la même composante connexe. Donc $(\mathbb{R}, \mathcal{C}_+)$ est totalement discontinu.

17*

1) Vérification facile. Noter que $\overline{\mathbb{R}}$ ayant un plus grand et un plus petit élément on n'a pas la « même forme » de base que $\mathscr{A}'_0$ (base de $\mathcal{C}_0$ sur $\overline{\mathbb{R}}$: Pr. I.2, p. 24).

2) Une base de la topologie induite est donnée par les $U \cap \mathbb{R}$:

si $U =]a, b[$ $\quad U \cap \mathbb{R} =]a, b[$

si $U = [-\infty, a[$ $\quad U \cap \mathbb{R} =]-\infty, a[$

si $U =]a, +\infty]$ $\quad U \cap \mathbb{R} =]a, +\infty[$

On obtient donc la topologie usuelle de $\mathbb{R}$. $\mathbb{R} = \bigcup_{n \geqslant 0}]-n, +n[$ est ouvert dans $\overline{\mathbb{R}}$. Il est dense car tout voisinage de $+\infty$ contient un ouvert de la forme $]a, +\infty]$ et de même pour $-\infty$.

L'ensemble des intervalles $]n, +\infty]$, $n \in \mathbb{N}$ est un système fondamental de voisinages de $+\infty$.

3) En effet toute partie non vide de $\overline{\mathbb{R}}$ est majorée et minorée d'après la relation d'ordre $-\infty < x < +\infty$.

4) *a*) Il suffit de séparer $-\infty$ et $a \in \mathbb{R}$: soit $b < a$: $[-\infty, b[\cap]b, a+1[= \varnothing$

de même $a \in \mathbb{R}$ et $+\infty$ sont séparés ; enfin $-\infty$ et $+\infty$ sont évidemment séparés.

b) Si $\overline{\mathbb{R}} = \bigcup_{i \in I} V_i$: $\exists i_1 \in I$ $+\infty \in U_i$ donc $+\infty \in]a, +\infty] \subseteq U_{i_1}$ et de même $-\infty \in [-\infty, b[\subseteq U_{j_2}$. Alors $[b, a] \subseteq \bigcup_{i \in I} V_i$ donc $([b, a]$

étant compact, théorème de Heine-Borel) $[b, a] \subseteq \bigcup_{i \in J} V_i$, J partie finie de I et $\overline{\mathbb{R}} = \bigcup_{i \in J} V_i \cup U_{i_1} \cup U_{i_2}$ recouvrement fini.

c) Si $\overline{\mathbb{R}} = A \cup B$ avec A, B ouverts et $A \cap B = \varnothing$ on a :

$\mathbb{R} = (A \cap \mathbb{R}) \cup (B \cap \mathbb{R})$

donc $A \cap \mathbb{R} = \varnothing$ ou $B \cap \mathbb{R} = \varnothing$. Dans le premier cas par exemple on a $A \subseteq \{-\infty, +\infty\}$ ne peut être ouvert que si $A = \varnothing$.

d) Il nous suffit de prouver que $-\infty$ et $+\infty$ ont un système fondamental de voisinages connexes. Or $[n, +\infty]$ est connexe car c'est l'adhérence du connexe $]n, +\infty[$ (Ex. III. 12) et les $[n, +\infty]$ forment un système fondamental de voisinages (fermés) connexes.

5) i est injective continue, et ouverte car $\mathbb{R}$ est ouvert dans $\overline{\mathbb{R}}$. De plus $\complement i(\mathbb{R}) = \{-\infty, +\infty\}$ est fermé, d'où le résultat (Ex. III. 10).

6) *a*) $j \circ f$ est injective continue, elle est ouverte car f est ouverte et $]-1, +1[$ est ouvert dans $[-1, +1]$. De plus $j \circ f(\mathbb{R})$ est dense dans $[-1, +1]$ et $\complement j \circ f(\mathbb{R}) = \{-1, +1\}$ est fermé. D'où le résultat (Ex. III. 10).

b) On prolonge f en $\bar{f} : \overline{\mathbb{R}} \to [-1, +1]$ par $\bar{f}(-\infty) = -1$, $\bar{f}(+\infty) = +1$; $\bar{f}$ est encore continue : $\bar{f}^{-1}(]a, 1]) = \left]\frac{a}{1-|a|}, +\infty\right]$ (continuité en $+\infty$) de même pour la continuité en $-\infty$.

$\bar{f}$ est bijective car f l'est.

Enfin $\bar{f}$ est fermée : si F est fermé dans $\overline{\mathbb{R}}$, F est compact donc (théorème de Weierstrass) $\bar{f}(F)$ est compact dans $[-1, +1]$ donc fermé (rappels, § 2). Donc $\bar{f}^{-1}$ est continue et $\bar{f}$ est un homéomorphisme.

7) *a*) De même, I étant compact, l'image par h d'un fermé est compact dans S^1 donc fermé (car S^1 est séparé), donc $\tilde{h}$ est fermée (Ex. II. 13) et comme elle est bijective et continue, c'est un homéomorphisme. Les homéomorphismes $\mathbb{R}/\mathbb{Z} \simeq S^1 \simeq T^1$ sont alors immédiats.

b) Soit $\alpha : [-1, +1] \to [0, 1]$ définie par $\alpha(x) = \frac{x+1}{2}$; α est un homéomorphisme. Alors $g = \alpha \circ j \circ f : \mathbb{R} \to [0, 1]$ est injective continue. $r \circ g$ est encore injective et continue ; elle est ouverte car si U est un ouvert de $\mathbb{R}$ $g(U)$ est ouvert dans I et ne contient ni 0 ni 1 ; son saturé lui est donc égal, et $r \circ g(U)$ est ouvert dans $I/\{0, 1\}$. Enfin $\complement r \circ g(\mathbb{R}) = \{r(0)\}$ est fermé et $r \circ g(\mathbb{R})$ est dense, donc il s'agit d'un compactifié d'Alexandroff

(T^1 est compact car homéomorphe à $S^1 = h(I)$ qui est compact, puisque I l'est et que S^1 est séparé).

c) Il suffit en effet de remarquer que les homéomorphismes

$I/\{0, 1\} \to S^1$ et $I/\{0, 1\} \to \mathbb{R}/\mathbb{Z}$

transforment la partie $\{r(0)\}$ en une partie réduite à un point, ce qui est évident.

8) *a*) Le moyen le plus simple est de confondre les points de $\complement i(\mathbb{R})$ en un seul point, donc ici de passer au quotient de $\overline{\mathbb{R}}$ par l'équivalence $x\mathrm{R}y$ si $x, y \in \{-\infty, +\infty\}$. On pose alors $r : \overline{\mathbb{R}} \to \overline{\mathbb{R}}/\mathrm{R}$ surjection canonique (qui n'est pas ouverte) ; $r \circ i$ est ouverte car le saturé d'un ouvert U de $\mathbb{R}$ est U, elle est injective et continue et $r \circ i(\mathbb{R})$ est dense avec ici

$\complement r \circ i(\mathbb{R}) = \{r(+\infty)\}$.

Donc c'est une compactification d'Alexandroff (il est facile de voir que $\overline{\mathbb{R}}/\mathrm{R}$ est séparé, donc compact puisque $\overline{\mathbb{R}}$ est compact et r continue).

b) De même $[\![-1, +1]\!]/\{-1, +1\}$ donne de façon simple un autre compactifié d'Alexandroff de $\mathbb{R}$.

18*

1) *a*) R est fermée car le saturé d'un fermé F est soit F, soit $F \cup \left\{0, \frac{1}{2}\right\}$ fermé. R n'est pas ouverte : le saturé de $[\![0, \frac{1}{4}[\![$ est $[\![0, \frac{1}{4}[\![\cup \left\{\frac{1}{2}\right\}$ non ouvert.

b) Pour $0 \leqslant t \leqslant \frac{1}{2}$ on pose

$$f(t) = e^{4\pi i t}.$$

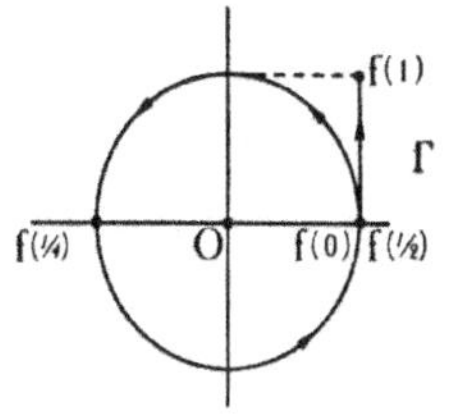

Pour $\frac{1}{2} \leqslant t \leqslant 1$ on pose

$$f(t) = 1 + i(2t - 1).$$

Lorsque t augmente de 0 à 1, l'espace Γ est parcouru dans le sens indiqué. La continuité de f est facile $\left(\text{au point } \frac{1}{2}\right.$ on pourra montrer séparément la continuité à droite et à gauche, Ex. III. 16).

c) I étant compact et Γ séparé (sous-espace de $\mathbb{R}^2$ séparé), si F est fermé dans I, il est compact, donc $f(F)$ est compact donc fermé dans Γ.

d) Par construction $f(0) = f\left(\frac{1}{2}\right)$, donc f admet un prolongement $\tilde{f} \in \mathscr{C}(I/R, \Gamma)$ (Ex. II. 13) qui est continu et fermé. Comme de plus $\tilde{f}$ est bijective, c'est un homéomorphisme.

e) Γ étant séparé, I/R l'est. I/R est compact car image par r du compact I (donc Γ est compact). I/R est connexe car I est connexe (théorème de Bolzano). C'est grâce à l'homéomorphisme $\tilde{f}$ que l'on obtient la séparation de I/R; la « figure » Γ peut être interprétée comme le quotient de I par R.

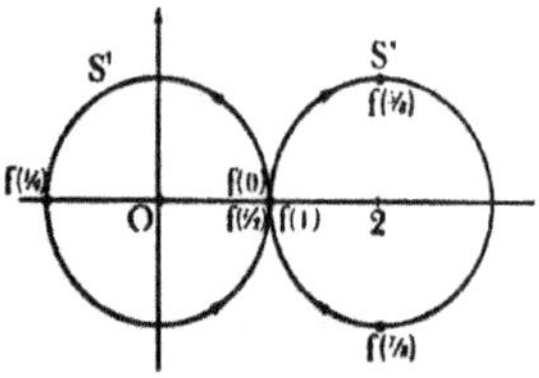

2) On définit f: $I \to S^1 \cup S'$ par :

$0 \leqslant t \leqslant \frac{1}{2} \quad f(t) = e^{4\pi i t}$

$\frac{1}{2} \leqslant t \leqslant 1 \quad f(t) = 2 - e^{4\pi i(1-t)}$

Pour $\frac{1}{2} \leqslant t \leqslant 1$ on peut également choisir $f(t) = 2 - e^{4\pi i t}$, ce qui fera parcourir le cercle S′ dans le sens inverse de celui de la figure. Comme ci-dessus f est continue, et fermée puisque I est compact et $S^1 \cup S'$ séparé. On montrera aisément que le prolongement $\tilde{f}$ est bijectif.

On en conclut que I/R est séparé compact et connexe; il peut s'interpréter comme compactifié d'Alexandroff de $]0, \frac{1}{2}[\cup]\frac{1}{2}, 1[$.

3) *a*) Elle est même strictement moins fine car $]-1, +1[\cup]2, +\infty[$ est voisinage de 0 pour $\mathscr{T}$, non pour $\mathscr{T}'$.

b) Deux points distincts de 0 sont séparés comme pour $\mathscr{T}_0$; 0 et $x > 0$ sont séparés car si $0 < a < x$ et $V =]-a, +a[\cup]x+1, +\infty[\cup]-\infty, -x[$ on a $V \cap]a, x+1[= \varnothing$. De même pour 0 et $x < 0$.

La compacité se démontre comme celle de $\overline{\mathbb{R}}$ (Ex. III. 17) : si $\mathbb{R} = \bigcup_{i \in I} V_i$, $\exists i_0$ tel que $0 \in V_{i_0}$, donc $0 \in]-a, +a[\cup]-\infty, B[\cup]A, +\infty[\subseteq V_i$ et $\complement V_i \subseteq [B, -a] \cup [a, A]$ qui est compact, d'où un recouvrement fini.

c) f est définie par :

$$x \leqslant -2 \qquad f(x) = \left(\frac{-2}{1+\left(\frac{x}{2}+1\right)^2}, \frac{-x-2}{1+\left(\frac{x}{2}+1\right)^2} \right)$$

$$-2 \leqslant x \leqslant 0 \quad f(x) = \left(x, -\sqrt{-x(x+2)}\right)$$

$$0 \leqslant x \leqslant 2 \qquad f(x) = \left(x, -\sqrt{x(2-x)}\right)$$

$$x \geqslant 2 \qquad f(x) = \left(\frac{2}{1+\left(\frac{x}{2}-1\right)^2}, \frac{x-2}{1+\left(\frac{x}{2}-1\right)^2} \right)$$

On vérifie que f est bijective.

d) Seule la continuité en 0 est difficile : soit V un voisinage de $f(0) \subset (0, 0)$

dans $\mathbb{R}^2$, que l'on peut toujours supposer de la forme $V =]a, b[\times]c, d[$ avec $c, a > -1$; $d, b < 1$; $V \cap f(\mathbb{R})$ est alors constitué de 2 arcs de cercles passant par 0; si $f(\alpha), f(\beta), f(\gamma), f(\delta)$ sont les extrémités de ces arcs avec $\alpha < \beta < \gamma < \delta$ on a $f^{-1}(V) =]-\infty, \alpha[\cup]\beta, \gamma[\cup]\delta, +\infty[$ qui est un voisinage de 0. On peut d'ailleurs voir géométriquement cette situation :

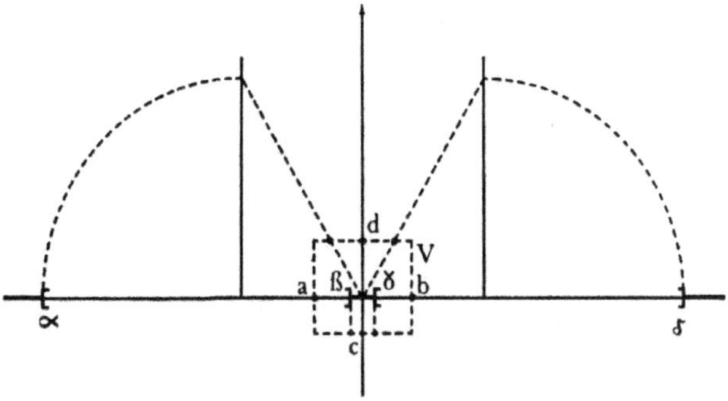

f est un homéomorphisme car f est fermée : si F est fermé dans $(\mathbb{R}, \mathcal{C}')$ compact, F est compact donc $f(\mathrm{F})$ est compact dans $\mathrm{S} \cup \mathrm{T}$ donc fermé.

e) En effet (question 2) $I/\left\{0, \frac{1}{2}, 1\right\}$ est homéomorphe à $S^1 \cup S'$, homéomorphe lui-même par translation à $S \cup T$. Donc la figure formée de deux cercles tangents peut s'interpréter soit comme le quotient $I/\left\{0, \frac{1}{2}, 1\right\}$ soit comme $\mathbb{R}$ muni de la topologie $\mathcal{T}'$.

f) Enlever $a \neq 0$ à $\mathbb{R}$ revient à enlever $f(a) \neq (0, 0)$ à $S \cup T$; ce qui reste est alors connexe et même connexe par arcs. Ceci est évidemment faux pour $(\mathbb{R}, \mathcal{T}_0)$ puisqu'en enlevant un point quelconque, le restant n'est pas connexe.

g) En transformant la suite (x_n) sur $S \cup T$ on a une suite de points alternativement sur S_+ et T_+ convergente vers $(0, 0)$. Mais aussi :

$\forall V \in \mathscr{V}'(0), V \supseteq]a, b[\cup]-\infty, -n_0[\cup]n_0, +\infty[$ et $x_n \in V$

pour tout $n \geqslant n_0 + 1$. Elle diverge pour $\mathcal{T}$ sinon elle convergerait vers 0 ce qui est absurde ($\forall V =]a, b[\cup]A, +\infty[\in W(0)$, et $\forall n_0$, soit n impair supérieur à n_0 et $|a|$: $x_n = -n \notin V$). Elle diverge évidemment pour $\mathcal{T}_0$. La continuité de f en $x \neq 0$ est immédiate; si

$V =]a, b[\cup]-\infty, B[\cup]A, +\infty[$

est voisinage de $f(0) = 0, f^{-1}(V) =]-\infty, \frac{1}{a}[\cup]\frac{1}{B}, \frac{1}{A}[\cup]\frac{1}{b}, +\infty[$ est voisinage de 0 pour $\mathcal{T}_0$. Mais f: $(\mathbb{R}, \mathcal{T}_0) \rightarrow (\mathbb{R}, \mathcal{T})$ n'est pas continue en 0 :

$f^{-1}(]-1, +1[\cup]2, +\infty[) =]-\infty, -1[\cup [0, \frac{1}{2}[\cup]1, +\infty[$ n'est pas un voisinage de 0.

A fortiori elle n'est pas continue pour $\mathcal{T}_0$.

19*

1) *a*) On vérifie aisément que α est un homéomorphisme, donc est ouverte; comme f est ouverte, et que $]0, 1[$ est ouvert dans I, il résulte que $\alpha \circ f$ est injective continue, ouverte. Soit alors

$g(x, y) = (\alpha \circ f(x), \alpha \circ f(y))$:

le fait que

$g(A \times B) = \alpha \circ f(A) \times \alpha \circ f(B)$ et $g^{-1}(A \times B) = g^{-1}(A) \times g^{-1}(B)$

montre que g est également injective, continue et ouverte. Comme $g(\mathbb{R}^2)$ est dense dans le compact I^2, on a le résultat ($\mathbb{R}^2$ est localement compact comme produit fini d'espaces localement compacts).

b) $S^1 = h(I)$ est compact (théorème de Weierstrass) car S^1 est séparé. Soit $q : I^2 \to S^1 \times S^1$ avec $q(x, y) = (h(x), h(y)) = q$ est donc continue, et $k = q \circ g : \mathbb{R}^2 \to S^1 \times S^1$ est continue, et ouverte (si U est ouvert dans $\mathbb{R}^2$, $g(U)$ est ouvert dans I^2 puisque g est une compactification, et

$$g(U) \subseteq]0, 1[\times]0, 1[,$$

donc $q(g(U))$ est ouvert). Comme $S^1 \times S^1$ est compact (théorème de Tychonoff) et que $q \circ g(\mathbb{R}^2)$ est dense dans $S^1 \times S^1$, on a une compactification.

2) *a*) On vérifiera que l'application q précédente satisfait bien à :

$$xRy \Longrightarrow q(x) = q(y);$$

$q = p$ est fermée car I^2 est compact et $S^1 \times S^1$ séparé, donc un fermé de I^2 est compact et son image par q est compacte donc fermée dans $S^1 \times S^1$. p admet un prolongement continu $\tilde{p}$ qui est donc fermé (Ex. II. 13). Comme $\tilde{p}$ est bijective, c'est un homéomorphisme.

b) T^2 est séparé, compact, connexe, car ces propriétés se transmettent par homéomorphisme de $S^1 \times S^1$ à T^2. (Il n'est pas évident *a priori* que T^2 est séparé.) C'est donc aussi un compactifié de $\mathbb{R}^2$.

c) Puisque $T^1 \simeq S^1$ (Ex. III. 17) on a $T^1 \times T^1 \simeq S^1 \times S^1 \simeq T^2$.

3) *a*) B_2' est fermé dans $\mathbb{R}^2$ donc dans $[-1, +1] \times [-1, +1]$ qui est compact, donc B_2' est compact.

b) Il suffit de remarquer que B_2 est ouvert dans B_2' et que $\overline{B}_2 = B_2'$.

4) *a*) Soit $r : B_2' \to B_2'/S^1$ la surjection canonique. Deux points de $r(B_2)$ sont séparés puisque si $x, y \in B_2$, $x \neq y$ il existe U, V ouverts contenus dans B_2 tels que $U \cap V = \varnothing$, alors $r(x)$ et $r(y)$ sont séparés par $r(U)$ et $r(V)$ qui sont ouverts ($r^{-1}r(U) = U$, $r^{-1}r(V) = V$). Si maintenant $r(x) \in r(S^1)$ et $r(y) \notin r(S^1)$, soit d la distance de y à S^1 : $d = \min \{|y - z|, z \in S^1\}$, $U = \mathscr{B}\left(y, \dfrac{d}{2}\right)$, $V = \left\{z \in B_2', |z - y| > \dfrac{d}{2}\right\}$, U et V sont des ouverts saturés disjoints, donc $r(U)$, $r(V)$ sont ouverts disjoints et contiennent respectivement $r(y)$ et $r(x)$:

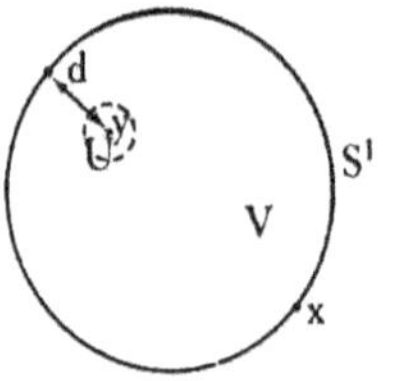

Alors $B_2'/S^1 = r(B_2')$ est compact (théorème de Weierstrass) et $r \circ k : \mathbb{R}^2 \to B_2'/S^1$ est continue, injective, ouverte. De plus

$$\complement r \circ k(\mathbb{R}^2) = \{r(S^1)\}$$

est réduit à un point, d'où le résultat.

b) S^2 est fermé dans $\mathbb{R}^3$ donc dans $(]-1, +1[)^3$ qui est compact, donc est compact.

c) $p(x, y) = \left(\dfrac{2x}{1 + x^2 + y^2}, \dfrac{2y}{1 + x^2 + y^2}, \dfrac{x^2 + y^2 - 1}{1 + x^2 + y^2}\right)$ est continue.

d) $q(x, y, z) = \left(\dfrac{x}{1 - z}, \dfrac{y}{1 - z}\right)$

e) q étant continue, p est un homéomorphisme de $\mathbb{R}^2$ sur $\complement\{\omega\}$, donc S^2 est un compactifié d'Alexandroff de $\mathbb{R}^2$, nécessairement homéomorphe à B_2'/S^1 (Ex. III. 10).

20*

1) $a \Rightarrow b$ Soit a un point de $f^{-1}([-\infty, b[)$, donc $f(a) < b$, donc $f^{-1}([-\infty, b[) \in \mathscr{V}(a)$: c'est donc un ouvert.

$b \Rightarrow c$ Immédiat puisque $f^{-1}([b, +\infty]) = \complement_F f^{-1}([-\infty, b[)$.

$c \Rightarrow d$ Pour $a \in E$ et $b < -f(a)$ on a $V = (-f)^{-1}(]b, +\infty])$ contient a et $V = \complement f^{-1}([, b, +\infty])$ est ouvert donc c'est un voisinage de a.

$d \Rightarrow a$ Immédiat.

f semi-continue inférieurement équivaut à : $\forall b \in \overline{\mathbb{R}}$ $f^{-1}(]b, +\infty])$ ouvert, et à : $\forall b \in \overline{\mathbb{R}}$ $f^{-1}([-\infty, b])$ fermé.

2) • $f^{-1}(]b, +\infty]) = \mathbb{R}$ si $b < 0$, $=]0, +\infty[$ si $b = 0$, $=]0, \dfrac{1}{b}[$ si $b > 0$ d'où la semi-continuité inférieure,

• il n'y a pas semi-continuité supérieure en 0 :

$$f^{-1}\left([-\infty, \frac{1}{2}[\right) =]-\infty, 0] \cup]2, +\infty[\text{ n'est pas ouvert.}$$

3) *a*) La vérification est immédiate.

b) Pour $a \in \mathbb{R}$: $\mathscr{V}(a) = \left\{]\!]a - \frac{1}{n}, + \infty]\!] \right\}_{n \geqslant 1}$, pour $a = -\infty$ $\mathscr{V}(-\infty) = \{\overline{\mathbb{R}}\}$ pour $a = +\infty$ $\mathscr{V}(+\infty) = \{]\!]n, +\infty]\!]\}_{n \geqslant 0}$.

c) Les ouverts de base donnent dans $\mathbb{R}$: $]\!]a, +\infty[\![$ et $\mathbb{R}$. D'où le résultat.

4) • si f est semi-continue inférieurement en a, soit $V \in \mathscr{V}(f(a))$, donc, si $f(a) \neq -\infty$: $f(a) \in]\!]f(a) - \frac{1}{n}, +\infty]\!] \subseteq V$, d'où

$$a \in f^{-1}\left(]\!]f(a) - \frac{1}{n}, +\infty]\!]\right) \subseteq f^{-1}(V) \quad \text{et} \quad f^{-1}\left(]\!]f(a) - \frac{1}{n}, +\infty]\!]\right)$$

est voisinage de a, donc $f^{-1}(V)$ aussi (si $f(a) = -\infty$ le résultat est évident),

• réciproquement si $b < f(a)$, $V =]\!]b, +\infty]\!]$ est voisinage de $f(a)$, donc $f^{-1}(V)$ est voisinage de a.

5) *a*) $(\overline{\mathbb{R}}, \mathscr{C}_\gamma)$ est de type dénombrable : $\{[\![-\infty, q[\![\}_{q \in \mathbb{Q}} \cup \{\overline{\mathbb{R}}\}$ est une base dénombrable d'ouverts, donc il est séparable.

b) C'est un espace de Kolmogoroff : si $x \neq y$ avec par exemple $x < y$ on a $y \notin [\![-\infty, y[\![$ qui est un voisinage de x. Mais il n'est pas accessible car si $x < y$ tout voisinage de y contient x.

c) Il est connexe car deux ouverts non vides se coupent nécessairement. Il est localement connexe, puisque tous les intervalles sont connexes (pour la même raison).

6) Puisque $\sup(\mathscr{C}_\gamma, \mathscr{C}_\delta) = \mathscr{C}_0$ on a (Ex. II. 8) : f : $E \to (\mathbb{R}, \mathscr{C}_0)$ continue si et seulement si f : $E \to (\mathbb{R}, \mathscr{C}_\gamma)$ et f : $E \to (\mathbb{R}, \mathscr{C}_\delta)$ continues. D'où le résultat.

7) *a*) En effet $f^{-1}(]\!]b, +\infty]\!]) = \bigcup_{i \in I} f_i^{-1}(]\!]b, +\infty]\!])$ car si $f(x) > b$, il existe $i \in I$ tel que $f(x) \geqslant g_i(x) > b$, donc $x \in f_i^{-1}(]\!]b, +\infty]\!])$.

b) De même $g^{-1}(]\!]b, +\infty]\!]) = \bigcap_{i \in I} f_i^{-1}(]\!]b, +\infty]\!])$ est ouvert dès que I est fini.

c) On trouve $f = f_0$, $g(0) = 1$, $g(x) = 0$ pour $x \neq 0$.

g n'est pas semi-continue inférieurement : $g^{-1}\left(]\!]\frac{1}{2}, +\infty]\!]\right) = \{1\}$ non ouvert dans $[\![0, 1]\!]$. Mais g est enveloppe inférieure de fonctions semi-continues supérieurement (car continues) donc est semi-continue supérieurement, ce qu'on vérifie aisément :

$$g^{-1}([\![-\infty, a[\![) = \varnothing \text{ si } a \leqslant 0$$
$$=]\!]0, 1]\!] \text{ si } 0 < a \leqslant 1$$
$$= [\![0, 1]\!] \text{ si } a > 1.$$

8) *a*) Si $f(x) \in f(\mathrm{E})$ on a $f(x) < \mathrm{M}$ donc $\exists \lambda$ tel que $f(x) < \lambda < \mathrm{M}$ et $f(x) \in f(\mathrm{E}) \cap [\![-\infty, \lambda[\![$. Donc $f(\mathrm{E}) = \bigcup_{\lambda < \mathrm{M}} f(\mathrm{E}) \cap [\![-\infty, \lambda[\![$. C'est un recouvrement ouvert de $f(\mathrm{E})$ pour la topologie $\mathcal{T}_\gamma$, donc on peut en extraire un recouvrement fini (puisque $f(\mathrm{E})$ est quasi-compact, Ex. III. 8) : $\bigcup_{i=1}^{n} f(\mathrm{E}) \cap [\![-\infty, \lambda_i[\![$; si $m = \max_{1 \leqslant i \leqslant n} \{\lambda_i\}$ on aura $m < \mathrm{M}$ et $\forall x \in \mathrm{E}, f(x) < m$ ce qui contredit le fait que M soit la borne supérieure.

b) Ceci montre qu'il existe $x \in \mathrm{E}$ tel que $f(x) = \mathrm{M} = \sup_{x \in \mathrm{E}} f(x)$.

Donc toute fonction semi-continue supérieurement sur un espace quasi-compact passe par un maximum.

c) Immédiat.

21*

1) Deux points de $\mathbb{N}$ sont séparés. Pour $n \in \mathbb{N}$: $n \notin [n+1, \omega]$ et $\omega \notin \{n\}$; et $\omega \notin [0, \omega']$, $\omega' \notin [0, \omega]$. Mais ω et ω' ne sont pas séparés, car tout voisinage de ω coupe tout voisinage de ω'.

2) Les points de $\mathbb{N}$ sont ouverts, et fermés car $\complement\{n\} = [0, n[\cup [n+1, \omega] \cup [n+1, \omega']$ est ouvert dans $\mathbb{N}'$.

Il en résulte que pour tout $n \in \mathbb{N}$ $\mathrm{C}(n) = \{n\}$, d'où l'on déduit alors que $\mathrm{C}(\omega) \cup \mathrm{C}(\omega') = \{\omega, \omega'\}$. Il reste donc à prouver que $\{\omega, \omega'\}$ n'est pas connexe : $\{\omega\} = [0, \omega] \cap \{\omega, \omega'\}$ est ouvert dans $\{\omega, \omega'\}$ et de même $\{\omega'\} = [0, \omega'] \cap [\omega, \omega'\}$ est ouvert dans $\{\omega, \omega'\}$.

Remarque: on pourra fabriquer un contre exemple du même type avec l'Ex. III. 4, 2, page 100, en remplaçant $\mathbb{R}$ par $\mathbb{Q}$. Mais la preuve est plus délicate.

1

I

1) $1_{\mathbb{R}}$ est continue et si K est un compact de $\mathbb{R}$, $1_{\mathbb{R}}^{-1}(K) = K$ est compact.
$f : x \longmapsto 1$ n'est pas propre car $f^{-1}(\{1\}) = \mathbb{R}$ n'est pas compact.
$g : x \longmapsto \sin x$ n'est pas propre car $g^{-1}([-1, +1]) = \mathbb{R}$ n'est pas compact.

2) Soit K compact de F, $i^{-1}(K) = K \cap E$ est fermé dans E, et E est compact (car fermé dans le compact F) donc $i^{-1}(K)$ est compact dans E.

3) *a*) Si $f : E \to F$ est propre et A un fermé de E, soit $a \in \overline{f(A)}$ et K un voisinage compact de a : $K \cap f(A) \neq \varnothing$ et $a \in \overline{K \cap f(A)}$. Montrons que $K \cap f(A)$ est fermé : soit $L = A \cap f^{-1}(K)$, L est fermé dans le compact $f^{-1}(K)$ donc compact; de plus $f(L) = f(A) \cap K$ (évident) est compact (image continue d'un compact) donc fermé; d'où $a \in K \cap f(A)$ et $a \in f(A)$,

b) si f est un homéomorphisme, E est compact et si K compact de F, K est fermé donc $f^{-1}(K)$ est fermé dans le compact E, donc compact,

si f est bijective et propre, f est fermée d'après *a*) donc bicontinue,

c) si $f : E \to F$ est continue et K compact de F, K est fermé (sous-espace compact d'un séparé) donc $f^{-1}(K)$ est fermé dans E compact, d'où : $f^{-1}(K)$ compact.

II

1) *a*) Si $(x, y) \notin C$ on a $p(x) \neq p(y)$, donc $\exists V \in \mathscr{V}(p(x))$, $W \in \mathscr{V}(p(y))$: $V \cap W = \varnothing$; d'où $p^{-1}(V) \cap p^{-1}(W) = \varnothing$, donc $p^{-1}(V) \times p^{-1}(W) \cap C = \varnothing$ et $p^{-1}(V) \times p^{-1}(W) \in \mathscr{V}((x, y))$ donc $(x, y) \notin \overline{C}$,

b) si p est ouverte et C fermé, soit $p(x) \neq p(y)$, d'où $(x, y) \notin C$, donc $(x, y) \notin \overline{C}$, et $\exists V \times W \in \mathscr{V}((x, y))$ $V \times W \cap C = \varnothing$, d'où $p(V) \cap p(W) = \varnothing$; or p étant ouverte $p(V) \in \mathscr{V}(p(x))$ et $p(W) \in \mathscr{V}(p(y))$.

2) $c \Longrightarrow b$: si E/R est séparé, il est compact car $p(E) = E/R$, 3 *c*) donne le résultat.

$b \Longrightarrow a$: si p est propre p est fermée (3 *a*) de plus E/R est séparé car localement compact donc C est fermé dans $E \times E$ (II, 1 *a*).

$a \Longrightarrow c$. Si $p(x) \neq p(y)$ $F = p^{-1}p(x)$ et $G = p^{-1}p(y)$ sont disjoints et fermés donc compacts. Par régularité (cf Ex 9) il existe $U \in \overset{\circ}{\mathscr{V}}(F)$, $V \in \overset{\circ}{\mathscr{V}}(G)$ tels que $U \cap V = \varnothing$; R étant fermée, $U' = {}^c p^{-1}p({}^c U) \in \overset{\circ}{\mathscr{V}}(F)$, et $V' = {}^c p^{-1}p({}^c V) \in \overset{\circ}{\mathscr{V}}(G)$; U′ et V′ sont saturés, donc $p(U')$ et $p(V')$ sont voisinages disjoints de $p(x)$ et $p(y)$.

3) *a*) Théorème de Bolzano.

b) Supposons E non connexe : $\exists U$, V ouverts non vides,

$$U \cap V = \varnothing, \quad E = U \cup V.$$

On a : $p^{-1}p(U) = U$ car $U \subseteq p^{-1}p(U)$ et si $x \in U$ $p^{-1}p(x) \cap V = \varnothing$ sinon $X = p^{-1}p(x) \cap V \neq \varnothing$, $Y = p^{-1}p(x) \cap U \neq \varnothing$, X et Y sont ouverts dans $p^{-1}p(U)$, et $X \cap Y = \varnothing$, $X \cup Y = p^{-1}p(U)$, ce qui montre que $p^{-1}p(x)$ n'est pas connexe : absurde puisque c'est une classe d'équivalence. De même $p^{-1}p(V) = V$. Alors

$$p(V) \cap p(U) = \varnothing, \ p(V) \cup p(U) = E/R,$$

$p(U), p(V)$ sont des ouverts non vides, ce qui contredit la connexité de E/R.

c) Si $p(x), p(y) \in E/R$ il existe un chemin γ de x à y : $\gamma : [\![0, 1]\!] \to E$. Alors $p \circ \gamma$ est un chemin de $p(x)$ à $p(y)$.

2

I

1) Si $x \notin G$, $f(x) \neq g(x)$, or Y est séparé, donc

$$\exists V \in \mathscr{V}(f(x)), \quad W \in \mathscr{V}(g(x)) : \ V \cap W = \varnothing.$$

Alors $f^{-1}(V) \in \mathscr{V}(x)$, $g^{-1}(W) \in \mathscr{V}(x)$, donc $U = f^{-1}(V) \cap g^{-1}(W) \in \mathscr{V}(x)$; et $U \cap G = \varnothing$ (sinon $V \cap W \neq \varnothing$) donc $x \notin \overline{G}$.

2) En effet par hypothèse $G = \{x, f(x) = g(x)\} \supseteq A$ d'où $\overline{A} \subseteq \overline{G}$. Or G est fermé et A dense, donc $G = X$ et $f = g$.

3) Si $(x, y) \notin G(f)$ on a $y \neq f(x)$ et comme Y est séparé : $\exists V \in \mathcal{V}(y)$, $W \in \mathcal{V}(f(x))$: $V \cap W = \varnothing$. Donc $f^{-1}(W) = U \in \mathcal{V}(x)$; or $V \cap W = \varnothing$, donc $U \times V \cap G(f) = \varnothing$, d'où $(x, y) \notin \overline{G(f)}$.

II

1) Si $x \in \overline{A}$ on a $\forall V \in \mathcal{V}(x) : V \cap A \neq \varnothing$ donc $\varnothing \notin \mathcal{V}_A(x)$. Les axiomes des filtres sont alors réalisés. Réciproquement si $\mathcal{V}_A(x)$ est un filtre,

$\varnothing \notin \mathcal{V}_A(x)$ donc $\forall V \in \mathcal{V}(x)$ $V \cap A \neq \varnothing$, donc $x \in \overline{A}$.

2) Si $y = \lim \mathcal{F}$, $\mathcal{V}(y) \subseteq \mathcal{F}$ i.e. $\forall V \in \mathcal{V}(y)$: $V \in \mathcal{F}$, i.e. $\forall V \in \mathcal{V}(y)$ $\exists W \in \mathcal{V}_A(x)$: $f(W) \subseteq V$ ou encore : $\forall V \in \mathcal{V}(y)$ $\exists V$ ouvert de X contenant x : $f(U \cap A) \subseteq V$. On a alors $V \cap f(A) \neq \varnothing$ donc $y \in \overline{f(A)}$; y est unique si Y est séparé (Ex. III. 3, question 1).

3) *a*) On a $\lim\limits_{\substack{z \in A \\ z \to x}} f(z) = f(x)$ car $\forall V \in \mathcal{V}(f(x))$: $f^{-1}(V)$ est un voisinage de x dans A puisque $x \in A$ et f continue en x; en posant $W = f^{-1}(V) \in \mathcal{V}_A(x)$ on a $f(W) = ff^{-1}(V) \subseteq V$.

b) Y étant séparé la limite $\tilde{f}(x)$ est unique; $\tilde{f}$ est définie partout car $\overline{A} = X$.

c) C'est la définition même, vue en II, 2), de $\tilde{f}(x) = \lim\limits_{\substack{z \to x \\ z \in A}} f(z)$.

d) Si $z \in V$ on a $\tilde{f}(z) = \lim\limits_{\substack{y \in A \\ y \to z}} f(y)$ d'où : $\forall W \in \mathcal{V}(\tilde{f}(z))$ $\exists U$ ouvert contenant z : $f(U \cap A) \subseteq W$ d'où $\forall W \in \mathcal{V}(\tilde{f}(z))$ $\exists U$ ouvert contenant z : $f(U \cap V \cap A) \subseteq W$, d'où $\tilde{f}(z) = \lim\limits_{\substack{y \in A \cap V \\ y \to z}} f(y)$. D'après II, 2), on a

$\tilde{f}(z) \in \overline{f(A \cap V)} \subseteq \overline{V}' = V'$

et ceci pour tout $z \in V$. Donc : $V \subseteq \tilde{f}^{-1}(V')$ et $\tilde{f}^{-1}(V') \in \mathcal{V}(x)$.

e) Si Y est régulier, pour tout $x \in X$ $\tilde{f}(x)$ possède un système fondamental de voisinages fermés, donc $\forall U \in \mathcal{V}(\tilde{f}(x))$ $\exists V'$ voisinage fermé de $\tilde{f}(x)$, $V' \subseteq U$, d'où $\tilde{f}^{-1}(U) \supseteq \tilde{f}^{-1}(V')$ et on vient de voir que

$\tilde{f}^{-1}(V') \in \mathcal{V}(x)$,

donc $\tilde{f}^{-1}(U) \in \mathcal{V}(x)$ et $\tilde{f}$ est continue. f prolonge f d'après 3 *a*). $\tilde{f}$ est unique d'après I, question 2.

3

1) *a*) Puisque $(a, b) \in \overline{G}$, on a : $\forall W \in \mathscr{V}(b)$ $V \times W \cap G \neq \varnothing$, donc : $\forall W \in \mathscr{V}(b)$ il existe $x \in V, y \in W$ tels que xRy, donc :
$\forall W \in \mathscr{V}(b)$ il existe $y \in r^{-1}r(V) \cap W$. Ceci montre que
$b \in \overline{r^{-1}r(V)} = r^{-1}r(V)$ puisque R est fermée.

b) On vient de montrer que b appartient au saturé de tout voisinage fermé de a :
$\forall V \in \mathscr{V}(a)$, V fermé, $\exists x \in V$ tel que bRx, d'où :
$\forall V \in \mathscr{V}(a)$, V fermé : $S \cap V \neq \varnothing$; donc $\forall V \in \mathscr{V}(a)$: $S \cap V \neq \varnothing$ (puisque E est régulier). Donc $a \in \overline{S} = S$ (car R est fermée).

c) Or $S = \{x \in E, bRx\}$, donc aRb, et $(a, b) \in G$. Ceci montre que G est fermé.

2) En effet R est fermée, donc son graphe est fermé (puisque E est compact, donc régulier Ex. III. 9), donc E/R est séparé (Pr. III. 1) et il est alors compact d'après le théorème de Weierstrass.

3) *a*) Si F est fermé, on a

$$F \cap \{0\} \times [\![0, \tfrac{1}{2}]\!] = \{0\} \times G, \quad F \cap \{0\} \times [\![\tfrac{1}{2}, 1]\!] = \{0\} \times H$$

donc G et H sont fermés. Alors

$$m^{-1}m(F) = F \cup \{0\} = G \cup \{0\} \times H \cup \{1\} \times G' \cup \{1\} \times H'$$

où $G' = \{1 - x, x \in G\}$, $H' = \{1 - x, x \in H\}$ sont fermés, donc $m^{-1}m(F)$ est fermé. M n'est pas ouverte :

$$m^{-1}m\left([\![0, \tfrac{1}{2}[\![\times [\![0, 1[\![\right) = [\![0, \tfrac{1}{2}[\![\times [\![0, 1[\![\cup \{1\} \times I$$

non ouvert.

b) I^2/M est compact car I^2 est compact et M fermée, il est connexe d'après le théorème de Tychonoff.

c) En effet $\complement L = I \times]\!]\tfrac{1}{2}, 1]\!] \cup I \times [\![0, \tfrac{1}{2}[\![$ est une partition ouverte.

d) Le segment allant de (x, y) à (x', y') dans I^2 donne un chemin γ de (x, y) à (x', y') et $m \circ \gamma$ est un chemin de a à b.

e) On a un premier chemin γ de (x, y) à $(1, y)$ dans I^2, un second γ' de $(0, 1 - y)$ à (x', y'). Alors $m \circ \gamma$ est un chemin de a à

$m(1, y) = m(0, 1 - y)$, et $m \circ \gamma'$ un chemin de $m(0, 1 - y)$ à (x', y').

Il suffit alors de composer ces deux chemins (Ex. III. 15). Ceci achève de démontrer que $I^2/M \cap \complement m(L)$ est connexe par arcs, ce que l'on peut vérifier directement en découpant convenablement la ceinture de Mœbius.

Remarque: il n'est pas évident que le quotient I^2/M soit homéomorphe à un sous-espace de $\mathbb{R}^3$. Pour cela on définit $\mu : I^2 \to R^3$ par $\mu(x, y) = (X, Y, Z)$ où :

$$X = \left[1 + \left(y - \frac{1}{2}\right)\cos \pi x\right] \cos 2\pi x$$

$$Y = \left[1 + \left(y - \frac{1}{2}\right)\cos \pi x\right] \sin 2\pi x$$

$$Z = \left(y - \frac{1}{2}\right)\sin \pi x.$$

Alors si $\mu(x, y) = \mu(x', y')$ on a $\left(y - \frac{1}{2}\right)\sin \pi x = \left(y' - \frac{1}{2}\right)\sin \pi x'$, et de $X^2 + Y^2 = X'^2 + Y'^2$ on déduit $\left(y - \frac{1}{2}\right)\cos \pi x = \pm \left(y' - \frac{1}{2}\right)$ $\cos \pi x'$. De là on tire facilement que $(x, y)M(x', y')$. Et réciproquement si $(x, y)M(x', y')$ on a $\mu(x, y) = \mu(x', y')$. Comme μ est continue elle définit par passage au quotient une injection continue $\bar{\mu} : I^2/M \to \mathbb{R}^3$ et puisque I^2/M est compact, $\bar{\mu}$ est un homéomorphisme de I^2/M sur son image.

CHAPITRE IV

ESPACES MÉTRIQUES

Indications

On aborde ici un premier aspect de l'analyse fonctionnelle : les espaces métriques, dont on examine les propriétés topologiques. Le problème de la métrisabilité d'un espace topologique est abordé à l'Ex. IV. 7, et repris sur des exemples dans les Ex. IV*; il sera bon à ce propos de revoir les axiomes de dénombrabilité (Ex. I. 8).

1. Distances

Un *espace métrique* est un couple (E, d) où E est un ensemble et d :

$E \times E \to \mathbb{R}$

une application vérifiant :

(D_1) $\forall x, y \in E : d(x, y) = d(y, x) \geqslant 0$
(D_2) $\forall x, y \in E : d(x, y) = 0 \Longleftrightarrow x = y$
(D_3) $\forall x, y, z \in E : d(x, z) \leqslant d(x, y) + d(y, z)$ *inégalité triangulaire.*

L'application d est appelée *distance* sur E.

Soient (E, d) un espace métrique et A une partie de E : la restriction d_A de d à $A \times A$ fait de (A, d_A) un espace métrique appelé *sous-espace métrique* de E.

Soit $a \in E$ et r un nombre réel, $r > 0$: la *boule ouverte* de centre a et de rayon r est l'ensemble $\mathscr{B}(a, r) = \{x \in E,\ d(a, x) < r\}$. La famille $\mathscr{B}(a, r)_{a \in E, r > 0}$ est la base d'une topologie sur E, dite *topologie associée à la distance d*, et pour laquelle E est séparé. Il y a identité entre les sous-espaces métriques de E et les sous-espaces topologiques de E pour la topologie associée.

On dit qu'un espace topologique E est *métrisable* s'il existe une distance définissant sa topologie. Par exemple $\mathbb{R}$ est métrisable, un espace grossier ayant plus d'un élément n'est pas métrisable.

Si E est un ensemble non vide, d: $E \times E \to \mathbb{R}$ définie par $d(x, x) = 0$ et $d(x, y) = 1$ si $x \neq y$ est une distance sur E appelée *distance discrète* : la topologie associée est discrète.

Soit $(E_i, d_i)_{1 \leqslant i \leqslant n}$ une famille d'espaces métriques. Les applications suivantes :

$D_1(x, y) = \max \{d_i(x_i, y_i)\}_{1 \leqslant i \leqslant n}$

$D_2(x, y) = \sum_{i=1}^{n} d_i(x_i, y_i)$ avec $x = (x_i)_{1 \leqslant i \leqslant n}$ et $y = (y_i)_{1 \leqslant i \leqslant n}$

$D_3(x, y) = \sqrt{\sum_{i=1}^{n} d_i^2(x_i, y_i)}$ *(distance euclidienne)* sont des distances sur $\prod_{i=1}^{n} E_i$. Pour D_3 l'inégalité triangulaire s'écrit :

$$\sqrt{\sum_{i=1}^{n} d_i^2(x_i, \quad z_i)} \leqslant \sqrt{\sum_{i=1}^{n} d_i^2(x_i, \quad y_i)} + \sqrt{\sum_{i=1}^{n} d_i^2(y_i, \quad z_i)}$$

inégalité de Minkowski; elle se déduit de l'*inégalité de Cauchy-Schwarz* :

$$\sum_{i=1}^{n} a_i b_i \leqslant \sqrt{\sum_{i=1}^{n} a_i^2} \cdot \sqrt{\sum_{i=1}^{n} b_i^2}, \quad a_i, \quad b_i \in \mathbb{R}^+.$$

En particulier si $\mathbb{R}$ (resp. $\mathbb{C}$) est muni de la *distance usuelle* $d(x, y) = |x - y|$, les distances D_1, D_2, D_3 sur $\mathbb{R}^n$ (resp. $\mathbb{C}^n$) s'appellent *distances fondamentales sur* $\mathbb{R}^n$ (resp. sur $\mathbb{C}^n$).

2. Ensembles particuliers

Soit (E, d) un espace métrique : la *boule fermée* de centre $a \in E$ et de rayon $r > 0$ est l'ensemble $\mathscr{B}'(a, r) = \{x \in E, d(a, x) \leqslant r\}$; la *sphère* de centre a et de rayon $r > 0$ est $S(a, r) = \{x \in E, d(a, x) = r\}$. Si A et B sont deux parties non vides de E la *distance de* A *à* B est $d(A, B) = \inf \{d(x, y)\}_{x \in A, y \in B}$; En particulier la distance de $a \in E$ à A est $d(a, A) = d(\{a\}, A)$. Le *diamètre* de A est $d(A) = \sup \{d(x, y)\}_{x, y \in A} \in \mathbb{R} \cup \{+\infty\}$; on dit que A est *borné* si $d(A) \in \mathbb{R}$; par exemple la boule $\mathscr{B}(a, r)$ est bornée, son diamètre est inférieur ou égal à $2r$. Lorsque E est lui-même borné on dit que la *distance d est bornée*. Les parties compactes de $\mathbb{R}^n$ et $\mathbb{C}^n$ sont les parties fermées bornées.

3. Isométries

Deux distances d et d' sur un ensemble E sont *topologiquement équivalentes* si les topologies associées à d et d' sont identiques. Soit $f : E \to E'$ une application, où (E, d) et (E', d') sont des espaces métriques : f est une *isométrie* si f est bijective et $d'(f(x), f(y)) = d(x, y)$ pour tous $x, y \in E$. S'il existe une isométrie de E sur E', on dit que E et E' sont *isométriques*; ils sont en particulier homéomorphes.

4. Convergence, continuité, convergence uniforme

Soit (E, d) un espace métrique; une suite $(x_n)_{n \geqslant 0}$ converge vers x si et seulement si :

$$\forall \varepsilon > 0, \ \exists n_0 : n \geqslant n_0 \Longrightarrow d(x_n, x) < \varepsilon$$

Soit f : E $\to$ E′ où (E′, d') est métrique; f est continue en $x \in$ E si et seulement si :

$\forall \varepsilon > 0, \exists \eta_x > 0 : \forall y \in E : d(x,y) < \eta_x \Longrightarrow d'(f(x), f(y)) < \varepsilon$

f est dite uniformément continue sur E si :

$\forall \varepsilon > 0 \; \exists \eta > 0 : \forall x, y \in E : \; d(x, y) < \eta \Longrightarrow d'(f(x), f(y)) < \varepsilon.$

Si f est uniformément continue, elle est continue. Réciproquement : si E est compact et f continue alors f est uniformément continue (*théorème de Heine*) et *bornée* (c'est-à-dire que f (E) est borné).

5. Espaces métriques complets

Soit (E, d) un espace métrique; une suite $(x_n)_{n \geqslant 0}$ est appelée *suite de Cauchy* si : $\forall \varepsilon > 0 \; \exists n_0 : p, q \geqslant n_0 \Longrightarrow d(x_p, x_q) < \varepsilon$. Toute suite convergente est une suite de Cauchy; on dit que E est *complet* si toute suite de Cauchy converge. $\mathbb{R}$ et $\mathbb{C}$ sont complets pour les distances usuelles.

Un espace métrique complet (E′, d') est appelé *complété* de (E, d), ou *complétion métrique* de (E, d) s'il existe une isométrie de (E, d) sur un sous-espace dense de (E′, d'). Tout espace métrique possède une complétion métrique.

1 Exemples d'espaces métriques

1) Les fonctions suivantes sont-elles des distances sur $\mathbb{R}$?

a) $f(x,y) = |x^2 - y^2|$

b) $f(x,y) = |x^3 - y^3|$

c) $f(x,y) = |x - y|$

d) $f(x,y) = e^{\frac{1}{|x-y|}}$.

La fonction $f(x, y) = \left|\frac{1}{x} - \frac{1}{y}\right|$ est-elle une distance sur $\mathbb{R}^* = \mathbb{R} - \{0\}$?

2) Démontrer que la « distance discrète » est effectivement une distance et que la topologie associée est discrète.

3) Soit $E = \mathscr{C}([0, 1], \mathbb{R})$ ensemble des applications continues f: $[0, 1] \to \mathbb{R}$.

Prouver que :

a) $d(f, g) = \int_0^1 |f(x) - g(x)|\, dx$ est une distance sur E.

b) $d(f, g) = \sup_{x \in [0, 1]} |f(x) - g(x)|$ est une distance sur E.

2 Boules

1) Soient (E_1, d_1) et (E_2, d_2) deux espaces métriques.

a) Montrer que les applications D_1, D_2, D_3 sont des distances sur $E_1 \times E_2$ (voir rappels p. 158).

b) La topologie associée à D_1 est la topologie produit des topologies associées à E_1 et E_2.

c) En choisissant $E_1 = E_2 = \mathbb{R}$ et $d_1(x, y) = d_2(x, y) = |x - y|$ dessiner la boule $\mathscr{B}'((0, 0), 1)$ selon les trois distances D_1, D_2, D_3. Quelles sont les distances induites par ces trois distances sur le sous-espace $\mathbb{R} \times \{0\}$?

2) Décrire dans un espace discret toutes les boules ouvertes, fermées et les sphères.

3) Soit (E, d) un espace métrique. Montrer que :

a) si $e(x, y) = \min\{1, d(x, y)\}$ (E, e) est un espace métrique,

b) si $f(x, y) = \dfrac{d(x, y)}{1 + d(x, y)}$ (E, f) est un espace métrique,

c) les deux distances e et f sont bornées.

4) Soit $\overline{\mathbb{R}} = \mathbb{R} \cup \{-\infty\} \cup \{+\infty\}$ et soit $f\colon \overline{\mathbb{R}} \to [\![-1, +1]\!]$ avec $f(x) = \dfrac{x}{1 + |x|}$ si $x \in \mathbb{R}$, $f(-\infty) = -1$, $f(+\infty) = +1$. Montrer que $d(x, y) = |f(x) - f(y)|$ est une distance sur $\overline{\mathbb{R}}$, et calculer pour cette distance $\mathscr{B}(0, 1)$ et $\mathscr{B}'\left(0, \dfrac{1}{2}\right)$.

---

3 Quelques propriétés des espaces métriques

Soit (E, d) un espace métrique.

1) Si $\mathscr{B}(x, r)$ est une boule de E, prouver : $\forall y \in \mathscr{B}(x, r)$

$\exists r' > 0 : \mathscr{B}(y, r') \subseteq \mathscr{B}(x, r)$.

Montrer sur un exemple que cette propriété est fausse pour une boule fermée.

2) Pour $x \in$ E, montrer que si $r_1 \leqslant r_2$ on a $\mathscr{B}(x, r_1) \subseteq \mathscr{B}(x, r_2)$. En déduire que deux boules de même centre sont toujours comparables pour l'inclusion.

3) Montrer que si $x \in \mathscr{B}(x_1, r_1) \cap \mathscr{B}(x_2, r_2)$ il existe $r > 0$ tel que

$\mathscr{B}(x, r) \subseteq \mathscr{B}(x_1, r_1) \cap \mathscr{B}(x_2, r_2)$.

4) En déduire que $(\mathscr{B}(x, r))_{x \in E,\, r > 0}$ est une base d'ouverts sur E (topologie associée).

5) Pour tout $x \in$ E, montrer que $\left(\mathscr{B}\left(x, \dfrac{1}{n}\right)\right)_{n \geqslant 1}$ est un système fondamental de voisinages de x.

6) Donner un système fondamental de voisinages de $\frac{1}{2}$ dans $\mathbb{R}$, et d'un élément quelconque dans un espace discret.

a) Montrer que toute boule fermée est un ensemble fermé.

7) *b*) Montrer qu'un espace métrique est séparé et régulier.

8) Soit (A, d_A) un sous-espace métrique de (E, d). Démontrer que la topologie associée à d_A est la topologie induite sur A par la topologie de E associée à d.

9) Soit A une partie de E. Démontrer que $x \in \overline{A}$ si et seulement si : il existe une suite de points de A convergente dans E vers x.

---

4 Boules, diamètres, distances de deux ensembles

Soit (E, d) un espace métrique.

1) *a*) Montrer que $\mathscr{B}'(x, r)$ est un ensemble fermé et que $S(x, r)$ est un ensemble fermé.

b) En déduire que $\overline{\mathscr{B}(x, r)} \subseteq \mathscr{B}'(x, r)$.

c) Montrer que dans un espace discret l'inclusion ci-dessus peut être stricte.

d) Montrer que toute boule est bornée.

2) Soit A une partie non vide de E. Montrer que :

a) si $x \in A$: $d(x, A) = 0$,

b) si $d(x, A) = 0$ $x \in \overline{A}$,

c) en déduire une caractérisation de $\overline{A}$.

3) Soit A une partie non vide de E. Montrer que :

a) $d(\overline{A}) = d(A)$,

b) si A est finie A est bornée et A est fermée,

c) dans un espace grossier trouver une partie finie non fermée,

d) dans $\mathbb{R}$ trouver une partie bornée, fermée et infinie.

4) Soient A et B deux parties non vides de E.

a) montrer que si $A \cap B \neq \varnothing$ on a $d(A, B) = 0$,

b) trouver dans $\mathbb{R}$ A, B non vides telles $d(A, B) = 0$ et $A \cap B = \varnothing$,

c) il peut se faire que $A \cap B = \varnothing$ avec A et B fermées mais $d(A, B) = 0$. On le prouvera dans $\mathbb{R}^2$ avec $A = \{(x, y) \ xy \geqslant -1, x < 0\}$ et

$B = \{(x, y) \ xy \geqslant 1, x > 0\}$

et la distance D_1,

d) montrer que $d(A \cup B) \leqslant d(A) + d(A, B) + d(B)$,

e) montrer que toute réunion finie de parties bornées est une partie bornée,

f) en déduire que toute partie compacte est fermée et bornée.

---

5 Isométries, distances équivalentes

1) Soit (E, d) un espace métrique.

a) Montrer que si d' est topologiquement équivalente à d alors

$1_E : (E, d) \to (E, d')$ est un homéomorphisme

et réciproquement : si 1_E est un homéomorphisme d' est topologiquement équivalente à d,

b) si (E, d) est discret soit d' définie par $d'(x, x) = 0$, $d'(x, y) = 2$ si $x \neq y$. Montrer que d et d' sont topologiquement équivalentes,

c) prouver que si (E', d') est isométrique à (E, d), il lui est homéomorphe,

d) montrer à l'aide de *b*) que la réciproque est fausse.

2) Pour un espace métrique (E, d) montrer que les distances

$$e(x, y) = \min\{1, d(x, y)\} \quad \text{et} \quad f(x, y) = \frac{d(x, y)}{1 + d(x, y)}$$

(cf. Ex. IV. 2) sont topologiquement équivalentes à d.

3) Montrer que sur $\mathbb{R}^2$ les 3 distances fondamentales D_1, D_2, D_3 sont topologiquement équivalentes.

4) Soit E $= \mathscr{C}([\![0, 1]\!], \mathbb{R})$ et les distances sur E (Ex. IV. 1) :

$$d(f, g) = \int_0^1 |f(x) - g(x)|\, dx, \quad e(f, g) = \sup_{0 \leqslant x \leqslant 1} |f(x) - g(x)|$$

a) soit $f : [\![0, 1]\!] \to \mathbb{R}$ définie par $f(x) = 2$. Dessiner $\mathscr{B}_e(f, 1)$ (boule pour la distance e),

b) soit $r > 0$. On définit g par

$$\begin{cases} g(x) = -\dfrac{4x}{r} + 4 & \text{si } 0 \leqslant x < \dfrac{1}{2} r \\ g(x) = 2 & \text{si } \dfrac{1}{2} r \leqslant x \leqslant 1 \end{cases}$$

Montrer que $g \in \mathscr{B}_d(f, r)$ mais que $g \notin \mathscr{B}_e(f, 1)$,

c) en déduire que d et e ne sont pas topologiquement équivalentes.

---

6 Convergence, continuité

1) *a*) Montrer directement que dans un espace métrique une suite convergente a une limite unique.

b) Montrer que « $(x_n)_{n \geqslant 0}$ converge vers x » équivaut à « $(d(x_n, x))_{n \geqslant 0}$ converge vers 0 ».

c) Montrer que si $(x_n)_{n \geqslant 0}$ converge vers x et $(y_n)_{n \geqslant 0}$ converge vers y la suite $(d(x_n, y_n))_{n \geqslant 0}$ converge vers $d(x, y)$.

2) Soit $f : (E, d) \to (E', d')$. On dit que f est *lipschitzienne de rapport* $k > 0$ si $d'(f(x), f(y)) \leqslant k d(x, y)$ $\forall x, y \in E$. Montrer que si f est lipschitzienne f est uniformément continue.

3) Si (E, d) est un espace métrique, montrer que, $d : E \times E \to \mathbb{R}$ est uniformément continue. Retrouver le résultat 1 *c*).

4) Soit A une partie non vide d'un espace métrique (E, d). Montrer que $f :$ E $\to \mathbb{R}$ définie par $f(x) = d(x, A)$ est uniformément continue.

5) Montrer que :

a) toute application uniformément continue est continue,

b) $f: \mathbb{R} \to \mathbb{R}$ avec $f(x) = x^2$ est continue mais non uniformément continue,

c) si (E, d) est compact et f: (E, d) $\to$ (E′, d') continue f est uniformément continue et bornée (théorème de Heine).

---

7 Espaces métrisables

1) Montrer que tout espace métrisable est séparé, régulier (Ex. III. 5), et satisfait au premier axiome de dénombrabilité (Ex. I. 8).

2) Montrer qu'un espace discret est métrisable, qu'un espace grossier ayant au moins deux éléments ne l'est pas.

3) *a*) Démontrer que tout sous-espace d'un espace métrisable est métrisable.

b) En déduire que l'intervalle $I = [0, 1]$ de $\mathbb{R}$ est métrisable.

4) *a*) Montrer que tout produit fini d'espaces métrisables est métrisable.

b) Soit $(E_n, d_n)_{n \in \mathbb{N}}$ une famille dénombrable d'espaces métrisables. Sur $E = \prod_{n \in \mathbb{N}} E_n$ on définit $d(x, y) = \sum_{n \geqslant 0} 2^{-n}.\min\{1, d_n(x_n, y_n)\}$ où

$x = (x_n)_{n \in \mathbb{N}}$, $y = (y_n)_{n \in \mathbb{N}}$.

Montrer que d est une distance. Conclusion ?

c) En déduire que $\mathbb{R}^n$, I^n et le *cube de Hilbert* $I^{\mathbb{N}} = \prod_{n \in \mathbb{N}} I_n$ où $I_n = I = [0, 1]$ sont métrisables.

5) On rappelle (Ex. I. 8) qu'un espace de type dénombrable est séparable. Si E est métrisable la réciproque est vraie; pour cela :

a) Soit (E, d) métrisable et A une partie dense de E et dénombrable, en considérant $\mathcal{B} = \{\mathcal{B}(a, q), a \in A, q \in \mathbb{Q}^+\}$ montrer que $\mathcal{B}$ est dénombrable.

b) Soit U un ouvert de E, $x \in U$, et $\mathcal{B}(x, t) \subseteq U$, $t \in \mathbb{R}^+$. En choisissant $s \in \mathbb{Q}^+$ tel que $0 < 3s < t$ montrer qu'il existe $y \in A$ tel que $x \in \mathcal{B}(y, 2s) \subseteq U$ et conclure que $\mathcal{B}$ est une base d'ouverts de E, d'où le résultat.

6) Soit E l'ensemble des applications de $[0, 1]$ dans lui-même. Pour $f_0 \in E$ on appelle ensemble élémentaire de centre f_0 tout ensemble

$V(f_0; \varepsilon, x_1, \ldots, x_n)$

où ce symbole désigne l'ensemble des $f \in E$ telles que $\forall i = 1, \ldots, n$

$|f(x_i) - f_0(x_i)| < \varepsilon,$

où $\varepsilon > 0$ et les x_i éléments de $[0, 1]$.

a) Montrer que les ensembles élémentaires forment une base d'ouverts sur E ; démontrer que la topologie $\mathcal{T}$ ainsi définie est séparée.

b) Montrer que l'ensemble des fonctions *simples* (i.e. nulles sauf en un nombre fini de points) est dense dans E.

c) Démontrer que si une fonction est nulle sauf en une infinité non dénombrable de points elle ne peut être limite d'une *suite* de fonctions simples.

d) Montrer que la métrisabilité de E contredirait *c*).

7) E étant un espace topologique, on rappelle qu'une fonction $f : \mathbb{R} \to E$ continue à droite peut être considérée comme une application continue de $(\mathbb{R}, \mathcal{T}_+)$ dans E (Ex. III. 16) : une base de $\mathcal{T}_+$ sur $\mathbb{R}$ est l'ensemble des intervalles $[a, b[$. (Pr. I. 2).

a) Montrer que la topologie $\mathcal{T}_+$ est séparée et régulière.

b) Montrer que $(\mathbb{R}, \mathcal{T}_+)$ est séparable et satisfait au premier axiome de dénombrabilité.

c) Démontrer que $(\mathbb{R}, \mathcal{T}_+)$ n'est pas de type dénombrable. Conclusion ?

d) On dit qu'une suite de points $(x_n)_{n \geq 0}$ de $\mathbb{R}$ *converge vers x à droite* si $(x_n)_{n \geq 0}$ converge vers x (pour $\mathcal{T}_0$) et si à partir d'un certain rang on a $x_n \geq x$. Démontrer que $(x_n)_{n \geq 0}$ converge vers x à droite si et seulement si $(x_n)_{n \geq 0}$ converge vers x pour la topologie $\mathcal{T}_+$.

---

8 Suites de Cauchy. Exemples d'espaces complets

Soit (E, d) un espace métrique.

1) *a*) Soit $(x_n)_{n \geq 0}$ une suite de points de E. Montrer que (x_n) est une suite de Cauchy si et seulement si $\lim_{n \to \infty} d(A_n) = 0$ avec $A_n = \{x_n, x_{n+1}, \ldots\}$.

b) Soit $(x_n)_{n\geqslant 0}$ une suite de Cauchy et $(x_{i_n})_{n\geqslant 0}$ une *suite extraite* [1]. Montrer que $\lim d(x_n, x_{i_n}) = 0$ et que si (x_{i_n}) converge il en est de même de (x_n).

2) *a*) Montrer que dans $]0, 1] \subseteq \mathbb{R}$ si $x_n = \dfrac{1}{n}$ la suite $(x_n)_{n\geqslant 1}$ est de Cauchy non convergente.

b) Décrire les suites de Cauchy dans un espace discret E et montrer que E est complet.

c) On munit $E = \mathbb{Z}$ de la distance induite par celle de $\mathbb{R}$. Montrer que E est complet.

3) Soit $E = \mathscr{C}([0, 1], \mathbb{R})$. Montrer que :

a) Pour la distance $d(f, g) = \sup\limits_{0\leqslant x\leqslant 1} |f(x) - g(x)|$ E est complet.

b) Pour la distance $d(f, g) = \displaystyle\int_0^1 |f(x) - g(x)|\, dx$ E n'est pas complet : pour $n \geqslant 1$ soit $f_n(t) = \min\left\{n, \dfrac{1}{\sqrt{t}}\right\}$. Montrer que

$$d(f_n, f_{n+p}) \leqslant \frac{1}{n},$$

en déduire que $(f_n)_{n\geqslant 1}$ est une suite de Cauchy. Si elle convergeait on aurait $\forall t \in]0, 1]\ f(t) = \dfrac{1}{\sqrt{t}}$ montrer que ceci est absurde.

4) Montrer que si (E, d) est complet, il l'est aussi pour la distance $e(x, y) = \min(1, d(x, y))$.

---

9 Espaces métriques complets

1) Montrer que pour un espace métrique (E, d) il y a équivalence entre :

a) E est complet,

b) pour toute suite décroissante $(F_n)_{n\geqslant 0}$ de fermés non vides (i.e. $F_{n+1} \subseteq F_n$) telle que $\lim d(F_n) = 0$ on a $\bigcap\limits_{n\geqslant 0} F_n \neq \varnothing$.

(1) C'est-à-dire que la suite $(i_n)_{n\geqslant 0}$ est une suite strictement croissante d'entiers.

2) *a*) Si (E, d) est complet et (F, d') isométrique à (E, d) montrer que F est complet,

b) ce résultat est faux si l'on remplace isomètre par homéomorphe. On le montrera en choisissant $E = \mathbb{R}$ et $F =]0, 1[$.

3) *a*) Si E est complet, montrer qu'un sous-espace de E est complet si et seulement si il est fermé,

b) « $(E_i, d_i)_{1 \leqslant i \leqslant n}$ sont complets » équivaut à « $\prod_{i=1}^{n} E_i$ est complet » où $\prod_{1}^{n} E_i$ est muni de la distance D_1,

c) soient d et e deux distances sur E telles que $d(x, y) \leqslant ke(x, y)$ et $e(x, y) \leqslant ld(x, y)$ avec $k, l > 0$ (*distances métriquement équivalentes*). Montrer que (E, d) complet équivaut à (E, e) complet,

d) montrer que sur $\prod_{1}^{n} E_i$ les distances D_1, D_2, D_3 sont métriquement équivalentes,

e) compléter le résultat 3 *b*) et montrer que $\mathbb{R}^n$ et $\mathbb{C}^n$ sont complets pour D_1, D_2, D_3.

---

10 Le théorème du point fixe

1) Soit (E, d) un espace métrique complet et f: E → E une *application contractante* i.e. $\exists k < 1 \; d(f(x), f(y)) \leqslant k.d(x, y)$ (ceci revient à dire que f est lipschitzienne de rapport $k < 1$, cf. Ex. IV. 6). Soit x_0 un point de E

a) on pose $x_1 = f(x_0)$, $x_2 = f(x_1)$, ..., $x_n = f(x_{n-1}) = f^n(x_0)$. Montrer que $d(x_{n+1}, x_n) \leqslant k^n d(x_1, x_0)$,

b) en déduire que $(x_n)_{n \geqslant 0}$ est une suite de Cauchy,

c) si a est la limite de $(x_n)_{n \geqslant 0}$ montrer que a est un point fixe de f: $f(a) = a$,

d) démontrer que a est l'unique point fixe de f, et $a = \lim_{n \to \infty} f^n(x)$ pour tout $x \in E$.

2) Soit $E = [\frac{2}{3}, +\infty[$ sous-espace métrique de $\mathbb{R}$, et f: $E \to \mathbb{R}$ avec

$$f(x) = \frac{2x + 6}{3x + 2}$$

a) Montrer que E est complet et que $f(\mathrm{E}) \subseteq \mathrm{E}$.

b) Montrer que f est contractante.

c) Calculer l'unique point fixe a de f.

d) En prenant $x_0 = \frac{2}{3}$ calculer x_1, x_2, x_3, x_4 et évaluer l'approximation de a obtenue.

e) Si l'on prolonge f à $f' : \mathbb{R} - \left\{-\frac{2}{3}\right\} \to \mathbb{R}$ par $f'(x) = \frac{2x+6}{3x+2}$, f' n'est pas contractante mais a 2 points fixes.

3) Soit $\mathrm{E} = \mathbb{N}^* = \{1, 2, \ldots\}$ on pose

$$d(n, n) = 0 \quad \text{et} \quad d(m, n) = 10 + \frac{1}{m} + \frac{1}{n} \quad \text{si} \quad m \neq n.$$

Montrer que :

a) d est une distance sur E,

b) (E, d) est complet,

c) soit $f : \mathrm{E} \to \mathrm{E}$ avec $f(n) = n + 1$. Montrer que

$$d(f(m), f(n)) < d(m, n) \quad \text{si} \quad m \neq n$$

mais que f n'est pas contractante.

---

11 Complétion métrique

1) Soit (E, d) un espace métrique, et soit $\mathscr{C}$ l'ensemble des suites de Cauchy de E.

a) Montrer que dans $\mathscr{C}$ la relation R entre deux suites de Cauchy (x_n) et (y_n) définie par $\lim d(x_n, y_n) = 0$ est une relation d'équivalence. On notera $\overline{(x_n)}$ la classe de (x_n) modulo R et $\hat{\mathrm{E}} = \mathscr{C}/\mathrm{R}$.

b) Pour $\overline{(x_n)}$ et $\overline{(y_n)}$ éléments de $\hat{\mathrm{E}}$ montrer que le nombre $\lim d(x_n, y_n)$ est, s'il existe, indépendant des représentants (x_n) de $\overline{(x_n)}$ et (y_n) de $\overline{(y_n)}$. Montrer que ce nombre existe toujours et que l'application

$$\delta : \hat{\mathrm{E}} \times \hat{\mathrm{E}} \to \mathbb{R}$$

définie par $\delta(\overline{(x_n)}, \overline{(y_n)}) = \lim d(x_n, y_n)$ est une distance sur $\hat{\mathrm{E}}$.

c) Pour tout $x \in E$ on pose $f(x) = \overline{(x_n)}$ où $\forall n \in \mathbb{N}$ $x_n = x$. Montrer que l'on définit ainsi une isométrie f de (E, d) sur (f(E), δ). Démontrer que $\overline{f(E)} = \hat{E}$.

2) Soit (E, d) un espace métrique, ($\hat{E}$, δ) la complétion métrique de E construite ci-dessus et f l'isométrie. Soit (F, d') une autre complétion métrique de E avec $g : E \to F$ isométrie de E sur $g(E)$ où $\overline{g(E)} = F$. Construire une application $h : F \to \hat{E}$ qui soit une isométrie de F sur $\hat{E}$.

En déduire que toute complétion métrique de $\mathbb{Q}$ est isométrique à $\mathbb{R}$.

3) Montrer que tout espace métrique compact est complet (utiliser le théorème de Weierstrass et ce qui précède).

---

12 Espaces métriques compacts

1) Soit $(x_n)_{n \geq 0}$ une suite de points d'un espace topologique E. Si $(i_n)_{n \geq 0}$ est une suite strictement croissante d'entiers, on dit que la suite $(x_{i_n})_{n \geq 0}$ est *extraite* de la suite $(x_n)_{n \geq 0}$ (Ex. IV. 8). Démontrer que si la suite $(x_n)_{n \geq 0}$ converge vers x, toute suite extraite de $(x_n)_{n \geq 0}$ converge vers x.

2) Soit (E, d) un espace métrique compact.

a) Montrer que $\mathcal{B} = \left\{ \mathcal{B}\left(x, \frac{1}{n}\right) \right\}_{n \geq 1,\, x \in E}$ est une base d'ouverts de E.

b) Pour $n \geq 1$ fixé donner un recouvrement de E par un nombre fini d'éléments de $\mathcal{B}$.

c) En déduire que E est de type dénombrable.

3) Soit (E, d) un espace métrique compact, et $(x_n)_{n \geq 1}$ une suite de points de E. Pour tout $n \geq 1$ on pose $A_n = \{x_n, x_{n+1}, \ldots\}$.

a) Démontrer que $\bigcap_{n \geq 1} \overline{A}_n \neq \varnothing$. On utilisera l'Ex. III. 7.

b) Soit $a \in \bigcap_{n \geq 1} \overline{A}_n$. Montrer qu'il existe $x_{i_1} \in \mathcal{B}(a, 1) \cap A_1$ et construire par récurrence une suite extraite de (x_n) convergente vers a.

c) Énoncer la propriété ainsi démontrée.

4) Déduire de ce qui précède et de l'Ex. IV. 8, question 1) que tout espace métrique compact est complet.

5) Soit (E, d) un espace métrique compact.

a) Pour $a, b \in E$ on considère l'application $\varphi : E \to \mathbb{R}$ avec

$\varphi(x) = \max\{d(x, a), d(x, b)\}$.

Démontrer que φ est continue. En utilisant le théorème de Heine conclure qu'il existe une boule fermée de rayon minimum contenant a et b. Montrer que cette propriété est vraie dans $\mathbb{R}$.

b) Une application $f : E \to E$ est une *rotation* s'il existe $x \in E$ tel que : $\forall y \in E : d(x, y) = d(x, f(y))$. Le centre d'une rotation est l'ensemble des éléments ayant cette propriété. Soit $f : E \to E$ une rotation de centre Γ : montrer que, si de plus f est une isométrie, Γ est l'ensemble des points fixes de f et en conclure que Γ est compact.

13* Métrisabilité de $\overline{\mathbb{R}}$ et de quelques topologies sur $\mathbb{R}$

1) a) En prolongeant l'homéomorphisme $f : x \longmapsto \dfrac{x}{1 + |x|}$ de $\mathbb{R}$ dans $]-1, +1[$ à $\overline{\mathbb{R}}$ démontrer que $\overline{\mathbb{R}}$ est métrisable. Expliciter la distance ainsi obtenue. Montrer que $\overline{\mathbb{R}}$ est un espace complet.

b) Démontrer que $g :]-1, +1[\to \mathbb{R}$ avec $g(x) = \operatorname{tg} \dfrac{\pi x}{2}$ est une bijection continue qui se prolonge en une bijection continue

$\tilde{g} : [-1, +1] \to \overline{\mathbb{R}}$.

Montrer alors que $\tilde{g}$ est un homéomorphisme. En déduire une autre distance sur $\overline{\mathbb{R}}$ et démontrer qu'elle est topologiquement équivalente à la précédente.

2) a) Montrer que la topologie $\mathcal{T}$ sur $\mathbb{R}$ de l'Ex. II. 15 est séparée. En utilisant l'homéomorphisme $\tilde{f} : (\mathbb{R}, \mathcal{T}) \to \Gamma$ montrer que $(\mathbb{R}, \mathcal{T})$ est localement compact mais non compact. Trouver un voisinage compact de 0.

b) Démontrer que $(\mathbb{R}, \mathcal{T})$ est métrisable. Calculer sa distance. Montrer que $[0, +\infty[$ est borné pour cette distance et calculer son diamètre.

c) On définit $g : (\mathbb{R}, \mathcal{T}_0) \to (\mathbb{R}, \mathcal{T})$ par $g(0) = 0$, $g(x) = \dfrac{1}{|x|}$ pour $x \neq 0$. Prouver que g est continue. Montrer que g est bornée sur $[0, 1]$ et calculer le diamètre de $g([0, 1])$.

3) *a*) Montrer que la topologie $\mathcal{T}'$ sur $\mathbb{R}$ de l'Ex. III. 18 est métrisable. Calculer la distance de deux points.

b) Montrer que cet espace est complet.

c) Démontrer que $I\Big/\Big\{0, \frac{1}{2}, 1\Big\}$ (Ex. III. 18) est métrisable, compact et complet.

14* Métrisabilité des espaces quotients

1) Soit $T^1 = I/\{0, 1\}$ le tore à une dimension, et $r : I \to T^1$ la surjection canonique (Ex. II. 16),

a) pour $r(x)$, $r(y) \in T^1$ on pose $d(r(x), r(y)) = \min\limits_{\substack{x'Rx \\ y'Ry}} |x' - y'|$. Définit-on ainsi une distance sur T^1?

b) A chaque classe d'équivalence $r(x)$ on associe l'unique représentant x' tel que $x' < 1$, et l'on définit $d(r(x), r(y)) = |x' - y'|$. Est-ce une distance sur T^1?

c) Démontrer que T^1 est métrisable (utiliser Ex. III. 17).

2) Soient I^2/M la ceinture de Mœbius et $m : I^2 \to I^2/M$ la surjection canonique (Pr. III. 3) et l'on choisit sur I^2 la distance euclidienne D_3,

a) pour $m(x)$, $m(y)$ on pose $d(m(x), m(y)) = \min\limits_{\substack{x'Mx \\ y'My}} D_3(x', y')$. Définit-on une distance sur I^2/M?

b) A chaque classe $m(x, y)$ on associe l'unique représentant (x', y') tel que $x' < 1$ et l'on définit $d(m(x, y), m(x_1, y_1)) = D_3((x', y'), (x_1, y_1))$. Est-ce une distance sur I^2/M?

c) Peut-on en conclure que I^2/M est métrisable?

3) Sur $S^1 = \{z \in \mathbb{C}, |z| = 1\}$ on considère l'équivalence : zRz' si et seulement si $z = \pm z'$. Soit $r : S^1 \to S^1/R$ la surjection canonique. L'espace quotient S^1/R est l'*espace projectif* P^1. On notera $r(z) = \dot{z}$.

a) On définit $d(\dot{z}, \dot{z}') = \min \{|t - t'|, t \in \dot{z}, t' \in \dot{z}'\}$. Démontrer que $d(\dot{z}, \dot{z}') = \min \{|z - t'|, t' \in \dot{z}'\}$.

b) Montrer que d est une distance sur P^1.

c) Démontrer que la topologie associée à d est la topologie de P^1.

d) En déduire que P^1 est séparé, compact et connexe.

e) Soit E un espace topologique. Construire une bijection entre : l'ensemble des fonctions $f : S^1 \to E$ continues et paires (i.e. $f(-z) = f(z)$) et l'ensemble des fonctions $f : P^1 \to E$ continues.

15* Conchoïde de R

On considère sur $\mathbb{R}$ l'équivalence ρ définie par $x \rho y$ si et seulement si $x, y \in \{-1, +1\}$, et l'on désigne par $r : \mathbb{R} \to \mathbb{R}/\rho$ la surjection canonique.

1) Soit $f : \mathbb{R} \to \mathbb{R}^2$ définie géométriquement de la façon suivante : $\mathbb{R}$ étant identifié à $\mathbb{R} \times \{0\}$, pour un point A de $\mathbb{R}$ on considère la droite passant par A et le point $\omega = (0, 1)$ et l'on porte sur cette droite la longueur $\sqrt{2}$ à partir de A, du côté des $y \geqslant 0$:

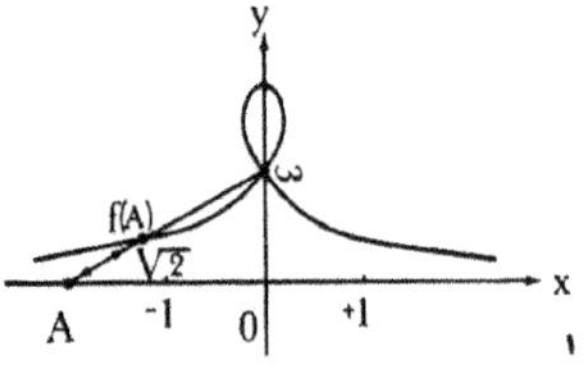

Expliciter la fonction f. La courbe $C = f(\mathbb{R})$ est une *conchoïde* de $\mathbb{R}$.

2) Montrer que f est continue et se prolonge en une application continue bijective $g : \mathbb{R}/\rho \to C$.

3) On rappelle que les parties compactes de $\mathbb{R}^n$ sont les parties fermées bornées. Démontrer que pour tout compact K de $\mathbb{R}^2$, $f^{-1}(K)$ est compact (on prendra sur $\mathbb{R}^2$ la distance D_1). En déduire que f est une application propre (Pr. III. 1) et que f est fermée.

4) Montrer que f, considérée comme application de $\mathbb{R}$ dans C, est fermée et en déduire que g est un homéomorphisme.

5) Démontrer que $\mathbb{R}/\rho$ est séparé, localement compact, non compact, et connexe.

6) Montrer que $\mathbb{R}/\rho$ est métrisable et complet.

7) Montrer que la suite $(x_n)_{n \geqslant 1}$ avec $x_n = (-1)^n \left(1 - \dfrac{1}{n}\right)$ diverge dans $\mathbb{R}$, mais que la suite $(r(x_n))_{n \geqslant 1}$ est convergente dans $\mathbb{R}/\rho$.

16* Fonctions réglées

$+$ et $-$ étant deux symboles, on désigne par $\mathcal{R}$ l'ensemble

$$\mathbb{R} \times \{+\} \cup \mathbb{R} \times \{-\} :$$

tout élément de $\mathcal{R}$ s'écrit donc $(x, +)$ ou $(x, -)$; on notera $x^+ = (x, +)$, $x^- = (x, -)$. Ainsi un élément de $\mathcal{R}$ pourra être désigné par x^α avec $\alpha = \pm$. On définit un ordre total sur $\mathcal{R}$ de la façon suivante : si $x < y$ dans $\mathbb{R}$, on pose

$$x^- < x^+ < y^- < y^+.$$

Pour cette relation d'ordre les intervalles $]x^\alpha, y^\alpha[$, $[x^\alpha, y^\beta[$ ont le sens habituel des intervalles dans un ensemble ordonné. On remarquera que $]x^-, x^+[= \varnothing$.

1) *a*) Montrer que les intervalles $[x^+, y^+[$, $x, y \in \mathbb{R}$ forment une base d'une topologie $\mathcal{C}$ sur $\mathcal{R}$ qui est moins fine que la topologie $\mathcal{C}_+$ de $\mathcal{R}$.

b) Démontrer que pour cette topologie les ouverts de base sont également fermés. Donner un système fondamental dénombrable de voisinages d'un point x^+ et d'un point x^-. En déduire que $\mathcal{R}$ satisfait au premier axiome de dénombrabilité.

c) Prouver que $\mathcal{R}$ est séparé et régulier.

d) Montrer que $\mathcal{R}$ n'est pas compact.

2) On suppose que l'intervalle $[x^+, y^-]$ a la propriété suivante :

(F) : « il existe un recouvrement ouvert $\mathcal{U}$ de $[x^+, y^-]$ dont on ne peut extraire aucun recouvrement fini. »

a) Soit $c = \dfrac{x+y}{2}$. Montrer que l'un des intervalles $[x^+, c^-]$ et $[c^+, y^-]$ a la propriété (F). On note $[x_1^+, y_1^-]$ cet intervalle. Construire ainsi une suite d'intervalles $[x_n^+, y_n^-]$ ayant la propriété (F) et telle que

$$|y_n - x_n| = \frac{y-x}{2^n}.$$

b) En remarquant que la suite (x_n) de $\mathbb{R}$ est croissante, montrer qu'elle converge. Soit α sa limite. Montrer de même que (y_n) converge vers $\beta \geqslant x$. En déduire que $\alpha = \beta$.

c) On suppose que la suite (x_n) est stationnaire

(i.e. $\exists n_0 \ \forall n \geqslant n_0 : x_n = \alpha$).

Montrer que (y_n) est strictement décroissante et en déduire que (y_n^-) converge vers α^+ et que $\alpha < y$. Prouver alors que $\exists U \in \mathcal{U}$ tel que $\alpha^+ \in U$ et qu'à partir d'un certain rang on a $[x_n^+, y_n^-] \subseteq U$. Conclure à une absurdité.

d) De même montrer que (y_n) ne peut être stationnaire.

e) On suppose donc que (x_n) est strictement croissante et (y_n) strictement décroissante. Démontrer que : $x < \alpha < y$, que (x_n^+) converge vers α^-, que (y_n^-) converge vers α^+ et qu'à partir d'un certain rang $[x_n^-, y_n^+]$ est recouvert par deux éléments de $\mathcal{U}$. En déduire que $[x^+, y^-]$ est compact et que $\mathcal{R}$ est localement compact.

3) *a*) Montrer que $\mathcal{R}$ est séparable.

b) On rappelle (voir Pr. I. 2), que, dans un espace de type dénombrable, on peut extraire de toute base une base dénombrable. Montrer que $\mathcal{R}$ n'est pas de type dénombrable.

c) En déduire que $\mathcal{R}$ n'est pas métrisable.

d) Montrer que $\mathcal{R}$ est totalement discontinu.

4) Soit (E, d) un espace métrique. On dit qu'une fonction $f : \mathbb{R} \to E$ admet une *limite à droite* (resp à *gauche*) y au point $a \in \mathbb{R}$ si : $\forall \varepsilon > 0, \exists \eta > 0$ tel que $|x - a| < \eta$ et $x > a$ (resp et $x < a$) impliquent $d(f(x), y) < \varepsilon$; cette limite est alors unique, et notée $y = f_d(a)$ (resp $f_g(a)$).

Une fonction $f : \mathbb{R} \to E$ est *réglée* si elle admet en tout point une limite à droite et à gauche.

a) Soit $f : \mathbb{R} \to E$ une fonction réglée. On définit $\tilde{f} : \mathcal{R} \to E$ par $\tilde{f}(a^+) = f_d(a)$ et $\tilde{f}(a^-) = f_g(a)$. On va démontrer que $\tilde{f}$ est une fonction continue. Pour cela soient $a^+ \in \mathcal{R}$ et $\varepsilon > 0$: il existe donc $\eta > 0$ tel que $|x - a| < \eta$ et $x > a$ impliquent : $d(f(x), f_d(a)) < \frac{\varepsilon}{2}\cdot$ On pose

$$V = \left[a^+, \left(a + \frac{\eta}{2}\right)^+\right[.$$

Soit $t^+ \in V$: en utilisant l'existence de $f_d(t)$ montrer qu'il existe un point « assez voisin » de t et α pour conclure que $d(\tilde{f}(t^+), \tilde{f}(a^+)) < \varepsilon$.

b) Soit $t^- \in V$. En choisissant à nouveau un point assez voisin de t et a montrer que $d(\tilde{f}(t^-), \tilde{f}(a^+)) < \varepsilon$. En conclure que $\tilde{f}$ est continue au point a^+.

c) Montrer de façon analogue la continuité au point a^- (on pourra prendre $V = \left[\!\left[\left(a - \frac{\eta}{2}\right)^+, a^+\right[\!\right[$).

d) Démontrer que réciproquement à toute fonction continue sur $\mathcal{R}$ on peut associer une fonction réglée continue à droite (Ex. III. 16) et une fonction réglée continue à gauche.

e) On dit que $f : [\![a, b]\!] \subseteq \mathbb{R} \to (E, d)$ est réglée sur $[\![a, b]\!]$ si f admet une limite à droite en tout point de $[\![a, b[\![$, et une limite à gauche en tout point de $]\!]a, b]\!]$. Montrer qu'une fonction réglée sur $[\![a, b[\![$ et continue à droite sur $[\![a, b[\![$ est bornée.

17* Le théorème de Baire

Soit E un espace régulier (p. 101) et soient : $(U_n)_{n \geqslant 0}$ une suite d'ouverts denses, et Ω un ouvert non vide de E.

1) Démontrer que $\Omega \cap U_0$ contient un fermé non rare (p. 66) F_0 et construire par récurrence une suite $(F_n)_{n \geqslant 0}$ de fermés non rares tels que $F_n \subseteq \mathring{F}_{n-1} \cap U_n$.

2) On suppose de plus que E est métrisable complet ou bien compact : montrer que $\bigcap_n F_n \neq \varnothing$ (utiliser Ex. IV. 9, p. 168 et Ex. III. 7, p. 102), d'où $\bigcap_n U_n \cap \Omega \neq \varnothing$.

3) En déduire que :

a) tout espace métrique complet est un espace de Baire (*théorème de Baire*) ;

b) tout espace localement compact est un espace de Baire.

4) Montrer que tout intervalle de $\mathbb{R}$ est un espace de Baire.

1

On dit qu'un espace métrique (E, d) est un *espace ultramétrique* si sa distance vérifie l'inégalité dite ultramétrique :

$\forall x, y, z \in \mathrm{E}: d(x, z) \leqslant \max \{d(x, y), d(y, z)\}$.

I

Soit (E, d) un espace ultramétrique.

1) Montrer que : $d(x, y) \neq d(y, z) \Longrightarrow d(x, z) = \max \{d(x, y), d(y, z)\}$.

2) Montrer que toute boule ouverte $\mathscr{B}(x, r)$ est ouverte et fermée et que : $\forall y \in \mathscr{B}(x, r): \mathscr{B}(y, r) = \mathscr{B}(x, r)$. En déduire que deux boules ouvertes non disjointes sont comparables pour l'inclusion.

3) Montrer que toute boule fermée est ouverte et fermée et que :

$\forall y \in \mathscr{B}'(x, r) : \mathscr{B}'(y, r) = \mathscr{B}'(x, r)$.

4) Démontrer qu'une suite $(x_n)_{n \geqslant 0}$ est de Cauchy si et seulement si

$\lim\limits_{n \to \infty} d(x_n, x_{n+1}) = 0$.

II

1) Montrer que tout espace discret est ultramétrique. En trouver les suites de Cauchy. Est-ce un espace complet?

2) Soit X un ensemble, $\mathrm{E} = \{(x_n)_{n \geqslant 1}, x_n \in \mathrm{X}\}$. Si $x \neq y$, $x, y \in \mathrm{E}$, soit $k(x, y)$ le plus petit entier $n \geqslant 1$ tel que $x_n \neq y_n$. On pose

$$d(x,y) = \frac{1}{k(x, y)} \quad \text{si} \quad x \neq y, \quad d(x, x) = 0.$$

a) Montrer que (E, d) est un espace ultramétrique.

b) Montrer qu'il est complet.

III

Pour un nombre premier p et tout entier $n > 0$ soit $v_p(n)$ l'exposant de p dans la décomposition de n en facteurs premiers.

1) Démontrer que pour $n, n' > 0$ $v_p(nn') = v_p(n) + v_p(n')$.

2) Soit $x = \pm \frac{r}{s} \in \mathbb{Q}^*$ avec r, s entiers strictement positifs. On pose $v_p(x) = v_p(r) - v_p(s)$. Montrer que cette définition est indépendante de la représentation de x en fraction, et que $v_p(x.y) = v_p(x) + v_p(y)$ pour $x, y \in \mathbb{Q}^*$.

3) On pose, pour $x, y \in \mathbb{Q}$, $d(x, y) = p^{-v_p(x-y)}$ si $x \neq y$, et $d(x, x) = 0$. Montrer que d vérifie les axiomes (D_1) et (D_2) des distances.

4) Soit $z \in \mathbb{Q}^*$, $z \neq 1$ tel que $v_p(z) \geqslant 0$. Montrer que z est de la forme $z = \pm p^h \frac{r}{s}$ avec $h \geqslant 0$ et r, s non divisibles par p. En déduire que

$v_p(z - 1) \geqslant 0$.

5) Montrer que pour $x, y \in \mathbb{Q}^*$ et $x \neq y$ on a

$v_p(x - y) \geqslant \min \{v_p(x), v_p(y)\}$.

6) En conclure que d fait de $\mathbb{Q}$ un espace ultramétrique; d est appelée *distance p-adique.*

7) Montrer que pour les distances 2-adique et 3-adique la suite $(6^n)_{n \geqslant 0}$ converge vers 0, et qu'elle diverge pour la distance 5-adique.

8) Montrer que pour tout nombre premier p la distance p-adique n'est pas métriquement équivalente (Ex. IV. 9) à la distance usuelle sur $\mathbb{Q}$.

2

Les deux parties sont indépendantes.

I

Soient E et F deux espaces topologiques, $f: A \to F$ une application continue, où A est un sous-espace dense de E. Pour tout $x \in E$ soit $\mathcal{V}_A(x) = \{V \cap A, V \in \mathcal{V}(x)\}$; si la base de filtre $f(\mathcal{V}_A(x))$ engendre un filtre convergent $\mathcal{F}$, on note $\lim \mathcal{F} = \lim\limits_{\substack{z \to x \\ z \in A}} f(z)$ (voir Pr. III. 2).

1) On suppose que E et F sont des espaces métriques (E, d) et (F, d'). Expliciter l'écriture $\lim \mathcal{F} = \lim\limits_{\substack{z \to x \\ z \in A}} f(z)$.

2) On suppose désormais que $f: A \to F$ est uniformément continue, E et F étant toujours supposés des espaces métriques, et F étant de plus complet. Soit $x \in E$: montrer qu'il existe une suite $(x_n)_{n \geqslant 0}$, $x_n \in A$, convergente vers x et telle que la suite $(f(x_n))_{n \geqslant 0}$ soit convergente dans F. On appellera x' sa limite.

3) Montrer que pour toute suite $(y_n)_{n \geqslant 0}$ de points de A convergente vers x, la suite $(f(y_n))_{n \geqslant 0}$ converge vers x'.

4) En déduire, en raisonnant par l'absurde, que $x' = \lim\limits_{\substack{z \to x \\ z \in A}} f(z)$.

5) On définit $\tilde{f} : E \to F$ par $\tilde{f}(x) = x'$. Démontrer que $\tilde{f}$ est uniformément continue et prolonge f. Comparer avec Pr. III. 2.

II

Soient d et d' deux distances sur un ensemble E. On dit que d est *topologiquement* (resp *uniformément*) *plus fine* que d', si l'application identique de l'espace métrique (E, d) dans l'espace métrique (E, d') est continue (resp uniformément continue). On dit que d est *métriquement plus fine* que d' s'il existe $a > 0$ tel que, pour tout couple (x, y) de E, $d'(x, y) \leqslant a.d(x, y)$. On dit que d et d' sont topologiquement (resp uniformément, métriquement) équivalentes si d est plus fine que d' et d' plus fine que d topologiquement (resp uniformément, métriquement).

1) Montrer que « d est métriquement plus fine que d' » implique « d est uniformément plus fine que d' » qui entraîne « d est topologiquement plus fine que d' ». Trouver un exemple de distances topologiquement (resp uniformément) équivalentes qui ne sont pas uniformément (resp métriquement) équivalentes. On considérera sur $\mathbb{R}$ les distances

$$d(x, y) = |x - y|, \; d'(x, y) = |x^3 - y^3| \quad \text{et} \quad d''(x, y) = \frac{|x - y|}{1 + |x - y|}.$$

2) Montrer que si d est uniformément équivalente à d' et si (E, d') est complet, (E, d) est complet.

3) Soit φ une application croissante de $\mathbb{R}^+$ dans lui-même telle que $\varphi(0) = 0$, $\varphi(u + v) \leqslant \varphi(u) + \varphi(v)$ et $\varphi(u) > 0$ si $u > 0$.

a) Montrer que si d est une distance sur E, $d' = \varphi_0 d$ est une distance sur E.

b) Si de plus φ est continue au point 0, d et d' sont uniformément équivalentes.

c) Inversement, s'il existe $x_0 \in E$, non isolé pour d, et si d et $d' = \varphi_0 d$ sont topologiquement équivalentes, montrer que φ est continue au point 0.

d) Les applications $\text{Log}\,(1 + u)$, $\dfrac{u}{1 + u}$, $\inf(1, u)$ de $\mathbb{R}^+$ dans lui-même satisfont aux conditions précédentes.

e) En déduire que pour toute distance d sur un ensemble E, il existe des distances uniformément équivalentes à d et bornées, et que deux distances uniformément équivalentes sur E peuvent ne pas être métriquement comparables.

3

On munit l'ensemble $\mathbb{R}^2$ de la topologie $\mathcal{T}$ produit de la topologie usuelle $\mathcal{T}_0$ par la topologie discrète $\mathcal{U}$.

1) *a*) Montrer que l'espace $(\mathbb{R}^2, \mathcal{T})$ est séparé.

b) Donner un système fondamental de voisinages de (a, b).

2) *a*) Démontrer que l'application $p : (\mathbb{R}^2, \mathcal{T}) \to (\mathbb{R}, \mathcal{U})$ définie par $p((x, y)) = y$ est continue.

b) En déduire que $(\mathbb{R}^2, \mathcal{T})$ n'est pas connexe. Calculer les composantes connexes de chaque point et montrer qu'elles sont ouvertes et fermées. Montrer que cet espace est localement connexe.

3) *a*) Prouver que $(\mathbb{R}^2, \mathcal{T})$ n'est pas compact, mais localement compact.

b) Caractériser les suites convergentes.

4) *a*) Montrer que la topologie $\mathcal{T}$ est métrisable, et donner trois distances associées à $\mathcal{T}$.

b) Soit d l'une de ces distances et soit

$$D_1((x, y), (x', y')) = \max\{|x - x'|, |y - y|\}$$

(rappels § 1 : c'est l'une des trois distances usuelles de $\mathbb{R}^2$). En choisissant des points de la forme $\left(0, \frac{1}{n}\right)$ et $(0, n)$ montrer que d et D_1 ne sont pas métriquement comparables (Pr. IV. 2). Trouver une suite convergente pour l'une de ces distances, mais divergente pour l'autre.

c) Montrer que d et D_1 sont topologiquement comparables.

d) Sont-elles uniformément comparables?

5) L'espace $(\mathbb{R}^2, \mathcal{T})$ est-il complet?

4

Soient : E un espace de Baire (p. 66), et $f_n : E \to \mathbb{R}$ des applications continues; on suppose que $\forall x \in E \lim f_n(x) = f(x)$ existe (f est limite simple de fonctions continues).

1) Montrer que $\forall \varepsilon > 0 : E_{pq}(\varepsilon) = \{x \in E, |f_p(x) - f_q(x)| > \varepsilon\}$ et $F_p(\varepsilon) = \bigcup_{q \geqslant p} E_{pq}(\varepsilon)$ sont ouverts, et que $F(\varepsilon) = \bigcap_p F_p(\varepsilon) = \varnothing$.

2) En déduire que $G(\varepsilon) = \bigcap_p \overline{F_p(\varepsilon)}$ est rare (cf. p. 66); donc $B = \bigcup_{N \geqslant 1} G\left(\frac{1}{N}\right)$ est maigre (et rare).

3) Montrer que f est continue sur $\complement B$ (qui est une partie dense de E).

4) Montrer que $\forall n$ les fonctions $f_n : x \longmapsto \chi_{\mathbb{Z}}(n!x)$ (cf. p. 53) de $\mathbb{R}$ dans $\mathbb{R}$ sont limites simples de fonctions continues et que $\chi_{\mathbb{Q}}$ est limite simple des f_n.

Déduire de 3) que $\chi_{\mathbb{Q}}$ n'est pas limite simple de fonctions continues.

1

1) *a*) Non, l'axiome (D_2) n'est pas vérifié : $f(-2, +2) = 0$.
b) (D_1) évident.

(D_2) si $f(x, y) = 0$, $x^3 = y^3$, donc $x = y$,
(D_3) $|x^3 - z^3| = |x^3 - y^3 + y^3 - z^3| \leqslant |x^3 - y^3| + |y^3 - z^3|$.

c) c'est la distance usuelle sur $\mathbb{R}$,

d) $e^{\frac{1}{|x-y|}}$ n'est jamais nul donc l'axiome (D_2) n'est pas vérifié,

- (D_1) évident,

(D_2) $x = y \Longleftrightarrow \dfrac{1}{x} = \dfrac{1}{y} \Longleftrightarrow \left|\dfrac{1}{x} - \dfrac{1}{y}\right| = 0$,

(D_3) $\left|\dfrac{1}{x} - \dfrac{1}{z}\right| = \left|\dfrac{1}{x} - \dfrac{1}{y} + \dfrac{1}{y} - \dfrac{1}{z}\right| \leqslant \left|\dfrac{1}{x} - \dfrac{1}{y}\right| + \left|\dfrac{1}{y} - \dfrac{1}{z}\right|$

2) Les axiomes (D_1) et (D_2) sont immédiats. Pour (D_3) le seul cas non trivial est pour x, y, z distincts, alors

$d(x, z) = 1 \leqslant d(x, y) + d(y, z) = 2$.

De plus $\mathscr{B}\left(x, \dfrac{1}{2}\right) = \{x\}$ est un ouvert de la topologie associée, qui est donc discrète.

3) *a*) (D_1) immédiat,
(D_2) si $f = g$, $d(f, g) = \int_0^1 0.dx = 0$; si $\int_0^1 |f(x) - g(x)|\, dx = 0$, on a : $\forall x \in [0, 1]$ $|f(x) - g(x)| = 0$, car f et g sont continues (propriété des intégrales de Riemann) donc pour tout $x : f(x) = g(x)$, d'où $f = g$.

$$(D_3)\quad d(f, h) = \int_0^1 |f(x) - h(x)|\, dx$$
$$\leqslant \int_0^1 |f(x) - g(x) + g(x) - h(x)|\, dx$$
$$\leqslant \int_0^1 [|f(x) - g(x)| + |g(x) - h(x)|]\, dx$$
$$\leqslant d(f, g) + d(g, h)$$

b) (D_1) immédiat,

(D_2) $f = g \Longrightarrow d(f, g) = 0$; $d(f, g) = 0 \Longrightarrow [\forall x \, f(x) = g(x)] \Longrightarrow f = g$

(D_3) on a $\forall x \; |f(x) - h(x)| \leqslant |f(x) - g(x)| + |g(x) - h(x)|$
$$\leqslant d(f, g) + d(g, h)$$

d'où $d(f, h) = \sup\limits_{x \in [\![0, 1]\!]} |f(x) - h(x)| \leqslant d(f, g) + d(g, h)$

2

1) *a*) Distance D_1 :

(D_1) évident,

(D_2)
$$\begin{aligned} D_1(x, y) = 0 &\Longleftrightarrow \max\{d_1(x_1, y_1), d_2(x_2, y_2)\} = 0 \\ &\Longleftrightarrow [d_1(x_1, y_1) = 0 \text{ et } d_2(x_2, y_2) = 0] \\ &\Longleftrightarrow [x_1 = y_1 \text{ et } x_2 + y_2] \\ &\Longleftrightarrow x = y \end{aligned}$$

(D_3) $D_1(x, z) = \max\{d_1(x_1, z_1), d_2(x_2, z_2)\}$ supposons par exemple que $D_1(x, z) = d_1(x_1, z_1)$, d'où $D_1(x, z) \leqslant d_1(x_1, y_1) + d_1(y_1, z_1)$ or

$d_1(x_1, y_1) \leqslant \max\{d_1(x_1, y_1), d_2(x_2, y_2)\} = D_1(x, y)$

et de même $d_1(y_1, z_1) \leqslant d_1(y, z)$ d'où le résultat : (raisonnement analogue sur E_2 si $D_1(x, z) = d_2(x_2, z_2)$).

Distance D_2 :

(D_1) évident,

(D_2)
$$\begin{aligned} D_2(x, y) = 0 &\Longleftrightarrow d_1(x_1, y_1) + d_2(x_2, y_2) = 0 \\ &\Longleftrightarrow [d_1(x_1, y_1) = 0 \text{ et } d_2(x_2, y_2) = 0] \\ &\Longleftrightarrow [x_1 = y_1 \text{ et } x_2 = y_2] \\ &\Longleftrightarrow x = y \end{aligned}$$

(D_3)
$$\begin{aligned} D_2(x, z) = d_1(x_1, z_1) + d_2(x_2, z_2) &\leqslant d_1(x_1, y_1) + d_1(y_1, z_1) \\ &+ d_2(x_2, y_2) + d_2(y_2, z_2) = D_2(x, y) + D_2(y, z). \end{aligned}$$

Distance D_3 :

(D_1) évident,

(D_2)
$$\begin{aligned} D_3(x, y) = 0 &\Longleftrightarrow \sqrt{d_1^2(x_1, y_1) + d_2^2(x_2, y_2)} = 0 \\ &\Longleftrightarrow d_1^2(x_1, y_1) + d_2^2(x_2, y_2) = 0 \\ &\Longleftrightarrow [x_1 = y_1 \text{ et } x_2 = y_2] \\ &\Longleftrightarrow x = y \end{aligned}$$

(D_3) on a $D_3^2(x, z) = d_1^2(x_1, z_1) + d_2^2(x_2, z_2)$

$$\begin{aligned} &\leqslant [d_1(x,y_1) + d_1(y_1, z_1)]^2 + [d_2(x_2,y_2) + d_2(y_2, z_2)]^2 \\ &\leqslant d_1^2(x_1,y_1) + d_2^2(x_2,y_2) + d_1^2(y_1, z_1) + d_2^2(y_2, z_2) \\ &+ 2[d_1(x_1, y_1)d_1(y_1, z_1) + d_2(x_2, y_2)d_2(y_2, z_2)] \\ &\leqslant D_3^2(x, y) + D_3^2(y, z) \\ &+ 2[d_1(x_1, y_1)d_1(y_1, z_1) + d_2(x_2, y_2)d_2(y_2, z_2)] \end{aligned}$$

et l'inégalité de Cauchy-Schwarz permet de majorer la quantité entre crochets par

$$2\sqrt{d_1^2(x_1, y_1) + d_2^2(x_2, y_2)} \, . \sqrt{d_1^2(y_1, z_1) + d_2^2(y_2, z_2)} = 2D_3(x, y) . D_3(y, z);$$

d'où :

$$\begin{aligned} D_3^2(x, z) &\leqslant D_3^2(x, y) + D_3^2(y, z) + 2D_3(x, y) . D_3(y, z) \\ &\leqslant [D_3(x, y) + D_3(y, z)]^2 \end{aligned}$$

et le résultat.

b) La topologie produit a pour base les ouverts de la forme

$\mathscr{B}(x_1, r) \times \mathscr{B}(x_2, s)$

qui sont des ouverts pour la topologie associée à D_1 car pour tout

$y = (y_1, y_2) \in \mathscr{B}(x_1, r) \times \mathscr{B}(x_2, s)$

on a $y \in \mathscr{B}(y, \min\{r, s\}) \subseteq \mathscr{B}(x_1, r) \times \mathscr{B}(x_2, s)$. Réciproquement la topologie associée à D_1 a pour base les ouverts de la forme $\mathscr{B}((x_1, x_2), r)$ qui sont ouverts pour la topologie produit car : $\mathscr{B}((x_1, x_2), r) = \mathscr{B}(x_1, r) \times \mathscr{B}(x_2, r)$,

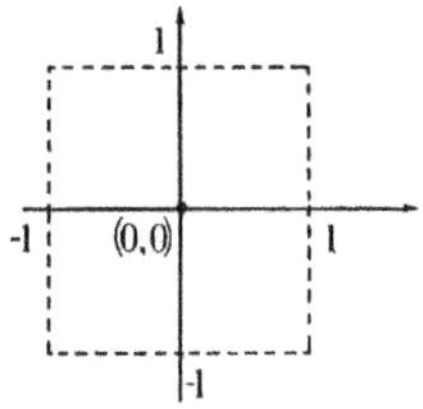

c) boule pour la distance D_1 :

$\{(x, y), \max\{|x|, |y|\} < 1\}$

qui donne la topologie produit.

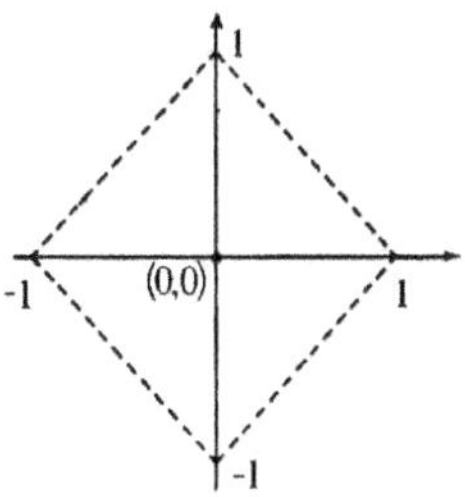

Boule pour la distance D_2 :
$\{(x, y), |x| + |y| < 1\}$

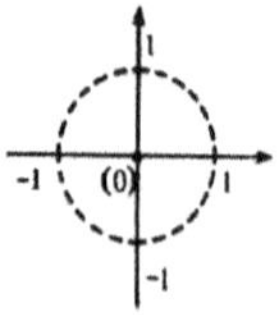

Boule pour la distance D_3 (distance euclidienne) : $\{(x, y), \sqrt{x^2 + y^2} < 1\}$

Ces trois distances induisent sur $\mathbb{R} \times \{0\}$ la distance :

$d((x, 0), (y, 0)) = |x - y|$

c'est-à-dire, en identifiant $\mathbb{R} \times \{0\}$ à $\mathbb{R}$, la distance usuelle de $\mathbb{R}$.

2) Boules ouvertes :

$r \leqslant 1 \qquad \mathscr{B}(x, r) = \{x\}$
$r > 1 \qquad \mathscr{B}(x, r) = E$

Boules fermées :

$r < 1 \qquad \mathscr{B}'(x, r) = \{x\}$
$r \geqslant 1 \qquad \mathscr{B}'(x, r) = E$

Sphères :

$0 < r < 1 \qquad S(x, r) = \varnothing$
$r = 1 \qquad S(x, r) = \complement\{x\}$
$r > 1 \qquad S(x, r) = \varnothing$

3) *a*) (D_1) évident,

(D_2) $e(x, y) = 0 \Longleftrightarrow \min\{1, d(x, y)\} = 0 \Longleftrightarrow d(x, y) = 0 \Longleftrightarrow x = y$,
(D_3) remarquons que l'on a $e(x, z) \leqslant 1$ pour tout x, $z \in E$, donc

- si $e(x, y) = 1$ ou $e(y, z) = 1$ l'inégalité est vérifiée,
- si $e(x, y) < 1$ et $e(y, z) < 1$ on a $e(x, y) = d(x, y)$ et $e(y, z) = d(y, z)$

alors $e(x, z) \leqslant d(x, z) \leqslant d(x, y) + d(y, z) = e(x, y) + e(y, z)$,

b) (D_1) évident,

(D_2) $f(x, y) = 0 \Longleftrightarrow \dfrac{d(x, y)}{1 + d(x, y)} = 0 \Longleftrightarrow d(x, y) = 0 \Longleftrightarrow x = y$,

(D_3) on a $\dfrac{d(x, y)}{1 + d(x, y) + d(y, z)} \leqslant \dfrac{d(x, y)}{1 + d(x, y)} = f(x, y)$ et

$\dfrac{d(y, z)}{1 + d(x, y) + d(y, z)} \leqslant \dfrac{d(y, z)}{1 + d(y, z)} = f(y, z)$

alors

$$\begin{aligned} f(x, z) &= \frac{d(x, z)}{1 + d(x, z)} \leqslant \frac{d(x, y) + d(y, z)}{1 + d(x, y) + d(y, z)} \\ &= \frac{d(x, y)}{1 + d(x, y) + d(y, z)} = \frac{d(y, z)}{1 + d(x, y) + d(y, z)} \\ &\leqslant f(x, y) = f(y, z) \end{aligned}$$

3) *c*) On a pour tout $x, y \in E$: $e(x, y) \leqslant 1$ et $f(x, y) \leqslant 1$.

4) (D_1) évident,
(D_2) si $x = y$ on a bien $d(x, y) = 0$; si $d(x, y) = 0$:

- ou bien $x, y \in \mathbb{R}$ alors $\dfrac{x}{1 + |x|} = \dfrac{y}{1 + |y|}$ d'où $\operatorname{sgn} x$(1) $= \operatorname{sgn} y$

et $x + x.|y| = y + y.|x|$; or $|y| = y.\operatorname{sgn} y$ et $|x| = x.\operatorname{sgn} x$, d'où

$x + x \operatorname{sgn} y.y = y + y.x \operatorname{sgn} x \Longrightarrow x = y$

(1) $x \longmapsto \operatorname{sgn} x$ désigne la fonction « signe » : $\operatorname{sgn} x = +1$ si $x > 0$, $\operatorname{sgn} x = -1$ si $x < 0$ et par exemple $\operatorname{sgn} 0 = 0$,

- ou bien $x \in \mathbb{R}$, $y = +\infty$ alors $\dfrac{x}{1 + |x|} = +1$ d'où $x = 1 + |x|$ impossible,
- ou bien $x \in \mathbb{R}$, $y = -\infty$ alors $\dfrac{x}{1 + |x|} = -1$ d'où $x = -1 + |x|$ impossible,
- ou bien $x = -\infty$, $y = +\infty$ alors $-1 = +1$ impossible.

(D_3) $$\begin{aligned} d(x, z) &= |f(x) - f(y) + f(y) - f(z)| \\ &\leqslant |f(x) - f(y)| + |f(y) - f(z)| = d(x, y) + d(y, z). \end{aligned}$$

On trouve aisément $\mathscr{B}(0, 1) = \mathbb{R}$, $\mathscr{B}'\left(0, \dfrac{1}{2}\right) = \{x \in \mathbb{R}, |x| \leqslant 1\}$.

3

1) Si $y \in \mathscr{B}(x, r)$ on a $r' = r - d(x, y) > 0$ et si $z \in \mathscr{B}(y, r')$:

$d(y, z) < r - d(x, y)$

d'où $d(x, z) \leqslant d(x, y) + d(y, z) < r$, donc $z \in \mathscr{B}(x, r)$. En choisissant $\mathbb{R}$ muni de la distance usuelle et $\mathscr{B}'(0, 1)$ on a $y = 1 \in \mathscr{B}'(0, 1)$ et $\forall r' > 0$ $\mathscr{B}'(1, r') \nsubseteq \mathscr{B}'(0, 1) (z = 1 + r' \in \mathscr{B}'(1, r')$ mais $z \notin \mathscr{B}'(0, 1))$.

2) En effet si $y \in \mathscr{B}(x, r_1)$, $d(x, y) < r_1 \leqslant r_2$, donc $d(x, y) < r_2$ et

$y \in \mathscr{B}(x, r_2)$.

Si $\mathscr{B}(x, r_1)$ et $\mathscr{B}(x, r_2)$ sont deux boules de même centre x, on a $r_1 \leqslant r_2$ ou $r_2 \leqslant r_1$ d'où le résultat.

3) Si $x \in \mathscr{B}(x_1, r_1) \cap \mathscr{B}(x_2, r_2)$, d'après 1) il existe r_1' et r_2' tels que :

$\mathscr{B}(x, r_1') \subseteq \mathscr{B}(x_1, r_1)$ et $\mathscr{B}(x, r_2') \subseteq \mathscr{B}(x_2, r_2)$; les deux boules $\mathscr{B}(x, r_1')$ et $\mathscr{B}(x, r_2')$ étant comparables pour l'inclusion (question 2)) on a par exemple $\mathscr{B}(x, r_1') \subseteq \mathscr{B}(x, r_2')$ d'où $\mathscr{B}(x, r_1') \subseteq \mathscr{B}(x_1, r_2) \cap \mathscr{B}(x_2, r_2)$.

4) Puisque $E = \bigcup_{\substack{x \in E \\ r > 0}} \mathscr{B}(x, r)$ la propriété 3) montre qu'on a bien une base de topologie.

5) Soit V un voisinage de x : $\exists \mathscr{B}(x, r) \subseteq V$, $r > 0$; soit n entier tel que $\frac{1}{n} < r$ on a alors $x \in \mathscr{B}\left(x, \frac{1}{n}\right) \subseteq \mathscr{B}(x, r) \subseteq V$.

6) Dans $\mathbb{R}$ $\left(\mathscr{B}\left(\frac{1}{2}, \frac{1}{n}\right)_{n \in \mathbb{N}, n \geqslant 1}\right)$ est un système fondamental de voisinages de $\frac{1}{2}$, où $\mathscr{B}\left(\frac{1}{2}, \frac{1}{n}\right) = \left\{x,\ x \in \mathbb{R}\ \left|x - \frac{1}{2}\right| < \frac{1}{n}\right\}$. Dans un espace discret E, pour tout élément x la famille $\left(\mathscr{B}\left(x, \frac{1}{n}\right)_{n \geqslant 1}\right)$ est un système fondamental de voisinages de x; elle se réduit à $\{\{x\}, E\}$ (voir Ex. IV. 2, question 2); en fait on sait que l'on a un système fondamental de voisinages encore plus simple : $\{\{x\}\}$

7) *a*) Si $y \notin \mathscr{B}'(x, r)$: $d(x, y) > r$; soit $s = d(x, y) - r > 0$: $y \in \mathscr{B}(y, s)$ et $\mathscr{B}(y, s) \cap \mathscr{B}(x, r) = \varnothing$ donc y n'est pas adhérent à $\mathscr{B}'(x, r)$.

b) La séparation est conséquence de l'axiome (D_2) : si $x \neq y$,

$d(x, y) = r > 0$

alors $\mathscr{B}\left(x, \frac{r}{2}\right) \cap \mathscr{B}\left(y, \frac{r}{2}\right) = \varnothing$. La régularité vient d'une propriété de $\mathbb{R}$: $\mathscr{V} = (\mathscr{B}'(x, r))_{r > 0}$ est un système fondamental de voisinages fermés de x :

ils sont fermés d'après a), et si $U \in \mathcal{V}(x)$ $\exists \mathcal{B}(x, r) \subseteq U$, soit $s \in \mathbb{R}$ tel que $0 < s < r$: $\mathcal{B}'(x, s) \in \mathcal{V}$ et $\mathcal{B}'(x, s) \subseteq \mathcal{B}(x, r) \subseteq U$.

8) Soit U un ouvert de A pour la topologie induite : $U = V \cap A$, V ouvert de E pour la topologie associée à d : $V = \bigcup_{i \in I} \mathcal{B}(x_i, r_i)$; si l'on note pour $x \in A$, $\mathcal{B}_A(x, r)$ la boule de centre x et de rayon r pour d_A, on a

$$\mathcal{B}_A(x, r) = A \cap B(x, r)$$

d'où $U = V \cap A = \bigcup_{i \in I} \mathcal{B}(x_i, r_i) \cap A = \bigcup_{i \in J} \mathcal{B}_A(x_i, r_i)$ où $J = \{i \in I, x_i \in A\}$.
Réciproquement si U est un ouvert de A pour la topologie associée à d_A on a : $U = \bigcup_{i \in I} \mathcal{B}_A(x_i, r_i)$, $x_i \in A$ d'où $U = A \cap \bigcup_{i \in I} \mathcal{B}(x_i, r_i)$ est bien un ouvert pour la topologie induite.

9) Si $x \in \overline{A}$: $\forall r > 0$ $\mathcal{B}(x, r) \cap A = \varnothing$; en particulier $\forall n \in \mathbb{N}$, $n \neq 0$: $\mathcal{B}\left(x, \frac{1}{n}\right) \cap A \neq \varnothing$; donc $\forall n \geqslant 1$ $\exists x_n \in A$: $d(x, x_n) < \frac{1}{n}$. La convergence vers x de la suite $(x_n)_{n \geqslant 1}$ ainsi définie est conséquence immédiate de 5).
Réciproquement : soit $(x_n)_{n \geqslant 0}$ convergente vers x, avec $x_n \in A$; on a donc : $\forall V \in \mathcal{V}(x)$ $\exists n_0$ tel que $\forall n \geqslant n_0$, $x_n \in V$; d'où $\forall V \in \mathcal{V}(x)$ $x_{n_0} \in V \cap A \neq \varnothing$ c'est-à-dire $x \in \overline{A}$.

4

1) a) Si $y \in \overline{\mathcal{B}'}(x, r)$: $\forall \varepsilon > 0$ $\mathcal{B}(y, \varepsilon) \cap \mathcal{B}'(x, r) \neq \varnothing$ i.e. $\forall \varepsilon > 0$ $\exists z$: $d(x, z) \leqslant r$ et $d(y, z) < \varepsilon$ donc $d(x, y) < r + \varepsilon$. Donc : $\forall \varepsilon > 0$

$$d(x, y) < r + \varepsilon ;$$

il en résulte $d(x, y) \leqslant r$ (sinon $d(x, y) > r$ et il existerait $\varepsilon > 0$ tel que

$$d(x, y) \geqslant r + \varepsilon > r).$$

Voir aussi Ex. IV. 3, question 7 a). On a $S(x, r) = \mathcal{B}'(x, r) \cap \complement \mathcal{B}(x, r)$ qui est donc fermé.

b) En effet $\mathcal{B}'(x, r)$ et fermé et $\overline{\mathcal{B}}(x, r)$ est le plus petit fermé contenant $\mathcal{B}(x, r)$.

c) Si E est discret avec au moins deux éléments, $\mathcal{B}(x, 1) = \{x\}$ donc $\overline{\mathcal{B}}(x, 1) = \{x\}$. Mais $\mathcal{B}'(x, 1) = E$.

d) $\mathcal{B}'(x, r)$ est bornée car : $\forall y, z \in \mathcal{B}'\ d(y, z) \leqslant 2r$ donc

$$A = \{d(y, z), y, z \in \mathcal{B}'\}$$

est une partie de $\mathbb{R}$ ayant un majorant : $2r$ et possède alors une borne supérieure : $\sup A = d(\mathcal{B}') \leqslant 2r$. Comme $\mathcal{B}(x, r) \subseteq \mathcal{B}'(x, r)$, on a

$$d(\mathcal{B}) \leqslant d(\mathcal{B}') \leqslant 2r.$$

2) *a*) Évident.

b) En effet si $d(x, A) = 0$ on a : $\forall \varepsilon > 0\ d(x, A) < \varepsilon$ c'est-à-dire : $\forall \varepsilon > 0\ \exists y \in A : d(x, y) < \varepsilon$, donc $\forall \varepsilon > 0\ \mathcal{B}(x, r) \cap A \neq \varnothing$, i.e. $x \in \overline{A}$.

c) $\overline{A} = \{x \in E, d(x, A) = 0\}$.

3) *a*) Comme $A \subseteq \overline{A}$ on a $d(A) \leqslant d(\overline{A})$. Si $x, y \in \overline{A}$: $\forall \varepsilon > 0\ \exists x', y' \in A$ tels que $d(x, x') < \frac{\varepsilon}{2}$ et $d(y, y') < \frac{\varepsilon}{2}$ donc

$$d(x, y) \leqslant d(x, x') + d(x', y') + d(y', y) \leqslant \varepsilon + d(x', y') \leqslant \varepsilon + d(A).$$

Donc $\sup_{x, y \in \overline{A}} d(x, y) \leqslant d(A)$ i.e. $d(\overline{A}) \leqslant d(A)$. Ceci montre que lorsque A est borné, $\overline{A}$ l'est également et en particulier que

$$d(\mathcal{B}(x, r)) = d(\overline{\mathcal{B}}(x, r)) \leqslant 2r.$$

b) Si A est finie, A est évidemment bornée ($d(A)$ est d'ailleurs égal à un $d(x, y)$, $x, y \in A$). De plus A est fermée car $A = \bigcup_{a \in A} \{a\}$ réunion finie de fermés ($\{a\}$ est fermé car E est séparé donc accessible (Ex. III. 4, question 3, *a*)).

3) *c*) Si E est grossier avec au moins deux éléments, $\{x\}$ est finie non fermée.

d) Par exemple $A = [0, 1]$.

4) *a*) Si $x \in A \cap B$, $d(A, B) \leqslant d(x, x) = 0$ donc $d(A, B) = 0$.

b) Par exemple $A =]0, 1[$, $B = [1, 2]$. $A \cap B = \varnothing$, cependant $d(A, B) = 0$ car $\forall \varepsilon > 0$ soient $x = 1 - \frac{\varepsilon}{2} \in A$, $y = 1 \in B$:

$$d(A, B) \leqslant d(x, y) = \frac{\varepsilon}{2} < \varepsilon.$$

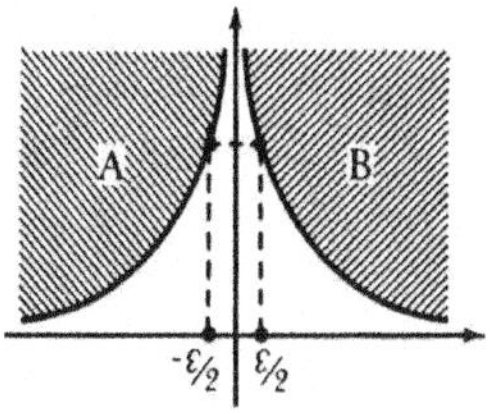

c) A et B sont fermés, mais $d(A, B) = 0$ car $\forall \varepsilon > 0 \left(-\frac{\varepsilon}{2}, \frac{2}{\varepsilon}\right) \in A, \left(\frac{\varepsilon}{2}, \frac{2}{\varepsilon}\right) \in B$ donc :

$$d(A,B) \leqslant D_1\left(\left(-\frac{\varepsilon}{2}, \frac{2}{\varepsilon}\right), \left(\frac{\varepsilon}{2}, \frac{2}{\varepsilon}\right)\right) = \varepsilon.$$

d) Soit $r = d(A) + d(A, B) + d(B)$; si $x, y \in A \cup B$ l'inégalité $d(x,y) \leqslant r$ est évidente lorsque $x,y \in A$ et $x,y \in B$; si $x \in A$, $y \in B$: $\forall \epsilon > 0\ \exists x_0 \in A, \exists y_0 \in B$ tels que $d(x_0, y_0) \leqslant d(A,B) + \epsilon$ d'où
$d(x,y) \leqslant d(x,x_0) + d(x_0,y_0) + d(y_0,y) \leqslant d(A) + d(A,B) + \epsilon + d(B)$
soit $d(x,y) \leqslant r + \epsilon$; donc $d(x,y) \leqslant r$;
ainsi $\forall x,y \in A \cup B \quad d(x,y) \leqslant r$ donc $d(A \cup B) \leqslant r$.

e) Soient $A_1, A_2, \ldots, A_n$ n parties bornées. Pour montrer que $\bigcup_1^n A_i$ est bornée on raisonne par récurrence sur n. Pour $n = 2$ c'est fait en 4) *d*) ; le passage de n à $n + 1$ est immédiat.

f) Si A est compacte, A est fermée (Ex. III. 9, question 3, *b*)). De plus $A = \bigcup_{x \in A} \mathscr{B}(x, 1)$ donc par compacité $A = \bigcup_{i=1}^{n} \mathscr{B}(x_i, 1)$; or $\mathscr{B}(x_i, 1)$ est borné (question 1, *d*)) donc A aussi (question 4, *e*)).

5

1) *a*) Si d' est topologiquement équivalente à d, (E, d) et (E, d') ont les mêmes ouverts donc 1_E est un homéomorphisme. Réciproquement si 1_E est un homéomorphisme (E, d) et (E, d') ont les mêmes ouverts donc les topologies associées à d et d' sont les mêmes c'est-à-dire que d et d' sont topologiquement équivalentes.

b) Il suffit de montrer que la topologie associée à d' est discrète ce qui est évident puisque, pour d' : $\mathscr{B}\left(x, \frac{1}{2}\right) = \{x\}$ est un ouvert.

c) Soit $f : E \to E'$ une isométrie : f est continue car

$$f^{-1}(\mathscr{B}(y, r)) = \mathscr{B}(x, r)$$

où $f(x) = y$, et f^{-1} est continue car $f(\mathscr{B}(x, r)) = \mathscr{B}(f(x), r)$; donc f est un homéomorphisme.

d) Soit (E, d) discret et d' la distance définie au *b*) : (E, d) et (E, d') sont homéomorphes mais non isométriques car pour toute bijection f: (E, d) $\to$ (E, d') on a si $x \neq y$: $f(x) \neq f(y)$ et $d'(f(x), f(y)) = 2$ alors que $d(x, y) = 1$.

2) On notera $\mathscr{B}_d(x, r)$ la boule de centre x et de rayon r pour la distance d.

- e est topologiquement équivalente à d : $\mathscr{B}_d(x, r)$ est un voisinage de x pour la topologie associée à e car $x \in \mathscr{B}_e(x, s) \subseteq \mathscr{B}_d(x, r)$ où $s = \min\{1, r\}$; et $\mathscr{B}_e(x, r)$ est un voisinage de x pour la topologie associée à d car

$x \in \mathscr{B}_d(x, r) \subseteq \mathscr{B}_e(x, r)$.

- f est topologiquement équivalente à d : on a d'une part

$\mathscr{B}_d(x, r) \supseteq \mathscr{B}_f\left(x, \frac{r}{1+r}\right)$ et d'autre part $\mathscr{B}_f(x, r) \supseteq \mathscr{B}_d\left(x, \frac{r}{1-r}\right)$ si $r < 1$,

et $\mathscr{B}_f(x, r) = \mathrm{E}$ si $r \geqslant 1$ est encore un voisinage de x pour la topologie associée à d.

3) Les inclusions

$$\mathscr{B}_{\mathrm{D}_1}((x,y), r) \supseteq \mathscr{B}_{\mathrm{D}_3}((x,y), r) \supseteq \mathscr{B}_{\mathrm{D}_2}((x,y), r) \supseteq \mathscr{B}_{\mathrm{D}_1}\left((x,y), \frac{r}{\sqrt{2}}\right)$$

qui sont immédiates, donnent aussitôt le résultat, selon la méthode de la question 2).

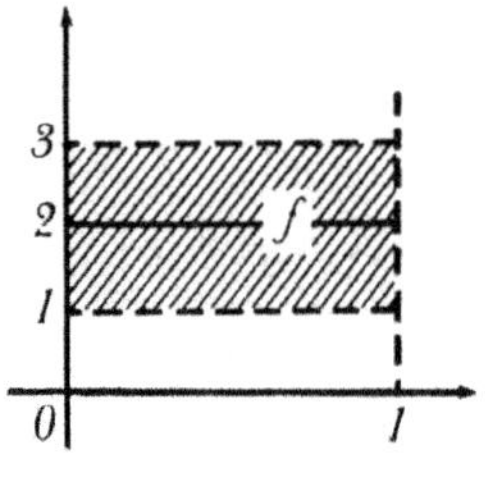

4) *a*) En représentant une fonction par son graphe, la boule cherchée est la partie hachurée ci-contre.

4) *b*) $d(f, g) = \int_0^1 |2 - g(x)|\, dx = \int_0^{\frac{1}{2}r} \left|2 + \frac{4x}{r} - 4\right| dx = \frac{r}{2} < r$ donc $g \in \mathscr{B}_d(f, r)$ mais $e(f, g) = 2$ donc $g \notin \mathscr{B}_e(f, 1)$.

c) Ainsi $\mathscr{B}_e(f, 1)$ ne contient aucune boule ouverte $\mathscr{B}_d(f, r)$ et les distances d et e ne sont pas topologiquement équivalentes.

6

1) *a*) Si (x_n) converge vers x : $\forall V \in \mathscr{V}(x)\ \exists n_0 : \forall n \geqslant n_0 : x_n \in V$ donc $\forall V = \mathscr{B}(x, \varepsilon)\ \exists n_0, \forall n \geqslant n_0 : x_n \in \mathscr{B}(x, \varepsilon)$ i.e. : $\forall \varepsilon > 0\ \exists n_0, \forall n \geqslant n_0 :$ $d(x_n, x) < \varepsilon$. Si (x_n) converge vers y : $\forall \varepsilon > 0\ \exists p_0, \forall n \geqslant p_0 : d(y, x_n) < \varepsilon$ soit alors $n \geqslant \max\{n_0, p_0\}$: $d(x, y) \leqslant d(x, x_n) + d(x_n, y) < 2\varepsilon$, donc : $\forall \varepsilon > 0\ d(x, y) < 2\varepsilon$ ce qui implique $d(x, y) = 0$ et $x = y$ (axiome D_2).

b) (x_n) converge vers $x \Longleftrightarrow [\forall \varepsilon > 0\ \exists n_0\ \forall n \geqslant n_0\ d(x_n, x) < \varepsilon]$ $\Longleftrightarrow [\forall \varepsilon > 0\ \exists n_0\ \forall n \geqslant n_0\ |d(x_n, x) - 0| < \varepsilon] \Longleftrightarrow [(d(x_n, x))_{n \geqslant 0}$ converge vers 0 dans $\mathbb{R}$].

c) Par hypothèse $\forall \varepsilon > 0\ \exists n_0, \forall n \geqslant n_0 : d(x_n, x) < \varepsilon$, et $\exists p_0, \forall n \geqslant p_0 :$ $d(y_n, y) < \varepsilon$ on a : $d(x_n, y_n) \leqslant d(x_n, x) + d(x, y) + d(y, y_n) < 2\varepsilon + d(x, y)$ pour $n \geqslant \max\{n_0, p_0\}$ d'où $d(x_n, y_n) - d(x, y) < 2\varepsilon$ et de même :

$$d(x, y) \leqslant d(x, x_n) + d(x_n, y_n) + d(y_n, y) < 2\varepsilon + d(x_n, y_n),$$

d'où $d(x, y) - d(x_n, y_n) < 2\varepsilon$ donc $|d(x_n, y_n) - d(x, y)| < 2\varepsilon$ pour

$n \geqslant \max\{n_0, p_0\}$.

2) $\forall \varepsilon > 0$ soit $\eta = \dfrac{\varepsilon}{k}$: si

$$d(x, y) < \eta\ d'(f(x), f(y)) \leqslant k.d(x, y) < k\eta = \varepsilon$$

3) $\forall \varepsilon > 0$ soit $\eta = \dfrac{\varepsilon}{2}$: si

$$D_1((x, y), (x', y')) = \max\{d(x, x'), d(y, y')\} < \eta$$

on a $d(x, y) \leqslant d(x, x') + d(x', y') + d(y', y) < 2\eta + d(x', y') = \varepsilon + d(x', y')$ d'où $d(x, y) - d(x', y') < \varepsilon$ et de même $d(x', y') - d(x, y) < \varepsilon$, donc $|d(x, y) - d(x', y')| < \varepsilon$.

On retrouve 1 *c*) : si (x_n) converge vers x et (y_n) vers y, soit, pour $\varepsilon > 0$, $\eta > 0$ ayant la propriété ci-dessus; par hypothèse $\exists n_0, p_0$ tels que $\forall n \geqslant n_0$ $d(x_n, x) < \eta$ et $\forall n \geqslant p_0 : d(y_n, y) < \eta$, d'où pour $n \geqslant \max\{n_0, p_0\}$

$$D_1((x_n, y_n), (x, y)) < \eta$$

qui implique $|d(x_n, y_n) - d(x, y)| < \varepsilon$.

4) $\forall \varepsilon > 0$ soit $\eta = \varepsilon$: si $d(x, y) < \eta$ on a pour tout $a \in A$:

$$d(x, a) \leqslant d(x, y) + d(y, a)$$

donc $d(x, A) \leqslant d(x, y) + \inf_{a \in A} d(y, a) = d(x, y) + d(y, A)$ d'où

$$d(x, A) \leqslant d(x, y) + d(y, A) \quad \text{et} \quad d(x, A) - d(y, A) \leqslant d(x, y);$$

de même $d(y, A) - d(x, A) \leqslant d(x, y)$ d'où

$$|d(x, A) - d(y, A)| \leqslant d(x, y) < \eta = \varepsilon.$$

5) *a*) si f est uniformément continue :

$$\forall \varepsilon > 0 \ \exists \eta' : [d(x, y) < \eta' \Longrightarrow d'(f(x), f(y)) < \varepsilon]$$

soit alors $x \in E$: $\forall \varepsilon > 0$ soit $\eta = \eta'$: si $d(x, y) < \eta$, $d'(f(x), f(y) < \varepsilon$ d'où la continuité en x,

b) soit $x_0 \in \mathbb{R}$: le trinôme $\eta^2 + 2|x_0|\eta - \varepsilon$ a toujours 2 racines, pour $\varepsilon > 0$, dont l'une, η', est strictement positive. Alors si $d(x_0, y) < \eta'$, $|x_0 - y| < \eta'$, donc

$$\begin{aligned} d(f(x_0), f(y)) &= |x_0^2 - y^2| = |(y - x_0)^2 + 2x_0(y - x_0)| \\ &\leqslant |y - x_0|^2 + 2|x_0| . |y - x_0| \leqslant \eta'^2 + 2|x_0|\eta' = \varepsilon \end{aligned}$$

Le η' qu'on a trouvé dépend de x_0 mais ceci ne permet pas de conclure que *f n'est pas* uniformément continue, car il se peut qu'il existe un autre η' ayant cette propriété et ne dépendant pas de x_0. Dire que f n'est pas uniformément continue signifie : $\exists \varepsilon > 0 \ \forall \eta > 0 \ \exists x, y$: $d(x, y) < \eta$ et

$$d'(f(x), f(y)) > \varepsilon;$$

choisissons $\varepsilon = 1$: $\forall \eta > 0$ soient $x = \frac{\eta}{4} - \frac{2}{\eta}$, $y = x - \frac{\eta}{2}$, on a : $d(x, y) = |x - y| = \frac{\eta}{2} < \eta$, mais

$$d'(f(x), f(y)) = |x^2 - y^2| = 2 > \varepsilon = 1.$$

c) On a $\forall \varepsilon > 0$: $\forall x \in E \ \exists \eta_x \ [d(x, y) < \eta_x \Longrightarrow d'(f(x), f)y)) < \varepsilon]$

d'où $E = \bigcup_{x \in E} \mathscr{B}\left(x, \frac{\eta_x}{2}\right)$ recouvrement ouvert, d'où $E = \bigcup_{x=1}^{n} \mathscr{B}\left(x_i, \frac{\eta_i}{2}\right)$

soit $\eta = \min_{1 \leqslant i \leqslant n} \left\{\frac{\eta_i}{2}\right\}$: si $d(x, y) < \eta$, $\exists i : x \in \mathscr{B}\left(x_i, \frac{\eta_i}{2}\right)$ d'où

$$d(y, x_i) \leqslant d(y, x) + d(x, x_i) < \eta + \frac{\eta_i}{2} \leqslant \eta_i,$$

donc $d'|f(y), f(x_i)| < \varepsilon$ de même $d(x, x_i) < \frac{\eta_i}{2} < \eta_i$, donc

$$d'(f(x), f(x_i)) < \varepsilon.$$

Alors $d'(f(x), f(y)) \leqslant d'(f(x), f(x_i)) + d(f(x_i), f(y)) < 2\varepsilon$.

f est bornée car $f(E)$ est compact (théorème de Weierstrass) donc borné (Ex. IV. 4, question 4, f)).

7

1) La séparation et la régularité ont été démontrées à l'Ex. IV. 3, question 7, *b*). Soit E un espace métrisable et d sa distance; on a vu, Ex. IV. 3, question 5, que pour tout $x \in E$ $\left(\mathscr{B}\left(x, \frac{1}{n}\right)\right)_{n\in\mathbb{N}, n\geqslant 1}$ est un système fondamental dénombrable de voisinages de x, donc l'axiome 1.A.D. est vérifié.

2) Si E est un espace discret, la distance discrète sur E a bien pour topologie associée la topologie de E (Ex. IV. 1, question 2). Si E est un espace grossier ayant au moins deux éléments, il n'est pas métrisable car il n'est pas séparé (question 1).

3) *a*) Soit A un sous-espace de E métrisable de distance associée d. On a vu (Ex. IV. 3, question 8) que le sous-espace métrique (A, d_A) a pour topologie associée la topologie induite par celle de E : A est donc métrisable par la distance d_A.

b) Immédiat.

4) *a*) Ceci revient à montrer que si $(E_1, d_1), \ldots, (E_n, d_n)$ sont des espaces métriques l'espace topologique produit est métrisable, ce qui a été fait pour $n = 2$ à l'Ex. IV. 2, questions *a*) et *b*). La généralisation à l'ordre n est immédiate. On peut choisir l'une des distances D_1, D_2, D_3 qui sont topologiquement équivalentes (démontré pour $\mathbb{R}^2$ à l'Ex. IV. 5, question 3).

b) (D_1) $\forall n \geqslant 0 : 2^{-n}.\min\{1, d_n(x_n, y_n)\} \geqslant 0$ donc

$d(x, y) = d(y, x) \geqslant 0$

$$(D_2) \quad d(x,y) = 0 \Longleftrightarrow [\forall n : 2^{-n}.\min\{1, d_n(x_n,y_n)\} = 0]$$
$$\Longleftrightarrow [\forall n : d_n(x_n,y_n) = 0] \Longleftrightarrow [\forall n : x_n = y_n]$$
$$\Longleftrightarrow x = y$$

(D_3) on a $d(x, z) = \sum\limits_{n\geqslant 0} 2^{-n} d'_n(x_n, z_n)$ où $d'_n(x_n, z_n) = \min\{1, d_n(x_n, z_n)\}$

est une distance sur E_n topologiquement équivalente à d_n (Ex. IV. 5, question 2) d'où

$$d(x, z) \leqslant \sum_{n\geqslant 0} 2^{-n}[d'_n(x_n, y_n) + d'_n(y_n, z_n)] = d(x, y) + d(y, z).$$

On remarquera que la distance obtenue est bornée :

$\forall x, y \in E : d(x, y) \leqslant \sum_{n \geqslant 0} 2^{-n} = 2.$

Il reste à montrer que la topologie associée à cette distance est la topologie produit :

- soit $\mathscr{B}_d(x, r)$ où $x = (x_n)$: on choisit $p \geqslant 1$ tel que $\frac{1}{2^{p-1}} < \frac{r}{2}$ et

$\forall i = 0, 1, \ldots, p-1 : r_i = \frac{r}{4}$;

soit $V = \prod_{n \geqslant 0} V_n$ où $\forall_i = 0, 1, \ldots, p-1$: $V_i = \mathscr{B}_{d_i}(x_i, r_i)$ et $\forall_i \geqslant p$ $V_i = E_i$; V est bien un ouvert pour la topologie produit et c'est un voisinage de x; de plus $V \subseteq \mathscr{B}_d(x, r)$ car si $y \in V : d(x, y) \leqslant \sum_{n \geqslant 0} 2^{-n} d_n(x_n, y_n)$;
d'où $d(x, y) < \sum_{n \geqslant 0}^{p-1} 2^{-n} x_n + \sum_{n \geqslant p} 2^{-n} \leqslant \frac{r}{4} \cdot 2 + \frac{1}{2^{p-1}} < \frac{r}{2} + \frac{r}{2} = r,$

- soit $V = \prod_{n \geqslant 0} V_n$ un ouvert élémentaire avec $V_n = E_n$ sauf pour les indices $n_1, n_2, \ldots, n_k$ où $V_{n_i} = \mathscr{B}_{d_{n_i}}(x_{n_i}, r_i)$; soit $z \in V$ donc $\forall i = 1, \ldots, k$ $d_{n_i}(x_{n_i}, z_{n_i}) = s_i < r_i$; si $m = \max_{1 \leqslant i \leqslant k} \{n_i\}$ soit $\mathscr{B}_d(z, R)$ où

$R = \frac{1}{2^m} \min \{1, r_1 - s_1, \ldots, r_k - s_k\}.$

On a $\mathscr{B}_d(z, R) \subseteq V$: si $y \in \mathscr{B}_d(z, R) : \sum_{n \geqslant 0} 2^{-n} \min \{1, d_n(y_n, z_n)\} < R$ d'où

$\forall n : \min \{1, d_n(y_n, z_n)\} < 2^n . R$ et en particulier pour $i = 1, \ldots, k$

$\min \{1, d_{n_i}(y_{n_i}, z_{n_i})\} < 2^{n_i} . R \leqslant 2^m . R = \min \{1, r_1 - s_1, \ldots, r_k - s_k\}$
d'où $\min \{1, d_{n_i}(y_{n_i}, z_{n_i})\} < 1$, $d_{n_i}(y_{n_i}, z_{n_i}) < 1$ et $d_{n_i}(y_{n_i}, z_{n_i}) < r_i - s_i$;
alors $d_{n_i}(x_{n_i}, y_{n_i}) \leqslant d_{n_i}(x_{n_i}, z_{n_i}) + d_{n_i}(z_{n_i}, y_{n_i}) < s_i + r_i - s_i = r_i$ donc $\forall_i = 1, \ldots, k : y_{n_i} \in \mathscr{B}_{d_{n_i}}(x_{n_i}, r_i)$ donc $y \in V$.

On a donc montré que tout produit dénombrable d'espaces métrisables est métrisable.

c) Conséquences immédiates de *a*) et *b*) puisque $\mathbb{R}$ et I sont métrisables.

5) *a*) $\mathscr{B} = \{\mathscr{B}(a, q)\}_{(a, q) \in A \times \mathbb{Q}^+}$ est dénombrable car A est dénombrable donc $A \times \mathbb{Q}^+$ aussi.

b) Comme $\overline{A} = E$ et $\mathscr{B}(x, s) \in \mathscr{V}(x)$: $\mathscr{B}(x, s) \cap A \neq \varnothing$; soit

$y \in \mathscr{B}(x, s) \cap A$ et $\mathscr{B}(y, 2s)$:

$x \in \mathscr{B}(y, 2s)$ car $d(x, y) < s < 2s$ et $\mathscr{B}(y, 2s) \subseteq \mathscr{B}(x, t) \subseteq U$. Or

$\mathscr{B}(y, 2s) \in \mathscr{B}$:

tout ouvert contient un ouvert de $\mathscr{B}$, donc $\mathscr{B}$ est une base dénombrable d'ouverts et E est de type dénombrable.

6) *a*) On a bien $E = \bigcup V(f_0; \varepsilon, x_1, \ldots, x_n)$ car si $f \in E$, $f \in V(f; 2, x)$. Soit $h \in V(f_0; \varepsilon, x_1, \ldots, x_n) \cap V(g_0; \varepsilon', y_1, \ldots, y_p)$, donc $\forall i = 1, \ldots, n$ $\varepsilon_i = |h(x_i) - f_0(x_i)| < \varepsilon$ et $\forall i = 1, \ldots, p$: $\varepsilon'_i = |h(y_i) - g_0(y_i)| < \varepsilon'$. En choisissant $\eta = \min\{\varepsilon - \varepsilon_1, \ldots, \varepsilon - \varepsilon_n, \varepsilon' - \varepsilon'_1, \ldots, \varepsilon' - \varepsilon'_p\}$ on vérifiera aisément que :

$$\begin{aligned} h \in V(h; \eta, x_1, \ldots, x_n, y_1, \ldots, y_p) &\subseteq V(f_0; \varepsilon, x_1, \ldots, x_n) \\ &\subseteq V(g_0; \varepsilon', y_1, \ldots, y_p) \end{aligned}$$

Cette topologie est séparée car si $f \neq g$ $\exists x \in [0, 1]$: $|f(x) - g(x)| = \varepsilon > 0$ alors $V\left(f; \frac{\varepsilon}{2}, x\right) \cap V\left(g; \frac{\varepsilon}{2}, x\right) = \varnothing$.

b) Soit S l'ensemble des fonctions simples; si $f \in E$ et

$V(g; \varepsilon, x_1, \ldots, x_n) \in \mathscr{V}(f)$

considérons $h : [0, 1] \to [0, 1]$ définie par $h(x_i) = g(x_i)$ pour $i = 1, \ldots, n$ et $h(x) = 0$ pour $x \neq x_1, x_2, \ldots, x_n$: $h \in S \cap V(g; \varepsilon, x_1, \ldots, x_n)$.

c) Soit $f \in E$, f nulle sauf pour $x \in N \subseteq [0, 1]$, N non dénombrable. Supposons que f soit limite d'une suite (f_n) de fonctions simples; soit $D = \{x, \exists n, f_n(x) \neq 0\}$. D est dénombrable car $D = \bigcup_{n \geqslant 0} \{x, f_n(x) \neq 0\}$ est réunion dénombrable d'ensembles finis donc $N \cap \complement D \neq \varnothing$ (sinon on aurait $N \subseteq D$ contredisant la dénombrabilité de D); soit $x \in N - D$: $\forall \varepsilon > 0$: $V(f; \varepsilon, x) \in \mathscr{V}(f) \Longrightarrow \exists n_0, \forall n \geqslant n_0 : f_n \in V(f; \varepsilon, x)$ donc

$\forall n \geqslant n_0 : |f_n(x) - f(x)| < \varepsilon$;

or $x \in \complement D \Longrightarrow f_n(x) = 0$, d'où finalement : $\forall \varepsilon > 0$ $\exists n_0 \forall n \geqslant n_0 |f(x)| < \varepsilon$, d'où $f(x) = 0$ impossible puisque $x \in N$.

d) Si E était métrisable, de distance d, comme $\overline{S} = E$ *toute* fonction serait limite d'une suite de fonctions simples; soit $f \in E = \overline{S}$:

$\forall \varepsilon > 0$ $\exists g_\varepsilon \in S$: $d(f, g_\varepsilon) < \varepsilon$

donc $\forall n > 0\ \exists g_n \in S$, $d(f, g_n) < \dfrac{1}{n}$ et la suite (g_n) convergerait vers f, ce qui contredit *c*). Donc E n'est pas métrisable, bien qu'il soit séparé.

7) Les propriétés *a*), *b*) et *c*) ont déjà été démontrées :

a) $(\mathbb{R}, \mathcal{T}_+)$ est régulier : Ex. III. 5.

b) séparable : Ex. I. 8; 1.A.D. : Ex. I. 8.

c) non de type dénombrable : Pr. I. 2; la démonstration repose sur le fait que si $(\mathbb{R}, \mathcal{T}_+)$ était de type dénombrable, on pourrait extraire de toute base une base dénombrable, donc en particulier de la base $\{[a, b[\}_{a, b \in \mathbb{R}}$ et ceci est absurde.

Cet espace n'est donc pas métrisable. On remarquera que $\mathcal{T}_0 \leqslant \mathcal{T}_+ \leqslant \mathcal{U}$ discrète et que $\mathcal{T}_0$ et $\mathcal{U}$ sont métrisables sans que $\mathcal{T}_+$ le soit.

d) si (x_n) converge à droite vers x, soit V un voisinage de x pour $\mathcal{T}_+$: $\exists a \in \mathbb{R}$: $x \in [x, a[\subseteq V$. Soit alors $W =]x - 1, a[$: c'est un voisinage de x pour $\mathcal{T}_0$, donc il existe n_0 tel que $\forall n \geqslant n_0$: $x_n \in W$. Or par hypothèse $\exists p_0$, $\forall n \geqslant p_0$: $x_n \geqslant x$; donc pour $n \geqslant \max\{n_0, p_0\}$: $x_n \in [x, a[\subseteq V$ d'où la convergence pour $\mathcal{T}_+$.

Réciproquement : soit V un voisinage de x pour $\mathcal{T}_0$, donc V est voisinage de x pour $\mathcal{T}_+$ et $\exists n_0\ \forall n \geqslant n_0$: $x_n \in V$: la suite converge vers x pour $\mathcal{T}_0$. Elle converge à droite : $V = [x, x + 1[$ est voisinage de x pour $\mathcal{T}_+$, donc $\exists n_0$ $\forall n \geqslant n_0$: $x \leqslant x_n \leqslant x + 1$.

8

1) *a*) Si (x_n) est une suite de Cauchy : $\forall \varepsilon > 0\ \exists n_0\ \forall p, q \geqslant n_0$: $d(x_p, x_q) < \varepsilon$ ponc $\forall \varepsilon > 0\ \exists n_0\ \forall n \geqslant n_0\ \forall p, q \geqslant n$: $d(x_p, x_q) \leqslant \varepsilon$, d'où $\forall \varepsilon > 0\ \exists n_0\ \forall n \geqslant n_0$ $d(A_n) = \sup\limits_{p, q \geqslant n} d(x_p, x_q) < \varepsilon$, i.e. : $\lim d(A_n) = 0$.

Si $\lim d(A_n) = 0$: $\forall \varepsilon > 0\ \exists n_0\ \forall n \geqslant n_0$: $d(A_n) = \sup\limits_{p, q \geqslant n} d(x_p, x_q) < \varepsilon$ donc en particulier pour $n = n_0$: $\forall p, q \geqslant n_0$: $d(x_p, x_q) < \varepsilon$, donc (x_n) est une suite de Cauchy.

b) par hypothèse $\forall \varepsilon > 0\ \exists n_0\ \forall p, q \geqslant n_0$: $d(x_p, x_q) < \varepsilon$; comme (i_n) est strictement croissante $\exists p$, $i_p \geqslant n_0$ donc $\exists p_0 \geqslant n_0$ tel que $i_{p_0} \geqslant n_0$, alors $\forall n \geqslant p_0$ on a $n \geqslant n_0$ et $i_n \geqslant i_{p_0}$ (suite croissante) donc $i_n \geqslant n_0$, d'où $d(x_n, x_{i_n}) < \varepsilon$, c.q.f.d.

Si (x_{i_n}) converge vers y : $\forall \varepsilon > 0\ \exists n_0\ \forall n \geqslant n_0 : d(x_{i_n}, y) < \frac{\varepsilon}{2}$; (x_n) étant de Cauchy, $\lim d(x_n, x_{i_n}) = 0$, donc $\exists p_0\ \forall n \geqslant p_0 : d(x_n, x_{i_n}) < \frac{\varepsilon}{2}$ et pour tout $n \geqslant \max\{n_0, p_0\} : d(x_n, y) \leqslant d(x_n, x_{i_n}) + d(x_{i_n}, y) < \varepsilon$.

2) *a*) La suite $(x_n)_{n\geqslant 1}$ considérée comme suite de points de $\mathbb{R}$ converge évidemment vers 0, donc c'est une suite de Cauchy :

$$\forall \varepsilon > 0\ \exists n_0\ \forall p, q \geqslant n_0 : d(x_p, x_q) < \varepsilon$$

et ceci montre que la suite $(x_n)_{n\geqslant 1}$ de points de $]0, 1]$ est une suite de Cauchy. Elle ne peut converger dans $]0, 1]$ sinon sa limite serait distincte de 0 et la suite $(x_n)_{n\geqslant 1}$ de points de $\mathbb{R}$ aurait deux limites distinctes. Ceci montre que $]0, 1]$ n'est pas complet.

b) Si E est discret et (x_n) une suite de Cauchy : $\forall \varepsilon > 0\ \exists n_0\ \forall p, q \geqslant n_0$ $d(x_p, x_q) < \varepsilon$; en particulier pour $\varepsilon = \frac{1}{2}$

$$\forall p, q \geqslant n_0 : d(x_p, x_q) < \frac{1}{2} \Longrightarrow x_p = x_q$$

car E est discret d'où $\forall n \geqslant n_0 : x_n = x_{n_0}$ et la suite est stationnaire donc convergente. Ainsi E est complet.

c) $\mathbb{Z}$ est discret pour la topologie induite par celle de $\mathbb{R}$:

$$\forall n \in \mathbb{Z} : \left]n - \frac{1}{2}, n + \frac{1}{2}\right[\cap \mathbb{Z} = \{n\}$$

donc $\mathbb{Z}$ est complet. Cependant la distance induite sur $\mathbb{Z}$ par la distance usuelle de $\mathbb{R}$ n'est pas la distance discrète et le raisonnement ci-dessus n'est pas valable puisqu'il montre en fait la complétude de $\mathbb{Z}$ *pour la distance discrète*, qui n'est pas la distance induite par la distance usuelle. Soit donc (x_n) une suite de Cauchy dans $\mathbb{Z}$ pour la distance induite : $\forall \varepsilon > 0$ $\exists n_0, \forall p, q \geqslant n_0\ |x_p - x_q| < \varepsilon$ et pour $\varepsilon = \frac{1}{2}$ on a $\forall p, q \geqslant n_0\ |x_p - x_q| < \frac{1}{2}$ d'où $x_p = x_q$ puisque $x_p, x_q \in \mathbb{Z}$. La suite est alors stationnaire donc convergente. On voit que le raisonnement est « analogue » à celui de *b*), mais il est différent.

3) *a*) Soit $(f_n)_{n\geqslant 0}$ une suite de Cauchy : $\forall \varepsilon > 0\ \exists n_0\ \forall p, q \geqslant n_0\ \forall x \in [0, 1]$ $|f_p(x) - f_q(x)| < \varepsilon$; donc $\forall x \in [0, 1]$ la suite $(f_n(x))_{n\geqslant 0}$ est une suite de Cauchy dans $\mathbb{R}$, qui est complet : soit $f(x) = \lim f_n(x)$ pour $0 \leqslant x \leqslant 1$; ce qui définit une application (puisque la limite $f(x)$ est unique) de $[0, 1]$

dans $\mathbb{R}$. Montrons que $f \in E$ c'est-à-dire que f est continue : soient $x_0 \in [0, 1]$, $\varepsilon > 0$:

- (f_n) est de Cauchy : $\exists n_0 \ \forall p, q \geqslant n_0 \ \forall x : |f_p(x) - f_p(x)| < \frac{\varepsilon}{4}$
- $(f_n(x_0))$ converge vers $f(x_0)$: $\exists p_0 \ \forall n \geqslant p_0 : |f_n(x_0) - f(x_0)| < \frac{\varepsilon}{4}$

en particulier pour $m = \max\{n_0, p_0\}$: $|f_m(x_0) - f(x_0)| < \frac{\varepsilon}{4}$.

- f_m est continue en x_0 : $\exists \eta \left[|x_0 - y| < \eta \Longrightarrow |f_m(x_0) - f_m(y)| < \frac{\varepsilon}{4} \right]$

Soit alors $y \in [0, 1]$ tel que $|x_0 - y| < \eta$: $(f_n(y))$ converge vers $f(y)$ donc $\exists q_0 \left[n \geqslant q_0 \Longrightarrow |f_n(y) - f(y)| < \frac{\varepsilon}{4} \right]$. Choisissons $n \geqslant \max\{n_0, q_0\}$:

$$|f(x_0) - f(y)| \leqslant |f(x_0) - f_m(x_0)| + |f_m(x_0) - f_m(y)| + |f_m(y) - f_n(y)| + |f_n(y) - f(y)| < 4 \cdot \frac{\varepsilon}{4} = \varepsilon.$$

Reste à montrer que (f_n) converge vers f pour la distance : soit $\varepsilon > 0$; (f_n) est de Cauchy donc $\exists n_0 \ \forall p, q \geqslant n_0 \ \forall x : |f_p(x) - f_q(x)| < \frac{\varepsilon}{2}$. Soit $n \geqslant n_0$, on a pour tout $x \in [0, 1]$: $(f_n(x))$ convergente vers $f(x)$: $\exists p_0 \ \forall p \geqslant p_0$ $|f_p(x) - f(x)| < \frac{\varepsilon}{2}$; ceci est vrai en particulier pour $p = \max\{n_0, p_0\}$, alors :

$$|f_n(x) - f(x)| \leqslant |f_n(x) - f_p(x)) + f_p|(x) - f(x)| < 2\frac{\varepsilon}{2} = \varepsilon.$$

Donc : $\forall \varepsilon > 0 \ \exists n_0 \ \forall n \geqslant n_0 \ \forall x : |f_n(x) - f(x)| < \varepsilon$, d'où : $\forall \varepsilon > 0 \ \exists n_0$ $\forall n \geqslant n_0 : d(f_n, f) < \varepsilon$, c.q.f.d.

$$b) \quad d(f_n, f_{n+p}) = \int_0^1 |f_n(t) - f_{n+p}(t)|\, dt$$
$$= \int_0^{\frac{1}{(n+p)^2}} p\, dt + \int_{\frac{1}{(n+p)^2}}^{\frac{1}{n^2}} \left(\frac{1}{\sqrt{t}} - n\right) dt$$
$$= \frac{1}{n} - \frac{1}{n+p} < \frac{1}{n}$$

Si cette suite convergeait vers f dans E, elle convergerait pour tout a, $0 < a < 1$, vers $f|_{[a,1]}$ dans $E_a = \mathscr{C}([a, 1], \mathbf{R})$, et comme $\int_a^1 \left| f_n(t) - \frac{1}{\sqrt{t}} \right| dt = 0$ dès que $n \geqslant \frac{1}{\sqrt{a}}$ cela montre que $f(t) = \frac{1}{\sqrt{t}}$ $\forall t \geqslant a$, donc $f(t) = \frac{1}{\sqrt{t}}$ $\forall t > 0$.

Mais lorsque $t \to 0$ $\frac{1}{\sqrt{t}} \to +\infty$ et f ne peut pas être continue en 0, donc $f \notin E$ ce qui est absurde.

4) Soit (x_n) une suite de Cauchy pour la distance e :

$\forall \varepsilon > 0\ \exists n_0\ \forall p, q \geqslant n_0 : e(x_p, x_q) < \varepsilon,$

donc $\min\{1, d(x_p, x_q)\} < \varepsilon$. En choisissant $\varepsilon < 1$: $\exists n_0, \forall p, q \geqslant n_0$

$\min\{1, d(x_p, x_q)\} < \varepsilon < 1 \Longrightarrow d(x_p, x_q) < \varepsilon$

donc (x_n) est une suite de Cauchy pour d et converge en conséquence vers $x \in E$: $\forall \varepsilon > 0\ \exists n_0\ \forall n \geqslant n_0$: $d(x_n, x) < \varepsilon$ d'où $e(x_n, x) \leqslant d(x_n, x) < \varepsilon$ et (x_n) converge vers x pour la distance e.

9

1) $a) \Longrightarrow b)$ Chaque F_n est non vide : soit $\forall n \geqslant 0\ x_n \in F_n$; la suite (x_n) est de Cauchy car $\forall \varepsilon > 0$, $\lim d(F_n) = 0$, donc $\exists n_0$: $d(F_{n_0}) < \varepsilon$ et $\forall p, q \geqslant n_0$ $x_p \in F_p \subseteq F_{n_0}$ et $x_q \in F_q \subseteq F_{n_0}$ donc $d(x_p, x_q) < \varepsilon$. Soit $x = \lim x_n$; si $\exists n$ tel que $x \notin F_n$, F_n étant fermé $d(x, A_n) = \delta > 0$; on a $A_n \cap \mathscr{B}\left(x, \frac{1}{2}\delta\right) = \varnothing$ et $\forall p \geqslant n$: $x_p \in A_p \subseteq A_n$ donc $x_p \notin \mathscr{B}\left(x, \frac{1}{2}\delta\right)$ mais ceci contredit la convergence de (x_n) vers x, donc $\forall n : x \in F_n$ et $\bigcap_{n \geqslant 0} F_n \neq \varnothing$.

$b) \Longrightarrow a)$ Soit $(x_n)_{n \geqslant 0}$ une suite de Cauchy; on pose $\forall n$:

$F_n = \{x_n, x_{n+1}, \ldots\}$.

On a $F_0 \supseteq F_1 \supseteq \cdots \supseteq F_n \supseteq F_{n+1} \ldots$. D'après l'Ex. IV. 8, question 1 $a)$ $\lim d(F_n) = 0$. Comme $d(\overline{F}_n) = d(F_n)$ la suite $(\overline{F}_n)_{n \geqslant 0}$ est une suite décroissante de fermés non vides telle que $\lim d(\overline{F}_n) = 0$ donc par hypothèse $\bigcap_{n \geqslant 0} \overline{F}_n \neq \varnothing$. Soit $x \in \bigcap_{n \geqslant 0} \overline{F}_n$: $\forall \varepsilon > 0\ \exists n_0\ \forall n \geqslant n_0\ d(\overline{F}_n) < \varepsilon$ car $\lim d(F_n) = 0$ donc $\forall n \geqslant n_0$: $x_n, x \in \overline{F}_{n_0}$ et $d(x_n, x) < \varepsilon$ donc (x_n) converge vers x.

2) *a*) Soit $f : E \to E'$ une isométrie et (y_n) une suite de Cauchy dans E' : $\forall n : y_n = f(x_n),\ x_n \in E$; la suite (x_n) est de Cauchy dans E : $\forall \varepsilon > 0\ \exists n_0\ \forall p,\ q \geqslant n_0\ d'(y_p, y_q) < \varepsilon$, d'où $d'(f(x_p), f(x_q)) = d(x_p, x_q) < \varepsilon$. Soit $x = \lim x_n$; la suite (y_n) converge vers $f(x)$: $\forall \varepsilon > 0\ \exists n_0\ \forall n \geqslant n_0 : d(x_n, x) < \varepsilon$ donc $d'(f(x_n), f(x)) = d(x_n, x) < \varepsilon$.

b) On a vu (Ex. II. 10) que $\mathbb{R}$ est homéomorphe à $]0, 1[$ mais $\mathbb{R}$ est complet alors que $]0, 1[$ ne l'est pas puisque la suite $(x_n)_{n \geqslant 1},\ x_n = \dfrac{1}{n}$ (Ex. IV. 8, question 2 *a*) est de Cauchy non convergente.

3) *a*) Soit F un sous-espace fermé de E et (x_n) une suite de Cauchy dans F, donc (x_n) est une suite de Cauchy dans E donc converge vers $x \in E$: $\forall \varepsilon > 0\ \exists n_0\ \forall n \geqslant n_0\ d(x_n, x) < \varepsilon$ ce qui montre que x est adhérent à F; F étant fermé $x \in F$ donc la suite (x_n) converge dans F.

Réciproquement soit F un sous-espace complet de E et $x \in \overline{F}$: on a

$\forall \varepsilon > 0\ \exists x_\varepsilon \in F : d(x, x_\varepsilon) < \varepsilon$

d'où $\forall n \geqslant 1\ \exists x_n \in F : d(x, x_n) < \dfrac{1}{n}$. La suite (x_n) de points de F ainsi construite est évidemment en tant que suite de points de E convergente vers x; c'est donc une suite de Cauchy, et une suite de Cauchy de points de F qui converge donc dans F vers y; mais c'est alors à nouveau une suite de points de E convergente vers y, donc $y = x \in F$. Ainsi $F = \overline{F}$.

b) Supposons que $\forall i = 1, \ldots, n\quad (E_i, d_i)$ soit complet et soit $(x_n)_{n \geqslant 0}$ une suite de Cauchy de $E = \prod_1^n E_i$: $\forall \varepsilon > 0\ \exists n_0\ \forall p,\ q \geqslant n_0$

$$D_1(x_p, x_q) = \max_{1 \leqslant i \leqslant n} \{d_i(x_p^i, x_q^i)\} < \varepsilon$$

où $x_p = (x_p^1, \ldots, x_p^n)$. D'où $\forall i = 1, \ldots, n\ \forall \varepsilon > 0\ \exists n_0\ \forall p,\ q \geqslant n_0$

$d_i(x_p^i, x_q^i) < \varepsilon$ donc $\forall i = 1, \ldots, n$ la suite $(x_n^i)_{n \geqslant 0}$ est de Cauchy dans E_i.

Posons $x^i = \lim x_n^i \in E_i$ et montrons que $(x_n)_{n \geqslant 0}$ converge vers $x = (x^1, \ldots, x^n)$: $\forall \varepsilon > 0\ \exists p_1, p_2, \ldots, p_n$ tels que $\forall i = 1, \ldots, n\ \forall p \geqslant p_i$: $d_i(x_p^i, x^i) < \varepsilon$; donc pour tout

$$\geqslant \max_{1 \leqslant i \leqslant n} \{p_i\}$$

on a $\forall i = 1, \ldots, n : d_i(x_p^i, x^i) < \varepsilon$, donc $D_1(x_p, x) < \varepsilon$, c.q.f.d. Réciproquement si $\prod_1^n E_i$ est complet soit $(x_p)_{p \geqslant 0}$ une suite de Cauchy dans E_i.

Il est immédiat que la suite $(y_p)_{p\geqslant 0}$ avec $y_p = (y_p^1, \ldots, y_p^n) \in \mathrm{E}$ et $y_p^i = x_i$ et $y_p^j = y^j$ élément fixe de E_j, pour $j \neq i$ est une suite de Cauchy de E qui converge donc vers $x = (x^1, \ldots, x^n)$: $\forall \varepsilon > 0\ \exists n_0\ \forall p \geqslant n_0\ \mathrm{D}_1(y_p, x) < \varepsilon$ donc $\max\limits_{1\geqslant j\geqslant n} \{d_j(y_p^j, x^j)\} < \varepsilon$ et en particulier $d_i(y_p^i, x^i) < \varepsilon$ c'est-à-dire $d_i(x_i, x^i) < \varepsilon$ et la suite $(x_p)_{p\geqslant 0}$ converge vers x^i dans E_i.

c) Supposons (E, d) complet et soit (x_n) une suite de Cauchy pour la distance e : $\forall \varepsilon > 0\ \exists n_0\ \forall p, q \geqslant n_0 : e(x_p, x_q) < \frac{\varepsilon}{k}$, d'où

$d(x_p, x_q) \leqslant k.e(x_p, x_q) < \varepsilon$

et la suite (x_n) est de Cauchy pour d donc convergente vers x : $\forall \varepsilon > 0\ \exists n_0$ $\forall n \geqslant n_0 : d(x_n, x) < \frac{\varepsilon}{l}$, donc $e(x_n, x) \leqslant l.d(x_n, x) < \varepsilon$ et la suite converge vers x pour la distance e. Réciproque immédiate, les rôles de d et e étant symétriques.

d) On vérifiera aisément que

$\mathrm{D}_1(x, y) \leqslant \mathrm{D}_3(x, y) \leqslant \mathrm{D}_2(x, y) \leqslant n \,.\, \mathrm{D}_1(x, y)$.

e) Donc dans 3 *b*) on peut remplacer D_1 par D_2 ou D_3 sans changer le résultat. En particulier $\mathbb{R}^n$ et $\mathbb{C}^n$ sont complets pour les trois distances D_1, D_2, D_3.

10

1) *a*) $d(x_{n+1}, x_n) = d(f(x_n), f(x_{n-1}) \leqslant k.d(x_n, x_{n-1}) \leqslant \cdots \leqslant k^n.d(x_1, x_0)$.

b) $\forall \varepsilon > 0$ choisissons n_0 tel $\dfrac{k^{n_0}}{1-k} d(x_1, x_0) < \varepsilon$ ce qui est possible car $k < 1$. On a $\forall p, q \geqslant n_0$ avec par exemple $p = q + r$

$$d(x_p, x_{p+r}) \leqslant \sum_{i=p}^{p+r-1} d(x_i, x)_{i+1} \leqslant \sum_{i=p}^{p+r-1} k^i d(x_0, x_1) \leqslant k^{n_0} \cdot \frac{1}{1-k} d(x_0, x_1) < \varepsilon.$$

c) On a $\forall \varepsilon > 0\ \exists n_0 : d(x_{n_0+1}, a) < \varepsilon$ d'où

$d(a, f(a)) \leqslant d(a, x_{n_0+1}) + d(x_{n_0+1}, f(a)) < \varepsilon + kd(x_{n_0}, a) < \varepsilon + k.\varepsilon$

donc $\forall \varepsilon > 0\ d(a, f(a)) < \varepsilon(1+k)$, donc $d(a, f(a)) = 0$ donc $a = f(a)$.

d) Si $f(y) = y$:

$d(a, y) = d(f(a), f(y) \leqslant k.d(a, y)$,

d'où $d(a, y) = 0$ et $a = y$. Le point x_0 choisi étant quelconque, en construisant la suite $(f^n(x))_{n\geqslant 0}$ à partir d'un autre point x on obtient encore une suite de Cauchy convergente vers un point b tel que $f(b) = b$, d'où $b = a$.

2) *a*) E est complet car fermé $\left(\complement E = \left]-\infty, \frac{2}{3}\right[\text{ est ouvert}\right)$ dans $\mathbb{R}$ qui est complet (Ex. IV. 9, question 3 *a*)). De plus si $x \geqslant \frac{2}{3}$,

$$f(x) = \frac{2x+6}{3x+2} \geqslant \frac{2}{3}$$

b) On vérifiera aisément que $|f(x) - f(y)| \leqslant \frac{7}{8}|x-y|$.

c) $f(x) = x \Longleftrightarrow \frac{2x+6}{3x+2} = x \Longleftrightarrow x^2 = 2 \Longleftrightarrow x = \pm\sqrt{2}$.

La valeur $x = \sqrt{2} \geqslant \frac{2}{3}$ est la seule qui convienne; $\sqrt{2}$ est donc l'unique point fixe de f.

d) $x_1 = \frac{11}{6}$, $x_2 = \frac{58}{45}$, $x_3 = \frac{193}{132} \simeq 1{,}46$, $x_4 = \frac{1178}{843} \simeq 1{,}40$ erreur inférieure à 2 %.

e) Si l'on avait $|f'(x) - f'(y)| \leqslant k|x-y|$, on aurait en particulier, pour $y = 0$: $|f'(x) - 3| \leqslant k|x|$ c'est-à-dire $k \geqslant \frac{7}{|3x+2|}$ pour tout $x \neq -\frac{2}{3}$ ce qui est impossible car $\left\{\frac{7}{|3x+2|}, x \neq -\frac{2}{3}\right\}$ n'est pas majoré. Cependant f a deux points fixes : $\sqrt{2}$ et $-\sqrt{2}$.

3) *a*) (D_1) évident.

(D_2) $\quad m \neq n) \Longrightarrow 10 + \frac{1}{m} + \frac{1}{n} \neq 0$

$$(D_3) \quad d(m,p) = 10 + \frac{1}{m} + \frac{1}{p} \leqslant 10 + \frac{1}{m} + \frac{1}{n} + 10 + \frac{1}{n} + \frac{1}{p} = d(m,n) + d(n,p).$$

b) Soit (x_n) une suite de Cauchy :

$$\forall \varepsilon > 0\ \exists n_0\ \forall p, q \geqslant n_0\ 10 + \frac{1}{x_p} + \frac{1}{x_q} < \varepsilon.$$

En prenant $\varepsilon < 10$ on a nécessairement $x_p = x_q$ pour $p, q \geqslant n_0$. La suite est stationnaire donc convergente.

c) $d(f(m), f(n)) = 10 + \frac{1}{m+1} + \frac{1}{n+1} < 10 + \frac{1}{m} + \frac{1}{n} = d(m,n)$

Mais f n'est pas contractante car sinon elle posséderait un point fixe, ce qui n'est pas le cas.

11

1) *a*) Réflexive : $(x_n)R(x_n)$ car $d(x_n, x_n) = 0$ donc $\lim d(x_n, x_n) = 0$. Symétrique car $d(x_n, y_n) = d(y_n, x_n)$.

Transitive : si $\lim d(x_n, y_n) = 0$ et $\lim d(y_n, z_n) = 0$: $\forall \varepsilon > 0 \ \exists n_0, \ \forall n \geqslant n_0 : \ d(x_n, y_n) < \varepsilon$ et $\exists p_0 \forall n \geqslant p_0 : \ d(y_n, z_n) < \varepsilon$ donc pour $n \geqslant \max\{n_0, p_0\} : d(x_n, z_n) \leqslant d(x_n, y_n) + d(y_n, z_n) < 2\varepsilon$, d'où $\lim d(x_n, z_n) = 0$.

b) Il s'agit de montrer que si $(x_n)R(x'_n)$ on a

$\lim d(x_n, y_n) = \lim d(x'_n, y_n)$:

par hypothèse $\lim d(x_n, x'_n) = 0 : \ \forall \varepsilon > 0 \ \exists n_0 \ \forall n \geqslant n_0 : \ d(x_n, x'_n) < \varepsilon$; si $a = \lim d(x_n, y_n) : \forall \varepsilon > 0 \ \exists p_0 \ \forall n \geqslant p_0 : \ |d(x_n, y_n) - a| < \varepsilon$ donc si

$n \geqslant \max\{n_0, p_0\} : |d(x'_n, y_n) - a| \leqslant |d(x'_n, x_n) - d(x_n, y_n)| + |d(x_n, y_n) - a| < d(x'_n, x) + \varepsilon < 2\varepsilon$

d'où $\lim d(x'_n, y_n) = \lim d(x_n, y_n) = a$. Ceci signifie que $\lim d(x_n, y_n)$ est indépendant des représentants (x_n) et (y_n) ; et l'application $\delta : \hat{E} \times \hat{E} \to \mathbb{R}$ est bien définie. On notera $\overline{(x_n)}$ la classe de (x_n) modulo R :

$\delta(\overline{(x_n)}, \overline{(y_n)}) = \lim d(x_n, y_n)$.

Il faut bien entendu s'assurer que $\lim d(x_n, y_n)$ existe toujours : (x_n) et (y_n) étant des suites de Cauchy : $\forall \varepsilon > 0 \ \exists n_0 \ \forall p, q \geqslant n_0 : \ d(x_p, x_q) < \varepsilon$ et $\exists p_0$ $\forall p, q \geqslant p_0 : \ d(y_p, y_q) < \varepsilon$ d'où pour $p, q \geqslant \max\{n_0, p_0\}$

$$\begin{aligned} |d(x_p, y_q) - d(x_q, y_q)| &\leqslant |d(x_p, y_q) - d(x_q, y_p)| + |d(x_q, y_p) - d(x_q, y_p)| \\ &\leqslant d(x_p, x_q) + d(y_p, y_q) < 2\varepsilon : \end{aligned}$$

la suite $(d(x_n, y_n))_{n \geqslant 0}$ est donc une suite de Cauchy dans $\mathbb{R}^+$ et converge; de plus $\lim d(x_n, y_n) \in \mathbb{R}^+$ (si $\lim d(x_n, y_n) < 0$, pour n assez grand on aurait $d(x_n, y_n) < 0$). Ceci achève de prouver l'axiome (D_1) pour δ.

$$(D_2) \quad \delta(\overline{(x_n)}, \overline{(y_n)}) = 0 \iff \lim d(x_n, y_n) = 0 \iff (x_n)R(y_n) \iff \overline{(x_n)} = \overline{(y_n)}$$

(D_3) On a $d(x_n, z_n) \leqslant d(x_n, y_n) + d(y_n, z_n)$ et $\forall \varepsilon > 0 \ \exists n_0 \ \forall n \geqslant n_0$:

$|d(x_n, y_n) - \lim d(x_n, y_n)| < \varepsilon$, $\exists p_0 \ \forall n \geqslant p_0 : |d(y_n, z_n) - \lim d(y_n, z_n)| < \varepsilon$;

d'où pour $n \geqslant \max\{n_0, p_0\} : d(x_n, z_n) \leqslant \lim d(x_n, y_n) + \varepsilon + \lim d(y_n, z_n) + \varepsilon$; mais $\exists q_0 \ \forall n \geqslant q_0 : \ |d(x_n, z_n) - \lim d(x_n, z_n)| < \varepsilon$ donc pour

$n \geqslant \max\{n_0, p_0, q_0\}$ on a :

$\lim d(x_n, z_n) \leqslant d(x_n, z_n) + \varepsilon \leqslant \lim (x_n, y_n) + \lim d(y_n, z_n) + 3\varepsilon$ et enfin : $\forall \varepsilon > 0$: $\lim d(x_n, z_n) \leqslant \lim d(x_n, y_n) + \lim d(y_n, z_n) + 3\varepsilon$ d'où l'inégalité.

c) La suite (x_n) est bien une suite de Cauchy car elle converge vers x, donc $f(x) \in \hat{E}$; f est injective : si $f(x) = f(y)$, $\overline{(x_n)} = \overline{(y_n)}$ donc $(x_n)R(y_n)$, i.e. $\lim d(x_n, y_n) = 0 = d(x, y)$, d'où $x = y$; f est une isométrie car :

$\delta(f(x), f(y)) = \lim d(x_n, y_n) = d(x, y)$.

Soit $\overline{(x_n)} \in \hat{E}$ et montrons que la suite $(f(x_n))_n$ converge dans $\hat{E}$ vers $\overline{(x_n)}$: la suite (x_n) est une suite de Cauchy : $\forall \varepsilon > 0\ \exists n_0\ \forall p, q \geqslant n_0 : d(x_p, x_q) < \varepsilon$; d'où $\forall \varepsilon > 0$, $\forall q \geqslant n_0$ on a $\forall p \geqslant n_0 : d(x_p, x_q) < \varepsilon$ i.e. $\forall \varepsilon > 0$, $\forall q \geqslant n_0$ $\lim\limits_{p \to \infty} d(x_p, x_q) = \delta(\overline{(x_n)}, f(x_q)) \leqslant \varepsilon$, c.q.f.d. Alors $\overline{(x_n)} \in \overline{f(E)}$ car $\forall \varepsilon > 0$ $\exists n_0$ tel que $\delta(\overline{(x_n)}, f(x_n)) \leqslant \varepsilon$.

2) Pour $x \in F$ on a $x \in \overline{g(E)}$ donc il existe une suite $(g(a_n))_{n \geqslant 0}$ de points de $g(E)$ convergente vers x. Posons $h(x) = \overline{(a_n)} \in \hat{E}$.

- h est bien définie : si $(g(b_n))_{n \geqslant 0}$ converge aussi vers x on a

$\lim d'(g(a_n), g(b_n)) = 0$ i.e. $\lim d(a_n, b_n) = 0$

d'où $\overline{(a_n)} = \overline{(b_n)}$

- h est surjective : soit $\overline{(x_n)} \in \hat{E}$, donc (x_n) est une suite de Cauchy dans E et $(g(x_n))$ est une suite de Cauchy dans F (puisque g est une isométrie) qui est donc convergente vers $x \in F$, d'où $h(x) = \overline{(x_n)}$.
- h est injective : si $h(x) = \overline{(a_n)}$ et $h(y) = \overline{(b_n)}$ on a

$$\begin{aligned}\delta(h(x), h(y)) &= \delta(\overline{(a_n)}, \overline{(b_n)}) = \lim d(a_n, b_n) = \lim d'(g(a_n), g(b_n)) \\ &= d'(\lim g(a_n), \lim g(b_n)) = d'(x, y).\end{aligned}$$

Alors si $h(x) = h(y)$: $\delta(h(x), h(y)) = 0 = d'(x, y)$, donc $x = y$. Ceci achève de prouver que h est une isométrie.

L'injection canonique $i : \mathbb{Q} \to \mathbb{R}$ est une isométrie et $\overline{\mathbb{Q}} = \mathbb{R}$ donc $\mathbb{R}$ est une complétion métrique de $\mathbb{Q}$; et toute complétion métrique de $\mathbb{Q}$ est isométrique à $\mathbb{R}$.

3) Si E est compact et $f : E \to \hat{E}$ l'isométrie de E sur $f(E)$, f est continue donc $f(E)$ est compact (théorème de Weierstrass) donc fermé dans $\hat{E}$; or $\overline{f(E)} = \hat{E}$ montre qu'on a $f(E) = \hat{E}$. Alors E est isométrique à l'espace complet $\hat{E}$ donc lui-même est complet.

12

1) Par hypothèse : $\forall V \in \mathcal{V}(x)$, $\exists n_0\ \forall n \geqslant n_0 : x_n \in V$. Alors pour $V \in \mathcal{V}(x)$ il existe $i_{p_0} \geqslant n_0$ (puisque la suite (i_n) est strictement croissante) et $\forall n \geqslant p_0$ on a $i_n \geqslant i_{p_0} \geqslant n_0$ donc $x_{i_n} \in V$.

2) *a*) Ceci résulte des questions 4 et 5 de l'Ex. IV. 3.

b) On a $E = \bigcup_{x \in E} \mathcal{B}\left(x, \frac{1}{n}\right)$ recouvrement ouvert dont on peut extraire un recouvrement fini $E = \bigcup_{i=1}^{r} \mathcal{B}\left(x_i, \frac{1}{n}\right)$: soit R_n l'ensemble de ces boules.

c) Si $R = \bigcup_{n \geqslant 1} R_n$ on a donc $R \subseteq \mathcal{B}$ et R dénombrable. Enfin c'est une base de la topologie de E : il suffit de montrer que tout élément $\mathcal{B}\left(x, \frac{1}{n}\right)$ de $\mathcal{B}$ est réunion d'éléments de R : soit $y \in \mathcal{B}\left(x, \frac{1}{n}\right)$, alors $d(x, y) = r < \frac{1}{n}$ et soit p un entier tel que $\frac{2}{p} + r < \frac{1}{n}$; comme R_p recouvre E, il existe $V_y = \mathcal{B}\left(y_p, \frac{1}{p}\right) \in R_p$ tel que $y \in V_p$; on a alors pour tout $z \in V_y$: $d(z, x) \leqslant d(z, y_p) + d(y_p, y) + d(y, x) < \frac{2}{p} + r < \frac{1}{n}$ donc $y \in V_y \subseteq \mathcal{B}\left(x, \frac{1}{n}\right)$ et $\mathcal{B}\left(x, \frac{1}{n}\right) = \bigcup_{y \in \mathcal{B}\left(x, \frac{1}{n}\right)} V_y$.

Ceci démontre que E est de type dénombrable. (On aurait pu montrer aussi que E est séparable, ce qui suffisait pour affirmer qu'il est de type dénombrable Ex. IV. 7).

3) *a*) Si l'on avait $\bigcap_{n \geqslant 1} \overline{A}_n = \varnothing$ il existerait (Ex. III. 7) une sous-famille finie $(\overline{A}_{n_i})_{1 \leqslant i \leqslant p}$ dont l'intersection serait vide et si $q = \max_{1 \leqslant i \leqslant p} \{n_i\}$ on aurait $\overline{A}_q = \varnothing$ ce qui est absurde.

b) Comme $a \in \cap \overline{A}_n$, $a \in \overline{A}_1$, donc le voisinage $\mathcal{B}(a, 1)$ coupe A_1. Soit $x_{i_1} \in \mathcal{B}(a, 1) \cap A_1$. De même on choisit $x_{i_2} \in \mathcal{B}\left(a, \frac{1}{2}\right) \cap A_{i_1+1}$, donc $i_2 > i_1$ et par récurrence $x_{i_{n+1}} \in \mathcal{B}\left(a, \frac{1}{n+1}\right) \cap A_{i_n+1}$, donc $i_{n+1} > i_n$.

La suite $(x_{i_n})_{n \geqslant 1}$ est donc une suite extraite de $(x_n)_{n \geqslant 1}$ et elle converge vers a car $\forall \varepsilon > 0$, soit n_0 tel que $\frac{1}{n_0} < \varepsilon$; pour $n \geqslant n_0$: $x_{i_n} \in \mathcal{B}\left(a, \frac{1}{n}\right)$ donc $d(x_{i_n}, a) < \frac{1}{n} \leqslant \frac{1}{n_0} < \varepsilon$.

c) Dans un espace métrique compact, de toute suite on peut extraire une suite convergente.

4) Si (x_n) est une suite de Cauchy, on peut en extraire (question 3) une suite convergente (x_{i_n}), donc (Ex. IV. 8, question 1, *b*) (x_n) est également convergente.

Remarque : cette propriété est démontrée de façon très différente à l'Ex. IV. 11.

5) *a*) Soit $x \in E$ et soit $\varepsilon > 0$: si $d(x, y) < \eta = \varepsilon$ on a

$d(x, a) \leqslant d(x, y) + d(y, a)$ et $d(x, b) \leqslant d(x, y) + d(y, b)$

donc $\varphi(x) = \max\{d(x, a), d(x, b)\} \leqslant d(x, y) + \varphi(y)$ donc

$\varphi(x) - \varphi(y) \leqslant d(x, y) < \varepsilon;$

et de la même façon $\varphi(y) - \varphi(x) < \varepsilon$, d'où $|\varphi(x) - \varphi(y)| < \varepsilon$. φ est continue sur le compact E donc (théorème de Heine) atteint sa borne inférieure : $\varphi(x_0)$. La boule fermée $\mathscr{B}'(x_0, \varphi(x_0))$ répond à la question.

Ceci est encore vrai dans $\mathbb{R}$, bien qu'il ne soit pas compact : $\forall a, b \in \mathbb{R}$ $\mathscr{B}'\left(\frac{a+b}{2}, \frac{|b-a|}{2}\right)$ est une boule fermée de rayon minimum contenant a et b.

b) Si $x \in \Gamma$ on a $d(x, x) = d(x, f(x)) = 0$ donc $f(x) = x$; et si $x = f(x)$ on a pour tout $y \in E$ $d(x, y) = d(f(x), f(y)) = d(x, f(y))$, donc $x \in \Gamma$.

Donc $\Gamma = \{x, f(x) = x\}$. Γ est fermé : si $x \in \overline{\Gamma}$, $\forall \varepsilon > 0$ $\exists x' \in \Gamma$: $d(x, x') < \varepsilon$ donc $d(x', f(x)) < \varepsilon$ et $d(x, f(x)) \leqslant d(x, x') + d(x', f(x)) < 2\varepsilon$; donc $x = f(x)$ et $x \in \Gamma$. Γ est fermé dans le compact E, donc compact.

13*

1) *a*) On pose $\tilde{f}(-\infty) = -1$, $\tilde{f}(+\infty) = +1$, $\tilde{f}(x) = f(x)$, pour $x \in \mathbb{R}$. $\tilde{f}$ est une bijection de $\overline{\mathbb{R}}$ sur $[-1, +1]$, elle est continue en $-\infty$: $\tilde{f}^{-1}([-1, a[) = [-\infty, \frac{a}{1-|a|}[$; de même elle est continue en $+\infty$. C'est donc un homéomorphisme : si F est fermé dans $\overline{\mathbb{R}}$ compact (Ex. III. 17), F est compact donc $\tilde{f}(F)$ est compact (car $[-1, +1]$ est séparé)

donc fermé dans $[\![-1, +1]\!]$. On peut donc transférer au moyen de $\tilde{f}$ la distance usuelle de $[\![-1, +1]\!]$:

$$d(x, y) = \tilde{f}|(x) - \tilde{f}(y)| = \left|\frac{x}{1+|x|} - \frac{y}{1+|y|}\right|$$

(voir aussi Ex. IV. 2) ; $\tilde{f}$ est alors une isométrie par construction. On voit que par ce moyen il est inutile de vérifier que la topologie associée à d est bien la topologie de $\overline{\mathbb{R}}$. Alors $\overline{\mathbb{R}}$ est complet car c'est un espace métrique compact (Ex. IV. 12).

b) g est bijective, continue puisque $g^{-1}(]a, b[) =]\frac{2}{\pi}\operatorname{Arctg} a, \frac{2}{\pi}\operatorname{Arctg} b[$. On pose $\tilde{g}(-1) = -\infty$, $\tilde{g}(+1) = +\infty$: $\tilde{g}$ est continue en -1 car $\tilde{g}^{-1}([-\infty, A[) = [-1, \frac{2}{\pi}\operatorname{Arctg} A[$. C'est donc un homéomorphisme (même démonstration que pour 1 *a*), et par transport on obtient une distance sur $\overline{\mathbb{R}}$: $d'(\tilde{g}(x), \tilde{g}(y)) = |x - y|$ c'est-à-dire

$$d'(x, y) = \frac{2}{\pi}|\operatorname{Arctg} x - \operatorname{Arctg} y|$$

avec les conventions $\operatorname{Arctg}(+\infty) = \frac{\pi}{2}$, $\operatorname{Arctg}(-\infty) = -\frac{\pi}{2}$. Cette distance induit la topologie de $\overline{\mathbb{R}}$, donc est topologiquement équivalente à d.

2) *a*) $\mathcal{T}$ est séparée puisque $(\mathbb{R}, \mathcal{T})$ est homéomorphe à l'espace $\Gamma \subseteq \mathbb{R}^2$ qui est séparé. Γ n'est pas compact car non borné dans $\mathbb{R}^2$, donc $(\mathbb{R}, \mathcal{T})$ n'est pas compact. Par contre Γ est fermé dans $\mathbb{R}^2$, donc localement compact (on vérifiera facilement que tout sous-espace fermé d'un espace localement compact est localement compact) donc aussi $(\mathbb{R}, \mathcal{T})$. Ainsi

$$[-1, +1] \cup [2, +\infty[\quad \text{et} \quad [-1, +\infty[$$

sont des voisinages compacts de 0.

b) $(\mathbb{R}, \mathcal{T})$ est homéomorphe à l'espace métrisable Γ, donc métrisable. En prenant sur Γ l'une des trois distances D_1, D_2, D_3 on obtiendra sur $(\mathbb{R}, \mathcal{T})$ trois distances topologiquement équivalentes. Il n'est pas très simple de les expliciter puisque $\tilde{f}$ n'est pas simple : on aura

$$d_i(x, y) = D_i(\tilde{f}(x), \tilde{f}(y)).$$

$[0, +\infty]$ est transformé par $\tilde{f}$ en un demi-cercle, donc est borné pour D_1, D_2, D_3; par exemple pour la distance euclidienne D_3 on aura

$$d_3([0, +\infty[) = 2.$$

c) La continuité de g est immédiate, sauf en 0 :

$$g^{-1}(]a, b[\cup]A, +\infty[) \supseteq]-\frac{1}{A}, \frac{1}{A}[$$

qui est un voisinage de 0. Comme $[0, 1]$ est compact pour $\mathcal{T}_0$, g est bornée sur $[0, 1]$ (théorème de Heine), $g([0, 1]) = \{0\} \cup [1, +\infty[$ dont le diamètre est 1 pour la distance d_3.

3) *a*) En effet on a construit un homéomorphisme de $(\mathbb{R}, \mathcal{T}')$ sur $S \cup T$, donc cet espace est métrisable. Comme à la question 2 on peut définir trois distances sur $(\mathbb{R}, \mathcal{T}')$ à partir des distances D_1, D_2, D_3, et qu'il est possible d'entièrement expliciter.

b) $(\mathbb{R}, \mathcal{T}')$ est compact (Ex. III. 18) donc complet (Ex. IV. 12).

c) $I/\left\{0, \frac{1}{2}, 1\right\}$ est homéomorphe à $(\mathbb{R}, \mathcal{T}')$ donc métrisable, compact et complet. Mais on peut donner une distance simple sur $I/\left\{0, \frac{1}{2}, 1\right\}$ au moyen de l'homéomorphisme $f : I/\left\{0, \frac{1}{2}, 1\right\} \to S^1 \cup S'$ (Ex. III. 18, question II). Si $r : I \to I/\left\{0, \frac{1}{2}, 1\right\}$ est la surjection canonique on aura

$$d(r(x), r(y)) = |e^{4\pi i x} - e^{4\pi i y}| \text{ si } x, y \leqslant \frac{1}{2} \text{ ou } x, y \geqslant \frac{1}{2}$$
$$= |e^{4\pi i x} - 2 + e^{4\pi i y}| \text{ si } x \leqslant \frac{1}{2} \leqslant y$$

14*

1) *a*) L'axiome (D_1) est évidemment vérifié

(D_2) si $d(r(x), r(y)) = 0$ il existe $x'Rx$, $y'Ry$ tels que $|x' - y'| = 0$ donc $x' = y'$, et xRy, d'où $r(x) = r(y)$.

(D_3) non vérifié :

$$d\left(r\left(\frac{1}{8}\right), r\left(\frac{7}{8}\right)\right) = \frac{3}{4} > d\left(r\left(\frac{1}{8}\right), r(0)\right) + d\left(r(0), r\left(\frac{7}{8}\right)\right) = \frac{1}{4}$$

b) (D_1) évident.

(D_2) si $d(r(x), r(y)) = 0$ on a $x' = y'$ donc xRy et $r(x) = r(y)$.

(D_3) $d(r(x), r(z)) = |x' - z'| \leqslant |x' - y'| + |y' - z'|$
$= d(r(x), r(y)) + d(r(y), r(z))$

Mais la topologie associée à cette distance n'est pas celle de T^1 :

$$U = \mathscr{B}\left(r(0), \frac{1}{2}\right)$$

n'est pas ouvert puisque $r^{-1}(U) = [\![0, \frac{1}{2}[\![\cup \{1\}$ n'est pas ouvert.

c) Cependant T^1 est métrisable car homéomorphe à S^1 (Ex. III. 17, question 7).

2) *a*) L'axiome (D_3) seul n'est pas vérifié : on le montrera avec

$$x = \left(\frac{1}{8}, \frac{1}{2}\right) \quad y = \left(0, \frac{1}{2}\right), z = \left(\frac{7}{8}, \frac{1}{2}\right)$$

par exemple.

b) Comme pour 1 *b*) les axiomes sont vérifiés mais la topologie associée n'est pas la topologie quotient : si $U = \mathscr{B}\left(\left(0, \frac{1}{2}\right), \frac{1}{4}\right)$ on a

$$m^{-1}(U) = A \cup B \text{ avec } A = I^2 \cap \mathscr{B}_{D_3}\left(\left(0, \frac{1}{2}\right), \frac{1}{4}\right) \text{ et}$$

$$B = \{1\} \times]\!]\frac{1}{4}, \frac{3}{4}[\![$$

non ouvert.

c) La situation est la même que pour la question 1, mais on n'a pas défini d'homéomorphisme de I^2/M sur une figure connue. Mais I^2/M se plonge dans $\mathbb{R}^3$ avec : du papier, des ciseaux et de la colle ! Voir une autre démonstration à la remarque de la page 155.

3) *a*) Puisque chaque classe a deux éléments z et $-z$, si

$$d(\dot{z}, \dot{z}') = |z - z'|$$

on a également $d(\dot{z}, \dot{z}') = |-z - (-z')|$, donc il suffit de faire varier z ou z' dans sa classe.

b) Les axiomes (D_1) et (D_2) se vérifient comme à la question 1.

(D_3) Pour $\dot{x}, \dot{y}, \dot{z} \in P^1$ on choisit y quelconque dans $\dot{y}$, puis $x' \in \dot{x}$ tel que $d(\dot{x}, \dot{y}) = |x' - y|$, et $z' \in \dot{z}$ tel que $d(\dot{y}, \dot{z}) = |y - z'|$. Alors $d(\dot{x}, \dot{z}) \leqslant |x' - z'| \leqslant |x' - y| + |y - z'| = d(\dot{x}, \dot{y}) + d(\dot{y}, \dot{z})$.

c) Soit U un ouvert de P^1 et $\dot{z} \in U$, donc $r^{-1}(U)$ est voisinage de z, donc $z \in S^1 \cap \mathscr{B}(z, \rho) \subseteq r^{-1}(U)$ où $\mathscr{B}(z, \rho) = \{t \in \mathbb{C},\ |z - t| \leqslant \rho\}$, alors : $\dot{z} \in \mathscr{B}_d(\dot{z}, \rho) \subseteq U$. Donc U est ouvert pour la distance d.

Réciproquement $\mathscr{B}_d(\dot{z}, \rho)$ est ouvert car

$$r^{-1}(\mathscr{B}_d(\dot{z}, \rho)) = [\mathscr{B}(z, \rho) \cup \mathscr{B}(-z, \rho)] \cap S^1$$

est ouvert dans S^1.

d) P^1 est donc séparé, il est alors compact (puisque S^1 est compact, et d'après le théorème de Weierstrass). Il est connexe d'après le théorème de Bolzano.

e) Il suffit en effet de remarquer que $f : S^1 \to E$ est continue et paire si et seulement si $f \in \mathscr{C}_R(S^1, E)$ (Ex. II. 13) et d'appliquer alors la question 4 *c* de Ex. II. 13.

15*

1) On trouve $f(x) = \left(x\left(1 - \dfrac{\sqrt{2}}{\sqrt{x^2+1}}\right), \dfrac{\sqrt{2}}{\sqrt{x^2+1}}\right)$.

2) La continuité de f résulte de celle de $x \longmapsto \dfrac{1}{\sqrt{x^2+1}}$. De plus

$$f(-1) = f(1) = \omega$$

donc $f \in \mathscr{C}_\rho(\mathbb{R}, \mathbb{R}^2)$ (Ex. II. 13) et se prolonge donc en une application continue $g : \mathbb{R}/\rho \to \mathbb{R}^2$ qui est injective. Donc $g : \mathbb{R}/\rho \to C$ est continue bijective.

3) Si K est compact, K est fermé, donc $f^{-1}(K)$ est fermé, et K est borné : $\forall (x, y) \in K : D_1((x, y), (0, 0)) = \max\{|x|, |y|\} \leqslant R$. Soit $x \in f^{-1}(K)$: on a donc $D_1(f(x), (0, 0)) \leqslant \mathbb{R}$ donc en particulier $|x|\left|1 - \dfrac{\sqrt{2}}{\sqrt{x^2+1}}\right| \leqslant R$.

Si $\dfrac{\sqrt{2}}{\sqrt{x^2+1}} \leqslant 1$ on conclut $|x| \leqslant R + \dfrac{|x|\sqrt{2}}{\sqrt{x^2+1}} \leqslant R + \sqrt{2}$, et si

$$\frac{\sqrt{2}}{\sqrt{x^2+1}} \geqslant 1$$

on conclut $|x| \leqslant 1$. Donc $\forall x \in f^{-1}(K) : |x| \leqslant R + \sqrt{2}$. Comme $\mathbb{R}^2$ est localement compact, f est une application propre donc fermée. En particulier C est fermé dans $\mathbb{R}^2$.

4) $f : \mathbb{R} \to C$ est donc également fermée, donc g est fermée (Ex. II. 13) et c'est un homéomorphisme.

5) Il s'ensuit que $\mathbb{R}/\rho$ est séparé. Il est localement compact car C est localement compact (comme tout sous-espace fermé d'un espace localement compact). Il n'est pas compact car C n'est pas compact (puisque non borné). Il est connexe comme image continue d'un connexe (théorème de Bolzano).

6) $\mathbb{R}/\rho$ est métrisable car homéomorphe à C. L'application g fournit 3 distances selon que l'on choisit dans $\mathbb{R}^2$ D_1, D_2, D_3. Il est complet pour ces 3 distances puisque C l'est (sous-espace fermé d'un espace complet Ex. IV. 9).

7) La suite (x_n) est divergente car elle n'est pas de Cauchy :

$$|x_{2n} - x_{2n+1}| > \frac{1}{2}.$$

Mais la suite $(r(x_n))$ converge vers $r(1)$: il suffit de calculer $f(x_n) = (X_n, Y_n)$ et l'on voit que (X_n) converge vers 0 et (Y_n) vers 1 donc $f(x_n)$ converge vers ω et $(r(x_n))$ vers $r(-1) = r(1)$.

16*

1) *a*) • $\mathcal{R} = \bigcup\limits_{x, y \in \mathbb{R}} [x^+, y^+[$: si $z^- \in \mathcal{R}$ soit $x < z$ d'où $z^- \in [x^+, z^+[$; si $z^+ \in \mathcal{R}$, $z^+ \in [z^+, (z+1)^+[$.

• $[x^+, y^+[\cap [x_1^+, y_1^+[$ est un intervalle du même type.

$\mathcal{T}$ est moins fine que $\mathcal{T}_+$, car pour $\mathcal{T}_+$ les intervalles $[x^-, y^+[$, $[x^-, y^-[$, $[x^+, y^-[$ sont également ouverts.

b) En effet $[x^+, y^+[= [x^+, y^-]$, car $]y^-, y^+[= \varnothing$, et $\complement[x^+, y^+[=](\leftarrow, x^+[\cup [y^+, \rightarrow)$ est ouvert. Système fondamental de voisinages de x^+ : $\left\{\left[x^+, \left(x + \frac{1}{n}\right)^+\right[\right\}_{n \geqslant 1}$, de x^- : $\left\{\left[\left(x - \frac{1}{n}\right)^+, x^+\right[\right\}_{n \geqslant 1}$. Donc $\mathcal{R}$ satisfait 1.A.D.

$c)$ Deux points $x^+ \neq y^+$ sont séparés, ainsi que deux points $x^- \neq y^-$. Enfin x^+ et x^- sont séparés : soient $a < x < b$ on a $[a^+, x^+[\cap [x^+, b[= \varnothing$.

$\mathcal{R}$ est régulier puisque les voisinages de 1. $b)$ sont fermés.

$d)$ $\mathcal{R} = \bigcup_{n \in \mathbb{Z}} [(n-1)^+, (n+1)^+[$ et l'on ne peut extraire aucun recouvrement fini.

2) $a)$ Si aucun des deux intervalles $[x^+, c^-]$ et $[c^+, y^-]$ vérifie (F), chacun est recouvert par un nombre fini d'ouverts de $\mathcal{U}$, donc également

$$[x^+, c^-] \cup [c^+, y^-] = [x^+, y^-]$$

ce qui est contraire à l'hypothèse. Si $[x_1^+, y_1^-]$ est cet intervalle, on choisit $c = \frac{x_1 + y_1}{2}$ et l'on raisonne de même pour $[x_1^+, c^-]$ et $[c^-, y_1^-]$. On fabrique ainsi une suite d'intervalles emboîtés $[x_n^+, y_n^-]$ avec $y_n - x_n = \frac{y-x}{2^n}$,

$b)$ La suite (x_n) est croissante car x_{n+1} est égal soit à x_n, soit à $\frac{x_n + y_n}{2} > x_n$. Comme cette suite est majorée par y, elle converge vers $\alpha \leqslant y$.

De même (y_n) est décroissante, minorée par x donc converge vers $\beta \geqslant x$.

Comme de plus $y_n - x_n = \frac{y-x}{2^n}$ tend vers 0 on aura $\alpha = \beta$.

$c)$ Pour $n \geqslant n_0$ on a $y_{n+1} = y_n$ ou $y_{n+1} = \frac{x_n + y_n}{2} < y_n$; mais on ne peut avoir $y_{n+1} = y_n$ car sinon on aurait $x_{n+1} = \frac{x_n + y_n}{2} > x_n$. Alors $\forall \varepsilon > 0$ $\exists p_0, \forall n \geqslant p_0 : y_n \in]\alpha, \alpha + \varepsilon[$ (puisque (y_n) converge vers α et que $y_n \neq \alpha$) donc pour $n \geqslant p_0$ on a $y_n^- \in [\alpha^+, (\alpha + \varepsilon)^+[$, i.e. : (y_n^-) converge vers α^+. De plus on a $\alpha < y$ (car sinon $\alpha = y$ et (y_n) serait stationnaire : $y_n = \alpha \forall n$). Puisque $x \leqslant \alpha < y$ on en déduit $x^+ \leqslant \alpha^+ < y^-$ donc $\alpha^+ \in [x^+, y^-]$. Comme $\mathcal{U}$ est un recouvrement, $\exists U \in \mathcal{U}$ tel que $\alpha^+ \in U$, i.e. U est voisinage de α^+, donc $\exists a$ tel que $[\alpha^+, a^+[\subseteq U$; d'après la convergence de (y_n^-) il existe alors p_0 tel que $\forall n \geqslant p_0$ on ait : $y_n^- \in [\alpha^+, a^+[$; donc si $n \geqslant \max\{n_0, p_0\}$ on a $x_n^+ = \alpha^+$ et $[x_n^+, y_n^-] \subseteq [\alpha^+, a^+[\subseteq U$ ce qui contredit la propriété (F) satisfaite par $[x_n^+, y_n^-]$.

$d)$ On montrera de la même manière que si (y_n) était stationnaire, (x_n^+) convergerait vers α^- et $x < \alpha$; à partir d'un certain rang on aurait également $[x_n^+, y_n^-] \subseteq U$, $U \in \mathcal{U}$.

e) On a toujours $x \leqslant \alpha \leqslant y$ et si $\alpha = x$ (resp $\alpha = y$) (x_n) est stationnaire (resp (y_n) est stationnaire) donc $x < \alpha < y$. De plus (x_n^+) converge vers α^- : comme on a $x_n < \alpha$ pour tout n (sinon (x_n) serait stationnaire) et que (x_n) converge vers α, on a $\forall \varepsilon > 0\ \exists n_0\ \forall n \geqslant n_0 : x_n \in]\alpha - \varepsilon, \alpha + \varepsilon[$ d'où $x_n \in]\alpha - \varepsilon, \alpha[$ et $x_n^+ \in](\alpha - \varepsilon)^-, \alpha^-]$ d'où (x_n^+) converge vers α^-; de même (y_n^-) converge vers α^+. De $x < \alpha < y$ on déduit que

$$\alpha^+, \alpha^- \in [x^+, y^-].$$

Donc $\exists U, V \in \mathscr{U}$ tels que $\alpha^+ \in U$, $\alpha^- \in V$; d'où $\alpha^+ \in [\alpha^+, a^+[\subseteq U$ et, d'après la convergence de (y_n^-), $\exists n_0\ \forall n \geqslant n_0 : y_n^- \in [\alpha^+, a^+[$; de même $\alpha^- \in]b^+, \alpha^+[\subseteq V$ donc $\exists p_0\ \forall n \geqslant p_0 : x_n^+ \in]b^+, \alpha^+[$; alors pour $n \geqslant \max\{n_0, p_0\}$ on a $x_n^+, y_n^- \in]b^+, \alpha^+[\cup [\alpha^+, a^+[$; d'où $x_n^+, y_n^- \in]b^+, a^+[$ et $[x_n^+, y_n^-] \subseteq]b^+, a^+[\subseteq U \cup V$. Ceci contredit également le fait que $[x_n^+, y_n^-]$ vérifie (F).

L'hypothèse faite est donc fausse, et de tout recouvrement ouvert on peut extraire un recouvrement fini : $[x^+, y^-]$ est compact. Comme tout point de $\mathscr{R}$ possède un voisinage de cette forme, on en déduit que $\mathscr{R}$ est localement compact.

3) *a*) On montrera facilement que $\{q^+, q \in \mathbb{Q}\} \cup \{q^-, q \in \mathbb{Q}\}$ est une partie dénombrable et dense dans $\mathscr{R}$.

b) Si $\mathscr{R}$ était de type dénombrable, de la base $\mathscr{B} = \{[x^+, y^+[\}$ on pourrait extraire une base dénombrable $\mathscr{B}' = \{[x_n^+, y_n^+[\}_{n \in \mathbb{N}}$. Comme $\{x^+, x \in \mathbb{R}\}$ n'est pas dénombrable, il existe un x^+ différent de tous les x_n^+, $n \in \mathbb{N}$. Soit $y^+ > x^+$; comme $[x^+, y^+[$ est ouvert on a

$$[x^+, y^+[= \bigcup_{i \in I} [x_i^+, y_i^+[,$$

$I \subseteq \mathbb{N}$ et ceci entraîne que x^+ est l'un des x_i^+, contraire à l'hypothèse.

c) $\mathscr{R}$ n'est donc pas métrisable (Ex. IV. 7, question 5).

d) Il suffit de prouver que si $x^\varepsilon \neq y^{\varepsilon'}$ il existe deux ouverts disjoints A, B tels que $x^\varepsilon \in A$, $y^{\varepsilon'} \in B$ et $\mathscr{R} = A \cup B$; en effet on aura alors $x^\varepsilon \notin C(y^{\varepsilon'})$ car $C(y^{\varepsilon'}) = [A \cap C(y^{\varepsilon'})] \cup [B \cap C(y^{\varepsilon'})]$ donc $A \cap C(y^{\varepsilon'}) = \Phi$ et $x^\varepsilon \notin C(y^{\varepsilon'})$ ceci étant vrai $\forall x^\varepsilon \neq y^{\varepsilon'}$ on aura $C(y^{\varepsilon'}) = \{y^{\varepsilon'}\}$.

Soient donc $x^\varepsilon \neq y^{\varepsilon'}$ avec par exemple $x^\varepsilon < y^{\varepsilon'}$:

- si $x^\varepsilon = x^-$, $y^{\varepsilon'} = x^+$ alors $A = (\leftarrow, x^+[$ et $B = [x^+, \rightarrow)$ sont les ouverts cherchés,
- sinon il existe $z^{\varepsilon''}$ tel que $x^\varepsilon < z^{\varepsilon''} < y^{\varepsilon'}$ et $A = (\leftarrow, z^+[$, $B = [z^+, \rightarrow)$ sont les ouverts cherchés.

$\mathscr{R}$ est donc totalement discontinu.

4) *a*) f admet une limite à droite au point t, donc : $\exists \eta'$ tel que pour $|x - t| < \eta'$ et $x > t$ on ait $d(f(x), f_d(t)) < \frac{\varepsilon}{2}$. Comme $t^+ \in V$ on a : $a \leqslant t < a + \frac{\eta}{2}$: soit $z = t + \min\left\{\frac{\eta'}{2}, \frac{\eta}{2} - (t - a)\right\}$. D'une part on a : $z > a$ (car $z > t \geqslant a$) et $z - a < \eta$

$$\left(\text{car } z \leqslant t + \frac{\eta}{2} - t + a = a + \frac{\eta}{2}\right)$$

donc $d(f(z), f_d(a)) < \frac{\varepsilon}{2}$.

D'autre part : $z > t \left(\text{car } \frac{\eta}{2} > t - a\right)$ et $z - t < \eta' \left(\text{car } z \leqslant t + \frac{\eta'}{2}\right)$ donc $d(f(z), f_d(t)) < \frac{\varepsilon}{2}$. On en déduit

$$d(f_d(a), f_d(t)) = d(\tilde{f}(a^+), \tilde{f}(t^+)) < \varepsilon.$$

b) f admet une limite à gauche en t : $\exists \eta'$ tel que pour $|x - t| < \eta'$ et $x < t$ on ait $d(f(x), f_g(t)) < \frac{\varepsilon}{2}$. Comme $t^- \in V$ on a :

$$a < t \leqslant a + \frac{\eta}{2}.$$

Soit $z = t - \min\left\{\frac{\eta'}{2}, \frac{t - a}{2}\right\}$. D'une part $z > a$

$$\left(\text{car } z \geqslant t - \frac{t - a}{2} = \frac{t + a}{2} > a\right) \text{ et } z - a < \eta \left(\text{car } z < t \leqslant a + \frac{\eta}{2}\right)$$

donc $d(f(z), f_d(a)) < \frac{\varepsilon}{2}$.

D'autre part $z < t$ et $t - z \leqslant \frac{\eta'}{2} < \eta'$ donc $d(f(z), f_g(t)) < \frac{\varepsilon}{2}$. Alors :

$$d(f_d(a), f_g(t)) = d(\tilde{f}(a^+), \tilde{f}(t^-)) < \varepsilon.$$

On vient de montrer que $\forall \varepsilon > 0 \ \exists V \in \mathscr{V}(a^+)$ tel que $t^\alpha \in V$ implique

$$d(\tilde{f}(a^+), \tilde{f}(t^\alpha)) < \varepsilon :$$

c'est la continuité de $\tilde{f}$ en a^+.

c) *A priori* on ne peut raisonner par « symétrie » puisque la topologie $\mathfrak{T}$ n'est pas « symétrique en $+$ et $-$ ». Soit donc $a^- \in \mathscr{R}$ et $\varepsilon > 0$:

f est continue à gauche en a, donc $\exists\eta$ tel que pour $x < a$ et $|a - x| < \eta$ on ait $d(f_g(a), f(x)) < \frac{\varepsilon}{2}$. Soit $V = \left[\left(a - \frac{\eta}{2}\right)^+, a^+\right[\in \mathscr{V}(a^-)$:

- si $t^+ \in V$ on a : $a - \frac{\eta}{2} \leqslant t < a$ et (existence de $f_d(t)$) $\exists\eta'$ tel que pour $x > t$ et $|x - t| < \eta'$ on ait $d(f_d(t), f(x)) < \frac{\varepsilon}{2}$. On choisit

$$z = t + \min\left\{\frac{\eta'}{2}, \frac{a-t}{2}\right\}.$$

D'une part $z < a$ $\left(\text{car } z \leqslant t + \frac{a-t}{2} = \frac{t+a}{2} < a\right)$ et $a - z < \eta$ (car $a - \eta < t \leqslant z$) donc $d(f_g(a), f(z)) < \frac{\varepsilon}{2}$.

D'autre part $z > t$ et $z - t < \eta'$ donc $d(f_d(t), f(z)) < \frac{\varepsilon}{2}$. Alors

$$d(\tilde{f}(a^-), \tilde{f}(t^+)) < \varepsilon,$$

- si $t^- \in V$: $a - \frac{\eta}{2} < t \leqslant a$. Or (existence de $f_g(t)$) $\exists\eta'$ tel que pour

$$x < t \quad \text{et} \quad |t - x| < \eta'$$

on ait $d(f_g(t), f(x)) < \frac{\varepsilon}{2}$. Soit $z = t - \min\left\{\frac{\eta'}{2}, \frac{\eta}{2} - (a - t)\right\}$.
On conclura de même $d(\tilde{f}(a.), \tilde{f}(t^-)) < \varepsilon$.

d) Si $f : \mathscr{R} \to (E, d)$ est continue, soit $\bar{f}(x) = f(x^+)$. Montrons que $\bar{f} : \mathbb{R} \to E$ est réglée continue à droite : soit $a \in \mathbb{R}$,

- limite à droite : $\forall\varepsilon > 0$, f étant continue en a^+, $\exists\eta$ tel que si

$$t^\alpha \in [a^+, (a + \eta)^+[$$

on ait $d(f(t^\alpha), f(a^+)) < \varepsilon$; donc si $t \in [a, a + \eta[$ on aura

$$t^+ \in [a^+, (a + \eta)^+[$$

donc $d(\bar{f}(t), \bar{f}(a)) < \varepsilon$. Ceci montre que la limite à droite existe et vaut $\bar{f}(a)$, d'où la continuité à droite,

- limite à gauche : $\forall\varepsilon > 0$, f étant continue en a^-, $\exists\eta$ tel que si

$$t^\alpha \in [(a - \eta)^+, a^+[$$

on ait $d(f(t^\alpha), f(a^-)) < \varepsilon$; donc si $t \in [a - \eta, a[$ on a $t^+ \in [(a - \eta)^+, a^+[$ donc $d(\bar{f}(t), f(a^-)) < \varepsilon$. Ceci démontre que $\bar{f}_g(a)$ existe et vaut $f(a^-)$.

e) On définit $\bar{f} : [a^+, b^-] \to E$ par $\bar{f}(x^+) = f_d(x)$, $\bar{f}(x^-) = f_g(x)$. Comme $\bar{f}$ est continue sur le compact $[a^+, b^-]$, elle est bornée (théorème de Heine) donc $\exists M > 0$ tel que $\forall x^\alpha, y^\beta \in [a^+, b^-]$, $d(\bar{f}(x^\alpha), \bar{f}(x^\beta)) \leqslant M$. Alors pour $x, y \in [\![a, b[\![$ on a $f(x) = f_d(x) = \bar{f}(x^+)$ et $f(y) = \bar{f}(y^+)$ avec $x^+, y^+ \in [a^+, b^-[$, donc $d(f(x), f(y)) \leqslant M$. Enfin pour tout $x \in [\![a, b]\!]$ on a :

$$d(f(x), f(b)) \leqslant d(f(x), f(a)) + d(f(a), f(b)) \leqslant M + d(f(a), f(b)) = M'$$

Donc le diamètre de $f([\![a, b]\!])$ est inférieur à M'.

17*

1) U_0 étant dense, $\exists x_0 \in \Omega \cap U_0$, et E étant régulier $\Omega \cap U_0$ contient un voisinage fermé F_0 de x_0, donc $\mathring{F}_0 \neq \varnothing$. La récurrence est facile.

2) Si E est métrisable complet chaque F_n contient une boule $B_n = \mathscr{B}'(a_n, r_n)$ où $r_n \leqslant \dfrac{1}{n}$; et on peut choisir $B_{n+1} \subseteq B_n$; comme $d(B_n) \leqslant \dfrac{2}{n}$ il résulte de Ex. IV, 9, p. 168 que $\bigcap_n B_n \neq \varnothing$ donc $\bigcap_n F_n \neq \varnothing$.

Si E est compact $\bigcap_n F_n \neq \varnothing$ car la suite $(F_n)_n$ est décroissante et d'après Ex III. 7, p. 102. Dans les deux cas $\bigcap_n F_n \neq \varnothing$ donc $\bigcap_n U_n \cap \Omega \neq \varnothing$: $\bigcap_n U_n$ est dense dans E. E est donc un espace de Baire.

3) *a*) évident; *b*) Si E est localement compact, il est ouvert dans son compactifié d'Alexanchoff (p. 105, Ex III. 10) qui est donc de Baire, donc E est de Baire (Pr 3 5, p. 66).

4) Un intervalle ouvert est de Baire (Pr 3 5, p. 66); un intervalle fermé est métrisable complet donc de Baire; enfin $[a, b[= [a, b] \cap]a - 1, b[$ est ouvert dans $[a, b]$ qui est de Baire, donc est de Baire.

1

I

1) Supposons par exemple $d(x, y) < d(y, z)$, on a

$$d(y, z) \leqslant \max\{d(y, x), d(x, z)\}$$

si l'on avait $d(x, z) < d(y, z)$:

$$d(y, z) \leqslant \max\{d(y, x), d(x, z)\} < \max\{d(y, z), d(y, z)\}$$

ce qui est absurde.

2) Si $y \in \overline{\mathscr{B}}(x, r)$: $\forall \varepsilon > 0\ \exists z : d(x, z) < r$ et $d(y, z) < \varepsilon$. En particulier pour $\varepsilon = r : d(x, z) < r$ et $d(y, z) < r$ d'où

$$d(y, x) \leqslant \max\{d(x, z), d(y, z)\} < r \quad \text{et} \quad y \in \mathscr{B}(x, r).$$

Soit alors $y \in \mathscr{B}(x, r)$: si $z \in \mathscr{B}(y, r)$ $d(y, z) < r$ d'où

$$d(x, z) \leqslant \max\{d(x,y), d(y, z)\} < r,$$

donc $z \in \mathscr{B}(x, r)$ et réciproquement. Si $z \in \mathscr{B}(x, r) \cap \mathscr{B}(y, s)$: $d(x, z) < r$ et $d(y, z) < s$ d'où $\mathscr{B}(x, r) = \mathscr{B}(z, r)$ et $\mathscr{B}(y, s) = \mathscr{B}(z, s)$ d'où le résultat.

3) Soit $y \in \mathscr{B}'(x, r)$: si $d(x, y) < r, y \in \mathscr{B}(x, r) \subseteq \mathscr{B}'(x, r)$; si $d(x, y) = r$ on a $y \in \mathscr{B}(y, r) \subseteq \mathscr{B}'(x, r)$; ainsi $\mathscr{B}'(x, r)$ est voisinage de chacun de ses points donc ouvert. La seconde assertion se démontre comme en 2).

4) Si $(x_n)_{n \geqslant 0}$ est de Cauchy :

$\forall \varepsilon > 0\ \exists n_0\ \forall p, q \geqslant n_0 : d(x_p, x_q) \leqslant \varepsilon$ donc $d(x_n, x_{n+1}) \leqslant \varepsilon$ pour $n \geqslant n_0$,

donc $d(x_n, x_{n+1})$ converge vers 0. Réciproquement :

$\forall \varepsilon > 0\ \exists n_0\ \forall n \geqslant n_0 : d(x_n, x_{n+1}) < \varepsilon$ donc $\forall p \geqslant q \geqslant n_0$:
$$d(x_p, x_q) \leqslant \max\{d(x_p, x_{p-1}), d(x_{p-1}, x_q)\} \leqslant \max\{\varepsilon, d(x_{p-1}, x_q)\}$$

et de même $d(x_{p-1}, x_q) \leqslant \max\{\varepsilon, d(x_{p-2}, x_q)\}$, d'où

$$d(x_p, x_q) \leqslant \max\{\varepsilon, d(x_{p-2}, x_q)\}$$

et finalement $d(x_p, x_q) \leqslant \max\{\varepsilon, d(x_{q+1}, x_q)\} < \varepsilon$.

II

1) L'inégalité ultramétrique est vérifiée lorsque deux des points x, y, z sont confondus, elle l'est trivialement ici lorsque les trois points sont distincts. Les suites de Cauchy sont les suites stationnaires : d'après I 4) $\forall \varepsilon = 1 \ \exists n_0 \ \forall n \geqslant n_0 : d(x_n, x_{n+1}) < 1$ d'où $x_{n+1} = x_n$; donc l'espace est complet.

2) *a*) Les axiomes (D_1) et (D_2) sont évidemment vérifiés. L'inégalité ultramétrique l'est aussi lorsque deux des trois points x, y, z sont confondus, et s'ils sont distincts supposons $\dfrac{1}{k(x, y)} \leqslant \dfrac{1}{k(y, z)}$ alors

$m = k(y, z) \leqslant n = k(x, y)$;

si $p < m$ on a $y_p = z_p$ et $x_p = y_p$ (car $p < n$) donc $x_p = z_p$, d'où

$k(x, z) \geqslant m = k(y, z)$

et le résultat.

b) Si $(\xi_n)_{n \geqslant 0}$ est une suite de Cauchy : $\forall \varepsilon > 0 \ \exists n_0 \ \forall n \geqslant n_0$

$k(\xi_n, \xi_{n+1}) > \dfrac{1}{\varepsilon}$,

donc $\forall N \ \exists n_0 \ \forall n \geqslant n_0 : k(\xi_n, \xi_{n+1}) > N$ d'où $\forall p \leqslant N : \xi_n^p = \xi_{n+1}^p = x_p$ où

$\xi_n = (\xi_n^p)_{p \geqslant 1}$,

d'où un élément $x = (x_p)_{p \geqslant 1}$ de E. Alors $\forall \varepsilon > 0$ soit N tel que $\dfrac{1}{N} < \varepsilon$,

il existe donc n_0 tel que $\forall n \geqslant n_0 = k(\xi_n, x) > N$ d'où $d(\xi_n, x) < \dfrac{1}{N} < \varepsilon$ et $(\xi_n)_{n \geqslant 0}$ converge vers x.

III

1) Si $n = p^\alpha . r$ et $n' = p^\beta . s$ on a $nn' = p^{\alpha+\beta} . rs$ d'où le résultat.

2) si $x = \pm \dfrac{r}{s} = \pm \dfrac{r'}{s'}$ on a $rs' = r's$ d'où, d'après 1),

$v_p(r) - v_p(s) = v_p(r') - v_p(s')$;

si $y = \pm \dfrac{t}{u}$, $xy = \pm \dfrac{rt}{su}$ et

$v_p(xy) = v_p(r) + v_p(t) - v_p(s) - v_p(u) = v_p(x) + v_p(y)$.

3) l'axiome (D_1) est vérifié car $v_p(x-y) = v_p(y-x)$; (D_2) : immédiat car $p^\alpha \neq 0$ pour tout α.

4) On a $z - 1 = \dfrac{\pm p^h r}{s} - 1 = \dfrac{\pm p^h r - s}{s}$ d'où

$$v_p(z-1) = v_p(\pm p^h r - s) - v_p(s) = v_p(\pm p^h r - s) \geqslant 0$$

car $v_p(s) = 0$, s étant premier avec p.

5) Supposons $v_p(x) \geqslant v_p(y)$; on a $\dfrac{x}{y} \in \mathbb{Q}$ et $\dfrac{x}{y} \neq 1$ donc (4)

$$v_p\left(\frac{x}{y} - 1\right) \geqslant 0 \quad \text{i.e.} \quad v_p\left(\frac{x-y}{y}\right) \geqslant 0,$$

d'où $v_p(x-y) \geqslant v_p(y)$, c.q.f.d.

6) L'inégalité ultramétrique est vérifiée lorsque deux des trois points x, y, z sont confondus; s'ils sont distincts :

$$p^{-v_p(x-z)} \leqslant \max \{p^{-v_p(x-y)}, p^{-v_p(y-z)}\}$$

équivaut à : $v_p(x-z) \geqslant \min \{v_p(x-y),$ c'est-à-dire à :

$$v_p(X - Y) \geqslant \min \{v_p(X), v_p(Y)\}$$

avec $X = x - y \in \mathbb{Q}^*$, $Y = z - y \in \mathbb{Q}^*$ et $X \neq Y$ car $z \neq x$ d'où le résultat d'après 5).

7) Pour la distance 2-adique $d(0, 6^n) = 2^{-v_2(6^n)} = 2^{-n}$ tend vers 0 quand n tend vers ∞.

Pour la distance 3-adique $d(0, 6^n) = 3^{-v_3(6^n)} = 3^{-n}$ *idem.*

Pour la distance 5-adique $d(6^n, 6^{n+1}) = 5^{-v_5(6^{n+1}-6^n)} = \dfrac{1}{5}$ ne tend pas vers 0 donc $(6^n)_{n \geqslant 0}$ n'est pas une suite de Cauchy (question I, 4) donc ne converge pas.

8) En effet si ces deux espaces étaient « métriquement équivalents » ils auraient les mêmes suites convergentes; or la suite $(p^n)_{n \geqslant 0}$ converge vers 0 pour la distance p-adique, alors qu'elle diverge pour la distance usuelle.

2

I

1) $y = \lim_{\substack{z \to x \\ z \in A}} f(z)$ signifie : $\forall V \in \mathscr{V}(y)\ \exists W \in \mathscr{V}_A(x)\ f(W) \subseteq V$, c'est-à-dire : $\forall \mathscr{B}(y, \varepsilon)\ \exists \mathscr{B}(x, \eta) : f(\mathscr{B}(x, \eta) \cap A) \subseteq \mathscr{B}(y, \varepsilon)$ i.e. : $\forall \varepsilon > 0\ \exists \eta$, $\forall z \in A : [d(x, z) < \eta \Longrightarrow d'(y, f(z)) < \varepsilon]$.

2) $x \in \overline{A}$ donc : $\forall \varepsilon > 0\ \mathscr{B}(x, \varepsilon) \cap A \neq \varnothing$ i.e. $\forall \varepsilon > 0\ \exists x_\varepsilon \in A : d(x, x_\varepsilon) < \varepsilon$, d'où $\forall n \geqslant 0\ \exists x_n \in A : d(x, x_n) < \dfrac{1}{n+1}$ et la suite $(x_n)_{n\geqslant 0}$ converge vers x. Donc c'est une suite de Cauchy. Montrons que $(f(x_n))_{n\geqslant 0}$ est une suite de Cauchy : f est uniformément continue sur A : $\forall \varepsilon > 0\ \exists \eta$,

$\forall a, b \in A : [d(a, b) < \eta \Longrightarrow d'(f(a), f(b)) < \varepsilon]$;

or $(x_n)_{n\geqslant 0}$ est de Cauchy donc pour ce η il existe n_0 tel que si $p, q \geqslant n_0$

$d(x_p, x_q) < \eta$, donc $d'(f(x_p), f(x_q)) < \varepsilon$.

F étant complet la suite $(f(x_n))_{n\geqslant 0}$ converge : soit x' sa limite.

3) Si $(y_n)_{n\geqslant 0}$ converge vers x on a d'après la continuité uniforme de f : $\forall \varepsilon > 0\ \exists \eta$ tel que $\left[d(a, b) < \eta \Longrightarrow d'(f(a), f(b)) < \dfrac{\varepsilon}{2}\right]$; pour $\dfrac{\eta}{2}$ il existe d'après les convergences de $(x_n)_{n\geqslant 0}$ et $(y_n)_{n\geqslant 0}$ des entiers m_0, n_0 tels que $\left[n \geqslant m_0 \Longrightarrow d(x_n, x) < \dfrac{\eta}{2}\right]$ et $\left[n \geqslant n_0 \Longrightarrow d(y_n, x) < \dfrac{\eta}{2}\right]$,

d'où pour tout $n \geqslant \max\{m_0, n_0\} : d(x_n, y_n) < \eta$ donc $d'(f(x_n), f(y_n)) < \dfrac{\varepsilon}{2}$.

Or $(f(x_n))_{n\geqslant 0}$ converge vers x' : $\exists p_0 : \left[n \geqslant p_0 \Longrightarrow d'(f(x_n), x') < \dfrac{\varepsilon}{2}\right]$; alors, pour tout $n \geqslant \max\{m_0, n_0, p_0\}$ on a

$$d'(f(y_n), x') \leqslant d'(f(y_n), f(x_n)) + d'(f(x_n), x') < \frac{\varepsilon}{2} + \frac{\varepsilon}{2} = \varepsilon ;$$

i.e. $(f(y_n))_{n\geqslant 0}$ converge vers x'.

4) Supposons $x' \neq \lim_{\substack{z \to x \\ z \in A}} f(z)$, donc $\exists \varepsilon > 0$ tel que $\forall \eta = \dfrac{1}{n}\ \exists y_n \in A$: $d(x, y_n) < \dfrac{1}{n}$ et $d'(x', f(y_n)) \geqslant \varepsilon$; et ceci exprime que la suite $(y_n)_{n\geqslant 1}$

converge vers x et que la suite $(f(y_n))_{n\geqslant 1}$ ne converge pas vers x', ce qui est contraire à 3).

5) $\tilde{f}$ prolonge f évidemment car si $x \in A$ $\tilde{f}(x) = \lim\limits_{\substack{z \to x \\ z \in A}} f(z) = f(x)$. De plus $\tilde{f}$ est uniformément continue : soit $\varepsilon > 0$ et $x, y \in E$:

• f est uniformément continue :

$$\exists \eta, \forall a, b \in A \left[d(a, b) < \eta \Longrightarrow d'(f(a), f(b)) < \frac{\varepsilon}{3} \right]$$

supposons alors $d(x, y) < \frac{\eta}{2}$ et montrons que $d'(\tilde{f}(x), \tilde{f}(y')) < \varepsilon$:

• $\tilde{f}(x) = \lim\limits_{\substack{z \to x \\ z \in A}} f(z)$ donc

$$\exists \eta(\varepsilon, x)\ \forall a \in A \left[d(x, a) < \eta(\varepsilon, x) \Longrightarrow d'(\tilde{f}(x), f(a)) < \frac{\varepsilon}{3} \right]$$

• $\tilde{f}(y) = \lim\limits_{\substack{z \to y \\ z \in A}} f(z)$ donc

$$\exists \eta(\varepsilon, y)\ \forall a \in A \left[d(y, a) < \eta(\varepsilon, y) \Longrightarrow d'(\tilde{f}(y), f(a)) < \frac{\varepsilon}{3} \right]$$

• $x \in \overline{A}$ donc $\exists a \in A : d(x, a) < \min \left\{ \frac{\eta}{4}, \ \eta(\varepsilon, x) \right\}$ d'où

$d'(\tilde{f}(x), f(a)) < \frac{\varepsilon}{3}$

• $y \in \overline{A}$ donc $\exists b \in A : d(y, b) < \min \left\{ \frac{\eta}{4}, \ \eta(\varepsilon, y) \right\}$ d'où

$d'(\tilde{f}(y), f(b)) < \frac{\varepsilon}{3}$.

De plus $d(a, b) \leqslant d(a, x) + d(x, y) + d(y, b) < \frac{\eta}{4} + \frac{\eta}{2} + \frac{\eta}{4} = \eta$ donc d'après (1) : $d'(f(a), f(b)) < \frac{\varepsilon}{3}$. Alors

$$\begin{aligned} d'(\tilde{f}(x), \tilde{f}(y)) &\leqslant d'(\tilde{f}(x), f(a)) + d'(f(a), f(b)) + d'(f(b), \tilde{f}(y)) \\ &< 3 \cdot \frac{\varepsilon}{3} = \varepsilon. \end{aligned}$$

Au Pr. III. 2 on a vu que si $\lim\limits_{\substack{z \to x \\ z \in A}} f(z)$ existe pour tout $x \in \overline{A}$, f admet un prolongement continu à E, F étant supposé régulier; le prolongement est alors unique. Ici les hypothèses sont plus fortes : F est métrique complet, donc régulier, et E métrique. On a montré à la question 4) que la continuité uniforme de f sur A entraîne l'existence de $\lim\limits_{\substack{z \to x \\ z \in A}} f(z)$; d'où, en appliquant Pr. III, 2 l'existence et unicité de $\tilde{f}$. Mais ici on a une propriété strictement plus forte : la continuité uniforme de $\tilde{f}$.

II

1) Si $d'(x,y) \leqslant a.d(x,y)$ $1_E : (E, d) \to (E, d')$ est uniformément continue : $\forall \varepsilon > 0$ soit $\eta = \dfrac{\varepsilon}{a}$: $[d(x, y) < \eta \Longrightarrow d'(x, y) \leqslant a.d(x, y) < a\eta = \varepsilon]$.

La seconde implication est évidente.

- Soient, sur $\mathbb{R}$, la distance usuelle

$d(x,y) = |x - y|$ et $d'(x,y) = |x^3 - y^3|$;

ces deux distances sont topologiquement équivalentes puisque

$1_{\mathbb{R}} : (\mathbb{R}, d) \to (\mathbb{R}, d')$

est bicontinue, mais ne sont pas uniformément équivalentes, car l'application précédente n'est pas uniformément continue : soit $\varepsilon = 1$ et $\eta > 0$, il s'agit de trouver $x, y \in \mathbb{R}$ tels que $|x - y| \leqslant \eta$ mais $|x^3 - y^3| \geqslant \varepsilon = 1$; prenons $x = y + \eta$ avec $y \geqslant 0$ à déterminer : on doit avoir

$|x^3 - y^3| = (y + \eta)^3 - y^3 \geqslant 1,$

donc $3\eta.y^2 + 3\eta^2.y + \eta^3 - 1 \geqslant 0$ ce qui est toujours possible en prenant y suffisamment grand.

- Sur $\mathbb{R}$ soient d la distance usuelle et $d''(x, y) = \dfrac{|x - y|}{1 + |x - y|}$; d et d'' sont uniformément équivalentes :

  - $\forall \varepsilon > 0 \ \exists \eta : \left[|x - y| < \eta \Longrightarrow \dfrac{|x - y|}{1 + |x - y|} < \varepsilon\right]$: pour $\varepsilon \geqslant 1$

on prend η quelconque, pour $\varepsilon < 1$ on prend $\eta = \dfrac{\varepsilon}{1 - \varepsilon}$.

  - $\forall \varepsilon > 0 \ \exists \eta = \dfrac{\varepsilon}{1 + \varepsilon} \cdot \left[\dfrac{|x - y|}{1 + |x - y|} < \eta \Longrightarrow |x - y| < \varepsilon\right]$ mais

d et d'' ne sont pas métriquement équivalentes puisque d'' est bornée alors que d ne l'est pas; d est métriquement plus fine que d'' : $d''(x,y) \leqslant 1.d(x,y)$.

2) Soit $(x_n)_{n \geqslant 0}$ une suite de Cauchy pour (E, d); comme 1_E :

$(E, d) \to (E, d')$

est uniformément continue : $\forall \varepsilon < 0 \, \exists \eta [d(x, y) < \eta \Longrightarrow d'(x, y) < \varepsilon]$ et pour ce $\eta \, \exists n_0 : \forall p, q \geqslant n_0, \, d(x_p, x_q) < \eta$ donc $d'(x_p, x_q) < \varepsilon$ et $(x_n)_{n \geqslant 0}$ est de Cauchy pour (E, d') donc converge : soit x sa limite; or

$$1_E : (E, d') \to (E, d)$$

est uniformément continue : $\forall \varepsilon > 0 \quad \exists \eta [d'(x, y) < \eta \Longrightarrow d(x, y) < \varepsilon]$ et pour ce $\eta \, \exists n_0 : \forall n \geqslant n_0 \, d'(x_n, x) < \eta$ donc $d(x_n, x) < \varepsilon : (x_n)_{n \geqslant 0}$ converge vers x pour (E, d).

3) *a*) (D_1) résulte du fait que φ est à valeurs dans $\mathbb{R}^+$.

(D_2) on a : $\varphi(u) = 0 \Longleftrightarrow u = 0$ donc

$$d'(x, y) = 0 \Longleftrightarrow d(x, y) = 0 \Longleftrightarrow x = y.$$

(D_3) résulte de $\varphi(u + v) \leqslant \varphi(u) + \varphi(v)$ et de la croissance de φ :

$$d'(x, z) = \varphi \circ d(x, z) \leqslant \varphi(d(x, y) + d(y, z)) \leqslant d'(x, y) + d'(y, z).$$

b) φ continue en 0 : $\forall \varepsilon > 0 \quad \exists \eta : \; u \in \mathbb{R}^+, \; [u < \eta \Longrightarrow \varphi(u) < \varepsilon]$ donc en particulier $\forall x, y \in E \; [d(x, y) < \eta \Longrightarrow d'(x, y) < \varepsilon]$.

D'autre part $\forall \varepsilon > 0 \; \exists \eta = \varphi(\varepsilon) > 0$ tel que si $d'(x, y) = \varphi(d(x, y)) < \eta$ on ait $d(x, y) < \varepsilon$ (sinon $d(x, y) \geqslant \varepsilon$ d'où $\varphi \circ d(x, y) \geqslant \varphi(\varepsilon) = \eta$ car φ est croissante) d et d' sont donc uniformément équivalentes.

c) $1_E : (E, d) \to (E, d')$ est uniformément continue donc

$$\forall \varepsilon > 0 \quad \exists \eta \quad [d(x, y) < \eta \Longrightarrow d'(x, y) < \varepsilon];$$

x_0 étant non isolé $\mathscr{B}(x_0, \eta) \supsetneqq \{x_0\}$, donc $\exists y \in E, \; d(x_0, y) = \eta' < \eta$; alors si $u < \eta'$ on a $\varphi(u) \leqslant \varphi(\eta') = d'(x_0, y)$ et comme

$$d(x_0, y) < \eta, \; d'(x_0, y) < \varepsilon$$

donc $\varphi(u) < \varepsilon$: φ est continue en 0.

d) • Log $(1 + u)$ est croissante de $\mathbb{R}^+$ dans $\mathbb{R}^+$,

$$\text{Log}\,(1 + 0) = 0, \quad \text{Log}\,(1 + u + v) \leqslant \text{Log}\,(1 + u + v + uv) = \text{Log}\,(1 + u)(1 + v) = \text{Log}\,(1 + u) + \text{Log}\,(1 + v),$$

continue en 0.

• $\dfrac{u}{1 + u}$ et $\inf(1, u)$ vérifications immédiates.

e) Par exemple en choisissant $\varphi(u) = \dfrac{u}{1 + u}$ $\varphi \circ d = d'$ est bornée car $\forall x, y \in E$ on a $d'(x, y) \leqslant 1$ et d' est uniformément équivalente à d.

En choisissant sur $\mathbb{R}$: d distance usuelle et $d'(x, y) = \text{Log}\,(1 + d(x, y))$ on a deux distances uniformément équivalentes, mais non métriquement comparables car les rapports : $\dfrac{\text{Log}\,(1 + |x|)}{|x|}$ et $\dfrac{|x|}{\text{Log}\,(1 + |x|)}$ ne sont pas bornés.

3

1) *a*) Comme $(\mathbb{R}, \mathcal{T}_0)$ et $(\mathbb{R}, \mathcal{U})$ sont séparés, $(\mathbb{R}^2, \mathcal{T})$ est séparé.

b) Par exemple $\left\{ \left]a - \frac{1}{n}, a + \frac{1}{n}\right[\times \{b\} \right\}_{n \geqslant 1}$.

2) *a*) $p^{-1}(\{a\}) = \mathbb{R} \times \{a\}$ est ouvert car produit de deux ouverts.

b) Car sinon $p(\mathbb{R}^2)$ serait connexe (théorème de Bolzano) mais $p(\mathbb{R}^2)$ est $(\mathbb{R}, \mathcal{U})$ qui est totalement discontinu.

La composante connexe $C(a, b)$ de (a, b) contient $\mathbb{R} \times \{b\}$ car c'est un connexe (produit de deux connexes) contenant (a, b). D'autre part

$p(C(a, b))$

doit être connexe donc réduit à un point (car $(\mathbb{R}, \mathcal{U})$ est discret) donc réduit à $\{b\}$: $C(a, b) = \mathbb{R} \times \{b\}$. Un système fondamental de voisinages connexes de (a, b) est $\left\{ \left]a - \frac{1}{n}, a + \frac{1}{n}\right[\times \{b\} \right\}_{n \geqslant 1}$.

3) *a*) S'il était compact, $p(\mathbb{R}^2)$ le serait, ce qui est absurde (un espace discret est compact si et seulement si il est fini); $[a - 1, a + 1] \times \{b\}$ est un voisinage compact de (a, b).

b) Une suite (x_n, y_n) converge vers (x, y) si et seulement si : (x_n) converge vers x et $\exists n_0$ tel que pour $n \geqslant n_0 : y_n = y$; c'est-à-dire que la suite converge sur une horizontale de $\mathbb{R}^2$ qui est ici la composante connexe de (x, y).

4) *a*) $(\mathbb{R}, \mathcal{T}_0)$ et $(\mathbb{R}, \mathcal{U})$ étant métrisables, $(\mathbb{R}^2, \mathcal{T})$ l'est. On peut prendre pour distances les trois distances fondamentales des espaces métriques produits. Par exemple la distance D_1 donnera une distance

$$\begin{aligned} d_1((a, b), (a', b')) &= |a - a'| \quad \text{si } b = b' \\ &= \max\{1, |a - a'|\} \quad \text{si } b \neq b'. \end{aligned}$$

b) Nous ferons le raisonnement avec d_1, mais il n'est pas difficile de le faire pour d_2 et d_3. Si l'on avait $d_1(x, y) \leqslant \alpha . \mathrm{D}_1(x, y)$, en particulier

$$d\left(\left(0, \frac{1}{n}\right), (0, 0)\right) \leqslant \alpha . \mathrm{D}_1\left(\left(0, \frac{1}{n}\right), (0, 0)\right)$$

c'est-à-dire $1 \leqslant \alpha \cdot \frac{1}{n}$, i.e $\alpha \geqslant n$ pour tout n, ce qui est impossible.

De même $\mathrm{D}_1(x, y) \leqslant \alpha . d_1(x, y)$ implique

$\mathrm{D}_1((0, 0), (0, n)) = n \leqslant \alpha . d_1((0,0), (0, n)) = \alpha.$

La suite $\left(\frac{1}{n}, \frac{1}{n}\right)$ converge vers (0, 0) pour D_1 mais diverge pour d_1, d_2, d_3.

c) d est topologiquement plus fine que D_1, car la topologie $\mathcal{T}$ est plus fine que la topologie usuelle de $\mathbb{R}^2$, et même strictement car $\mathbb{R} \times \{0\}$ n'est pas ouvert pour cette topologie.

d) L'application identique $1 : (\mathbb{R}^2, d_1) \to (\mathbb{R}^2, \mathrm{D}_1)$ est uniformément continue car $\forall \varepsilon > 0 \ \exists \eta = \min \{1, \varepsilon\}$ tel que :

$d_1((a, b), (a', b')) < \eta \Longrightarrow \mathrm{D}_1((a, b), (a', b')) < \varepsilon$

en effet on ne peut avoir $b \neq b'$ car sinon

$d_1((a, b), (a', b')) = \max \{1, |a - a'|\} < 1$

impossible et si $b = b'$ on a $\mathrm{D}_1((a, b), (a', b')) = |a - a'| < \varepsilon$. Donc d_1 est uniformément plus fine que D_1.

Mais $1 : (\mathbb{R}^2, \mathrm{D}_1) \to (\mathbb{R}^2, d_1)$ n'est pas uniformément continue : pour $\varepsilon = 1 \ \forall \eta > 0$ soient $x = (0, 0)$, $y = \left(0, \frac{\eta}{2}\right)$, on a

$\mathrm{D}_1(x, y) = \frac{\eta}{2} < \eta$

mais $d_1(x, y) \geqslant 1 = \varepsilon$.

4

1) La fonction $f_p - f_q$ étant continue $(f_p - f_q)^{-1}([- \varepsilon, + \varepsilon])$ est fermé donc $\mathrm{E}_{pq}(\varepsilon)$ est ouvert, et par suite $\mathrm{F}_p(\varepsilon)$ aussi. On obtient $\mathrm{F}(\varepsilon) = \varnothing$

en exprimant que $\forall x \in E$ la suite $(f_n(x))_n$ est de Cauchy :

$\forall x \in E\ \exists n,\ \forall q \geqslant p \geqslant n : |f_p(x) - f_q(x)| \leqslant \varepsilon$ d'où
$\forall x \in E\ \exists n,\ \forall p \geqslant n\ x \notin F_p(\varepsilon)$, d'où $F_p(\varepsilon) = \varnothing$.

2) $G(\varepsilon)$ est fermé. S'il n'était pas rare, on aurait $\Omega = \overset{\circ}{G}(\varepsilon) \neq \varnothing$, d'où $\forall p : \Omega \subseteq \overline{F_p(\varepsilon)}$, i.e. $\forall p\ F_p(\varepsilon) \cap \Omega$ serait dense dans Ω; or Ω est de Baire (p. 66), donc $\bigcap_n F_p(\varepsilon) \cap \Omega = F(\varepsilon) \cap \varnothing$ serait dense dans Ω et Ω serait vide.

3) Soit $x \in \complement B$. Montrons que f est continue en x : soit $\varepsilon > 0$, et N tel que $\frac{1}{N} < \varepsilon$, donc $x \in G\left(\frac{1}{N}\right)$: $\exists p$ tel que $x \notin F_p\left(\frac{1}{N}\right)$; d'où l'on tire : $\exists V \in \mathcal{U}(x),\ \exists p : \forall q \geqslant p\ \ V \cap E_{pq}\left(\frac{1}{N}\right) = \varnothing$. Alors $\forall y \in V,\ \forall q \geqslant p$: $|f_q(y) - f_p(y)| \leqslant \varepsilon$; d'où lorsque $q \to +\infty : \forall y \in V\ |f(y) - f_p(y)| \leqslant \varepsilon$. D'autre part f_p est continue en x : $\exists W \in \mathcal{U}(x)$ tel que $y \in W \Longrightarrow |f_p(y) - f_p(x)| \leqslant \varepsilon$. Alors si $y \in V \cap W$: $|f(y) - f(x)| \leqslant |f(y) - f_p(y)| + |f_p(y) - f_p(x)| + |f_p(x) - f(x)| \leqslant 3\varepsilon$.

4) Pour montrer que f_n est limite simple de fonctions continues, il suffit de prouver qu'il en est ainsi de $\chi_{\mathbb{Z}}$: soient par exemple les fonctions 1-périodiques g_n définies sur $[\![0, 1]\!]$ par $g_n(0) = g_n(1) = 1$, $g_n(x) = 0$ pour $\frac{1}{n} \leqslant x \leqslant 1 - \frac{1}{n}$ et g_n affine sur $[\![0, \frac{1}{n}]\!]$ et $[\![1 - \frac{1}{n}, 1]\!]$; alors $\forall x \in \mathbb{R}$ $g_n(x) \to \chi_{\mathbb{Z}}(x)$. D'autre part $f_n(x) \to \chi_{\mathbb{Q}}(x)$ car si $x \in \mathbb{Q}$ $x = \frac{p}{q}$ donc $\forall n \geqslant q\ f_n(x) = 1$, et si $x \notin \mathbb{Q}$, $\forall n\ f_n(x) = 0$. Or l'ensemble des points de continuité de $\chi_{\mathbb{Q}}$ est vide, il ne peut donc être dense dans $\mathbb{R}$: d'après 3) $\chi_{\mathbb{Q}}$ n'est pas limite simple de fonctions continues bien qu'elle soit limite simple de fonctions qui sont chacune limite simple de fonctions continues (exemple dû à Dirichlet).

CHAPITRE V

ESPACES NORMÉS
ESPACES FONCTIONNELS

Indications

Les espaces normés étant des espaces métriques spéciaux, il convient de revoir le chapitre IV avant d'aborder celui-ci.

L'étude des divers types de convergence commence à l'Ex. V. 11.

Toutes les notions utilisées sont décrites dans les rappels de cours.

1. Espaces normés

Un *espace normé* sur $K = \mathbb{R}$ ou $\mathbb{C}$ est un couple (E, p) où E est un espace vectoriel sur K et $p : E \to \mathbb{R}$ une application vérifiant les axiomes :

(N_1) $\forall x \in E \quad p(x) \geqslant 0$
(N_2) $p(x) = 0 \iff x = 0$
(N_3) $\forall x, y \in E \quad p(x + y) \leqslant p(x) + p(y)$
(N_4) $p(\lambda x) = |\lambda| . p(x)$ pour tout $\lambda \in K$, $x \in E$.

L'application p s'appelle *norme sur* E; on note souvent $p(x) = \|x\|$ et l'on dit que $\|x\|$ est la *norme de x*. L'application $d : E \times E \to \mathbb{R}$ définie par $d(x, y) = \|x - y\|$ est une distance sur E, dite *distance associée* à la norme p. Lorsque l'espace métrique (E, d) est complet, l'espace normé (E, p) prend le nom d'*espace de Banach*. Pour $x, y \in E$ le *segment* d'origine x et d'extrémité y est l'ensemble $[x, y] = \{(1 - t)x + ty\}_{0 \leqslant t \leqslant 1}$.

Un *sous-espace normé* de l'espace normé (E, p) est un sous-espace vectoriel F de E, muni de la norme induite $p|F : F \to \mathbb{R}$; c'est en particulier un sous-espace métrique de E.

Tout espace normé localement compact est de dimension finie (*théorème de F. Riesz*).

2. Normes spéciales

Soit $(E_i, p_i)_{1 \leqslant i \leqslant n}$ une suite finie d'espaces normés sur le même corps $K = \mathbb{R}$ ou $\mathbb{C}$.

Sur l'espace vectoriel $\prod_{i=1}^{n} E_i$ les applications suivantes, où $x = (x_1, x_2, \ldots, x_n)$, sont des normes :

$$x \longmapsto N_1(x) = \max_{1 \leqslant i \leqslant n} \{p_i(x_i)\}$$

$$x \longmapsto N_2(x) = \sum_{i=1}^{n} p_i(x_i)$$

$$x \longmapsto N_3(x) = \sqrt{\sum_{i=1}^{n} p_i^2(x_i)} \quad (\textit{norme euclidienne}).$$

En particulier si $\mathbb{R}$ (resp $\mathbb{C}$) est muni de la *norme usuelle* $x \longmapsto |x|$, ces normes sur $\mathbb{R}^n$(resp $\mathbb{C}^n$) prennent le nom de *normes fondamentales sur* $\mathbb{R}^n$ (resp $\mathbb{C}^n$). Les distances associées sont respectivement D_1, D_2, D_3 (ch. IV. Rappels § 1). Muni de l'une de ces normes $\mathbb{R}^n$ (resp $\mathbb{C}^n$) est un espace de Banach.

Deux normes p_1 et p_2 sur un espace vectoriel E sont *équivalentes* s'il existe $a, b > 0$ tels que : $\forall x \in E \quad p_1(x) \leqslant a.p_2(x)$ et $p_2(x) \leqslant b.p_1(x)$. Les espaces (E, p_1) et (E, p_2) sont alors homéomorphes. C'est le cas par exemple des normes fondamentales sur $\mathbb{R}^n$ et $\mathbb{C}^n$.

Sur un espace vectoriel de dimension finie toutes les normes sont équivalentes.

Soient $(E, \| \ \|_E)$ et $(F, \| \ \|_F)$ deux espaces vectoriels normés sur le même corps : l'ensemble $\mathscr{L}_c(E, F)$ des applications linéaires continues de E dans F est un sous-espace vectoriel de l'espace $\mathscr{L}(E, F)$ des applications linéaires de E dans F; de plus il est normé par : $f \longmapsto \|f\| = \sup_{\|x\|_E \leqslant 1} \|f(x)\|_F$ et l'on a : $\|f(x)\|_F \leqslant \|f\| . \|x\|_E$. Lorsque F est un espace de Banach, il en est de même de $\mathscr{L}_c(E, F)$.

3. Séries dans un espace normé

Soit $(E, \| \ \|)$ un espace normé. Une *série* est un couple $((x_n)_{n\geqslant 0}, (s_n)_{n\geqslant 0})$ où $(x_n)_{n\geqslant 0}$ et $(s_n)_{n\geqslant 0}$ sont deux suites de E liées par les relations

$$s_n = x_0 + x_1 + \cdots + x_n.$$

Un tel couple est souvent noté $\sum_{n\geqslant 0} x_n$.

Une série *converge* vers $s \in E$ si la suite $(s_n)_{n\geqslant 0}$ des *sommes partielles* s_n converge vers s. $r_n = s - s_n$ est le *reste* d'ordre n de la série, noté $r_n = \sum_{p\geqslant n+1} x_p$; par définition $\lim r_n = 0$ pour une *série convergente*; s est appelé *somme de la série*.

Si les séries $\sum_{n\geqslant 0} x_n$ et $\sum_{n\geqslant 0} y_n$ sont convergentes de sommes s et t, la série $\sum_{n\geqslant 0} (x_n + y_n)$ est convergente de somme $s + t$ et pour tout scalaire λ la série $\sum_{n\geqslant 0} \lambda x_n$ est convergente de somme λs.

Une série $\sum_{n\geqslant 0} x_n$ est *absolument convergente* si la série $\sum_{n\geqslant 0} \|x_n\|$ est convergente.

Si E est un espace de Banach toute série absolument convergente est convergente et l'on a $\left\| \sum_{n \geqslant 0} x_n \right\| \leqslant \sum_{n \geqslant 0} \|x_n\|$.

Une série à termes réels positifs $\sum_{n \geqslant 0} x_n$ est convergente si et seulement si la suite $(s_n)_{n \geqslant 0}$ est majorée; la somme de la série est alors $\sup_{n \geqslant 0} s_n$.

4. Convergence simple

Étant donnés deux ensembles X et Y on note $\mathscr{F}(X, Y)$ l'ensemble des applications de X vers Y, ensemble qui s'identifie au produit cartésien $\prod_{x \in X} Y_x$ où $Y_x = Y$ pour tout $x \in X$.

Si $(Y, \mathcal{O})$ est un espace topologique, on note $\mathscr{F}_S(X, Y)$ l'espace topologique $(\mathscr{F}(X, Y), S)$ où S désigne la topologie produit sur $\mathscr{F}(X, Y)$, qui est engendrée par $\{T(x, U), x \in X, U \in \mathcal{O}\}$, avec

$T(x, U) = \{f \in \mathscr{F}(X, Y), f(x) \in U\}$.

La topologie S ainsi définie s'appelle *topologie de la convergence simple*; dire qu'une suite $(f_n)_{n \geqslant 0}$ converge simplement vers f équivaut à dire que : $\forall x \in X$ la suite $(f_n(x))_{n \geqslant 0}$ converge vers $f(x)$ dans $(Y, \mathcal{O})$.

5. Convergence uniforme

On suppose que (Y, d) est un espace métrique; on dit qu'une *fonction* $f \in \mathscr{F}(X, Y)$ est *bornée* si : $\exists M \geqslant 0 : d(f(X)) \leqslant M$ (c'est-à-dire que $f(X)$ est borné dans Y); l'ensemble $\mathscr{B}(X, Y)$ des fonctions bornées, muni de la distance $d'(f, g) = \sup_{x \in X} d(f(x), g(x))$ est un espace métrique noté $\mathscr{B}_U(X, Y)$; la topologie ainsi définie s'appelle *topologie de la convergence uniforme*; une suite $(f_n)_{n \geqslant 0}$ converge uniformément vers $f \in \mathscr{B}_U(X, Y)$ (i.e. au sens de la distance d') si et seulement si :

$$\forall \varepsilon > 0 \ \exists n_0 : \quad n \geqslant n_0 \Longrightarrow \forall x \in E \ d(f_n(x), f(x)) < \varepsilon.$$

La topologie induite sur $\mathscr{B}(X, Y)$ par la topologie de la convergence simple sur $\mathscr{F}(X, Y)$ est plus faible que la topologie de la convergence uniforme. Lorsque Y est un espace normé, $f \longmapsto \|f\| = \sup_{x \in X} \|f(x)\|$ est une norme sur l'espace vectoriel $\mathscr{B}(X, Y)$; ainsi $\mathscr{B}_U(X, Y)$ est alors un espace normé, puisque $d'(f, g) = \|f - g\|$.

6. L'espace $\mathscr{C}^\infty(X, Y)$. Convergence compacte

Si X et Y sont des espaces topologiques, on note $\mathscr{C}(X, Y)$ l'ensemble des applications continues de X vers Y. Lorsque Y est en plus un espace métrique, on note $\mathscr{C}^\infty(X, Y) = \mathscr{C}(X, Y) \cap \mathscr{B}(X, Y)$; si X est un espace compact on a $\mathscr{C}^\infty(X, Y) = \mathscr{C}(X, Y)$. Pour la topologie de la convergence uniforme $\mathscr{C}^\infty(X, Y)$ est fermé dans $\mathscr{B}_U(X, Y)$; muni de la topologie induite, $\mathscr{C}^\infty(X, Y)$ est appelé *espace de fonctions continues bornées*. Lorsque Y est un espace normé, $\mathscr{C}^\infty(X, Y)$ est un sous-espace vectoriel de $\mathscr{B}_U(X, Y)$.

Si $(X, \mathscr{U})$ et $(Y, \mathscr{O})$ sont des espaces topologiques, et si X est séparé, on appelle *topologie de la convergence compacte* (1) sur $\mathscr{C}(X, Y)$ la topologie engendrée par $C = \{T(K, U)\}_{K \in K(X),\, U \in \mathscr{O}}$, où K(X) est l'ensemble des parties compactes de X et $T(K, U) = \{f \in \mathscr{C}(X, Y), f(K) \subseteq U\}$; $\mathscr{C}(X, Y)$ muni de cette topologie est noté $\mathscr{C}_c(X, Y)$. La topologie de la convergence simple est plus faible que la topologie de la convergence compacte.

7. Équicontinuité

Soient X un espace topologique, et (Y, d) un espace métrique ; on dit qu'une partie E de $\mathscr{F}(X, Y)$ est *équicontinue en* $x_0 \in X$ si : $\forall \varepsilon > 0\ \exists V \in \mathscr{V}(x_0)$: $f \in E \Longrightarrow d(f(V)) < \varepsilon$.

Théorème d'Ascoli : soient (X, d) un espace métrique compact et Y un espace de Banach. Une partie E de $\mathscr{C}(X, Y) = \mathscr{C}^\infty(X, Y)$ est relativement compacte si et seulement si : E est équicontinue en tout point $x \in X$ et :

$\forall x \in E \quad \{f(x), f \in E\}$ est relativement compact dans Y.

(1) ou *topologie compacte-ouverte.*

1 Exemples d'espaces normés

1) Montrer que sur $\mathbb{R}^n$ et $\mathbb{C}^n$ les applications :

$$\|x\|_1 = \max\{|x_i|, 1 \leqslant i \leqslant n\}$$

$$\|x\|_2 = \sum_{i=1}^{n} |x_i| \text{ où } x = (x_1, \ldots, x_n) \in \mathbb{R}^n \text{ ou } \mathbb{C}^n$$

$$\|x\|_3 = \sqrt{\sum_{1}^{n} |x_i|^2}$$

sont des normes dont les distances associées sont D_1, D_2, D_3 (cf. ch. IV. rappels).

2) Soit $E = \mathscr{C}([0, 1], \mathbb{R})$ ensemble des applications continues de $[0, 1]$ dans $\mathbb{R}$. Montrer que

a) E est un espace vectoriel sur $\mathbb{R}$.

b) Pour $f \in E$ on pose $\|f\|_1 = \int_0^1 |f(x)|\, dx$. Montrer que $(E, \|.\|)$ est un espace normé, dont la distance associée est celle de IV. 1 : 3) *a*.

c) Pour $f \in E$ soit $\|f\|_\infty = \sup_{x \in [0, 1]} |f(x)|$. $(E, \|.\|_\infty)$ est un espace normé dont la distance associée est celle de IV. 1 : 3) *b*.

2 Exemples d'espaces normés

1) On note l^1 l'ensemble des suites $(x_n)_{n\geqslant 0}$ de nombres complexes telles que la série $\sum_{n\geqslant 0} |x_n|$ soit convergente.

a) Montrer que l^1 est un espace vectoriel sur $\mathbb{C}$.

b) pour $x = (x_n)_{n\geqslant 0} \in l^1$ soit $\|x\|_1 = \sum_{n\geqslant 0} |x_n|$. Démontrer que l^1 est ainsi un espace normé. Pour la distance associée d_1 calculer : $d_1(x, y)$ avec $x = (i, 0, 0, \ldots, 0, \ldots)$ et $y = (0, i + 1, 0, 0, \ldots, 0, \ldots)$.

2) On note l^2 l'ensemble des suites $(x_n)_{n\geqslant 0}$ de nombres complexes telles que la série $\sum_{n\geqslant 0} |x_n|^2$ converge.

a) Montrer que l^2 est un espace vectoriel sur $\mathbb{C}$,

b) si $x = (x_n)_{n\geqslant 0} \in l^2$ soit $\|x\|_2 = \sqrt{\sum_{n\geqslant 0} |x_n|^2}$: l^2 est ainsi un espace normé (utiliser l'inégalité de Minkowski ch. IV. rappels). Si d_2 est la distance associée calculer $d_2(x, y)$ avec x, y comme en 1 *b*).

3) On note l^∞ l'ensemble des suites $(x_n)_{n\geqslant 0}$ de nombres complexes qui sont bornées : $\exists M > 0 \ \forall n \geqslant 0 \ |x_n| \leqslant M$.

a) Montrer que l^∞ est un espace vectoriel sur $\mathbb{C}$,

b) On pose pour $x = (x_n)_{n\geqslant 0} \in l^\infty$ $\|x\|_\infty = \sup_{n\geqslant 0} |x_n|$: l^∞ est un espace normé. Pour la distance d_∞ associée calculer $d_\infty(x, y)$ avec x, y comme en 1 *b*) et 2 *b*).

c) Montrer que l^1 est un sous-espace vectoriel de l^∞ mais n'en est pas un sous-espace normé.

d) De même l^2 est un sous-espace vectoriel de l^∞ mais non un sous-espace normé.

---

3 Propriétés des espaces normés

1) Montrer que dans un espace normé E on a :

$\forall x, y \in E \quad |\|x\| - \|y\|| \leqslant \|x - y\|$.

2) *a*) On sait que dans un espace métrique on a

$\overline{\mathscr{B}}(x, r) \subseteq \mathscr{B}'(x, r)$

(Ex. IV. 4). Démontrer que dans un espace normé on a nécessairement l'égalité.

b) Montrer de même, que $\mathring{\mathscr{B}}'(x, r) = \mathscr{B}(x, r)$ dans tout espace normé; une inclusion est vraie dans tout espace métrique, laquelle?

c) Montrer que pour un espace normé on a

$d(\mathscr{B}(x, r)) = d(\mathscr{B}'(x, r)) = d(S(x, r)) = 2r$.

3) Soit (E, $\| \ \|$) un espace normé. Pour tout couple x, y de points de E montrer que le segment $[x, y]$ peut être considéré comme un chemin (ch. III. Rappels § 3) d'origine x et d'extrémité y. Soit alors $\mathscr{B}(x, r)$ une boule de E : montrer que pour tout $y \in \mathscr{B}(x, r)$ on a $[x, y] \subseteq \mathscr{B}(x, r)$. En conclure que $\mathscr{B}(x, r)$ est connexe et que E est connexe et localement connexe.

4) Si (E, p) est un espace normé, montrer que l'application $p : E \to \mathbb{R}$ est uniformément continue.

5) Démontrer que : « E localement compact » équivaut à « $\mathscr{B}'(0, 1)$ est compacte ».

---

4 Espaces normés : liens avec les espaces métriques

1) Soit (E, $\| \ \|$) un espace normé, et d la distance associée. Démontrer que

a) d satisfait effectivement les axiomes (D_1) (D_2) (D_3) des distances.

b) d satisfait en plus les axiomes de compatibilité :

(D_4) $\forall x, y, t \in E \quad d(x+t, y+t) = d(x, y)$ (*invariance par translation*).
(D_5) $\forall x, y \in E, \forall \lambda \in K : d(\lambda x, \lambda y) = |\lambda| . d(x, y)$.

2) Soit E un espace vectoriel sur $K = \mathbb{R}$ ou $\mathbb{C}$. On suppose de plus que E est un espace métrique (E, d) pour lequel les axiomes (D_4) et (D_5) sont réalisés. Montrer que $\|x\| = d(x, 0)$ définit une norme sur E, dont la distance associée est d.

Conclusion ?

3) Soit E un espace vectoriel muni de la distance discrète. Peut-on en faire un espace normé ?

4) On munit $\mathbb{R}^2$ de la norme euclidienne $\| \ \|_3$ et l'on pose, pour $x, y \in \mathbb{R}^2$:

$$d(x, y) = \|x\|_3 + \|y\|_3 \text{ si } \|x\|_3 \neq \|y\|_3$$
$$d(x, y) = \|x - y\|_3 \text{ si } \|x\|_3 = \|y\|_3.$$

a) Montrer que d est une distance sur $\mathbb{R}^2$,

b) décrive les boules $\mathscr{B}((0, 1), r)$ selon les valeurs de r,

c) montrer que $(\mathbb{R}^2, d)$ ne peut être un espace normé.

5) Vérifier directement que sur $E = \mathscr{C}([\![0, 1]\!]\mathbb{R})$ (cf. Ex. IV. 1 et V. 1) les distances $d(f, g) = \int_0^1 |f(x) - g(x)|\, dx$ et $e(f, g) = \sup_{x \in [\![0, 1]\!]} |f(x) - g(x)|$ sont compatibles avec la structure d'espace vectoriel de E.

---

5 Normes équivalentes

Soit $(E, \| \ \|_1)$ un espace normé. On suppose que $\| \ \|_2$ est une autre norme sur E. Rappelons que $\| \ \|_1$ et $\| \ \|_2$ sont dites équivalentes s'il existe $a, b > 0$ tels que $\forall x \in E$: $\|x\|_1 \leqslant a\|x\|_2$ et $\|x\|_2 \leqslant b\|x\|_1$; si d_1 et d_2 sont les distances associées à $\| \ \|_1$ et $\| \ \|_2$ ceci veut dire que d_1 et d_2 sont métriquement équivalentes (Ex. IV. 9) : on dira que $\| \ \|_1$ et $\| \ \|_2$ sont *métriquement équivalentes*. De même on dira que $\| \ \|_1$ et $\| \ \|_2$ sont *topologiquement équivalentes* si d_1 et d_2 sont topologiquement équivalentes (ch. IV. rappels) c'est-à-dire induisent la même topologie sur E.

1) Montrer que si $\| \ \|_1$ est métriquement équivalente à $\| \ \|_2$ alors $\| \ \|_1$ est topologiquement équivalente à $\| \ \|_2$.

2) Supposons $\| \ \|_1$ et $\| \ \|_2$ topologiquement équivalentes. Démontrer que :

a) l'application $1_E : (E, \| \ \|_1) \to (E, \| \ \|_2)$ est continue.

b) soit $\mathscr{B}_2(0, 1) = \{x, \|x\|_2 < 1\}$: il existe une boule

$$\mathscr{B}_1(0, \rho) = \{x, \|x\|_1 < \rho\}$$

telle que $1_E(\mathscr{B}_1) \subseteq \mathscr{B}_2$.

c) soit $r > 0$ et $\mathscr{B}_1(0, r)$ montrer que $1_E(\mathscr{B}_1(0, r)) \subseteq \mathscr{B}_2(0, r')$ et en conclure que $1_E(S_1(0, 1))$ est borné dans E pour $\| \ \|_2$.

d) en déduire qu'il existe $a > 0$ tel que $\|x\|_2 \leqslant a\|x\|_1$ pour tout

$$x \in S_1(0, 1)$$

et que cette inégalité reste vraie pour tout $x \in E$.

e) montrer de même qu'il existe $b \geqslant 0$ tel que $\|x\|_1 \leqslant b\|x\|_2$.

3) Conclusion?

4) Montrer que deux normes équivalentes $\| \ \|_1$ et $\| \ \|_2$ donnent lieu aux mêmes suites de Cauchy et aux mêmes suites convergentes et que si E est complet pour l'une, il l'est pour l'autre.

6 Espaces de Banach

1) Sur $E = \mathscr{C}([0, 1], \mathbb{R})$ soient les deux normes (cf. Ex. V. 1 et Ex. V. 5)

$$\|f\|_1 = \int_0^1 |f(x)|\, dx \quad \text{et} \quad \|f\|_\infty = \sup_{x \in [0, 1]} |f(x)|.$$

a) Montrer qu'il existe $a = 1$ tel que $\|f\|_1 \leqslant a\|f\|_\infty$ pour tout $f \in E$, et que toute suite de Cauchy (resp convergente) pour $\| \ \|_\infty$ est de Cauchy (resp convergente) pour $\| \ \|_1$.

b) pour $n \geqslant 0$ soit $f_n : t \to t^n$, $f_n \in E$. Calculer $\|f_n\|_1$ et $\|f_n\|_\infty$ et en conclure qu'il n'existe pas de nombre $b \geqslant 0$ tel que $\|f\|_\infty \leqslant b\|f\|_1$ pour tout $f \in E$.

c) montrer que $(E, \| \ \|_\infty)$ est un espace de Banach.

d) pour $n \geqslant 1$ soit $f_n(t) = \min \left\{ n, \dfrac{1}{\sqrt{t}} \right\}$. Montrer que

$$\|f_{n+p} - f_n\|_1 \leqslant \frac{1}{n}$$

et que $(f_n)_{n \geqslant 1}$ est une suite de Cauchy pour $\| \ \|_1$. Si elle convergeait vers une fonction $f \in E$ on aurait $f(t) = \dfrac{1}{\sqrt{t}}$ $\forall t \in]0, 1]$. Conclure à une absurdité.

e) montrer que $(f_n)_{n \geqslant 1}$ n'est pas une suite de Cauchy pour $\| \ \|_\infty$.

2) Soient $(E, \| \ \|_E)$ et $(F, \| \ \|_F)$ deux espaces normés, sur le même corps. Montrer que :

a) les trois normes fondamentales sur $E \times F$ sont équivalentes.

b) soit $(x_n, y_n)_{n \geqslant 0}$ une suite de $E \times F$. On a : $(x_n, y_n)_{n \geqslant 0}$ est convergente dans $E \times F$ (resp de Cauchy) si et seulement si $(x_n)_{n \geqslant 0}$ et $(y_n)_{n \geqslant 0}$ sont convergentes dans E et F (resp de Cauchy).

c) soient dans l'espace l^2 (Ex. IV. 2, 2)) les éléments p_n, $n \geqslant 0$ où $p_n = (a_{0n}, a_{1n}, \ldots)$ avec $a_{in} = 0$ si $i \neq n$, $a_{nn} = 1$. On note $\pi_n : l^2 \to \mathbb{C}$ la projection $\pi_n(x_0, \ldots, x_n, \ldots) = x_n$.

Démontrer que pour tout $i \geqslant 0$ la suite $(\pi_i(p_n))_{n \geqslant 0}$ converge dans $\mathbb{C}$, mais que la suite $(p_n)_{n \geqslant 0}$ est divergente dans l^2.

7 Espaces de Banach

1) Soit $E = \mathfrak{I}([0, 1], \mathbb{R})$ l'ensemble des fonctions $f : [0, 1] \to \mathbb{R}$ telles que $\int_0^1 |f(x)|\, dx$ existe.

a) Montrer que E est un espace vectoriel sur $\mathbb{R}$.

b) Pour tout $f \in E$ on pose $\|f\| = \int_0^1 f(x)|\, dx$. L'application

$f \longmapsto \|f\|$

est-elle une norme sur E ?

2) Montrer que l'espace vectoriel sur $\mathbb{R}$ $\mathscr{B}([0, 1], \mathbb{R})$ des fonctions bornées sur $[0, 1]$ est un espace de Banach pour la norme $\|f\|_\infty = \sup\limits_{0 \leqslant x \leqslant 1} |f(x)|$.

3) Montrer que l'espace vectoriel sur $\mathbb{C}$ c_0 des suites de nombres complexes $x = (x_n)_{n \geqslant 0}$ telles que $\lim x_n = 0$ est un espace de Banach pour la norme $\|x\|_0 = \sup\limits_{n \geqslant 0} |x_n|$.

4) Montrer que l'espace normé sur $\mathbb{C}$ l^2 (Ex. V. 2) des suites de nombres complexes $x = (x_n)_{n \geqslant 0}$ telles que la série $\sum\limits_{n \geqslant 0} |x_n|^2$ soit convergente, muni de la norme $\|x\|_2 = \sqrt{\sum\limits_{n \geqslant 0} |x_n|^2}$ (pour laquelle l^2 est un espace de Banach) est isomètre à un sous-espace normé propre de lui-même : l'espace H des suites $(x_n)_{n \geqslant 0} \in l^2$ telles que $x_0 = 0$. Montrer que H est fermé dans l^2 et en déduire que H est un espace de Banach.

5) Soit E un espace normé et soit F un sous-espace vectoriel de E. Démontrer que si F est un espace de Banach, F est fermé dans E.

Cette propriété est-elle encore vraie pour des espaces métriques ?

---

8 Espaces normés quotients

1) Soit $(E, \|\ \ \|)$ un espace normé, F un sous-espace vectoriel de E. Montrer que :

a) $\overline{F}$ est un sous-espace vectoriel de E.

b) si F est fermé, E/F est séparé (E/F muni de la topologie quotient, l'équivalence étant xRy si et seulement si $x - y \in F$). Utiliser l'Ex. III. 3, question 4.

c) si E/F est séparé, F est fermé.

2) Soit F un sous-espace vectoriel fermé de $(E, \| \ \|)$ espace normé, et p : $E \to E/F$ la surjection canonique. Démontrer que :

a) E/F est normé par $\|p(x)\| = \inf\{\|y\|, y - x \in F\}$.

b) p est uniformément continue et ouverte.

c) la topologie associée à la norme $\|p(x)\|$ est la topologie quotient de E/F.

3) Soit $E = \mathfrak{J}([0, 1], \mathbb{R})$ espace des fonctions Riemann-intégrables sur $[0, 1]$. Pour $f \in E$ soit $\|f\|_1 = \int_0^1 |f(x)|\, dx$. Montrer que :

a) $\| \ \|_1$ n'est pas une norme.

b) pour $f \in E$ soit $\mathscr{B}(f, r) = \{g \in E \ \|g - f\|_1 < r\}$. Montrer que l'on peut définir ainsi une topologie (non séparée) sur E.

c) soit $F = \mathscr{B}'(0, 0) = \{g \in E \ \|g\|_1 = 0\}$. F est un sous-espace vectoriel fermé de E.

d) si $p : E \to E/F$ est la surjection canonique

$$\|p(f)\| = \inf\{\|g\|_1, g - f \in F\}$$

est une norme sur E/F.

9 Espaces normés de dimension finie

1) Soit E un espace normé sur $K = \mathbb{R}$ ou $\mathbb{C}$ de dimension 1 et de base $\{e\}$. Construire une application f: $E \to K$ isomorphisme d'espaces vectoriels telle que f et f^{-1} soient uniformément continues. En déduire que E est un espace de Banach.

2) On suppose que pour tout espace normé E de dimension $n - 1$, il existe f: $E \to K^{n-1}$ isomorphisme d'espaces vectoriels telle que f et f^{-1} soient uniformément continues. Soit E un espace vectoriel de dimension n et de base $\{e_1, \ldots, e_n\}$.

a) Pour tout $i = 1, \ldots, n$ soit $g_i : E \to K$ définie par $g\left(\sum_{j=1}^{n} \lambda_j e_j\right) = \lambda_i$. Montrer que $g_i^{-1}(0) = H_i$ est un sous-espace vectoriel de E de dimension $n - 1$.

b) En déduire que H_i est fermé.

c) Soit $a \notin H_i$. Construire $b \notin H_i$ tel que $g_i(b) = 1$.

d) Montrer que $b + H_i = \{b + h, \ h \in H_i\}$ est fermé et qu'il existe $r > 0$ tel que $\mathscr{B}(0, r) \cap (b + H_i) = \varnothing$.

e) Si $x \in \mathscr{B}(0, r)$ montrer que $g_i(x) \neq 1$, puis, par l'absurde, que $|g_i(x)| < 1$.

f) En conclure que g_i est uniformément continue.

g) Montrer que $g : E \to K^n$ définie par $g(x) = (g_1(x), \ldots, g_n(x))$ est un isomorphisme d'espaces vectoriels et est uniformément continue.

h) Démontrer que $g^{-1} : K^n \to E$ est uniformément continue.

3) Énoncer le résultat obtenu. En déduire en particulier que si E est normé de dimension finie, E est un espace de Banach, localement compact, et que $\mathscr{B}'(0, 1)$ est compacte (cf. Ex. V. 3, question 5).

4) Montrer que dans un espace normé de dimension finie les parties compactes sont les parties fermées bornées.

5) Soit E un espace vectoriel de dimension finie n, et soient p, q deux normes sur E.

a) Montrer que $1_E : (E, p) \to (E, q)$ est uniformément continue, et en déduire que $\exists a > 0$ tel que $\forall x \in E : q(x) \leqslant a . p(x)$. Conclure que p et q sont équivalentes.

b) Énoncer le résultat ainsi démontré.

c) Montrer que sur K^n les normes N_1, N_2, N_3 sont équivalentes et que l'espace vectoriel sur $\mathbb{R}$ $\mathscr{C}([0, 1], \mathbb{R})$ (cf. Ex. V. 6) est de dimension infinie.

6) Soit E un espace normé de dimension finie n et soit F un espace normé sur le même corps.

a) Montrer que si $f \in \mathscr{L}(E, F)$, $f \in \mathscr{L}_c(E, F)$ et f est uniformément continue.

b) Montrer que si $f \in \mathscr{L}(E, F)$ et f est injective, f est une application fermée.

7) Soit E un espace normé localement compact.

a) Montrer que : $\exists n \in \mathbb{N}$, $\exists a_1, a_2, \ldots, a_n \in E$ tels que

$$\mathscr{B}'(0, 1) \subseteq \bigcup_1^n \mathscr{B}\left(a_i, \frac{1}{2}\right).$$

b) Si V est le sous-espace vectoriel engendré par $\{a_1, a_2, \ldots, a_n\}$ montrer que V est de dimension finie et que V est fermé dans E.

c) Soit $x \in \mathrm{E}$. Si $x \notin \mathrm{V}$ montrer que $\alpha = d(x, \mathrm{V}) > 0$. En revenant alors à la définition de $d(x, \mathrm{V})$ montrer qu'il existe $y \in \mathrm{V}$ tel que

$$\alpha \leqslant \|x - y\| \leqslant \frac{3\alpha}{2}.$$

En posant $z = \dfrac{x-y}{\|x-y\|}$ prouver qu'il existe $i = 1, \ldots, n$ tel que

$$\|z - a_i\| < \frac{1}{2};$$

démontrer que $y + \|x - y\| a_i \in \mathrm{V}$ et en conclure que $\|x - y\| > 2\alpha$. Conclusion?

---

10 Espaces d'applications linéaires

Soient E et F deux espaces normés sur le même corps $\mathrm{K} = \mathbb{R}$ ou $\mathbb{C}$.

1) Démontrer que $\mathscr{L}_c(\mathrm{E}, \mathrm{F})$ est un sous-espace vectoriel de $\mathscr{L}(\mathrm{E}, \mathrm{F})$.

2) Soit $f \in \mathscr{L}_c(\mathrm{E}, \mathrm{F})$. Montrer qu'il existe $r > 0$ tel que pour tout $x \in \mathrm{E}$ on ait : $\|f(x)\|_\mathrm{F} \leqslant r.\|x\|_\mathrm{E}$. En déduire que f est uniformément continue.

3) Réciproquement, si $f \in \mathscr{L}(\mathrm{E}, \mathrm{F})$ vérifie : $\|f(x)\|_\mathrm{F} \leqslant r.\|x\|_\mathrm{E}$ montrer que f est continue. En déduire, pour $f \in \mathscr{L}(\mathrm{E}, \mathrm{F})$ l'équivalence des propriétés :

a) f est continue.

b) $\forall \mathrm{A} \subseteq \mathrm{E}$: A borné $\Longrightarrow f(\mathrm{A})$ borné.

c) $\exists c > 0 : \|x\|_\mathrm{E} \leqslant 1 \Longrightarrow \|f(x)\|_\mathrm{F} \leqslant c$.

d) $\exists c > 0 : \|x\|_\mathrm{E} = 1 \Longrightarrow \|f(x)\|_\mathrm{F} \leqslant c$.

4) Soit $f \in \mathscr{L}_c(\mathrm{E}, \mathrm{F})$. Montrer que les quatre nombres

$$a_1 = \sup_{x \neq 0} \frac{\|f(x)\|_\mathrm{F}}{\|x\|_\mathrm{E}},$$
$$a_2 = \sup_{\|x\|_\mathrm{E} = 1} \|f(x)\|_\mathrm{F},$$
$$a_3 = \sup_{\|x\|_\mathrm{E} \leqslant 1} \|f(x)\|_\mathrm{F},$$
$$a_4 = \inf\{c, c > 0 \text{ et } \|f(x)\|_\mathrm{F} \leqslant c.\|x\|_\mathrm{E}\}$$

sont égaux (on montrera que $a_1 \leqslant a_2 \leqslant a_3 \leqslant a_4 \leqslant a_1$).

5) Pour $f \in \mathscr{L}_c(E, F)$ on pose $\|f\| = \sup_{\|x\|_E \leqslant 1} \|f(x)\|_F$; montrer que l'on définit ainsi une norme sur $\mathscr{L}_c(E, F)$, pour laquelle on a, pour tout $x \in E$: $\|f(x)\|_F \leqslant \|f\| \cdot \|x\|_E$.

6) Montrer que si F est un espace de Banach, $\mathscr{L}_c(E, F)$ aussi (pour la norme de 5)).

7) *a*) Montrer que l^∞ (Ex. V. 2) est isométrique à $\mathscr{L}_c(l^1, \mathbb{C})$: on démontrera d'abord que $(z_n) \in l^1$ s'écrit $(z_n) = \sum_{n \geqslant 0} z_n e_n$ où $e_n = (0, \ldots, 0, 1, 0 \ldots)$ (seule la n[ième] composante vaut 1).

b) En déduire que l^∞ est un espace de Banach.

8) Soit E l'ensemble des suites complexes $(x_n)_{n \geqslant 0}$ telles que la série

$$\sum_{n \geqslant 0} n! \, |x_n|$$

soit convergente. On pose $\|(x_n)\| = \sum_{n \geqslant 0} n! \, |x_n|$.

a) Montrer que $(E, \| \ \|)$ est un espace normé.

b) Soit $f : l^1 \to E$ définie par $f((x_n)) = \left(\dfrac{x_n}{n!}\right)_{n \geqslant 0}$. Montrer que $f \in \mathscr{L}_c(l^1, E)$ et calculer sa norme. En déduire que E est un espace de Banach.

---

11 Convergence simple

1) Montrer qu'une suite $(f_n)_{n \geqslant 0}$, $f_n \in \mathscr{F}_s(X, Y)$ converge vers $f \in \mathscr{F}_s(X, Y)$ si et seulement si :

$\forall x \in E$ la suite $(f_n(x))_{n \geqslant 0}$ converge vers $f(x)$ dans Y.

2) *a*) Pour $f \in \mathscr{F}_s(X, Y)$ et $x \in X$ soit $e_x(f) = f(x)$ (*évaluation* de f en x). Montrer que les applications e_x ainsi définies sont continues.

b) Démontrer que si $X = \{x\}$, $\mathscr{F}_s(X, Y)$ est homéomorphe à Y.

3) On suppose Y séparé, Montrer que :

a) $\mathscr{F}_s(X, Y)$ est séparé.

b) si $A \subseteq \mathscr{F}_s(X, Y)$, A est compact si et seulement si : A est fermé et pour tout $x \in X$ $\{f(x), f \in A\}$ est relativement compact dans Y (utiliser le théorème de Tychonoff).

c) si Y est compact (resp connexe), il en est de même de $\mathscr{F}_s(X, Y)$.

4) *a*) Soit $Y = \mathbb{R}$ muni de la topologie usuelle, et $X = [0, 1]$. On définit $f_n \in \mathscr{F}_s(X, Y)$ par :

$$\begin{cases} f_n(x) = 4n^2x & \text{si } x \in [0, \frac{1}{2n}] \\ f_n(x) = -4n^2x + 4n & \text{si } x \in]\frac{1}{2n}, \frac{1}{n}[\\ f_n(x) = 0 & \text{si } x \in [\frac{1}{n}, 1] \end{cases}$$

Montrer que $(f_n)_{n \geqslant 1}$ converge vers la fonction nulle $x \longmapsto 0$.

b) Soit $Y = \mathbb{R}$ muni de la topologie discrète : montrer que la suite précédente est convergente dans $\mathscr{F}_s(X, Y)$.

---

12 Convergence uniforme

1) Soient X, Y deux espaces métriques. On note $\mathscr{C}_S^\infty(X, Y)$, $\mathscr{C}_U^\infty(X, Y)$ l'espace $\mathscr{C}^\infty(X, Y)$ muni de la topologie de la convergence simple, uniforme. Mêmes notations $\mathscr{B}_S(X, Y)$, $B_U(X, Y)$. Montrer que :

a) si $(f_n)_{n \geqslant 0}$ converge vers f dans $\mathscr{C}_U^\infty(X, Y)$, $(f_n)_{n \geqslant 0}$ converge vers f dans $\mathscr{C}_S^\infty(X, Y)$.

b) $\mathscr{C}_U^\infty(X, Y)$ est fermé dans $\mathscr{B}_U(X, Y)$.

c) $\overline{\mathscr{C}_S^\infty(X, Y)} \underset{\neq}{\supset} \mathscr{C}_S^\infty(X, Y)$: on prendra $X = [0, 1]$ muni de la métrique usuelle, $Y = \mathbb{R}$, et on considérera la suite $(f_n)_{n \geqslant 0}$ avec : $f_n(x) = \dfrac{nx}{1 + nx}$.

2) *a*) Montrer que la topologie de la convergence uniforme est plus forte que celle de la convergence simple sur $\mathscr{B}(X, Y)$.

b) En utilisant 1) montrer qu'elle est strictement plus forte.

3) Montrer que si Y est un espace complet, $\mathscr{B}_U(X, Y)$ aussi, ainsi que $\mathscr{C}_U^\infty(X, Y)$. Réciproques ?

13 Intégration et convergence uniforme

1) Soit $(f_n)_{n\geqslant 0}$ une suite de points de $\mathscr{C}_U^\infty([\![a, b]\!], \mathbb{R})$. Montrer que si $(f_n)_{n\geqslant 0}$ converge vers f, la suite $(F_n)_{n\geqslant 0}$ est également convergente, où $F_n(x) = \int_a^x f_n(t)\,dt$, et que sa limite est $F(x) = \int_a^x f(t)\,dt$.

En déduire la propriété : [A] $\int_a^b (\lim f_n)(t)\,dt = \lim \int_a^b f_n(t)\,dt$.

2) Soit $a = 0$, $b = 1$. On définit f_n par :

$$0 \leqslant t \leqslant \frac{1}{2n} \qquad f_n(t) = 2nt$$

$$\frac{1}{2n} \leqslant t \leqslant \frac{1}{n} \qquad f_n(t) = 2 - 2nt$$

$$\frac{1}{n} \leqslant t \leqslant 1 \qquad f_n(t) = 0$$

a) Montrer que $f_n \in \mathscr{C}_U^\infty([\![0, 1]\!], \mathbb{R})$ mais que la suite $(f_n)_{n\geqslant 1}$ ne converge pas dans cet espace.

b) Calculer F_n et montrer que $(F_n)_{n\geqslant 1}$ est convergente dans

$\mathscr{C}_U^\infty([\![0, 1]\!], \mathbb{R})$.

c) Démontrer que $(f_n)_{n\geqslant 1}$ converge dans $\mathscr{C}_S^\infty([\![0, 1]\!], \mathbb{R})$ et que la formule [A] est vérifiée. Conclusion ?

3) Analyser la situation pour la suite $(f_n)_{n\geqslant 1}$, $f_n \in \mathscr{C}_U^\infty([\![0, 1]\!], \mathbb{R})$ avec :

$$f_n(x) = 4n^2x \qquad \text{pour} \qquad 0 \leqslant x \leqslant \frac{1}{2n}$$

$$f_n(x) = 4n - 4n^2x \qquad \text{pour} \qquad \frac{1}{2n} \leqslant x \leqslant \frac{1}{n}$$

$$f_n(x) = 0 \qquad \text{pour} \qquad \frac{1}{n} \leqslant x \leqslant 1$$

14 Théorème de Dini

Soit $I = [a, b]$.

1) Soit $(f_n)_{n \geqslant 0}$ une suite de points de $\mathscr{C}(I, \mathbb{R})$. On suppose que :

α) la suite $(f_n)_{n \geqslant 0}$ est croissante (i.e. $\forall n \geqslant 0, \forall t \in I : f_n(t) \leqslant f_{n+1}(t)$),

β) la suite $(f_n)_{n \geqslant 0}$ converge vers g dans $\mathscr{C}_S^\infty(I, \mathbb{R})$.

Démontrer que $(f_n)_{n \geqslant 0}$ converge vers g dans $\mathscr{C}_U^\infty(I, \mathbb{R})$ (*théorème de Dini*); on utilisera la compacité de I.

2) On choisit $a = 0$, $b = 1$ et l'on définit $u_n \in \mathscr{C}(I, \mathbb{R})$ par récurrence sur n : $u_1(t) = 0$, $u_2(t) = \frac{1}{2} t$, $u_{n+1}(t) = u_n(t) + \frac{1}{2} [t - u_n^2(t)]$.

Montrer que :

a) les u_n sont des polynômes.

b) $\forall n \geqslant 1, \forall t \in I : u_n(t) \leqslant \sqrt{t}$.

c) la suite $(u_n)_{n \geqslant 1}$ est croissante.

d) $\forall t \in I$ la suite $(u_n(t))_{n \geqslant 1}$ est convergente. Soit $v(t)$ sa limite.

e) $v(t^2) = t$ et $v(t) = \sqrt{t}$.

f) la suite $(u_n)_{n \geqslant 1}$ converge uniformément vers $\sqrt{t}$.

---

15 Convergence compacte

1) Montrer que l'application identique $1 : \mathscr{C}_c(X, Y) \to \mathscr{C}_S(X, Y)$ est continue.

2) *a*) Montrer que les évaluations (Ex. V. 11) $e_x : \mathscr{C}_c(X, Y) \to Y$ sont continues.

b) Démontrer que si Y est séparé, il en est de même pour $\mathscr{C}_c(X, Y)$.

3) On suppose X localement compact. Soit $H \subseteq \mathscr{C}(X, Y)$ et soit e : $H \times H \to Y$ définie par $e(f, x) = f(x)$.

a) Si H est muni de la topologie $\mathscr{T}_c$ de la convergence compacte induite par $\mathscr{C}_c(X, Y)$ montrer que e est continue (pour la topologie produit).

b) Si H est muni d'une topologie $\mathcal{T}$ pour laquelle e est continue, montrer que $\mathcal{T}$ est plus fine que la topologie de la convergence simple (induite sur H par $\mathcal{C}_S(X, Y)$).

c) Retrouver le résultat de 1).

4) On suppose que (Y, d) est un espace métrique.

a) Montrer que sur $\mathcal{C}^\infty(X, Y)$ la topologie de la convergence uniforme est plus fine que la topologie de la convergence compacte.

b) On suppose de plus que X est compact et soit $\mathcal{B}(f, r)$ une boule ouverte pour la topologie $\mathcal{C}^\infty_U(X, Y) = \mathcal{C}_U(X, Y)$. Construire un recouvrement $f(X) \subseteq \bigcup_{i=1}^{n} \mathcal{B}\left(y_i, \frac{r}{4}\right)$ où $y_i \in f(X)$; prouver que

$$K_i = f^{-1}\left(\mathcal{B}'\left(y_i, \frac{r}{4}\right)\right)$$

est compact dans X et que si $V_i = \mathcal{B}\left(y_i, \frac{r}{2}\right)$ on a :

$$f \in \bigcap_{i=1}^{n} T(K_i, V_i) \subseteq \mathcal{B}(f, r).$$

En déduire que sur $\mathcal{C}(X, Y)$ la topologie de la convergence uniforme coïncide avec la topologie de la convergence compacte.

5) Soit (X, d) un espace métrique et soit $(Y, \| \ \|)$ un espace normé. Pour une partie H de $\mathcal{C}(X, Y)$ équicontinue en tout point $x \in X$ montrer que :

a) si H est muni de la topologie de la convergence simple,

$e : H \times X \to Y$

(question 3) est continue.

b) sur H la topologie de la convergence simple coïncide avec la topologie de la convergence compacte (si $f \in T(K, V) \cap H$ montrer que

$$f(K) \subseteq \bigcup_{1}^{n} \mathcal{B}\left(y_i, \frac{\varepsilon_i}{2}\right) = W \subseteq \bigcup_{1}^{n} \mathcal{B}(y_i, \varepsilon_i) \subseteq V$$

construire alors pour $\varepsilon = \min\limits_{1 \leqslant i \leqslant n} \left\{\frac{\varepsilon_i}{2}\right\}$ et η_k convenables un recouvrement $K \subseteq \bigcup_{k=1}^{s} \mathcal{B}(x_k, \eta_k)$ et déduire que $f \in \bigcap_{k=1}^{s} T(x_k, W) \cap H \subseteq T(K, V) \cap H$).

16 Convergences uniforme, compacte, simple des suites de fonctions

1) Soient X un espace topologique, et (Y, d) un espace métrique. En utilisant Ex. V. 15, question 4, montrer l'équivalence des deux propriétés :

i) La suite $(f_n)_{n \geq 0}$ converge dans $\mathscr{C}_c(X, Y)$ vers f.

ii) Pour tout compact K de X la suite $(f_n|K)_{n \geq 0}$ converge uniformément vers $f|K$ dans $\mathscr{C}^\infty_U(K, Y)$.

2) En déduire, dans $\mathscr{C}^\infty(X, Y)$, les implications :

$(f_n)_{n \geq 0}$ converge uniformément vers $f \Longrightarrow (f_n)_{n \geq 0}$ converge « compactement » vers $f \Longrightarrow (f_n)_{n \geq 0}$ converge simplement vers f.

3) Soient $X = Y = \mathbb{R}$ et $(f_n)_{n \geq 1}$ avec $f_n(x) = 1 - |x| \cdot \frac{1}{n}$ si $|x| < n$, $f_n(x) = 0$ si $|x| \geq n$.

a) Montrer que $f_n \in \mathscr{C}^\infty(\mathbb{R}, \mathbb{R})$.

b) Montrer que $(f_n)_{n \geq 1}$ converge dans $\mathscr{C}^\infty_S(\mathbb{R}, \mathbb{R})$. Calculer sa limite.

c) En utilisant la question 1) montrer que $(f_n)_{n \geq 0}$ converge dans $\mathscr{C}^\infty_c(\mathbb{R}, \mathbb{R})$ (on remarquera qu'un compact de $\mathbb{R}$ est contenu dans un intervalle fermé borné).

d) En utilisant la question 2) montrer que $(f_n)_{n \geq 1}$ ne converge pas dans $\mathscr{C}^\infty_U(\mathbb{R}, \mathbb{R})$.

4) Pour $n \geq 1$ soit $f_n \in \mathscr{F}(\mathbb{R}, \mathbb{R})$ définie par $f_n(x) = \frac{1}{n}\sqrt{n^2 - x^2}$ si $|x| < n$ et $f_n(x) = 0$ si $|x| \geq n$. Étudier successivement les convergences simple, uniforme et compacte de la suite $(f_n)_{n \geq 1}$.

5) Pour $n \geq 1$ soit $f_n \in \mathscr{F}(\mathbb{R}, \mathbb{R})$ avec $f_n(x) = \frac{n+1}{n} x$. Montrer que la suite $(f_n)_{n \geq 1}$ converge simplement vers la fonction $f : x \longmapsto x$, puis étudier ses convergences uniforme et compacte.

6) Pour $n \geq 0$ soit $f_n \in \mathscr{F}\left([0, \frac{1}{2}[, \mathbb{R}\right)$ définie par $f_n(x) = x^n$. Étudier les trois types de convergence de la suite $(f_n)_{n \geq 0}$.

17* Espaces normés de dimension infinie

On rappelle que pour toute fonction f : $[a, b] \to \mathbb{R}$ continue, on a :

$$\left|\int_a^b f(x)\, dx\right| \leqslant \int_a^b |f(x)|\, dx \leqslant (b-a) \sup_{a \leqslant x \leqslant b} |f(x)|$$

et que f est dérivable en x, de dérivée y, si $\left|\dfrac{f(x+h)-f(x)-h.y}{h}\right|$ tend vers 0 avec h. On dira que f est de classe C^1 sur $[a, b]$ si f admet une dérivée $f'(x)$ en tout point de $[a, b]$ et si la fonction f' est continue sur $[a, b]$.

1) Soit E l'ensemble des fonctions f : $[0, 1] \to \mathbb{R}$ continues et de classe C^1 sur $[0, \frac{1}{2}]$.

a) Montrer que E est un sous-espace vectoriel de $\mathscr{C}([0, 1], \mathbb{R})$.

b) Pour $f \in$ E on pose $\|f\| = \max\{\|f\|_\infty, \|f'\|_\infty\}$ où $\|f\|_\infty = \sup_{0 \leqslant x \leqslant 1} |f(x)|$ est la norme de $\mathscr{C}([0, 1], \mathbb{R})$, et $\|f'\|_\infty = \sup_{0 \leqslant x \leqslant 1/2} |f'(x)|$ est la norme de $\mathscr{C}\left([0, \frac{1}{2}], \mathbb{R}\right)$.

Démontrer que E est un espace normé.

2) *a*) Montrer que si $g \in \mathscr{C}([0, 1], \mathbb{R})$, la fonction G définie pour $0 \leqslant x \leqslant 1$ par $G(x) = \int_0^x g(t)\, dt$ est un élément de E.

b) Soit $(f_n)_{n \geqslant 0}$ une suite de Cauchy dans E. Prouver que la suite $(f_n)_{n \geqslant 0}$ est convergente dans $\mathscr{C}([0, 1], \mathbb{R})$: soit f sa limite. Démontrer que la suite $(f'_n)_{n \geqslant 0}$ est convergente dans $\mathscr{C}\left([0, \frac{1}{2}], \mathbb{R}\right)$: soit g sa limite.

c) Pour $0 \leqslant x \leqslant \frac{1}{2}$ on définit $F_n(x) = \int_0^x f'_n(t)\, dt$. Montrer que la suite (F_n) converge dans $\mathscr{C}\left([0, \frac{1}{2}], \mathbb{R}\right)$ vers la fonction $\int_0^x g(t)\, dt$. En déduire que f est dérivable sur $[0, \frac{1}{2}]$ et que $f' = g$.

d) Conclure que la suite (f_n) converge dans E. Énoncer le résultat démontré.

3) On rappelle qu'un espace normé E est de dimension finie si et seulement si la boule unité fermée $\mathcal{B}'(0, 1)$ est compacte (Ex. V. 9) et pour cela il faut que dans $\mathcal{B}'(0, 1)$ de toute suite on puisse extraire une suite convergente (Ex. IV. 12, question 3).

a) Dans l'espace l^1 soit $e_n = (0, \ldots, 0, 1, 0, \ldots)$, où seule la n^ième^ composante vaut 1. Montrer que la suite $(e_n)_{n \geqslant 0}$ est une suite de points de $\mathcal{B}'(0, 1)$ dont on ne peut extraire aucune suite de Cauchy. En déduire que l^1 est de dimension infinie.

b) En déduire que c^0, l^2 et l^∞ sont de dimension infinie.

c) On considère dans l'espace E de la question 1 la suite (f_n) définie par $f_n(x) = \dfrac{\text{Log}\,(1 + nx)}{1 + n}$. En étudiant la convergence simple de la suite (f'_n) montrer que E est de dimension infinie.

d) En déduire que $\mathcal{C}([0, 1], \mathbb{R})$ est de dimension infinie.

1

On appelle *espace vectoriel topologique* un espace vectoriel E (sur $K = \mathbb{R}$ ou $\mathbb{C}$) muni d'une topologie pour laquelle les applications

$$(x, y) \longmapsto x + y \quad \text{et} \quad (\lambda, x) \longmapsto \lambda x,$$

de $E \times E$ dans E et $K \times E$ dans E respectivement, sont continues (K étant muni de la topologie usuelle).

I

1) Montrer que tout espace normé est un espace vectoriel topologique.

2) Soit E un espace vectoriel topologique et soit F un sous-espace vectoriel topologique de E (i.e. un sous-espace vectoriel muni de la topologie induite). Démontrer que $\overline{F}$ est un sous-espace vectoriel topologique de E.

3) Soit E un espace vectoriel topologique et soit $\mathscr{V}(a)$ l'ensemble des voisinages d'un point a de E. Démontrer :

a) $\mathscr{V}(a) = a + \mathscr{V}(0)$

b) $V \in \mathscr{V}(0) \Longrightarrow \forall \lambda \neq 0 \quad \lambda . V \in \mathscr{V}(0)$.

c) $\forall V \in \mathscr{V}(0)$ V est *absorbant* : $\forall x \in E \ \exists \alpha > 0 : \ |\lambda| \leqslant \alpha \Longrightarrow \lambda x \in V$.

4) Soit $u \in \mathscr{L}(E, F)$, où E et F sont des espaces vectoriels topologiques. Montrer que si u est continue en 0, elle est continue partout.

II

Soient E et F deux espaces normés sur le même corps $K = \mathbb{R}$ ou $\mathbb{C}$.

1) On munit $\mathscr{F}(E, F)$ de la topologie de la convergence simple. Montrer qu'ainsi $\mathscr{F}(E, F)$ est un espace vectoriel topologique.

2) Montrer que $\mathscr{L}(E, F)$ est un sous-espace vectoriel topologique fermé de $\mathscr{F}(E, F)$ et que $\mathscr{L}_c(E, F)$ muni de la topologie induite est un sous-espace vectoriel topologique de $\mathscr{L}(E, F)$: cette topologie s'appelle *topologie de la convergence simple sur* $\mathscr{L}_c(E, F)$, que l'on note alors $\mathscr{L}_S(E, F)$.

3) Soit M un ensemble d'applications linéaires continues de E dans F. Démontrer l'équivalence de :

i) $\forall x \in E \ \exists M(x) \in \mathbb{R} : \sup_{f \in M} \|f(x)\| \leqslant M(x)$.

ii) $\forall V \in \mathscr{V}(0)$ dans $\mathscr{L}_S(E, F)$ $\exists \lambda_V \in K : M \subseteq \lambda_V . V$. On dit dans ce cas que M est *faiblement borné* dans $\mathscr{L}_c(E, F)$.

4) Soit toujours M une partie de $\mathscr{L}_c(E, F)$. Montrer que :

a) si M est équicontinue en tout point de E, M est bornée (dans l'espace $\mathscr{L}_c(E, F)$ muni de la norme usuelle, Rappels § 4).

b) si M est bornée au sens précédent, M est faiblement bornée.

2

I

Soit X un espace localement compact. On dit que X est *dénombrable à l'infini* si X est réunion dénombrable de compacts. Soit X un tel espace.

1) Construire une suite $(K_n)_{n \geqslant 0}$ de compacts tels que :

a) $X = \bigcup_{n \geqslant 0} K_n$

b) $K_n \subseteq \mathring{K}_{n+1} \ \forall n \geqslant 0$.

2) Montrer que $\forall K \in K(X) \ \exists n \in \mathbb{N} : K \subseteq K_n$.

3) Montrer que $\mathbb{R}$ est dénombrable à l'infini.

II

Soient : X un espace localement compact dénombrable à l'infini, et (Y, δ) un espace métrique. On désigne par $(K_n)_{n \geqslant 0}$ une suite de compacts de X vérifiant I.1).

1) On pose successivement $\delta_n(f, g) = \sup_{x \in K_n} \delta(f(x), g(x))$,

$d_n(f, g) = \min\{1, \delta_n(f, g)\}$ et $d(f, g) = \sum_{n \geqslant 0} \frac{1}{2^n} d_n(f, g)$,

pour tout $f, g \in \mathscr{C}(X, Y)$. Démontrer que d est une distance bornée sur $\mathscr{C}(X, Y)$.

2) Montrer que la topologie définie par d est plus fine que la topologie de la convergence compacte sur $\mathscr{C}(X, Y)$.

3) Soit $\mathscr{B}(f, r)$ une boule pour la distance d.

a) Montrer qu'il existe $n \in \mathbb{N}$ tel que $\varepsilon = \frac{r}{2} - \frac{1}{2^{n+1}}$ soit strictement positif.

b) Montrer que $f(K_n) \subseteq \bigcup_{i=1}^{t} \mathscr{B}_i$ où $\mathscr{B}_i = \mathscr{B}\left(p_i, \frac{\varepsilon}{3}\right)$, $p_i \in Y$ et en déduire : $K_n = \bigcup_{i=1}^{t} K_n \cap f^{-1}(\overline{B}_i)$.

c) Démontrer que $V = \bigcap_{i=1}^{t} T[(K_n \cap f^{-1}(\overline{B}_i), \mathscr{B}(p_i, 2\varepsilon/3)]$ est un voisinage de f pour la topologie de la convergence compacte.

d) Montrer que $V \subseteq \mathscr{B}(f, r)$. Conclusion?

4) Si Y est un espace normé de distance associée δ, montrer que la distance d est invariante par translation (Ex. V. 4).

5) Si Y est normé et X compact, démontrer que l'espace $\mathscr{C}_c(X, Y)$ est un espace *normable* (i.e. un espace vectoriel dont la topologie peut être définie par une norme).

III

1) Démontrer qu'un espace normable E possède la propriété : il existe un voisinage V de 0 tel que tout sous-espace vectoriel de E contenu dans V soit réduit à 0.

2) Soit X localement compact dénombrable à l'infini mais non compact, et soit Y un espace normé.

a) Montrer que $\mathscr{C}_c(X, Y)$ est métrisable.

b) $\forall \varepsilon > 0$ soit n tel que $\frac{1}{2^n} < \varepsilon$, montrer que

$$\mathscr{A}_n = \{f \in \mathscr{C}(X, Y), f|K_n = 0\}$$

est contenu dans $\mathscr{B}(0, \varepsilon)$ et est un sous-espace vectoriel de $\mathscr{C}(X, Y)$.

c) Conclure alors de III, 1) que $\mathscr{C}_c(X, Y)$ n'est pas normable. (On utilisera le *lemme d'Urysohn* : soient K une partie compacte et F une partie fermée d'un espace localement compact E, telles que $K \cap F = \varnothing$: il existe une fonction continue f: $E \to [0, 1]$ telle que $f|K = \{0\}$ et $f|F = \{1\}$.) Exemple d'une telle situation?

1

1) • Norme $\| \ \|_1$: soit $x = (x_1, \dots, x_n) \in \mathbb{R}^n$ ou $\mathbb{C}^n$.

(N₁) évident

$$(N_2) \quad \|x\|_1 = 0 \Longleftrightarrow \max_{1 \leqslant i \leqslant n} \{|x_i|\} = 0 \Longleftrightarrow [\forall i = 1, \dots, n : x_i = 0] \Longleftrightarrow x = 0$$

$$(N_3) \quad \|x+y\|_1 = \max_{1 \leqslant i \leqslant n} \{|x_i + y_i|\} \leqslant \max_i \{|x_i| + |y_i|\} \leqslant \max_i \{|x_i|\} + \max_i \{|y_i|\} \leqslant \|x\|_1 + \|y\|_1$$

$$(N_4) \quad \|\lambda x\|_1 = \max_i \{|\lambda x_i|\} = \max_i \{|\lambda| . |x_i|\} = |\lambda| . \max_i \{|x_i|\} = |\lambda| . \|x\|_1$$

• Norme $\| \ \|_2$

(N_1) (N_2) immédiats

$$(N_3) \quad \|x+y\|_2 = \sum_1^n |x_i + y_i| \leqslant \sum_1^n (|x_i| + |y_i|) \leqslant \sum_1^n |x_i| + \sum_1^n |y_i| \leqslant \|x\|_2 + \|y\|_2$$

$$(N_4) \quad \|\lambda x\|_2 = \sum_1^n |\lambda x_i| = \sum_1^n |\lambda| . |x_i| = |\lambda| \cdot \sum_1^n |x_i| = |\lambda| . \|x\|_2$$

• Norme $\| \ \|_3$

(N_1), (N_2) immédiats.

$$(N_3) \quad \|x+y\|_3^2 = \sum_1^n |x_i + y_i|^2 = \sum_1^n |x_i|^2 + \sum_1^n |y_i|^2 + 2 \sum_1^n |x_i| . |y_i|$$

et d'après l'inégalité de Cauchy-Schwarz (ch. IV. rappels § 1)

$\|x+y\|_3^2 \leqslant \|x\|_3^2 + \|y\|_3^2 + 2\|x\|_3 . \|y\|_3$ i.e. $\|x+y\|_3^2 \leqslant (\|x\|_3 + \|y\|_3)^2$

d'où le résultat, puisque $\|x\|_3 \geqslant 0$ pour tout x.

$$(N_4) \quad \|\lambda x\|_3 = \sqrt{\sum_1^n |\lambda x_i|^2} = \sqrt{|\lambda|^2 \cdot \sum_1^n |x_i|^2} = |\lambda| \cdot \sqrt{\sum_1^n |x_i|^2} = |\lambda| . \|x\|_3$$

2) *a*) On vérifiera aisément que la loi définie par

$(f+g)(x) = f(x) + g(x),\ f, g \in \mathrm{E},$

fait de E un groupe abélien d'élément neutre l'application nulle, et que la loi externe $(\lambda f)(x) = \lambda . f(x)$ où $\lambda \in \mathbb{R}$, $f \in \mathrm{E}$ vérifie les axiomes

$\lambda(f+g) = \lambda f + \lambda g,\ (\lambda + \mu) f = \lambda f + \mu f,\ (\lambda\mu) f = \lambda(\mu f)$ et $1.f = f$.

b) (N_1) immédiat (l'intégrale d'une fonction positive est positive).

$$(\mathrm{N}_2)\quad \|f\|_1 = 0 \Longleftrightarrow \int_0^1 |f(x)|\, dx = 0$$
$$\Longleftrightarrow [\forall x \in [\![0, 1]\!] : f(x) = 0] \text{ (puisque } f \text{ est continue)}$$
$$\Longleftrightarrow f = 0$$

$$(\mathrm{N}_3)\quad \|f+g\|_1 = \int_0^1 |f(x) + g(x)|\, dx \leqslant \int_0^1 (|f(x)| + |g(x)|)\, dx$$
$$\leqslant \int_0^1 |f(x)|\, dx + \int_0^1 |g(x)|\, dx \leqslant \|f\|_1 + \|g\|_1$$

$$(\mathrm{N}_4)\quad \|\lambda f\|_1 = \int_0^1 |\lambda . f(x)|\, dx = \int_0^1 |\lambda| . |f(x)|\, dx$$
$$= |\lambda| \int_0^1 |f(x)|\, dx = |\lambda| . \|f\|_1$$

Distance associée $d(f, g) = \|f - g\|_1 = \displaystyle\int_0^1 |f(x) - g(x)|\, dx$

c) (N_1) évident

$$(\mathrm{N}_2)\quad \|f\|_\infty = 0 \Longleftrightarrow \sup |f(x)| = 0 \Longleftrightarrow [\forall x : f(x) = 0] \Longleftrightarrow f = 0$$
$$(\mathrm{N}_3)\quad \|f+g\|_\infty = \sup |f(x) + g(x)| \leqslant \sup (|f(x)| + |g(x)|)$$
$$\leqslant \sup |f(x)| + \sup |g(x)| = \|f\|_\infty + \|g\|_\infty$$
$$(\mathrm{N}_4)\quad \|\lambda . f\|_\infty = \sup |\lambda . f(x)| = \sup |\lambda| . (f(x)| = |\lambda| . \sup |f(x)|$$
$$= |\lambda| . \|f\|_\infty$$

Distance associée :

$d(f, g) = \|f - g\|_\infty = \sup |(f-g)(x)| = \sup |f(x) - g(x)|$

c'est bien la distance de Ex. IV. 1, question 3) *b*).

2

1) *a*) Loi de groupe abélien : $(x_n) + (y_n) = (x_n + y_n) \in l^1$ car

$$\sum_{n \geqslant 0} |x_n + y_n| \leqslant \sum_{n \geqslant 0} |x_n| + \sum_{n \geqslant 0} |y_n|$$

élément neutre $0 = (x_n)$ où $x_n = 0$ pour tout n ; loi externe

$\lambda.(x_n) = (\lambda x_n) \in l^1$ car $\sum_{n \geqslant 0} |\lambda x_n| = |\lambda| . \sum_{n \geqslant 0} |x_n|$.

b) (N_1) $|x|_1 \geqslant 0$ (somme d'une série à termes positifs).

(N_2) $\|x\|_1 = 0 \Longleftrightarrow \sum_{n \geqslant 0} |x_n| = 0 \Longleftrightarrow [\forall n \, |x_n| = 0] \Longleftrightarrow x = 0$
(N_3) vu au *a*)
(N_4) vu au *a*)
$d_1(x, y) = \sum_{n \geqslant 0} |x_n - y_n| = |i| + |i + 1| = 1 + \sqrt{2}$.

2) *a*) Loi de groupe abélien : $(x_n) + (y_n) = (x_n + y_n) \in l^2$ car $\forall n \geqslant 0$ on a (inégalité de Minkowski)

$$\sum_0^n |x_i + y_i|^2 \leqslant \sum_0^n |x_i|^2 + \sum_0^n |y_i|^2 \leqslant \sum_{n \geqslant 0} |x_n|^2 + \sum_{n \geqslant 0} |y_n|^2$$

donc la série $\sum_{n \geqslant 0} |x_n + y_n|^2$ est convergente. Élément neutre $0 = (x_n)$ où $x_n = 0$ pour tout n.

Loi externe : $\lambda.(x_n) = (\lambda x_n) \in l^2$ car $\sum_{n \geqslant 0} |\lambda x_n|^2 = |\lambda|^2 . \sum_{n \geqslant 0} |x_n|^2$.

b) (N_1) immédiat

(N_2) $|x|_2 = 0 \Longleftrightarrow \sum_{n \geqslant 0} |x_n|^2 = 0 \Longleftrightarrow [\forall n : x_n|^2 = 0] \Longleftrightarrow x = 0$
(N_3) (N_4) voir *a*)

$d_2(x, y) = \|x - y\|_2 = \sum_{n \geqslant 0} |x_n - y_n|^2 = 3$.

3) *a*) Loi de groupe abélien : $(x_n) + (y_n) = (x_n + y_n) \in l^\infty$ car si

$\forall n \quad |x_n| \leqslant M \quad$ et $\quad |y_n| \leqslant N$

on a $\forall n$: $|x_n + y_n| \leqslant |x_n| + |y_n| \leqslant M + N$. Élément neutre $0 = (x_n)$ avec $x_n = 0$ pour tout n ; loi externe $\lambda.(x_n) = (\lambda x_n) \in l^\infty$ car si $\forall n : |x_n| \leqslant M$, on a $\forall n : |\lambda x_n| \leqslant |\lambda| . M$.

b) (N_1) $\|x\|_\infty \geqslant 0$

(N_2) $\|x\|_\infty = 0 \Longleftrightarrow \sup |x_n| = 0 \Longleftrightarrow [\forall n, \ x_n = 0] \Longleftrightarrow x = 0$
(N_3) on a $\forall n \, |x_n + y_n| \leqslant |x_n| + |y_n| \leqslant \|x\|_\infty + \|y\|_\infty$ donc $\sup |x_n + y_n| = \|x + y\|_\infty \leqslant \|x\|_\infty + \|y\|_\infty$
(N_4) $\|\lambda . x\|_\infty = \sup |\lambda x_n| = \sup |\lambda| . |x_n| = |\lambda| . \|x\|_\infty$
$d_\infty(x, y) = \|x - y\|_\infty = \sup |x_n - y_n| = \sup \{|i|, |i + 1|\} = \sqrt{2}$.

c) On a $l^1 \subseteq l^\infty$ car si $x \in l^1$, $\sum_{n \geqslant 0} |x_n|$ converge vers S, d'où $\forall n$, $|x_n| \leqslant S$ et $x \in l^\infty$; l^1 n'est pas un sous-espace normé puisque

$$d_1(x, y) = 1 + \sqrt{2} \neq d_\infty(x, y) = \sqrt{2},$$

donc $\| \quad \|_1$ n'est pas la norme induite par $\| \quad \|_\infty$.

d) On a $l^2 \subseteq l^\infty$ car si $x \in l^2$, $\sum_{n \geqslant 0} |x_n|^2$ converge vers S, d'où

$$\forall n : |x_n|^2 \leqslant S \quad \text{et} \quad \forall n : |x_n| \leqslant \sqrt{S}.$$

La loi de groupe et la loi externe sur l^2 sont bien les mêmes que sur l^∞; mais la norme induite par l^∞ n'est pas $\| \quad \|_2$ car

$$d_2(x, y) = 3 \neq d_\infty(x, y) = \sqrt{2}.$$

3

1) En effet l'axiome (N_3) permet d'écrire : $\|x\| \leqslant \|x - y\| + \|y\|$ donc $\|x\| - \|y\| \leqslant \|x - y\|$ et $\|y\| \leqslant \|y - x\| + \|x\|$, d'où

$$\|y\| - \|x\| \leqslant \|y - x\| = \|x - y\| \text{ (axiome } N_4)$$

d'où le résultat.

2) *a*) Soit $y \in \mathscr{B}'(x, r)$ donc $\|x - y\| \leqslant r$; si $\|x - y\| < r$ on a

$$y \in \mathscr{B}(x, r) \subseteq \overline{\mathscr{B}}(x, r);$$

si $\|x - y\| = r$ on a $\forall \varepsilon > 0$ $z = \frac{\varepsilon}{2r} x + \left(1 - \frac{\varepsilon}{2r}\right) y \in \mathscr{B}(y, \varepsilon) \cap \mathscr{B}(x, r)$

car $\|z - y\| = \frac{\varepsilon}{2} < \varepsilon$ et $\|z - x\| = r - \frac{\varepsilon}{2} < r$, donc $y \in \overline{\mathscr{B}}(x, r)$.

b) Puisque $\mathring{\mathscr{B}}'(x, r)$ est le plus grand ouvert contenu dans $\mathscr{B}'(x, r)$, et que $\mathscr{B}(x, r)$ est un ouvert on a dans tout espace métrique

$$\mathscr{B}(x, r) \subseteq \mathring{\mathscr{B}}'(x, r).$$

Si l'espace est normé, soit $y \in \mathring{\mathscr{B}}'(x, r)$, $y \neq x$, donc : $\exists \rho > 0$

$$\mathscr{B}(y, \rho) \subseteq \mathring{\mathscr{B}}'(x, r);$$

soit $z = y + \frac{\rho}{2\|x-y\|}\cdot(y-x)$: $\|z-y| = \frac{\rho}{2}$, donc $z \in \mathscr{B}(y, \rho)$, d'où $z \in \mathring{\mathscr{B}}'(x, r) \subseteq \mathscr{B}'(x, r)$, d'où $\|z-x\| \leqslant r$, or

$$\|z-x\| = \left\|(y-x)\left(1+\frac{\rho}{2\|x-y\|}\right)\right\| = \|y-x\| = \frac{\rho}{2} \leqslant r$$

donc $\|y-x\| \leqslant r - \frac{\rho}{2} < r$ d'où $y \in \mathscr{B}(x, r)$.

c) • $d(\mathscr{B}(x, r)) = 2r$:

$\forall y, z \in \mathscr{B}(x, r)$ $\|y-z\| \leqslant \|y-x\| + \|x-z\| < 2r$

donc $2r$ est un majorant de $\{d(y, z), y, z \in \mathscr{B}(x, r)\}$; c'est le plus petit majorant : si $\rho < 2r$ choisissons a tel que $\|a\| \neq 0$ (i.e. $a \neq 0$) et soient $y = x - \frac{\rho'}{2\|a\|}\cdot a$, où $\rho < \rho' < 2r$, $z = x + \frac{\rho'}{2\|a\|}\cdot a$:

$$\|y-x\| = \|z-x\| = \frac{\rho'}{2} < r$$

donc $y, z \in \mathscr{B}(x, r)$, mais $d(y, z) = \rho' > \rho$ donc ρ n'est pas un majorant et $2r = d(\mathscr{B}(x, r))$

• $d(\mathscr{B}'(x, r)) = 2r$: $\forall y, z \in \mathscr{B}'(x, r)$:

$$\|y-z\| \leqslant \|y-x\| + \|x-z\| \leqslant 2r$$

soit $a \neq 0, y = x + \frac{r}{\|a\|}a, z = x - \frac{r}{\|a\|}a$, on a $y, z \in \mathscr{B}'(x, r)$ et $\|y-z\| = 2r$ donc ici :

$$d(\mathscr{B}'(x, r)) = \sup\{\|y-z\|, z, y \in \mathscr{B}'\} = \max\{\|y-z\|, y, z \in \mathscr{B}'\} = 2r$$

• $d(S(x, r)) = 2r$: $\forall y, z \in S(x, r)$ $\|y-z\| \leqslant \|y-x\| + \|x-z\| = 2r$; en prenant y, z comme ci-dessus : $y, z \in S(x, r)$ et $\|y-z\| = 2r$ d'où $d(S(x, r)) = \sup\{\|y-z\|, y, z \in S\} = \max\{\|y-z\|, y, z \in S\} = 2r$.

3) Soit $\gamma : [\![0, 1]\!] \to E$ définie par $\gamma(t) = (1-t)x + ty$. Si $x = y$, γ est l'application constante $t \longmapsto x$ qui est continue, c'est donc un chemin. Si $x \neq y$ on a $\|x-y\| \neq 0$ et la continuité de γ en t_0 s'exprime de la façon suivante (puisque $[\![0, 1]\!]$ et E sont des espaces métriques) : $\forall \varepsilon > 0\ \exists \eta > 0$ $|t-t_0| < \eta \Longrightarrow \|\gamma(t) - \gamma(t_0)\| < \varepsilon$; il suffit alors de choisir

$$\eta = \frac{\varepsilon}{\|x-y\|} \text{ puisque } \|\gamma(b) - \gamma(t_0)\| = |t-t_0|\cdot\|x-y\|.$$

Si $z \in [x, y]$, $z = (1 - t)x + t.y$ donc $z - x = t(y - x)$ et

$\|z - x\| = t.\|y - x\| \leqslant \|y - x\| < r.$

Il en résulte que $\mathscr{B}(x, r)$ est connexe par arcs puisque si $y, z \in \mathscr{B}(x, r)$ les segments $[y, x]$ et $[x, z]$ sont des chemins de y à x et de x à z; leur composé (Ex. III. 15) est donc un chemin de y à z. Donc $\mathscr{B}(x, r)$ est connexe. (On peut également montrer que $[y, z]$ est un chemin contenu dans $\mathscr{B}(x, r)$.) Comme pour tout point $x \in E$: $\left(\mathscr{B}\left(x, \frac{1}{n}\right)\right)_{n \geqslant 1}$ est un système fondamental de voisinages (Ex. IV. 3) connexes de x, E est localement connexe. De plus E est connexe par arcs puisque $\forall x, y \in E$: $[x, y]$ est un chemin d'origine x et d'extrémité y, donc E est connexe (on pourrait utiliser le fait que $E = \bigcup_{r>0} \mathscr{B}(0, r)$: sachant que chaque $\mathscr{B}(0, r)$ est connexe et que $\bigcap_{r>0} \mathscr{B}(0, r) \neq \varnothing$ on peut conclure à la connexité de E, mais cette propriété a été démontrée seulement pour une réunion finie de connexes Ex. III. 12, question 2).

4) Il s'agit de montrer que :

$\forall \varepsilon > 0 \ \exists \eta > 0 : [d(x, y) = p(x - y) < \eta \Longrightarrow |p(x) - p(y)| < \varepsilon].$

On choisit $\eta = \varepsilon : [p(x - y) < \eta \Longrightarrow |p(x) - p(y)| \leqslant p(x - y) < \varepsilon]$ (cf. question 1).

5) Si E est localement compact, 0 possède un voisinage compact V, d'où $\exists \mathscr{B}(0, r) \subseteq V$ et comme V est fermé (car compact) on a

$\overline{\mathscr{B}}(0, r) = \mathscr{B}'(0, r) \subseteq V$ et $\mathscr{B}'(0, r)$

est compacte (car fermée dans le compact V, Ex. III. 9, question 3). Soit alors $f : \mathscr{B}'(0, r) \to \mathscr{B}'(0, 1)$ définie par $f(x) = \frac{1}{r} \cdot x$; f est évidemment continue et surjective donc (théorème de Weierstrass)

$f(\mathscr{B}'(0, r)) = \mathscr{B}'(0, 1)$ est compacte.

Si $\mathscr{B}'(0, 1)$ est compacte, pour tout $x \in E$ soit $f : \mathscr{B}'(0, 1) \to \mathscr{B}'(x, 1)$ définie par $f(y) = y + x$; f est continue surjective donc (théorème de Weierstrass) $f(\mathscr{B}'(0, 1)) = \mathscr{B}'(x, 1)$ est compacte et est un voisinage de x, puisque $x \in \mathscr{B}(x, 1) \subseteq \mathscr{B}'(x, 1)$.

4

1) *a*) (D_1) $d(x, y) = \|x - y\| \geqslant 0$ (axiome N_1) et
$d(y, x) = \|y - x\| = \|(-1)(x - y)\| = \|x - y\|$ (axiome N_4)

(D_2) $d(x,y) = 0 \Longleftrightarrow \|x - y\| = 0 \Longleftrightarrow$ (axiome N_2) $x - y = 0$
$\Longleftrightarrow x = y$

(D_3) $d(x, z) = \|x - z\| = \|x - y + y - z\| \leqslant \|x - y\| + \|y - z\|$
$\leqslant d(x, y) + d(y, z)$ (axiome N_3)

b) (D_4) $d(x + t, y + t) = \|x + t - y - t\| = \|x - y\| = d(x, y)$

(D_5) $d(\lambda x, \lambda y) = \|\lambda x, \lambda y\| = \|\lambda(x - y)\| = |\lambda|.\|x - y\| = |\lambda|.d(x,y)$
(axiome N_4).

2) (N_1) $\|x\| = d(x, 0) \geqslant 0$ (axiome D_1)

(N_2) $\|x\| = 0 \Longleftrightarrow d(x, 0) = 0 \Longleftrightarrow$ (axiome D_2) $x = 0$

(N_3) $\|x + y\| = d(x + y, 0) \leqslant d(x + y, y) + d(y, 0)$ (axiome D_3)
or $d(x + y, y) = d(x + y - y, y - y)$ (axiome D_4) $= d(x, 0)$,
d'où $\|x + y\| \leqslant d(x, 0) + d(y, 0) = \|x\| + \|y\|$.

(N_4) $\|\lambda x\| = d(\lambda x, 0) = d(\lambda x, \lambda.0) = |\lambda|.d(x, 0) = |\lambda|.\|x\|$ (axiome D_5).

Distance associée : $d'(x,y) = \|x - y\| = d(x - y, 0) = d(x,y)$ (axiome D_3).
Il y a donc équivalence entre : espace normé et : espace vectoriel métrique dont la distance est compatible.

3) Si $E = \{\vec{0}\}$ les axiomes D_4 et D_5 sont évidemment réalisés. Si $E \neq \{\vec{0}\}$
soit $\vec{x} \neq \vec{0}$: $d(2.\vec{0}, 2.\vec{x}) = d(\vec{0}, 2.\vec{x}) = 1$ (car $2\vec{x} \neq \vec{0}$) mais

$2.d(\vec{0}, \vec{x}) = 2$

et l'axiome D_5 n'est pas réalisé.

4) *a*) Pour $x = (x_1, x_2) \in \mathbb{R}^2$ $\|x\|_3 = \sqrt{x_1^2 + x_2^2}$.

(D_1) évident.

(D_2) $x = y \Longrightarrow \|x\|_3 = \|y\|_3 \Longrightarrow d(x,y) = \|x - y\|_3 = 0$;

si $x \neq y$ et

- si $\|x\|_3 = \|y\|_3$: $d(x, y) = \|x - y\|_3 \neq 0$
- si $\|x\|_3 \neq \|y\|_3$: $d(x, y) = \|x\|_3 + \|y\|_3 > 0$.

(D_3) Plusieurs cas sont à considérer :

- $\|x\|_3$, $\|y\|_3$, $\|z\|_3$ distincts :

$$d(x, z) = \|x\|_3 + \|z\|_3 \leqslant \|x\|_3 + \|y\|_3 + \|y\|_3 + \|z\|_3 = d(x, y) + d(y, z)$$

- $\|x\|_3 = \|y\|_3 \neq \|z\|_3$:

$$d(x, z) = \|x\|_3 + \|z_3\| \leqslant \|x - y\|_3 + \|y\|_3 + \|z\|_3 = d(x, y) + d(y, z)$$

- $\|x\|_3 = \|z\|_3 \neq \|y\|_3$:

$$\begin{aligned} d(x, z) = \|x - z\|_3 &\leqslant \|x\|_3 + \|z\|_3 \leqslant \|x\|_3 + \|y\|_3 + \|y\|_3 + \|z\|_3 \\ &\leqslant d(x, y) + d(y, z) \end{aligned}$$

- $\|y\|_3 = \|z\|_3 \neq \|x\|_3$:

$$d(x, z) = \|x\|_3 + \|z\|_3 \leqslant \|x\|_3 + \|z - y\|_3 + \|y\|_3 = d(x, y) + d(y, z)$$

- $\|x\|_3 = \|y\|_3 = \|z\|_3$:

$$d(x, z) = \|x - z\|_3 \leqslant \|x - y\|_3 + \|y - z\|_3 = d(x, y) + d(y, z)$$

b) Si $r \leqslant 1$ $\mathscr{B}_d((0, 1), r)$ est l'arc de cercle défini par

$$\left\{ x = (x_1, x_2) : x_1^2 + x_2^2 = 1, x_2 > 1 - \frac{r^2}{2} \right\}.$$

Si $r > 1$ $\mathscr{B}_d((0, 1), r)$ est la réunion de la boule euclidienne $\mathscr{B}((0, 0), r - 1)$ et de l'arc de cercle $\left\{ x = (x_1, x_2),\ x_1^2 + x_2^2 = 1 \text{ et } x_2 > 1 - \frac{r^2}{2} \right\}$.

c) $d((0, 1), (\sqrt{2} - 1, 0)) = \|(0, 1)\|_3 + \|(\sqrt{2} - 1, 0)\|_3 = \sqrt{2}$

$$\begin{aligned} d((0, 1) + (1, 0), (\sqrt{2} - 1, 0) + (1, 0)) &= d((1, 1), (\sqrt{2}, 0)) \\ &= \|(1 - \sqrt{2}, 1)\|_3 = \sqrt{2}.\sqrt{2 - \sqrt{2}} \end{aligned}$$

L'axiome (D_4) n'est donc pas vérifié. On pourrait voir facilement que l'axiome (D_5) est réalisé.

5) Distance d :

(D_4) $d(f + h, g + h) = \displaystyle\int_0^1 |f(x) + h(x) - g(x) - h(x)|\, dx = d(f, g)$

(D_5) $\begin{aligned} d(\lambda f, \lambda g) &= \displaystyle\int_0^1 |\lambda.f(x) - \lambda g(x)|\, dx = |\lambda|.\int_0^1 |f(x) - g(x)|\, dx \\ &= |\lambda|.d(f, g). \end{aligned}$

Distance e :

(D_4) immédiat
(D_5) $e(\lambda f, \lambda g) = \sup |\lambda . f(x) - \lambda . g(x)| = \sup |\lambda| . |f(x) - g(x)|$
$= |\lambda| . e(f, g)$

Ceci montre que sur E $\|f\|_1$ et $\|f\|_\infty$ sont des normes (cf. Ex. V. 1).

5

1) En effet $\mathscr{B}_{\|\ \|_1}(x, r) \supseteq \mathscr{B}_{\|\ \|_2}\left(x, \dfrac{r}{a}\right)$ donc tout voisinage de x pour $\|\ \|_1$ est voisinage de x pour $\|\ \|_2$. De même $\mathscr{B}_{\|\ \|_2}(x, r) \supseteq \mathscr{B}_{\|\ \|_1}\left(x, \dfrac{r}{b}\right)$.

2) *a*) Évident (voir Ex. IV. 5, question 1 *a*)).

b) immédiat d'après la continuité de 1_E en 0.

c) on a $1_E(\mathscr{B}_1(0, r)) \subseteq \mathscr{B}_2\left(0, \dfrac{\rho}{r}\right)$ car si $\|x\|_1 < r$, soit $z = \dfrac{\rho}{r} \cdot x$: $\|z\|_1 = \dfrac{\rho}{r} \|x\|_1 < \rho$ donc d'après 2 *a*) $\|z\|_2 < 1$ i.e. $\|x\|_2 < \dfrac{\rho}{r}$. En particulier $S_1(0, 1) \subseteq \mathscr{B}_1(0, 2)$ donc $1_E(S_1(0, 1)) \subseteq \mathscr{B}_2(0, r')$ donc cet ensemble est borné pour $\|\ \|_2$.

d) La propriété précédente s'exprime par :

$[\|x\|_1 = 1 \Longrightarrow \|x\|_2 < r' = a]$.

Soit $x \in E$, $x \neq 0$ et $z = \dfrac{x}{\|x\|_1}$: $\|z\|_2 = 1$ donc $\|z\|_2 = \dfrac{\|x\|_2}{\|x\|_1} < a$ c'est-à-dire $\|x\|_2 < a . \|x\|_1$; l'inégalité large $\|x\|_2 \leqslant a . \|x\|_1$ est alors vraie pour tout $x \in E$.

e) De même 1_E : $(E, \|\ \|_2) \to (E, \|\ \|_1)$ est continue et on peut faire un raisonnement analogue conduisant à : $\|x\|_1 \leqslant b . \|x\|_2$.

3) On vient de montrer que pour un espace normé les deux notions de « normes topologiquement équivalentes » et « normes métriquement équivalentes » coïncident, d'où la terminologie usuelle de « normes équivalentes ». Cette propriété est fausse pour les espaces métriques (Pr. IV. 2).

4) Si $\|x\|_1 \leqslant a . \|x\|_2$ et $\|x\|_2 \leqslant b . \|x_1\|$, soit (x_n) une suite de Cauchy pour $\|\ \|_1$: $\forall \varepsilon > 0\ \exists n_0(\varepsilon) : \forall p, q \geqslant n_0 : \|x_p - x_q\|_1 < \varepsilon$; alors $\forall \varepsilon > 0$ et

$\forall p, q \geqslant n_0\left(\frac{\varepsilon}{b}\right)$ on a $\|x_p - x_q\|_2 \leqslant b.\|x_p - x_q\|_1 < \varepsilon$; donc (x_n) est de Cauchy pour $\|\ \|_2$. Si (x_n) converge vers x pour $\|\ \|_1$: $\forall \varepsilon > 0\ \exists n_0(\varepsilon)$ $\forall n \geqslant n_0$: $\|x_n - x\|_1 < \varepsilon$; donc $\forall \varepsilon > 0$, $\forall n \geqslant n_0\left(\frac{\varepsilon}{b}\right)$:

$$\|x_n - x\|_2 \leqslant b.\|x_n - x\|_1 < \varepsilon$$

et (x_n) converge vers x pour $\|\ \|_2$. Il est alors immédiat que (E, $\|\ \|_1$) complet équivaut à (E, $\|\ \|_2$) complet.

6

1) *a*) Il est bien connu que $\int_a^b |f(x)|\, dx \leqslant (b-a) \sup\limits_{a\leqslant x\leqslant b} |f(x)|$ donc ici :

$$\|f\|_1 = \int_0^1 |f(x)|\, dx \leqslant \sup_{0\leqslant x\leqslant 1} |f(x)| = \|f\|_\infty.$$

Soit (f_n) une suite de Cauchy pour $\|\ \|_\infty$:

$$\forall \varepsilon > 0\ \exists n_0\ \forall p, q \geqslant n_0 : \|f_p - f_q\|_\infty < \varepsilon$$

d'où $\|f_p - f_q\|_1 \leqslant \|f_p - f_q\|_\infty < \varepsilon$.

Soit (f_n) une suite convergente pour $\|\ \|_\infty$:

$$\exists f \in \mathrm{E} : \forall \varepsilon > 0\ \exists n_0\ \forall n \geqslant n_0 : \|f_n - f\|_\infty < \varepsilon$$

d'où $\|f_n - f\|_1 \leqslant \|f_n - f\|_\infty < \varepsilon$ et (f_n) converge pour $\|\ \|_1$ vers le même point f.

b) $\|f_n\|_1 = \int_0^1 x^n\, dx = \frac{1}{n+1}$, $\|f_n\|_\infty = 1$. Si b existait on aurait en particulier : $\forall n\ \|f_n\|_\infty \leqslant b.\|f_n\|_1$ d'où $\forall n$: $1 \leqslant b.\frac{1}{n+1}$ donc $\forall n$: $b \geqslant n+1$ impossible. Les deux normes ne sont donc pas équivalentes.

c) On a démontré (Ex. IV. 8, question 3 *a*)) que E est complet pour la distance associée $\|f\|_\infty$, ce qui montre que c'est un espace de Banach. On peut d'ailleurs transcrire intégralement cette démonstration en remplaçant $d(f, g)$ par $\|f - g\|_\infty$.

d) La démonstration a été faite à l'Ex. IV. 8, question 3 *b*).

e) Car si $(f_n)_{n\geqslant 1}$ était de Cauchy pour $\|\ \|_\infty$ elle serait convergente pour $\|\ \|_\infty$ donc convergerait pour $\|\ \|_1$.

2) a) Il est facile de voir que $\forall (x, y) \in E \times F$ on a

$$N_1((x,y)) \leqslant 1.N_3((x,y)) \leqslant 1.N_2((x,y)) \, [\leqslant \sqrt{2}.N_1((x,y))$$

$$N_1((x,y)) \leqslant 1.N_3((x,y)) \leqslant 1.N_2((x,y)) \, [\leqslant \sqrt{2}.N_1((x,y))$$

(voir aussi Ex. IV. 9, question 3, *d*).

b) Si (x_n, y_n) converge vers (x, y) :

$$\forall \varepsilon > 0 \ \exists n_0 \ \forall n \geqslant n_0 : \ N_1((x_n, y_n) - (x, y)) < \varepsilon$$

d'où $\max \{\|x_n - x\|_E, \|y_n - y\|_F\} < \varepsilon$ donc $\|x_n - x\|_E < \varepsilon$ et $\|y_n - y\|_F < \varepsilon$ d'où la convergence de (x_n) vers x et de (y_n) vers y.

Réciproquement si (x_n) converge vers x et (y_n) vers y :

$$\forall \varepsilon > 0 \ \exists n_0 \ \forall n \geqslant n_0 : \ \|x_n - x\|_E < \varepsilon$$

et $\exists p_0, \forall n \geqslant p_0 : \ \|y_n - y\|_F < \varepsilon$ d'où pour $n \geqslant \max \{n_0, p_0\}$

$$N_1((x_n, y_n) - (x, y)) < \varepsilon$$

et la convergence de (x_n, y_n) vers (x, y).

On aurait aussi bien pu raisonner avec N_2 ou N_3 puisque ces normes sont équivalentes. De même pour les suites de Cauchy.

c) En effet pour tout $i \geqslant 0$ on a $\forall n > i$: $\pi_i(p_n) = 0$ donc la suite est stationnaire, donc convergente. Mais la suite (p_n) diverge car pour $\varepsilon = 1$ on a $\forall n_0 : \|p_{n_0+1} - p_{n_0}\|_2 = \sqrt{\sum_{n \geqslant 0} |a_{n(n_0+1)} - a_{nn_0}|^2} = \sqrt{2} > \varepsilon$ et ce n'est pas une suite de Cauchy.

7

1) *a*) Si f, $g \in E$, $\lambda \in \mathbb{R}$, $\int_0^1 f(x)\,dx$ et $\int_0^1 g(x)\,dx$ existent donc $\int_0^1 [f(x) + g(x)]\,dx$ existe et $\int_0^1 \lambda f(x)\,dx$ existe, ce qui montre que $f + g$ et λf sont éléments de E.

b) L'axiome N_2 n'est pas réalisé : soit f défini par $f(0) = 1, f(x) = 0$, $x \neq 0$: $f \in E$ car $\int_0^1 f(x)\,dx = 0$, mais $f \neq 0$ bien que

$$\|f\| = \int_0^1 |f(x)|\,dx = 0.$$

2) E est un espace vectoriel pour les lois usuelles

$$(f + g)(x) = f(x) + g(x) \quad \text{et} \quad (\lambda f)(x) = \lambda . f(x).$$

(N_1) évident
(N_2) $\|f\|_\infty = 0 \Longleftrightarrow \sup |f(x)| = 0 \Longleftrightarrow [\forall x : f(x) = 0] \Longleftrightarrow f = 0$
(N_3) $\|f + g\|_\infty = \sup |f(x) + g(x)| \leqslant \sup (|f(x)| + |g(x)|)$
$\leqslant \|f\|_\infty + \|g\|_\infty$
(N_4) $\|\lambda f\|_\infty = \sup |\lambda f(x)| = |\lambda| . \sup |f(x)|$.

E est complet: soit (f_n) une suite de Cauchy : $\forall \varepsilon > 0\ \exists n_0\ \forall p,\ q \geqslant n_0$ $\forall x \in [0, 1] : |f_p(x) - f_q(x)| < \varepsilon$ donc $\forall x \in [0, 1]$ la suite $(f_n(x))$ est de Cauchy dans $\mathbb{R}$ donc converge vers $f(x)$; l'application f ainsi définie (car la limite est unique) est élément de E ; la suite $(\|f_n\|_\infty)_{n \geqslant 0}$ est une suite de Cauchy dans $\mathbb{R}$: pour $\varepsilon > 0$ et $p,\ q \geqslant n_0$ (ci-dessus) on a :

$| \|f_p\|_\infty - \|f_q\|_\infty | \leqslant \|f_p - f_q\|_\infty < \varepsilon$ (voir Ex. V. 3)

elle converge donc vers M. Alors pour tout $\varepsilon > 0\ \exists p_0$:

$n \geqslant p_0 \Longrightarrow | \|f_n\|_\infty - M| < \varepsilon$

et $\forall x \in [0, 1]\ \exists q_0$:

$n \geqslant q_0 \Longrightarrow |f_n(x) - f(x)| < \varepsilon$

donc pour $n \geqslant \max \{p_0, q_0\}$ on a :

$|f(x) \leqslant |f(x) - f_n(x)| + |f_n(x)| < \varepsilon + \|f_n\|_\infty < \varepsilon + M + \varepsilon = M + 2\varepsilon$

donc : $\forall \varepsilon > 0\ \forall x \in [0, 1]$: $|f(x)| < M + 2\varepsilon$, donc $\forall x : |f(x)| \leqslant M$ i.e. f est bornée donc $f \in$ E. Montrons enfin que (f_n) converge vers f (voir aussi Ex. IV. 8, question 3, *a*) où la démonstration est analogue) : $\forall \varepsilon > 0$: $\exists n_0 \forall p, q \geqslant n_0 : \|f_p - f_q\|_\infty < \frac{\varepsilon}{2}$; pour $n \geqslant n_0$ et $x \in [0, 1]$ $(f_n(x))$ converge vers $f(x)$: $\exists p_0\ \forall p \geqslant p_0 : |f_p(x) - f(x)| < \frac{\varepsilon}{2}$, d'où pour $p = \max \{n_0, p_0\}$:

$|f_n(x) - f(x)| \leqslant |f_n(x) - f_p(x)| + |f_p(x) - f(x)| < 2 \cdot \frac{\varepsilon}{2} = \varepsilon$

d'où $\forall \varepsilon > 0\ \exists n_0\ \forall n \geqslant n_0\ \forall x : |f_n(x) - f(x)| < \varepsilon$ d'où $\forall \varepsilon > 0\ \exists n_0\ \forall n \geqslant n_0$: $\|f_n - f\|_\infty < \varepsilon$; donc (f_n) converge vers f.

3) c_0 est un espace vectoriel (sur $\mathbb{C}$) pour les lois $(x_n) + (y_n) = (x_n + y_n)$, $\lambda . (x_n) = (\lambda x_n)$.

(N_1) évident.
(N_2) (N_3) (N_4) analogues à la question 2.

Soit (ξ_n) une suite de Cauchy, où $\xi_n = (\xi_n^m)_{m \geqslant 0}$:

$\forall \varepsilon > 0\ \exists n_0\ \forall p,\ q \geqslant n_0 : \|\xi_n - \xi_q\|_0 = \sup_n |\xi_p^n - \xi_q^n| < \varepsilon$

donc $\forall n$ la suite de Cauchy $(\xi_p^n)_{p\geqslant 0}$ converge, soit x_n sa limite. La suite (x_n) ainsi définie est élément de c_0; soit $\varepsilon > 0$:

- $(\xi_n)_{n\geqslant 0}$ est de Cauchy donc

$$\exists n_0 \forall p, q \geqslant n_0 \forall n : |\xi_p^n - \xi_q^n| < \frac{\varepsilon}{3} \text{ donc } \exists n_0, \forall p \geqslant n_0, \forall n : |\xi_p^n - \xi_{n_0}^n| < \frac{\varepsilon}{3}.$$

- $(\xi_{n_0}^n)_{n\geqslant 0}$ converge vers 0 donc $\exists m_0,\ n \geqslant m_0 \Longrightarrow |\xi_{n_0}^n| < \frac{\varepsilon}{3}$; soit alors $n \geqslant m_0$: la suite $(\xi_p^n)_{p\geqslant 0}$ converge vers x_n donc $\exists r_0 \forall p \geqslant r_0 : |\xi_p^n - x_n| < \frac{\varepsilon}{3}$ en particulier ceci est vrai pour $p = \max\{n_0, r_0\}$ d'où

$$|x_n| \leqslant |x_n - \xi_p^n| + |\xi_p^n - \xi_{n_0}^n| + |\xi_{n_0}^n| < 3 \cdot \frac{\varepsilon}{3} = \varepsilon.$$

Donc $\lim x_n = 0$. Enfin la suite (ξ_n) converge vers $x = (x_n)$: $\forall \varepsilon > 0$ (ξ_n) étant de Cauchy :

$$\exists n_0 \forall p, q \geqslant n_0 \forall n : |\xi_p^n - \xi_q^n| < \frac{\varepsilon}{2}$$

soit alors $n \geqslant n_0$; on a $\forall p$ la suite $(\xi_m^p)_{m\geqslant 0}$ converge vers x_p donc

$$\exists m_0 \left[m \geqslant m_0 \Longrightarrow |\xi_m^p - x_p| < \frac{\varepsilon}{2} \right]$$

et en particulier pour $m = \max\{m_0, n_0\}$:

$$|\xi_n^p - x_p| \leqslant |\xi_n^p - \xi_m^p| + |\xi_m^p - x_p| < \varepsilon,$$

donc $\forall \varepsilon > 0\ \exists n_0\ \forall n \geqslant n_0\ \forall p : |\xi_n^p - x_p| < \varepsilon$ donc

$\forall \varepsilon > 0\ \exists n_0\ \forall n \geqslant n_0 : \|\xi_n - x\|_0 < \varepsilon.$

4) H est un sous-espace vectoriel de l^2 : si $x, y \in \mathrm{H}$,

$$x + y = (x_n + y_n) \in \mathrm{H} \quad \text{et} \quad \lambda x = (\lambda x_n) \in \mathrm{H}$$

car $x_0 + y_0 = 0$ et $\lambda x_0 = 0$.

H est un sous-espace propre de l^2 : par exemple $x = (1, 0, \ldots, 0, \ldots) \in l^2$ et $x \notin \mathrm{H}$. Soit $f : l^2 \to \mathrm{H}$ avec $f((x_n)) = (y_n)$ où $y_0 = 0$, et $\forall n \geqslant 1\ y_n = x_{n-1}$
f est injective : si $f((x_n)) = f((z_n))$, $\forall n \geqslant 1\ x_{n-1} = z_{n-1}$, donc

$\forall n \geqslant 0 : x_n = z_n$ et $(x_n) = (y_n)$.

f est surjective : si $(x_n) \in \mathrm{H}$, $(x_n) = f((y_n))$ où $\forall n \geqslant 0 : y_n = x_{n+1}$.

est une isométrie : $\|f(x)\|_2 = \sqrt{\sum_{n\geqslant 0} |y_n|^2} = \sqrt{\sum_{n\geqslant 1} |x_{n-1}|^2} = \|x\|_2.$

H est fermé : si $x \in \overline{H}$, $\forall \varepsilon = \frac{1}{n}$ $\exists \xi_n \in H$: $\|x - \xi_n\|_2 < \frac{1}{n}$ d'où, si

$\xi_n = (\xi_n^m)_{m \geqslant 0}$: $\sum_{m \geqslant 0} |x_m - \xi_n^m|^2 < \frac{1}{n}$

donc $|x_0 - \xi_n^0|^2 = |x_0|^2 < \frac{1}{n}$ donc $|x_0|^2 = 0$ et $x \in H$; H est alors fermé dans l^2 complet, donc complet.

5) Soit $x \in \overline{F}$: $\forall \varepsilon > 0$ $\exists y \in F$: $\|x - y\| < \varepsilon$. D'où

$\forall n \geqslant 1$ $\exists y_n \in F$: $\|x - y_n\| < \frac{1}{n}$: la suite (y_n) converge donc vers x,

c'est donc une suite de Cauchy, et comme c'est une suite de points de F, c'est une suite de Cauchy dans F : son unique limite x est donc un point de F (puisque F est complet).

La propriété est vraie dans les espaces métriques : si F est un sous-espace complet d'un espace métrique E, F est complet. La démonstration ci-dessus se transcrit intégralement en remplaçant $\|x - y\|$ par $d(x, y)$. Cette propriété est donc une propriété « métrique » et non une propriété « algébrique » comme son énoncé peut le laisser supposer.

8

1) *a*) Si $x, y \in \overline{F}$ on a $\forall \varepsilon > 0$ $\exists x, x' \in F$: $\|x - x'\| < \frac{\varepsilon}{2}$ et $\|y - y'\| < \frac{\varepsilon}{2}$ d'où $\|x + y - (x' + y')\| \leqslant \|x - x'\| + \|y - y'\| < \varepsilon$, d'où $x + y \in \overline{F}$ puisque $x' + y' \in F$. Si $x \in \overline{F}$ et $\lambda \in K$: $\forall \varepsilon > 0$ $\exists x' \in F$: $\|x - x'\| < \frac{\varepsilon}{|\lambda|}$ (si $|\lambda| = 0$ $\lambda x = 0 \in F \subseteq \overline{F}$) d'où $\|\lambda x - \lambda x'\| = |\lambda| . \|x - x'\| < \varepsilon$ et $\lambda x \in \overline{F}$, car $\lambda . x' \in F$.

b) Remarquons que la surjection canonique p est ouverte : si U est un ouvert de E, $p(U)$ est ouvert dans E/F car

$$p^{-1}p(U) = \{x \in E, \exists y \in U, x - y \in F\} = U + F = \bigcup_{f \in F} U + \{f\}$$

et chaque $U + \{f\}$ est ouvert car homéomorphe à U par

$g : U \to U + \{f\}$

translation définie par $g(u) = u + f$. D'après l'Ex. III. 2, question 4 *b*), il suffit de montrer que si F est fermé, le graphe C de R est fermé dans $E \times E$: si $(x, y) \in \overline{C}$ on a $\forall \varepsilon > 0\ \exists (x', y') \in C : N_1((x, y) - (x', y')) < \varepsilon$ i.e.

$\max \{\|x - x'\|, \|y - y'\|\} < \varepsilon$

d'où $\|(x - y) - (x' - y')\| \leqslant \|x - x'\| + \|y - y'\| < 2\varepsilon$ avec $x' - y' \in F$. Donc : $\forall \varepsilon > 0\ \exists x' - y' \in F : \|(x - y) - (x' - y')\| < 2\varepsilon$ c'est-à-dire

$x - y \in \overline{F}$ donc $x - y \in F$ et $(x, y) \in C$.

c) Réciproquement si E/F est séparé le graphe C de R est fermé dans $E \times E$ (Ex. III. 3, question 4 *a*)) ; soit alors $x \in \overline{F}$:

$\forall \varepsilon > 0\ \exists x' \in F : \|x - x'\| < \varepsilon$

d'où $(N_1((x, 0), (x', 0)) = \max \{\|x - x'\|, \|0 - 0\|\} = \|x - x'\| < \varepsilon$

où $(x', 0) \in C$ puisque $x' - 0 = x' \in F$ ceci signifie donc que $(x, 0) \in \overline{C}$, donc $(x, 0) \in C$ et $x - 0 = x \in F$.

2) *a*) (N_1) évident.

(N_2) $\|p(x)\| = 0 \Longleftrightarrow \inf_{y - x \in F} \{\|y\|\} = 0$

$$\Longleftrightarrow [\forall \varepsilon > 0\ \exists y, y - x \in F \text{ et } \|y\| < \varepsilon]$$
$$\Longleftrightarrow [\forall \varepsilon > 0\ \exists y - x \in F : \|x - (x - y)\| < \varepsilon]$$
$$\Longleftrightarrow x \in \overline{F} \Longleftrightarrow x \in F \Longleftrightarrow p(x) = 0 \text{ (car F est fermé).}$$

(N_3) $\|p(x) + p(y)\| = \|p(x + y)\| = \inf \{\|z\|, z - (x + y) \in F\}$. On a : $\forall t$, $\forall u$ tels que $t - x \in F$ et $u - y \in F$, $t + u - (x + y) \in F$ et

$\|t + u\| \leqslant \|t\| + \|u\|$

d'où $\|p(x + y)\| = \inf \{\|z\|, z - (x + y) \in F\} \leqslant \|t + u\| \leqslant \|t\| + \|u\|$ d'où : $\|p(x + y\| \leqslant \inf \{\|t\|, t - x \in F\} + \inf \{\|u\|, u - y \in F\} = \|p(x)\| + \|p(y)\|$.

(N_4) $\|\lambda p(x)\| = \|p(\lambda x)\| = \inf \{\|z\|, z - \lambda x \in F\}$. Soit t tel que $t - x \in F$: donc $\lambda t - \lambda x \in F$ et $\|p(\lambda x)\| \leqslant \|\lambda t\| = \|\lambda\| . \|t\|$ d'où :

$\|p(\lambda x)\| \leqslant |\lambda| . \inf \{\|t\|, t - x \in F\} = |\lambda| . \|p(x)\|$.

Soit t tel que $t - \lambda x \in F : \frac{1}{\lambda} \cdot t - \frac{\lambda}{\lambda} x = \frac{1}{\lambda} \cdot t - x \in F$ (si $\lambda = 0$ le résultat est évident) d'où $|\lambda| . \|p(x)\| \leqslant |\lambda| . \|\frac{1}{\lambda} \cdot t\| = \|t\|$, donc :

$|\lambda| . \|p(x)\| \leqslant \inf \{\|t\|, t - \lambda x \in F\} = \|p(\lambda x)\|$.

b) $\forall \varepsilon > 0 \; \exists \eta = \varepsilon$

$$[\|x - y\| < \eta \Longrightarrow \|p(x) - p(y)\| = \|p(x - y)\| \leqslant \|x - y\| < \varepsilon]$$

p est ouverte (lorsqu'on munit E/F de la norme ci-dessus) : soit U un ouvert de E; on a vu (question 1 *b*)) que U + F est également ouvert. Si $p(x) \in p(\mathrm{U})$ on a $p(x) = p(y)$, $y \in \mathrm{U}$ d'où $x - y = f \in \mathrm{F}$ et

$$x = y + f \in \mathrm{U} + \mathrm{F}$$

ouvert donc il existe $\mathcal{B}(x, r) \subseteq \mathrm{U} + \mathrm{F}$; alors $\mathcal{B}(p(x), r) \subseteq p(\mathrm{U})$ car si

$p(z) \in \mathcal{B}(p(x), r) : \|p(z) - p(x)\| = \|p(z - x)\| < r$ i.e.
$\inf\{\|t\|, \; t - z + x \in \mathrm{F}\} < r$

donc il existe au moins un t tel que $t - z + x \in \mathrm{F}$ et $\|t\| < r$ d'où

$$|t + x - x\| < r,$$

donc $t + x \in \mathcal{B}(x, r) \subseteq \mathrm{U} + \mathrm{F}$ d'où $t + x = u + g$; or $t - z + x = h \in \mathrm{F}$ donc $z = t + x - h = u + g - h$ avec $g - h \in \mathrm{F}$ et enfin:

$$p(z) = p(u) + p(g - h) = p(u) \in p(\mathrm{U}).$$

c) Soit U un ouvert pour la topologie quotient : $p^{-1}(\mathrm{U})$ est ouvert dans E et p étant ouverte (pour la topologie associée à $\|p(x)\|$) $pp^{-1}(\mathrm{U}) = \mathrm{U}$ est un ouvert pour la topologie associée à $\|p(x)\|$. Soit U un ouvert pour la topologie associée à $\|p(x)\|$: p est uniformément continue, donc $p^{-1}(\mathrm{U})$ est un ouvert de E, d'où par définition de la topologie quotient : U est ouvert pour la topologie quotient.

3) *a*) L'axiome N_2 n'est pas réalisé (Ex. V. 7, question 1) : si $f(0) = 1$ et $f(x) = 0$ pour $x \neq 0$ on a $\int_0^1 |f(x)|\, dx = \|f\|_1 = 0$ mais $f \neq 0$. Tous les autres axiomes sont vérifiés.

b) Il est immédiat que $\mathrm{E} = \bigcup_{\substack{f \in \mathrm{E} \\ r > 0}} \mathcal{B}(f, r)$. Si $h \in \mathcal{B}(f, r) \cap \mathcal{B}(g, s)$, on a

$$r' = \int_0^1 |h(x) - f(x)|\, dx < r \quad \text{et} \quad s' = \int_0^1 |h(x) - g(x)|\, dx < s;$$

alors si $t = \min\{r - r', \; s - s'\}$: $\mathcal{B}(h, t) \subseteq \mathcal{B}(f, r) \cap \mathcal{B}(g, s)$. Donc les $\mathcal{B}(f, r)$ forment une base de topologie sur E. Elle n'est pas séparée car par exemple les fonctions $f(0) = 1$ et $f(x) = 0$ pour $x \neq 0$, et $g(0) = 2$, $g(x) = 0$ pour $x \neq 0$ ont les mêmes voisinages et sont distinctes.

c) F est évidemment un sous-espace vectoriel de E. F est fermé : si $g \in \overline{F}$ on a $\forall V \in \mathscr{V}(g) : V \cap F \neq \varnothing$ donc $\forall \varepsilon > 0 : \mathscr{B}(g, \varepsilon) \cap F \neq \varnothing$ donc $\forall \varepsilon > 0\ \exists h \in F : \|h - g\|_1 < \varepsilon$ d'où

$$\forall \varepsilon > 0 : \|g\|_1 = \int_0^1 |g(x)|\,dx \leqslant \int_0^1 |g(x) - h(x)|\,dx + \int_0^1 |h(x)|\,dx$$
$$\leqslant \|h - g\|_1 < \varepsilon$$

d'où $\|g\|_1 = 0$ et $g \in F$.

d) (N_1) évident.

$$(N_2) \quad \|p(f)\| = 0 \iff [\forall \varepsilon > 0\ \exists g, g - f \in F \text{ et } \|g\|_1 < \varepsilon]$$
$$\iff [\forall \varepsilon > 0\ \exists g - f \in F : \|f - (f - g)\|_1 < \varepsilon]$$
$$\iff f \in \overline{F} = F \iff p(f) = 0$$

(N_3), (N_4) même raisonnement que pour 2 *a*), puisque dans E on a $\|f + g\|_1 \leqslant \|f\|_1 + \|g\|_1$ et $\|\lambda f\|_1 = |\lambda| . \|f\|_1$.

Cependant on ne peut appliquer 2 *a*) puisque E n'est pas normé.

9

1) Soit $f : E \to K$ définie par $f(\lambda e) = \lambda$; f est un isomorphisme d'espaces vectoriels ;

- f est uniformément continue : $\forall \varepsilon > 0\ \exists \eta = \varepsilon . \|e\|$ tel que si

$$\|\lambda e - \mu e\| < \eta, |f(\lambda e) - f(\mu e)| = |\lambda - \mu| = \frac{|\lambda - \mu|\ \|e\|}{\|e\|}$$
$$= \frac{\|\lambda e - \mu e\|}{\|e\|} < \frac{\eta}{\|e\|} = \varepsilon$$

- f^{-1} est uniformément continue : $f^{-1}(\lambda) = \lambda e$; $\forall \varepsilon > 0\ \exists \eta = \dfrac{\varepsilon}{\|e\|}$ tel que si $|\lambda - \mu| < \eta$, $\|f(\lambda) - f(\mu)\| = \|\lambda e - \mu e\| = |\lambda - \mu| . \|e\| < \eta . \|e\| = \varepsilon$

- E est un espace de Banach car f et f^{-1} conservent les suites de Cauchy et les suites convergentes comme il est facile de le voir ; cf. aussi Pr. IV. 2, question II, 2. Le résultat se déduit alors du fait que K est un espace de Banach.

2) *a*) $g_i^{-1}(0) = \left\{ \sum\limits_{j=1}^{n} \lambda_j e_j,\ \lambda_i = 0 \right\} = \left\{ \sum\limits_{j \neq i} \lambda_j e_j \right\}$ donc $g_i^{-1}(0)$ est le sous-espace vectoriel de E engendré par $\{e_j, j \neq i\}$ qui est de dimension $n - 1$.

b) D'après l'hypothèse de récurrence H_i est isomorphe à K^{n-1} et est un espace de Banach donc il est fermé dans E (cf. Ex. V. 7, question 5).

c) Comme $\dim H_i < \dim E$ on a $H_i \subsetneq E$, donc $\exists a \notin H_i$. De plus g_i est linéaire donc, comme $g_i(a) \neq 0$ (sinon $a \in H_i$),

$$g_i\left(\frac{a}{g_i(a)}\right) = \frac{g_i(a)}{g_i(a)} = +1;$$

on choisira $b = \frac{a}{g_i(a)}$, $b \notin H_i$ car H_i est un sous-espace vectoriel.

d) $b + H_i$ est fermé, car l'application $x \longmapsto b + x$ est un homéomorphisme. De plus $0 \notin b + H_i$ (sinon $b \in H_i$) donc $0 \notin \overline{b + H_i}$ donc $\exists r > 0 : \mathscr{B}(0, r) \cap b + H_i = \varnothing$.

e) Si $x \in \mathscr{B}(0, r)$, $x \notin b + H_i$, donc $x - b \notin H_i$ donc $g_i(x - b) \neq 0$ et $g_i(x) \neq g_i(b) = 1$. Si l'on avait $|g_i(x)| > 1$, soit $z = \frac{x}{g_i(x)}$:

$$\|z\| = \frac{\|x\|}{|g_i(x)|} < \|x\| < r$$

donc $z \in \mathscr{B}(0, r)$ et $g_i(z) \neq 1$; or $g_i(z) = g_i\left(\frac{1}{g_i(x)} \cdot x\right) = 1$ absurde.

f) $\forall \varepsilon > 0$ soit $\eta = r\varepsilon$: si $\|x - y\| < \eta$: $\left\|\frac{x-y}{\varepsilon}\right\| < r$ donc

$$\left|g_i\left(\frac{x-y}{\varepsilon}\right)\right| = \frac{1}{\varepsilon}\,|g_i(x) - g_i(y)| < 1$$

d'où $|g_i(x) - g_i(y)| < \varepsilon$.

g) On a $g\left(\sum_1^n \lambda_i e_i\right) = (\lambda_1, \ldots, \lambda_n)$ et il est immédiat que g est un isomorphisme d'espaces vectoriels. De plus g est uniformément continue : $\forall \varepsilon > 0\ \exists \eta_1, \eta_2, \ldots, \eta_n$ tels que $[\|x - y\| < \eta_i \Longrightarrow |g_i(x) - g_i(y)| < \varepsilon]$, d'où pour $\eta = \min\{\eta_1, \ldots, \eta_n\}$ et $\|x - y\| < \eta$

$$\begin{aligned} N_1(g(x) - g(y)) = N_1(g(x-y)) &= \max_{1 \leqslant i \leqslant n} \{|g_i(x-y)|\} \\ &= \max_{1 \leqslant i \leqslant n} \{|g_i(x) - g_i(y)|\} < \varepsilon. \end{aligned}$$

h) $g^{-1}((\lambda_1, \ldots, \lambda_n)) = \sum_1^n \lambda_i e_i$; $\forall \varepsilon > 0$ soit $\eta = \frac{\varepsilon}{\sum_1^n \|e_i\|}$; si

$$N_2((\lambda_1, \ldots, \lambda_n) - (\mu_1, \ldots, \mu_n)) = \sum_1^n |\lambda_i - \mu_i| < \eta,$$

on a

$$\begin{aligned}\|g^{-1}((\lambda_1, \ldots, \lambda_n)) - g^{-1}((\mu_1, \ldots, \mu_n))\| &= \|g^{-1}(\lambda_1 - \mu_1, \ldots, \lambda_n - \mu_n)\| \\ &= \left\| \sum_1^n |\lambda_i - \mu_i\, e_i \right\| \\ &\leqslant \sum_1^n |\lambda_i - \mu_i| \, . \, \|e_i\| \\ &< \sum_1^n \eta \, . \, \|e_i\| = \eta \sum_1^n \|e_i\| = \varepsilon\end{aligned}$$

3) On a démontré qu'un espace normé E de dimension finie n sur K est « uniformément » homéomorphe à K^n, donc est en particulier un espace de Banach (puisque $\mathbb{R}^n$ et $\mathbb{C}^n$ le sont). De plus E est localement compact car K^n est localement compact. Et $\mathscr{B}'(0, 1)$ est compacte (Ex. V. 3, question 5).

4) Si A est compacte, A est fermée (ceci est vrai dans tout espace séparé : Ex. III. 10, question 4) ; de plus A est bornée car A est recouverte par un nombre fini de boules $\bigcup_{i=1}^{n} \mathscr{B}(x_i, 1)$ qui sont bornées ($d(\mathscr{B}(x_i, 1)) = 2$ voir Ex. V. 3, question 2 c)) d'où $d(A) \leqslant 2n$.

Si A est bornée et fermée, $d(A) = M$ et pour $x \in A$ on a $A \subseteq \mathscr{B}'(x, M)$. Or $\mathscr{B}'(0, 1)$ étant compacte, l'homothétie $y \longmapsto My$ qui est un homéomorphisme transforme le compact $\mathscr{B}'(0, 1)$ en $\mathscr{B}'(0, M)$ qui est donc compact (théorème de Weierstrass), et la translation $y \longmapsto x + y$ transforme $\mathscr{B}'(0, M)$ en $\mathscr{B}'(x, M)$ qui est donc compact pour les mêmes raisons. Alors A est fermée dans le compact $\mathscr{B}'(x, M)$, donc A est compacte (Ex. III. 9, question 2).

5) a) On a vu qu'il existe f: $(E, p) \to K^n$ bijective et uniformément continue, et g : $(E, q) \to K^n$ bijective uniformément continue donc

$g^{-1} \circ f = 1_E$

(par construction de f et g) est uniformément continue :

$\forall \varepsilon > 0 \ \exists \eta [p(x - y) < \eta \Longrightarrow q(x - y) < \varepsilon]$;

en particulier pour $\varepsilon = 1 \ \exists \eta > 0 : [p(x) < \eta \Longrightarrow q(x) < 1]$. Soit alors $0 < \eta' < \eta$ et $x \neq 0$: si $z = \dfrac{\eta'}{p(x)}\, x$ on a $p(z) = \eta' < \eta$ donc

$q(z) = \dfrac{\eta'}{p(x)}\, q(x) < 1$

donc $q(x) < \frac{1}{\eta'}\cdot p(x)$. L'inégalité étant encore vraie pour $x = 0$ on a bien

$$\forall x \in \mathrm{E} : q(x) \leqslant \frac{1}{\eta'}\cdot p(x).$$

Raisonnement symétrique pour $p(x) \leqslant b\,.\,q(x)$. Donc p et q sont deux normes équivalentes.

b) On a montré que sur un espace vectoriel de dimension finie toutes les normes sont équivalentes.

c) En particulier on retrouve le fait que N_1, N_2, N_3 sont équivalentes sur K^n (voir aussi Ex. V. 6, question 2 *a*)). Sur $\mathscr{C}([0, 1], \mathbb{R})$ on a trouvé deux normes $\|f\|_1$ et $\|f\|_\infty$ non équivalentes (Ex. V. 6, question 1), donc cet espace vectoriel n'est pas de dimension finie.

6) *a*) On a toujours $\mathscr{L}_c(\mathrm{E}, \mathrm{F}) \subseteq \mathscr{L}(\mathrm{E}, \mathrm{F})$. Réciproquement soit $f \in \mathscr{L}(\mathrm{E}, \mathrm{F})$ et soit $g : \mathrm{E} \to K^n$ l'homéomorphisme uniformément continu de la question 2 :

$$\forall \varepsilon > 0\ \exists \eta [\|x - y\| < \eta \Longrightarrow \|g(x) - g(y)\| = \|g(x - y)\| < \varepsilon]$$

donc

$$\forall \varepsilon > 0\ \exists \eta \left[\left\| \sum_1^n \lambda_i e_i \right\| < \eta \Longrightarrow \sum_1^n |\lambda_i| < \frac{\varepsilon}{\sum_1^n \|f(e_i)\|} \right]$$

en particulier $\forall i = 1, \ldots, n : |\lambda_i| < \frac{\varepsilon}{\sum_1^n \|f(e_i)\|}$ donc si $\left\| \sum_1^n \lambda_i e_i \right\| < \eta$ on a

$$\left\| f\left(\sum_1^n \lambda_i e_i \right) \right\| = \left\| \sum_1^n \lambda_i f(e_i) \right\| \leqslant \sum_1^n |\lambda_i| . \|f(e_i)\| \leqslant \left(\sum_1^n |\lambda_i| \right) \cdot \left(\sum_1^n \|f(e_i)\| \right) < \varepsilon.$$

D'où la continuité uniforme de f (puisque f est linéaire). Le cas où $\sum_1^n \|f(e_i)\| = 0$ est trivial : on a alors $\forall i = 1, \cdots, n : \|f(e_i)\| = 0$ donc $f(e_i) = 0$ donc $f = 0$.

b) Si H est fermé dans E, H est complet (Ex. IV. 9, question 3 *a*)) et comme $f|\mathrm{H} : \mathrm{H} \to f(\mathrm{H})$ est uniformément continue et bijective, $f(\mathrm{H})$ est complet donc fermé dans F (Ex. V. 7, question 5).

7) *a*) E étant localement compact, $\mathscr{B}'(0, 1)$ est compacte (Ex. V. 3, question 5) d'où le recouvrement fini.

b) V est de dimension finie car engendré par une partie finie $\{a_1, \ldots, a_n\}$. Il est même de dimension $\leqslant n$. Donc V est complet (question 3) donc fermé dans E (Ex. V. 7, question 5).

c) $\alpha > 0$ car V est fermé; $\alpha = \inf\limits_{y \in V} d(x, y)$ donc $\frac{3}{2}\alpha$ n'est pas cette borne inférieure donc $\exists y \in V$: $\|x - y\| < \frac{3}{2}\alpha$ et $\alpha \leqslant \|x - y\|$. Puisque $\|z\| = 1$, $z \in \mathscr{B}'(0, 1)$ donc $\exists a_i : \|z - a_i\| < \frac{1}{2}$. V étant un espace vectoriel, $y + \|x - y\| a_i \in V$ d'où

$$\alpha \leqslant \|y + \|x - y\| a_i - x\| = \|y - x + \|x - y\| a_i\|$$
$$= \|-\|x - y\| z + \|x - y\| a_i\|$$

d'où

$$\alpha \leqslant \|(a_i - z)\|x - y\|\,\| = \|z - a_i\| . \|x - y\| < \frac{1}{2}\|x - y\|$$

et $\|x - y\| > 2\alpha$ absurde. Il en résulte que V = E donc E est de dimension finie : c'est le théorème de Riesz.

10

1) Si f, $g \in \mathscr{L}_c(E, F)$ et $\lambda \in K$ il s'agit de montrer que $f + g$, $\lambda f \in \mathscr{L}_c(E, F)$, c'est-à-dire que $f + g$ et λf sont continues en 0 (elles seront alors continues partout car linéaires); par hypothèse :

$\forall \varepsilon > 0\ \exists \eta > 0\ [\|x\|_E < \eta \Longrightarrow \|f(x)\|_F < \varepsilon]$
et $\exists \eta' > 0\ [\|x\|_E < \eta' \Longrightarrow \|g(x)\|_F < \varepsilon]$

(f et g étant linéaires on a $f(0) = g(0) = 0$) donc pour

$\|x\| < \min\{\eta, \eta'\}$

on a $\|(f + g)(x)\|_F = \|f(x) + g(x)\|_F \leqslant \|f(x)\|_F + \|g(x)\|_F < 2\varepsilon$ donc $f + g \in \mathscr{L}_c(E, F)$

- si $\lambda = 0$ $\lambda f = 0$ est continue,
- si $\lambda \neq 0$ f est continue en 0 donc

$$\forall \varepsilon > 0\ \exists \eta > 0 \left[\|x\|_E < \eta \Longrightarrow \|f(x)\|_F < \frac{\varepsilon}{|\lambda|}\right]$$

d'où pour $\|x\|_E < \eta : \|(\lambda f)(x)\|_F = \|\lambda . f(x)\|_F = |\lambda| . \|f(x)\|_F < \varepsilon$

2) Si $f \in \mathscr{L}_c(E, F)$ la continuité de f en 0 implique, pour $\varepsilon = 1$, l'existence de $\eta > 0$ tel que : $\|x\|_E < \eta \Longrightarrow \|f(x)\|_F < 1$. Soit alors $\eta' > 0$ tel que

$\eta' < \eta$: pour $y \in E$, $y \neq 0$, soit $z = \frac{\eta'}{\|y\|_E} \cdot y$; $\|z\|_E = \eta' < \eta$ donc

$\|f(z)\|_F = \frac{\eta'}{\|y\|_E} \cdot \|f(y)\|_F < 1$ donc $\|f(y)\|_F < \frac{1}{\eta'} \cdot \|y\|_E$.

L'inégalité est encore trivialement vraie pour $y = 0$ et $r = \frac{1}{\eta'}$ répond à la question; f est uniformément continue : $\forall \varepsilon > 0 \ \exists \eta = \frac{\varepsilon}{r}$:

$$[\|x - y\|_E < \eta \Longrightarrow \|f(x) - f(y)\|_F = \|f(x-y)\|_F < r.\|x-y\|_E < \varepsilon].$$

3) En effet $\forall \varepsilon > 0 \ \exists \eta = \frac{\varepsilon}{r}$:

$$[\|x - y\|_E < \eta \Longrightarrow \|f(x) - f(y)\|_F = \|f(x-y)\|_F \leqslant r.\|x - y\|_E < r\eta = \varepsilon]$$

et f est uniformément continue.

$a) \Longrightarrow b)$: f est continue donc (question 2) $\exists r \ \|f(x)\|_F \leqslant r.\|x\|_E$. Si A est bornée, $\exists M \geqslant 0$ tel que $\forall x \in A$: $\|x\|_E \leqslant M$ d'où $\|f(x)\|_F \leqslant r.M$: $f(A)$ est bornée.

$b) \Longrightarrow c)$: évident puisque $A = \mathscr{B}'(0, 1)$ est bornée (son diamètre est 2 : Ex. V. 3, question 2).

$c) \Longrightarrow d)$: évident.

$d) \Longrightarrow a)$: $\forall x \in E$, $x \neq 0$ on a $\left\|\frac{x}{\|x\|_E}\right\|_E = 1$ donc

$$\left\|f\left(\frac{x}{\|x\|_E}\right)\right\|_F = \frac{1}{\|x\|_E} \cdot \|f(x)\|_F \leqslant r \text{ donc } \|f(x)\|_F \leqslant c.\|x\|_E,$$

inégalité encore vraie pour $x = 0$, donc f est continue (question 3).

4) $a_1 \leqslant a_2$: $\forall x \in E$, $x \neq 0$: $f\left(\frac{x}{\|x\|_E}\right) = \frac{f(x)}{\|x\|_E}$, donc $\left\|f\left(\frac{x}{\|x\|_E}\right)\right\|_F \leqslant a_1$ et $\frac{\|f(x)\|_F}{\|x\|_E} \leqslant a_2$ $\forall x \neq 0$ donc $a_1 \leqslant a_2$.

$a_2 \leqslant a_3$: car $S(0, 1) \subseteq \mathscr{B}'(0, 1)$.
$a_3 \leqslant a_4$: $\forall c$ tel que $\|f(x)\|_F \leqslant c.\|x\|_E$ on a : $[\|x\|_E \leqslant 1 \Longrightarrow \|f(x)\|_F \leqslant c]$ donc $a_3 = \sup_{\|x\|_E \leqslant 1} \|f(x)\|_F \leqslant c$ donc $a_3 \leqslant \inf\{c\} = a_4$.

$a_4 \leqslant a_1$: $\forall x \neq 0$ $\left\|\frac{f(x)}{\|x\|_E}\right\|_F \leqslant a_1$ donc $\forall x \neq 0$ $\|f(x)\|_F \leqslant a_1.\|x\|_E$, vraie encore pour $x = 0$ donc $a_1 \in \{c, \ \|f(x)\|_F \leqslant c.\|x\|_E\}$ donc $a_4 \leqslant a_1$.

5) (N_1) évident.

(N_2) $\|f\| = 0 \iff [\forall x$ tel que $\|x\|_E \leqslant 1 : \|f(x)\|_F = 0] \iff [\forall x$ tel que $\|x\|_E \leqslant 1 : f(x) = 0] \iff$ (car f est linéaire) $[\forall x : f(x) = 0] \iff f = 0$

(N_3) $\|f + g\| = \sup\limits_{\|x\|_E \leqslant 1} \|f(x) + g(x)\|_F$; or $\forall x$ tel que $\|x\|_E \leqslant 1$ on a $\|f(x) + g(x)\|_F \leqslant \|f(x)\|_F + \|g(x)\|_F \leqslant \|f\| + \|g\|$, donc

$\|f + g\| \leqslant \|f\| + \|g\|$.

(N_4) $\|\lambda . f\| = \sup\limits_{\|x\|_E \leqslant 1} \|\lambda . f(x)\|_F = |\lambda| . \sup\limits_{\|x\|_E \leqslant 1} \|f(x)\|_F = |\lambda| . \|f\|$. Pour tout $x \in E$, $x \neq 0$ on a $\dfrac{\|f(x)\|_F}{\|x\|_E} \leqslant \sup\limits_{x \neq 0} \dfrac{\|f(x)\|_F}{\|x\|_E} = a_1 = \|f\|$ d'où

$\|f(x)\|_F \leqslant \|f\| . \|x\|_E$,

inégalité encore vraie pour $x = 0$.

6) Soit $(f_n)_{n \geqslant 0}$ une suite de Cauchy dans $\mathscr{L}_c(E, F)$: $\forall \varepsilon > 0 \ \exists n_0$,

$\forall m, n \geqslant n_0 : \|f_m - f_n\| < \varepsilon$

d'où $\forall x \in E : \|(f_m - f_n)(x)\|_F = \|f_m(x) - f_n(x)\|_F \leqslant \|f_m - f_n\| . \|x\|_E \leqslant \varepsilon . \|x\|_E$. x étant fixé, si $x = 0$: $(f_n(x))_{n \geqslant 0}$ converge vers 0 dans F, si $x \neq 0$ on a $\forall \varepsilon > 0$ $\exists n_0 \ \forall m, n \geqslant n_0 : \|f_m - f_n\| < \dfrac{\varepsilon}{\|x\|_E}$ d'où $\|f_m(x) - f_n(x)\|_F < \varepsilon$ et $(f_n(x))_{n \geqslant 0}$ est une suite de Cauchy donc convergente, soit $f(x)$ sa limite; en particulier on a $f(0) = 0$.

- f est linéaire : $\forall x, y \in E$ on a pour tout $\varepsilon > 0$:

$\exists m_0 \ \forall n \geqslant m_0 : \|f(x + y) - f_n(x + y)\|_F < \dfrac{\varepsilon}{3}$,

$\exists n_0 \ \forall n \geqslant n_0 : \|f(x) - f_n(x)\|_F < \dfrac{\varepsilon}{3}$,

$\exists q_0, \ \forall n \geqslant q_0 : \|f(y) - f_n(y)\|_F < \dfrac{\varepsilon}{3}$,

d'où pour $n \geqslant \max\{m_0, n_0, q_0\}$:

$$\|f(x + y) - f(x) - f(y)\|_F \leqslant \|f(x + y) - f_n(x + y)\|_F + \|f_n(x) - f(x)\|_F + \|f_n(y) - f(y)\|_F$$

car $f_n(x + y) = f_n(x) + f_n(y)$ d'où

$\forall \varepsilon > 0 : \|f(x + y) - f(x) - f(y)\|_F < \varepsilon$

donc $f(x+y) = f(x) + f(y)$. De même pour montrer que

$f(\lambda . x) = \lambda . f(x)$.

• f est continue : pour $x \in E$, $\|x\|_E \leqslant 1$, $(f_n(x))_{n \geqslant 0}$ converge vers $f(x)$ donc pour $\varepsilon = 1$ $\exists n_0$ $\forall n \geqslant n_0$: $\|f_n(x) - f(x)\|_F < 1$, d'où

$$\|f(x)\|_F \leqslant \|f(x) - f_{n_0}(x)\|_F + \|f_{n_0}(x)\|_F < 1 + \|f_{n_0}\|_F = c$$

et l'on a : $[\|x\|_E \leqslant 1 \Longrightarrow \|f(x)\|_F \leqslant c]$ donc f est continue (question 3 c)).

• (f_n) converge vers f : $\forall \varepsilon > 0$ $\exists n_0$ $\forall p, q \geqslant n_0$: $\|f_p - f_q\| < \frac{\varepsilon}{2}$; soit alors $n \geqslant n_0$ et $x \in E$ tel que $\|x\|_E \leqslant 1$: comme $(f_p(x))_{p \geqslant 0}$ converge vers $f(x)$: $\exists p_0$ $\forall p \geqslant p_0$ $\|f_p(x) - f(x)\|_F < \frac{\varepsilon}{2}$ d'où, pour $p \geqslant \max\{n_0, p_0\}$

$$\|f(x) - f_n(x)\|_F \leqslant \|f(x) - f_p(x)\|_F + \|f_p(x) - f_n(x)\|_F < 2\frac{\varepsilon}{2} = \varepsilon$$

et en conséquence $\forall n \geqslant n_0$: $\|f - f_n\| = \sup\limits_{\|x\|_E \leqslant 1} \|f(x) - f_n(x)\|_F \leqslant \varepsilon$.

7) a) Pour $z = (z_n)_{n \geqslant 0} \in l^1$ on a $z = \sum\limits_{n \geqslant 0} z_n . e_n$. En effet la série $\sum\limits_{n \geqslant 0} |z_n|$ étant convergente, le reste d'indice n $R_n = \sum\limits_{p \geqslant n+1} |z_p|$ tend vers 0 : $\forall \varepsilon > 0$ $\exists n_0$ $\forall n \geqslant n_0$: $\sum\limits_{p \geqslant n+1} |z_p| < \varepsilon$; alors pour $n \geqslant n_0$:

$$\left\| \sum_0^n z_i e_i - z \right\|_1 = \|(0, \ldots, 0, z_{n+1}, z_{n+2}, \ldots)\|_1 = \sum_{p \geqslant n+1} |z_p| \leqslant \varepsilon.$$

Pour tout $f \in \mathscr{L}_c(l^1, \mathbb{C})$ on a $f(z) = \sum\limits_{n \geqslant 0} z_n f.(e_n)$ puisque f est linéaire continue (en posant $s_n = \sum\limits_0^n z_i . e_i$ on a $z = \lim s_n$ d'où $f(z) = \lim f(s_n)$).

Si $x = (x_n)_{n \geqslant 0} \in l^\infty$ posons $\varphi(x) \in \mathscr{L}_c(l^1, \mathbb{C})$ définie par :

$$\varphi(x)((z_n)_{n \geqslant 0}) = \sum_{n \geqslant 0} z_n . x_n;$$

la série $\sum\limits_{n \geqslant 0} z_n . x_n$ est bien convergente puisque

$$|z_n . x_n| = |z_n| . |x_n| \leqslant |z_n| . \|x\|_\infty,$$

et puisque la série $\sum\limits_{n \geqslant 0} |z_n|$ est convergente; de plus $\varphi(x)$ est linéaire (propriétés des séries convergentes) ; enfin $\varphi(x)$ est continue : si

$$z = (z_n)_{n\geqslant 0} \in l^1 \quad \text{et} \quad \|z\|_1 = \sum_{n\geqslant 0} |z_n| \leqslant 1$$

on a $|\varphi(x)(z)| = \left|\sum_{n\geqslant 0} z_n . x_n\right| \leqslant \sum_{n\geqslant 0} |z_n . x_n| \leqslant \sum_{n\geqslant 0} |z_n| . \|x\|_\infty \leqslant \|x\|_\infty$
d'où la continuité (question 3 *c*)).

On montrera aisément que φ est bijective (l'application réciproque ψ étant définie par : $\psi(f) = (f(e_n))_{n\geqslant 0}$). Reste à montrer que

$\|\varphi(x)\| = \|x\|_\infty$: $\|\varphi(x)\| = \sup\limits_{\|z\|_1\leqslant 1} |\varphi(x)(z)|$ et $\|x\|_\infty = \sup\limits_{n\geqslant 0} |x_n|$.

- $\forall n \geqslant 0 \; e_n \in l^1$ et $\|e_n\| = 1$ donc $|\varphi(x)(e_n)| = |x_n| \leqslant \|\varphi(x)\|$, d'où $\|x\|_\infty \leqslant \|\varphi(x)\|$.
- On a montré, pour la continuité de $\varphi(x)$, que

$[\|z\|_1 \leqslant 1 \Longrightarrow |\varphi(x)(z)| \leqslant \|x\|_\infty]$

donc $\|\varphi(x)\| \leqslant \|x\|_\infty$.

b) $\mathbb{C}$ étant un espace de Banach, $\mathscr{L}_c(l^1, \mathbb{C})$ est un espace de Banach (question 6) donc l^∞ aussi, puisqu'il lui est isomètre.

8) *a*) Vérification immédiate.

b) f est bien définie car $\Sigma n! \left|\frac{x_n}{n!}\right| = \Sigma |x_n|$; f est linéaire et on montrera aisément que f est injective ; elle est surjective car $(x_n) = f(\xi)$ où $\xi = (n!\, x_n) \in l^1$.

Enfin f est continue car $\|f(\xi)\| = \|\xi\|_1$, donc c'est une isométrie. De plus $\|f\| = 1$. Comme l^1 est un espace de Banach, il en est de même pour E.

11

1) Si (f_n) converge vers f : $\forall V \in \mathscr{V}(f) \; \exists n_0 \; \forall n \geqslant n_0 : f_n \in V$; soit $x \in X$ et $U \in \mathscr{V}(f(x))$, donc $T(x, U) \in \mathscr{V}(f)$ donc $\exists n_0 \; \forall n \geqslant n_0 : f_n \in T(x, U)$ d'où $\forall n \geqslant n_0 : f_n(x) \in U$ et la suite $(f_n)(x))_{n\geqslant 0}$ converge vers $f(x)$.

Réciproquement soit $V \in \mathscr{V}(f)$ donc $\exists U \in \mathscr{O}$, $x \in X$ tels que $f \in T(x, U) \subseteq V$ donc $f(x) \in U$ et $U \in \mathscr{V}(f(x))$ d'où $\exists n_0 \; \forall n \geqslant n_0 : f_n(x) \in U$; alors pour $n \geqslant n_0 : f_n \in T(x, U) \subseteq V$.

2) *a*) e_x est continue en f_0 : soit $V \in \mathscr{V}(e_x(f_0))$, i.e. $V \in \mathscr{V}(f_0(x))$, donc $\exists U$ ouvert de Y tel que $f_0(x) \in U \subseteq V$; alors $T(x, U)$ est ouvert dans $\mathscr{F}_S(X, Y)$ et $e_x(T(x, U)) \subseteq U \subseteq V$ d'où le résultat puisque $f_0 \in T(x, U)$.

b) Si $X = \{x\}$, $e_x : \mathscr{F}_S(\{x\}, Y) \to Y$ est continue (question 2 *a*)). De plus e_x est bijective car $\forall y \in Y\ \exists f \in \mathscr{F}_S(\{x\}, Y)$ unique telle que $e_x(f) = y$, c'est l'application définie par $x \longmapsto y$. Alors e_x^{-1} est continue puisque $e_x(T(x, U)) = U$. Donc e_x est un homéomorphisme.

3) *a*) Si $f, g \in \mathscr{F}_S(X, Y)$ et $f \neq g$, il existe $x \in X : f(x) \neq g(x)$; donc, Y étant séparé, $\exists U, V \in \mathscr{O}$, $f(x) \in U$, $g(x) \in V$ et $U \cap V = \varnothing$ d'où

$$f \in T(x, U),\ g \in T(x, V) \quad \text{et} \quad T(x, U) \cap T(x, V) = \varnothing.$$

b) Si A est compact, A est fermé (Ex. III. 10, question 4) et pour $x \in X$ $e_x : \mathscr{F}_S(X, Y) \to Y$ définie par $e_x(f) = f(x)$ est continue (question 2) donc (théorème de Weierstrass) $e_x(A) = \{f(x), f \in A\}$ est compact donc relativement compact.

Réciproquement on a $A \subseteq \prod_{x \in X} \overline{e_x(A)}$ où par hypothèse $\overline{e_x(A)}$ est compact, donc le produit $\prod_{x \in X} \overline{e_x(A)}$ est, d'après le théorème de Tychonoff, compact. Alors A qui est fermé dans le compact $\prod_{x \in X} \overline{e_x(A)}$ (car celui-ci est fermé) est compact (Ex. III. 9, question 2).

c) Immédiat puisque tout produit d'espaces connexes est connexe, et d'après le théorème de Tychonoff.

4) *a*) Il suffit, d'après la question 1, de montrer que $\forall x \in [0, 1] : (f_n(x))_{n \geqslant 1}$ converge vers 0 : si $x = 0$, $f_n(x) = 0$ pour tout $n \geqslant 1$; si $x > 0$ $\exists n_0$ tel que $\frac{1}{n_0} < x$ alors $\forall n \geqslant n_0 : f_n(x) = 0$.

b) Dans un espace discret les suites convergentes sont les suites stationnaires, or on vient de montrer que $\forall x \in [0, 1]$ la suite $f_n(x)$ est stationnaire; donc $(f_n)_{n \geqslant 1}$ converge encore vers la fonction nulle.

12

1) *a*) Par hypothèse $\forall \varepsilon > 0\ \exists n_0\ \forall n \geqslant n_0 : d(f_n, f) < \varepsilon$ où

$$d(f_n, f) = \sup_{x \in X} d(f(x), f_n(x))$$

donc $\forall x \in X$ et $\forall n \geqslant n_0 : d(f(x), f_n(x)) < \varepsilon : (f_n(x))_{n \geqslant 0}$ converge vers $f(x)$ d'où la convergence de $(f_n)_{n \geqslant 0}$ dans $\mathscr{C}_S^\infty(X, Y)$ (Ex. V. 11, question 1).

b) Soit $f \in \overline{\mathscr{C}_U^\infty(X, Y)}$: $\forall \varepsilon > 0\ \exists g_\varepsilon \in \mathscr{C}_U^\infty(X, Y) : d(f, g_\varepsilon) < \varepsilon$. Montrons que f est continue en $x \in X$: $\forall \varepsilon > 0$ g_ε étant continue en x,

$\exists \eta [d(x, y) < \eta \Longrightarrow d(g_\varepsilon(x), g_\varepsilon(y) < \varepsilon]$;

d'où, pour $d(x,y) < \eta$:

$$d(f(x), f(y)) \leqslant d(f(x), g_\varepsilon(x)) + d(g_\varepsilon(x), g_\varepsilon(y)) + d(g_\varepsilon(y), f(y)) < 3\varepsilon.$$

c) $\forall n : f_n \in \mathscr{C}_S^\infty(X, Y)$, de plus la suite $(f_n)_{n \geqslant 0}$ converge dans $\mathscr{B}_S(X, Y)$ vers $f \in \mathscr{B}_S(X, Y)$ définie par $f(0) = 0$, $f(x) = 1$ si $0 < x \leqslant 1$. Donc $f \in \overline{\mathscr{C}_S^\infty(X, Y)}$ puisque $\forall V \in \mathscr{V}(f)\ \exists n_0 : f_{n_0} \in V \cap \mathscr{C}_S^\infty(X, Y)$. Mais

$f \notin \mathscr{C}_S^\infty(X, Y)$

car f n'est pas continue en 0 : $\left(f^{-1}\left(\left]-\frac{1}{2}, +\frac{1}{2}\right[\right) = \{0\} \notin \mathscr{V}(0)\right)$

2) *a*) Soit U un ouvert de $\mathscr{B}_S(X, Y)$ et $f \in U$; donc $\exists x \in X$, V ouvert de Y, tels que $f \in T(x, V) \subseteq U$, donc $f(x) \in V$, d'où $V \in \mathscr{V}(f(x))$ et $\exists r > 0$ tel que $f(x) \in \mathscr{B}(f(x), r) \subseteq V$. Alors $f \in \mathscr{B}(f, r) \subseteq T(x, V) \subseteq U$, car si $g \in \mathscr{B}(f, r)$ on a $d(f, g) = \sup\limits_{y \in X} d(f(y), g(y)) < r$ donc $d(f(x), g(x)) < r$ donc $g(x) \in \mathscr{B}(f(x), r) \subseteq V$ donc $g \in T(x, V)$. Ainsi U est voisinage de chacun de ses points pour la topologie de la convergence simple, donc est ouvert pour cette topologie.

b) La suite (f_n) de 1 *c*), où $f_n \in \mathscr{B}_U(X, Y)$ ne peut converger uniformément vers f puisque f n'est pas continue, donc n'est pas convergente uniformément, alors qu'elle converge simplement; si ces deux topologies étaient identiques ceci ne pourrait avoir lieu.

3) Voir aussi Ex. IV. 8, question 3 *a*) et Ex. V. 7, question 2. Soit (f_n) une suite de Cauchy dans $\mathscr{B}_U(X, Y)$: $\forall \varepsilon > 0\ \exists n_0\ \forall p, q \geqslant n_0 : d(f_p, f_q) < \varepsilon$, d'où $\forall x \in X$, $\forall \varepsilon > 0$, $\exists n_0\ \forall p, q \geqslant n_0 : d(f_p(x), f_q(x)) < \varepsilon$: $\forall x \in X\ (f_n(x))_{n \geqslant 0}$ est une suite de Cauchy dans l'espace complet Y : soit $f(x)$ sa limite; $f \in \mathscr{B}_U(X, Y)$: la suite $(d(f_n))_{n \geqslant 0}$ est de Cauchy dans $\mathbb{R}^+$: $\forall \varepsilon > 0\ \forall p, q \geqslant n_0$ ci-dessus on a pour tous $x, y \in X$

$$\begin{aligned} d(f_p(x), f_p(y)) &\leqslant d(f_p(x), f_q(x)) + d(f_q(x), f_q(y)) + d(f_q(y), f_p(y)) \\ &< 2\varepsilon + d(f_q) \end{aligned}$$

donc $d(f_p) - d(f_q) < 2\varepsilon$ et de même $d(f_q) - d(f_p) < 2\varepsilon$; soit alors $M = \lim d(f_n)$. On a alors $\forall x, y \in X$, $\forall \varepsilon > 0$:

$$\exists n_0 \ \forall n \geqslant n_0 : d(f_n(x), f(x)) < \varepsilon,\ \exists p_0 \forall n \geqslant p_0 : d(f_n(y), f(y)) < \varepsilon$$

et $\exists q_0 \ \forall n \geqslant q_0 : |d(f_n) - M| < \varepsilon$, donc $d(f_n(x), f_n(y)) < M + \varepsilon$. En choisissant $n = \max\{n_0, p_0, q_0\}$ on a :

$$\begin{aligned} d(f(x), f(y)) &\leqslant d(f(x), f_n(x)) + d(f_n(x), f_n(y)) + d(f_n(y), f(y)) \\ &< M + 3\varepsilon \end{aligned}$$

d'où $d(f(x), f(y)) \leqslant M$ et $d(f) \leqslant M$ donc f est bornée.

La suite (f_n) converge uniformément vers f; soit $\varepsilon > 0$: il existe par hypothèse n_0 tel que $\forall p, q \geqslant n_0 : d(f_p, f_q) < \frac{\varepsilon}{2}$. Soit alors $n \geqslant n_0$; on a $\forall x \in X$ $(f_n(x))$ converge vers $f(x)$: $\exists p_0 \ \forall p \geqslant p_0 \ d(f_p(x), f(x)) < \frac{\varepsilon}{2}$ et en choisissant $p = \max\{n_0, p_0\}$:

$$\begin{aligned} d(f_n(x), f(x)) &\leqslant d(f_n(x), f_p(x)) + d(f_p(x), f(x)) \\ &\leqslant d(f_n, f_p) + d(f_p(x), f(x)) < 2 \cdot \frac{\varepsilon}{2} \end{aligned}$$

donc $\forall n \geqslant n_0$, $\forall x \in X : d(f_n(x), f(x)) < \varepsilon$ et $d(f_n, f) < \varepsilon$.

$\mathscr{C}^0_{\mathrm{U}}(X, Y)$ est alors fermé dans le complet $\mathscr{B}_{\mathrm{U}}(X, Y)$ donc complet (Ex. IV. 9, question 3). Réciproquement : si $\mathscr{B}_{\mathrm{U}}(X, Y)$ ou $\mathscr{C}^0_{\mathrm{U}}(X, Y)$ est complet, soit (y_n) une suite de Cauchy dans Y; à y_n on associe $f_n \in \mathscr{C}^0_{\mathrm{U}}(X, Y)$ définie $\forall x \in X$ par $f_n(x) = y_n$ (f_n est bien continue bornée); de plus par hypothèse $\forall \varepsilon > 0 \ \exists n_0 \ \forall p, q \geqslant n_0 : d(y_p, y_q) < \varepsilon$ donc $d(f_p, f_q) = d(y_p, y_q) < \varepsilon$ et (f_n) est de Cauchy dans $\mathscr{C}^0_{\mathrm{U}}(X, Y)$ et $\mathscr{B}_{\mathrm{U}}(X, Y)$ donc converge si l'un de ces deux espaces est complet : soit f sa limite d'où $\forall \varepsilon > 0 \ \exists n_0 \ \forall n \geqslant n_0$ $d(f_n, f) = \sup_{x \in X} d(f_n(x), f(x)) = \sup_{x \in X} d(y_n, f(x)) < \varepsilon$ donc $\forall x \in X$ (y_n) converge vers $f(x)$ (ce qui montre qu'en plus f est constante, d'après l'unicité de la limite).

13

1) f_n étant continue, F_n l'est; de plus F_n est bornée puisque $[\![a, b]\!]$ est compact (théorème de Heine). Donc $F_n \in \mathscr{C}^0_{\mathrm{U}}([\![a, b]\!], \mathbb{R})$.

Par hypothèse $\forall \varepsilon > 0\ \exists n_0\ \forall n \geqslant n_0 : \|f_n - f\| < \frac{\varepsilon}{b-a}$ d'où

$$\begin{aligned}\|F_n - F\| &= \sup_{x \in [\![a,b]\!]} |F_n(x) - F(x)| = \sup_x \left| \int_a^x [f_n(t) - f(t)]\, dt \right| \\ &\leqslant \sup_x \int_a^x |f_n(t) - f(t)|\, dt \leqslant \sup_x |x-a| . \|f_n - f\| \\ &\leqslant (b-a) \|f_n - f\| < \varepsilon.\end{aligned}$$

En particulier la suite $(F_n(b))_{n \geqslant 0}$ converge vers $F(b)$ (Ex. V. 11, question 1) c'est-à-dire : $\lim \int_a^b f_n(t)\, dt = \int_a^b f(t)\, dt.$

2) *a*) Chaque f_n est continue, et bornée : $|f_n(t)| \leqslant 1$. On montre aisément que (f_n) converge simplement vers la fonction nulle. Mais (f_n) ne converge pas uniformément sinon ce serait vers la fonction nulle (unicité de la limite, l'espace étant séparé, Ex. V. 11, question 3) et ceci est impossible car $\|f_n - 0\| = \|f_n\| = \sup_{0 \leqslant t \leqslant 1} |f_n(n)| = 1$ ne tend pas vers 0.

b) F_n est définie par :

$0 \leqslant x \leqslant \frac{1}{2n} \quad F_n(x) = nx^2$

$\frac{1}{2n} \leqslant x \leqslant \frac{1}{n} \quad F_n(x) = -nx^2 + 2x - \frac{1}{2n}$

$\frac{1}{n} \leqslant x \leqslant 1 \quad F_n(x) = \frac{1}{n}$

On a $\|F_n\| = \sup_{0 \leqslant t \leqslant 1} \| F_n(t)| = \frac{1}{n}$ donc (F_n) converge uniformément vers la fonction nulle.

c) On a vu que (f_n) converge simplement vers la fonction nulle. La formule [A] est bien valable : $F_n(1) = \frac{1}{n} = \int_0^1 f_n(t)\, dt$ converge vers $0 = \int_0^1 0 . dt.$

La question 1) montre que si (f_n) converge uniformément, la formule [A] est vraie, et la question 2) montre que la condition de convergence uniforme de (f_n) est seulement suffisante pour que la formule [A] soit vraie.

3) La suite (f_n) converge simplement vers la fonction nulle; elle ne converge pas uniformément car $\|f_n - 0\| = |f_n| = 2n$ ne tend pas vers 0.

La suite (F_n) est définie par :

$$0 \leqslant x \leqslant \frac{1}{2n} \quad F_n(x) = 2n^2x^2$$

$$\frac{1}{2n} \leqslant x \leqslant \frac{1}{n} \quad F_n(x) = -2n^2x^2 + 4nx - 1$$

$$\frac{1}{n} \leqslant x \leqslant 1 \quad F_n(x) = 1$$

Cette suite converge simplement vers F définie par $F(0) = 0$, $F(x) = 1$ si $0 < x \leqslant 1$; elle ne converge pas uniformément car F n'est pas continue en 0. De plus la formule [A] n'est pas valable car

$$\lim F_n(1) = 1 \neq \int_0^1 0.dt = 0.$$

14

1) Soit $\varepsilon > 0$:

$$\forall t \in I \quad \exists n_0(t) \quad \forall m \geqslant n_0(t) \quad |g(t) - f_m(t)| < \frac{\varepsilon}{3};$$

g étant continue en t $\exists \eta$: $\left[|t - t'| < \eta \Longrightarrow |g(t) - g(t')| < \frac{\varepsilon}{3}\right]$;

$f_{n_0(t)}$ étant continue en t, $\exists \eta'$: $\left[|t - t'| < \eta' \Longrightarrow |f_{n_0(t)}(t) - f_{n_0(t)}(t')| < \frac{\varepsilon}{3}\right]$;

donc pour $|t - t'| < r_t = \min\{\eta, \eta'\}$ on a

$$|g(t') - f_{n_0(t)}(t')| \leqslant |g(t') - g(t)| + |g(t) - f_{n_0(t)}(t)| + |f_{n_0(t)}(t) - f_{n_0(t)}(t')| < 3 \cdot \frac{\varepsilon}{3} = \varepsilon.$$

Comme $I \subseteq \bigcup_{t \in I} \mathscr{B}(t, r_t)$ et puisque I est compact : $I \subseteq \bigcup_{i=1}^{s} \mathscr{B}(t_i, r_i)$. Alors pour $n \geqslant n_0 = \max_{1 \leqslant i \leqslant s} \{n_0(t_i)\}$ on a $\forall t' \in I$: $\exists i = 1, \ldots, s$ tel que $|t' - t_i| < r_i$ d'où $g(t') - f_n(t) \leqslant g(t') - f_{n_0}(t') \leqslant g(t') - f_{n_0(t_i)}(t') < \varepsilon$ (car f_n est croissante) mais la suite $f_n(t')$ est croissante, donc sa limite $g(t')$ est supérieure à $f_n(t')$, donc $\forall n \geqslant n_0$ $\forall t' \in I$: $|g(t') - f_n(t')| < \varepsilon$ i.e. $\forall n \geqslant n_0$: $\|g - f_n\| < \varepsilon$.

2) *a*) En effet u_1 est un polynôme, et si u_n est un polynôme, u_n^2 aussi donc u_{n+1} également.

b) On a $u_1(t) \leqslant \sqrt{t}$, et si $u_n(t) \leqslant \sqrt{t}, \frac{1}{2}(\sqrt{t} + u_n)) \leqslant \sqrt{t} \leqslant 1$ donc

$$\sqrt{t} - u_{n+1}(t) = \sqrt{t} - u_n(t) - \frac{1}{2}[t - u_n^2(t)]$$
$$= [\sqrt{t} - u_n(t)]\left[1 - \frac{1}{2}(\sqrt{t} + u_n(t))\right] \geqslant 0$$

c) Puisque $u_n(t) \leqslant \sqrt{t}$, $u_n^2(t) \leqslant t$ donc

$$u_{n+1}(t) = u_n(t) + \frac{1}{2}[t - u_n^2(t)] \geqslant u_n(t).$$

d) t étant fixé la suite $(u_n(t))_{n\geqslant 0}$ est croissante et majorée par $\sqrt{t}$ donc convergente : si $v(t) = \sup\limits_{n\geqslant 0} u_n(t)$ on a $\forall \varepsilon > 0$: $v(t) - \varepsilon$ n'est pas la borne supérieure d'où $\exists n_0$: $M - \varepsilon < u_{n_0}(t)$ d'où $\forall n \geqslant n_0$:

$M - \varepsilon < u_{n_0}(t) \leqslant u_n(t) \leqslant M < M + \varepsilon$ donc $|u_n(t) - M| < \varepsilon$

e) $\forall t$ la suite $u_n(t)$ est de Cauchy donc $\forall \varepsilon > 0\ \exists n_0$

$\forall p, q \geqslant n_0$: $|u_p(t) - u_q(t)| < \varepsilon$

donc $\forall n \geqslant n_0$: $|u_{n+1}(t) - u_n(t)| = \frac{1}{2}|t - u_n^2(t)| < \varepsilon$ donc

$0 \leqslant t - v^2(t) = t - u_n^2(t) + u_n^2(t) - v^2(t) < \varepsilon$

$\left(v(t) = \sup\limits_{n\geqslant 0} u_n(t) \leqslant \sqrt{t}\right.$ donc $v^2(t) \leqslant t$, et $u_n(t) \leqslant v(t)$ donc $\left.u_n^2(t) - v(t) \leqslant 0\right)$
d'où $t = v^2(t)$. Or $\forall t$: $u_n(t) \geqslant 0 = u_1(t)$ donc $v(t) \geqslant 0$ et $v(t) = \sqrt{t}$.

f) En remarquant que $\sqrt{t}$ est continue on peut appliquer le théorème de Dini d'où la convergence uniforme : la fonction $\sqrt{t}$ peut « être approchée sur $[\![0, 1]\!]$ uniformément par des polynômes ».

15

1) En effet $T(x, U) = T(\{x\}, U)$ et $\{x\} \in K(X)$. Ceci montre que la topologie de la convergence compacte est plus forte que la topologie de la convergence simple.

2) *a*) Pour tout ouvert U de Y, $e_x^{-1}(U) = \{f, f(x) \in U\} = T(\{x\}, U)$ est ouvert.

b) Si Y est séparé, $\mathscr{C}_S(X, Y)$ sous-espace de l'espace séparé $\mathscr{F}_S(X, Y)$ (Ex. V. 11, question 3 *a*)) est séparé, donc $\mathscr{C}_c(X, Y)$ est séparé car il a une topologie plus fine.

3) *a*) Montrons la continuité de e au point (f, x) : soit $V \in \mathscr{V}(f(x))$, donc $f^{-1}(V) \in \mathscr{V}(x)$ (f étant continue) donc $\exists K \in K(X) : x \in K \subseteq f^{-1}(V)$ (X étant localement compact). D'où $(f, x) \in [T(K, V) \times K] \cap H \subseteq e^{-1}(V)$ ceci montre que $e^{-1}(V) \cap H$ est un voisinage de (f, x).

b) Soit $f \in T(x, U)$ d'où $f(x) \in U$ et $U \in \mathscr{V}(f(x))$. Alors par hypothèse $e^{-1}(U) \in \mathscr{V}((f(x))$ pour $\mathfrak{T} \times \mathfrak{T}_1$ où $\mathfrak{T}_1$ désigne la topologie de X; d'où $e^{-1}(U) \cap H \times \{x\} \in \mathscr{V}((f, x))$; or $e^{-1}(U) \cap H \times \{x\} \subseteq T(x, U) \times \{x\}$ et $\exists V$ voisinage de f pour $\mathfrak{T}$ tel que :

$$(f, x) \in V \times \{x\} \subseteq e^{-1}(U) \cap H \times \{x\} \subseteq T(x, U) \times \{x\}$$

d'où l'on déduit $f \in V \subseteq T(x, U)$.

c) D'après 2 *a*), en choisissant $H = \mathscr{C}(X, Y)$, e est continue pour la topologie de la convergence compacte $\mathfrak{T}_c$, donc $\mathfrak{T}_c$ est, d'après 2 *b*), plus fine que la topologie de la convergence simple : c'est ce qu'exprime la question 1.

4) *a*) Soit $f \in T(K, U)$: $\forall x \in K$, $U \in \mathscr{V}(f(x))$ donc $\exists r_x$ $\mathscr{B}(f(x), r_x) \subseteq U$ et $f(K) \subseteq \bigcup_{x \in K} \mathscr{B}\left(f(x), \frac{r_x}{2}\right)$ d'où ($f(K)$ étant compact) :

$$f(K) \subseteq \bigcup_{i=1}^{n} \mathscr{B}\left(f(x_i), \frac{r_i}{2}\right) \subseteq \bigcup_{i=1}^{n} \mathscr{B}(f(x_i), r_i) \subseteq U.$$

Si $r = \min_{1 \leqslant i \leqslant n} \left\{\frac{r_i}{2}\right\}$ on a $f \in \mathscr{B}(f, r) \subseteq T(K, U)$ car si $d(f, g) < r$ on a

$$\forall x \in K : \exists i \quad d(f(x), f(x_i)) < \frac{r_i}{2}$$

d'où $d(g(x), f(x_i)) \leqslant d(g(x), f(x)) + d(f(x), f(x_i)) < r + \frac{r_i}{2} \leqslant r_i$ donc $g(x) \in \mathscr{B}(f(x_i), r_i) \subseteq U$: $g(K) \subseteq U$.

4) *b*) $f(X)$ étant compact (théorème de Weierstrass) peut être recouvert par un nombre fini de boules de rayon $\frac{r}{4}$: $f(X) \subseteq \bigcup_{i=1}^{n} \mathscr{B}\left(y_i, \frac{r}{4}\right) \subseteq \bigcup_{1}^{n} V_i$; K_i, image réciproque d'un fermé par une application continue, est fermé

dans X donc compact. De plus $X = \bigcup_{i=1}^{n} K_i$; $f \in \bigcap_{i=1}^{n} T(K_i, V_i)$ car $\forall i = 1, \ldots, n$, $\forall x \in K_i$ on a :

$f(x) \in \mathscr{B}'\left(y_i, \frac{r}{4}\right) \subseteq V_i$. Enfin si $g \in \bigcap_{i=1}^{n} T(K_i, V_i)$ on a $\forall x \in X\ \exists i$: $x \in K_i$ donc $d(f(x), y_i) \leqslant \frac{r}{4}$ et comme $g(K_i) \subseteq V_i$, $g(x) \in V_i$ donc

$$d(y_i, g(x)) < \frac{r}{2} \quad \text{et} \quad d(f(x), g(x)) < \frac{3r}{4};$$

d'où $d(f, g) = \sup_{x \in X} d(f(x), g(x)) \leqslant \frac{3r}{4} < r$ (Attention : en passant à la borne supérieure on ne peut plus affirmer l'inégalité stricte : $< \frac{3r}{4}$) donc $g \in \mathscr{B}(f, r)$. Si U est un ouvert pour la topologie de la convergence uniforme, on a $\forall f \in U\ \exists \mathscr{B}(f, r) \subseteq U$ et $f \in \bigcap_{i=1}^{n} T(K_i, V_i) \subseteq \mathscr{B}(f, r) \subseteq U$: U est voisinage de chacun de ses points pour la topologie $\mathscr{T}_c$ donc ouvert pour cette topologie.

5) *a*) Montrons la continuité de e au point $(f, x) \in H \times X$: soit $\mathscr{B}(f(x), \varepsilon)$ un voisinage dans Y de $e((f, x))$; H étant équicontinue en x : $\exists \eta \left[d(x, y) < \eta \Longrightarrow \forall g \in H\ \|g(x) - g(y)\| < \frac{\varepsilon}{2} \right]$. Soit

$$V = T\left(x, \mathscr{B}\left(f(x), \frac{\varepsilon}{2}\right)\right) \times \mathscr{B}(x, \eta) \cap H \times X :$$

V est bien un voisinage de (f, x); si $(g, y) \in V$ on a $g \in H$ et $d(x, y) < \eta$ donc $\|g(x) - g(y)\| < \frac{\varepsilon}{2}$; de plus $g \in T\left(x, \mathscr{B}\left(f(x), \frac{\varepsilon}{2}\right)\right)$ donc

$$\|g(x) - f(x)\| < \frac{\varepsilon}{2} \quad \text{et} \quad \|g(y) - f(x)\| < \varepsilon$$

c'est-à-dire $e((g, y)) \in \mathscr{B}(f(x), \varepsilon)$ et $e(V) \subseteq \mathscr{B}(f(x), \varepsilon)$.

b) Soit $T(K, V) \cap H$ un ouvert pour la topologie induite, et

$f \in T(K, V) \cap H$:

comme $f(K) \subseteq V$ on a $\forall x \in K$: $V \in \mathscr{V}(f(x))$ donc $\exists \mathscr{B}(f(x), \varepsilon_x) \subseteq V$, et du recouvrement $f(K) \subseteq \bigcup_{x \in K} \mathscr{B}\left(f(x), \frac{\varepsilon_x}{2}\right)$ on peut extraire (compacité de $f(K)$) un recouvrement fini

$$f(K) \subseteq \bigcup_{i=1}^{n} \mathscr{B}\left(y_i, \frac{\varepsilon_i}{2}\right) = W \subseteq \bigcup_{i=1}^{n} \mathscr{B}(y_i, \varepsilon_i) \subseteq V.$$

Alors pour $\varepsilon = \min_{1 \leqslant i \leqslant n} \left\{\frac{\varepsilon_i}{2}\right\}$ l'équicontinuité de H en $x \in K$ s'écrit :

$\exists \eta_x : [d(x, y) < \eta_x \Longrightarrow \forall g \in H \; \|g(x) - g(y)\| < \varepsilon]$;

d'où un recouvrement $K \subseteq \bigcup_{x \in K} \mathscr{B}(x, \eta_x)$ et $K \subseteq \bigcup_{k=1}^{s} \mathscr{B}(x_k, \eta_k)$. On a évidemment $f \in \bigcap_1^s T(x_k, W) \cap H$ et si $g \in \bigcap_1^s T(x_k, W) \cap H$: $\forall x \in K \; \exists x_k$, $d(x, x_k) < \eta_k$ donc $\|g(x) - g(x_k)\| < \varepsilon$; or $g(x_k) \in W : \exists y_i \; \|g(x_k) - y_i\| < \frac{\varepsilon_i}{2}$ d'où $\|g(x) - y_i\| < \varepsilon + \frac{\varepsilon_i}{2} \leqslant \varepsilon_i$ d'où $g(x) \in \mathscr{B}(y_i, \varepsilon_i) \subseteq V$: $g(K) \subseteq V$ d'où $g \in T(K, V) \cap H$.

16

1) $i) \Longrightarrow ii)$ soit $K \in \mathrm{K}(X)$: la suite $(f_n|K)_{n \geqslant 0}$ converge dans $\mathscr{C}_c(K, Y)$ vers $f|K$: si $V \in \mathscr{V}(f|K)$, $V \supseteq \bigcap_{i=1}^{n} T(L_i, V_i)$ où $L_i \in \mathrm{K}(K)$ et

$$f|K \in \bigcap_{i=1}^{n} T(L_i, V_i);$$

or si $L_i \in \mathrm{K}(K)$ on a $L_i \in \mathrm{K}(X)$ donc $V \in \mathscr{V}(f)$ dans $\mathscr{C}_c(X, Y)$ d'où $\exists n_0$ $\forall n \geqslant n_0 : f_n \in V$ donc $\forall n \geqslant n_0 : f_n|K \in V$. Mais (Ex. V. 15, question 4 *b*)) sur $\mathscr{C}(K, Y)$ la convergence compacte coïncide avec la convergence uniforme, donc la suite $(f_n|K)_{n \geqslant 0}$ converge vers $f|K$ dans $\mathscr{C}_U(K, Y)$.

$ii) \Longrightarrow i)$ Si $(f_n|K)_{n \geqslant 0}$ converge dans $\mathscr{C}_U(K, Y)$ vers $f|K$, elle converge aussi dans $\mathscr{C}_c(K, Y)$ vers $f|K$ (Ex. V. 15, question 4 *b*)) ; soit alors $V \in \mathscr{V}(f)$ dans $\mathscr{C}_c(X, Y)$: $f \in \bigcap_{i=1}^{r} T(K_i, V_i) \subseteq V$: $\forall i = 1, \ldots, r$ $f \in T(K_i, V_i)$ donc $f|K_i \in T(K_i, V_i)$ voisinage de $f|K_i$ dans $\mathscr{C}_c(K_i, Y)$ et par hypothèse

$\exists n_i$, $\forall n \geqslant n_i : f_n|K_i \in T(K_i, V_i)$; si $n_0 = \max_{1 \leqslant i \leqslant r} \{n_i\}$ on a $\forall n \geqslant n_0$ et

$\forall i = 1, \ldots, r \quad f_n|K_i \in T(K_i, V_i)$

donc $f_n \in T(K_i, V_i)$ et $f_n \in \bigcap_1^r T(K_i, V_i) \subseteq V$.

2) Si $(f_n)_{n \geqslant 0}$ converge uniformément vers f, $\forall K \in \mathcal{K}(X)$ $(f_n|K)_{n \geqslant 0}$ converge uniformément vers $f|K$ donc $(f_n|K)_{n \geqslant 0}$ converge dans $\mathscr{C}_U^\infty(K, Y)$ vers $f|K$ d'où, d'après 1, la convergence compacte de $(f_n)_{n \geqslant 0}$ vers f. La seconde implication résulte aussitôt de Ex. V. 15, question 1.

3) *a*) f_n est continue et $\forall x \in \mathbb{R}$ $|f_n(x)| \leqslant 1$.

b) $\forall x \in \mathbb{R}$ $\exists n_0 : |x| < n_0$ d'où pour $n \geqslant n_0 : f_n(x) = 1 - \frac{1}{n}|x|$ converge vers 1. Donc (f_n) converge simplement vers la fonction constante $f(x) = 1$.

c) Si $K \in \mathcal{K}(\mathbb{R})$ K est borné donc $K \subseteq [-r, +r]$ d'où : $\forall \varepsilon > 0$, $\varepsilon \leqslant 1$ soit $n_0 > \frac{r}{\varepsilon}$; alors

$$\forall n \geqslant n_0 \quad d(f_n|K, f|K) = \sup_{x \in K} |f_n(x) - 1| = \sup_{x \in K} \frac{|x|}{n} \leqslant \frac{r}{n} < \varepsilon.$$

(f_n) converge donc vers f pour la convergence compacte (d'après la question 1).

d) Si (f_n) convergeait uniformément, ce serait vers f puisque $\mathbb{R}$ est séparé, donc $\mathscr{C}_U^\infty(\mathbb{R}, \mathbb{R})$ aussi et d'après la question 2; or $d(f_n, f) = 1$ ne tend pas vers 0.

4) • f_n est continue, bornée car $|f_n(x)| \leqslant 1$.

• (f_n) converge simplement vers $f : x \longmapsto 1$: $\forall x \in \mathbb{R}$ $\exists n_0 > |x|$ et

$$\forall n \geqslant n_0 \quad ||f_n(x)| - 1| = 1 - \sqrt{1 - \frac{x^2}{n^2}} \text{ tend vers } 0.$$

• (f_n) ne converge pas uniformément car $d(f_n, f) = 1$ ne tend pas vers 0.

• (f_n) converge vers f pour la convergence compacte : si

$K \in \mathcal{K}(\mathbb{R})$, $K \subseteq [-r, +r]$;

si $n > r$: $d(f_n|K, f|K) = \sup_{x \in K} \left| \frac{1}{n}\sqrt{n^2 - x^2} - 1 \right| \leqslant 1 - \frac{1}{n}\sqrt{n^2 - r^2}$ quantité tendant vers 0.

5) *a*) $\forall x \in \mathbb{R}\ \forall \varepsilon > 0$ soit $n_0 > \frac{|x|}{\varepsilon}$ d'où pour $n \geqslant n_0$:

$|f_n(x) - x| = \frac{|x|}{n} < \varepsilon.$

Donc (f_n) converge simplement dans $\mathscr{C}(\mathbb{R}, \mathbb{R})$ vers $f(x) = x$.

b) • convergence uniforme : non car $f_n \notin \mathscr{C}^\infty(\mathbb{R}, \mathbb{R})$

• convergence compacte : oui car si $K \in K(\mathbb{R})$, $K \subseteq [\![-r, +r]\!]$ et $d(f_n|K, f|K) \leqslant \frac{r}{n}$ quantité qui tend vers 0.

6) • f_n est continue bornée sur $[\![0, \frac{1}{2}[\![$.

• (f_n) converge simplement vers $x \longmapsto 0$.

• (f_n) converge uniformément vers $x \longmapsto 0$:

$$d(f_n, 0) = \sup_{0 \leqslant n \leqslant \frac{1}{2}} x^n = \frac{1}{2^n}$$

tend vers 0.

• Donc (f_n) converge vers $x \longmapsto 0$ pour la convergence compacte.

17*

1) *a*) On vérifiera aisément que si f et g sont dérivables,

$(f + g)' = f' + g'$ et $(\lambda f)' = \lambda . f'$.

b) La vérification est très facile.

2) *a*) g étant continue en x : $\forall \varepsilon > 0\ \exists \eta > 0$ tel que $|g(x + t) - g(x)| < \varepsilon$ dès que $|t| < \eta$. Soit alors $0 \leqslant h < \eta$:

$$\left|\frac{G(x+h) - G(x) - hg(x)}{h}\right| = \left|\frac{\int_x^{x+h} [g(t) - g(x)]\, dt}{h}\right| \leqslant \sup_{x \leqslant u \leqslant x+h} |g(u) - g(x)|$$
$$\leqslant \sup_{0 \leqslant t \leqslant h} |g(x + t) - g(x)| < \varepsilon.$$

De même si $-\eta < h < 0$. Ceci montre que G est dérivable en x et que $G'(x) = g(x)$; donc $G \in E$.

b) Par hypothèse $\forall \varepsilon > 0\ \exists n_0\ \forall p, q \geqslant n_0$:

$\|f_p - f_q\| = \max\{\|f_p - f_q\|_\infty, \|f'_p - f'_q\|_\infty\} < \varepsilon.$

Donc $\forall \varepsilon > 0\ \exists n_0\ \forall p, q \geqslant n_0 : \|f_p - f_q\|_\infty < \varepsilon$ et la suite (f_n) est de Cauchy dans $\mathscr{C}([0, 1], \mathbb{R})$ donc convergente. De même pour (f'_n) dans

$\mathscr{C}\left([0, \frac{1}{2}], \mathbb{R}\right)$.

c) Comme (f'_n) converge vers g : $\forall \varepsilon > 0\ \exists n_0\ \forall n \geqslant n_0 : \|f'_n - g\|_\infty < \varepsilon$. Pour $n \geqslant n_0$ on a alors

$$\left\|F_n - \int_0^x g(t)\,dt\right\|_\infty = \left\|\int_0^x [f'_n(t) - g(t)]\,dt\right\|_\infty \leqslant x.\|f'_n - g\|_\infty < \frac{\varepsilon}{2} < \varepsilon$$

Or $F_n(x) = f_n(x) - f(0)$, et (F_n) converge aussi vers la fonction $f(x) - f(0)$.

Donc $G(x) = \int_0^x g(t) = f(x) - f(0)$. Mais $G(x)$ est dérivable et

$G'(x) = g(x)$ et $f(x) - f(0)$ est dérivable de dérivée $f'(x)$.

On en déduit que $f' = g$.

d) $\forall \varepsilon > 0$, pour $n \geqslant n_0$ on a $\|f_n - f\|_\infty < \varepsilon$ et pour $n \geqslant p_0$:

$\|f'_n - f'\|_\infty < \varepsilon$ donc pour $n \geqslant \max\{n_0, p_0\}$:

$\|f_n - f\| = \max\{\|f_n - f\|_\infty, \|f'_n - f'\|_\infty\} < \varepsilon$

3) *a*) On a $\|e_n - 0\|_1 = 1$ donc $e_n \in \mathscr{B}'(0, 1)$. Aucune suite extraite ne peut être de Cauchy car pour $\varepsilon = 1$ on a $\forall p \neq q$: $\|e_p - e_q\|_1 = 2 > \varepsilon$. Donc aucune suite extraite ne peut converger et $\mathscr{B}'(0, 1)$ ne peut être compact : l^1 est de dimension infinie.

b) (e_n) est également une suite de c_0 et pour $\varepsilon = \frac{1}{2}$ on a

$\forall p \neq q \quad \|e_p - e_q\|_0 = 1 > \varepsilon.$

Donc c_0 est de dimension infinie.

(e_n) est une suite de l^2, $\|e_n\|_2 = 1$ et pour $\varepsilon = 1$ on a

$\forall p \neq q : \|e_p - e_q\|_2 = \sqrt{2} > \varepsilon.$

Enfin (e_n) est une suite de l^∞, $\|e_n\|_\infty = 1$ et pour $\varepsilon = \frac{1}{2}$ on a

$\forall p \neq q : \|e_p - e_q\|_\infty = 1 < \varepsilon.$

c) $f_n \in E$, $\|f_n\|_\infty = 1$, $\|f'_n\|_\infty = \dfrac{n}{n+1}$ donc $\|f_n\| = 1$ et $f_n \in \mathscr{B}'(0, 1)$.
Mais $f'_n(x) = \dfrac{n}{n+1} \cdot \dfrac{1}{1+nx}$ et la suite (f'_n) converge simplement vers g avec : $g(0) = 1$, $g(x) = 0$ pour $0 < x \leqslant \dfrac{1}{2}$.

Si de la suite (f_n) on pouvait extraire une suite convergente (f_{i_n}) dans E, la suite (f'_{i_n}) convergerait uniformément sur $[0, \frac{1}{2}]$ donc convergerait aussi simplement ; mais la suite (f'_n) converge simplement vers g donc toute suite extraite, et en particulier la suite (f'_{i_n}), converge simplement vers g ; ainsi la suite (f'_{i_n}) convergerait uniformément vers g : ceci est impossible puisque g est discontinue.

Donc E est de dimension infini.

d) Évident puisque E est un sous-espace vectoriel de $\mathscr{C}([0, 1], \mathbb{R})$.

On peut même démontrer que $\mathscr{C}([0, 1], \mathbb{R})$ n'est pas de dimension dénombrable, comme d'ailleurs tout espace de Banach.

1

I

1) Soit $f : E \times E \to E$ avec $f(x, y) = x + y$. Si

$V \in \mathscr{V}(x + y)$, $V = \mathscr{B}(x + y, \varepsilon)$

on a $f^{-1}(V) \supseteq \mathscr{B}\left(x, \frac{\varepsilon}{2}\right) \times \mathscr{B}\left(y, \frac{\varepsilon}{2}\right)$, donc est un voisinage de (x, y). Si $g : K \times E \to E$, avec $g(\lambda, x) = \lambda x$, et $V \in \mathscr{V}(\lambda x)$, $V = \mathscr{B}(\lambda x, \varepsilon)$ on a $g^{-1}(V) \supseteq \mathscr{B}\left(\lambda, \frac{\varepsilon}{2\left(\|x\| + \frac{\varepsilon}{2|\lambda|}\right)}\right) \times \mathscr{B}\left(x, \frac{\varepsilon}{2|\lambda|}\right)$ d'où la continuité.

2) • Si $x, y \in \overline{F}$ soit $z = x + y$ et $U \in \mathscr{V}(z)$ donc $f^{-1}(U) \in \mathscr{V}((x, y))$ et $f^{-1}(U) = V \times W$ où $V \in \mathscr{V}(x)$, $W \in \mathscr{V}(y)$; or $x \in \overline{F}$ donc $V \cap F \neq \varnothing$ et $y \in \overline{F}$ donc $W \cap F \neq \varnothing$; si $x' \in V \cap F$ et $y' \in W \cap F$, $x' + y' \in U \cap F$ donc $U \cap F \neq \varnothing$ et $z \in \overline{F}$.

• Si $x \in \overline{F}$ et $\lambda \in K$ soit $z = \lambda x$ et $U \in \mathscr{V}(z)$: $g^{-1}(U) \in \mathscr{V}((\lambda, x))$ et $g^{-1}(U) = V \times W$, $V \in \mathscr{V}(\lambda)$, $W \in \mathscr{V}(x)$; donc $W \cap F \neq \varnothing$ et si

$x' \in W \cap F$ on a $\lambda x' \in U \cap F \neq \varnothing$ donc $\lambda x \in \overline{F}$.

3) *a*) L'application $\theta : x \longmapsto x + a$ étant un homéomorphisme, si $V \in \mathscr{V}(a)$: $\theta^{-1}(V) \in \mathscr{V}(0)$ et $V = a + \theta^{-1}(V)$, et si

$W \in \mathscr{V}(0)$, $\theta(W) = W + a$ est un voisinage de a.

b) pour $\lambda \neq 0$ l'application $h : x \longmapsto \lambda x$ est un homéomorphisme donc si $V \in \mathscr{V}(0)$ on a $h(V) = \lambda . V$ est un voisinage de $h(0) = 0$.

c) Soit $V \in \mathscr{V}(0)$ et $x \in E$: l'application $\lambda \longmapsto \lambda x$ de K dans E est continue (composée de $\lambda \longmapsto (\lambda, x)$ et g) et la continuité en $0 \in K$ exprime la propriété demandée : $f^{-1}(V) \in \mathscr{V}(0)$ donc $\exists \alpha > 0$: $\mathscr{B}'(0, \alpha) \subseteq f^{-1}(V)$.

4) Soit $x \in E$ et $u(x) + V$ un voisinage de $u(x)$, où $V \in \mathscr{V}(0)$ (question 3 *a*)) on a, d'après la linéarité de u, $u^{-1}(u(x) + V) = x + u^{-1}(V)$ qui est un voisinage de x, car $u^{-1}(V)$ est un voisinage de 0 (continuité de u en 0).

II

1) $\mathscr{F}(E, F)$ est un espace vectoriel pour les opérations classiques

$$(f+g)(x) = f(x) + g(x) \quad \text{et} \quad (\lambda f)(x) = \lambda . f(x).$$

Soit $f: \mathscr{F}(E, F) \times \mathscr{F}(E, F) \to \mathscr{F}(E, F)$ avec $f(u, v) = u + v$, et soit $U = \prod_{x \in E} U_x$ avec $U_x = F$ sauf pour $x_1, \ldots, x_n$ où $U_{x_i} = \mathscr{B}((u + v)(x_i), \varepsilon_i)$ un voisinage de $u + v$ pour la topologie produit. On a, comme en I, 1) : $f^{-1}(U) \supseteq \bigcap_{i=1}^{n} V_i \times W_i$ où $V_i = \prod_{x \in E} A_x$, $A_x = F$ sauf $A_{x_i} = \mathscr{B}\left(u(x_i), \frac{\varepsilon_i}{2}\right)$ et $W_i = \prod_{x \in E} \mathscr{B}_x$, $\mathscr{B}_x = F$ sauf $\mathscr{B}_{x_i} = \mathscr{B}\left(v(x_i), \frac{\varepsilon_i}{2}\right)$. La continuité de la seconde application $(\lambda, u) \longmapsto \lambda u$ se démontre de façon analogue.

2) $\mathscr{L}(E, F)$ est évidemment un sous-espace vectoriel, ainsi que $\mathscr{L}_c(E, F)$, ce sont donc des sous-espaces vectoriels topologiques. De plus $\mathscr{L}(E, F)$ est fermé : soit $f \in \overline{\mathscr{L}(E, F)}$, montrons que $f(x + y) = f(x) + f(y)$: $\forall \varepsilon > 0$ soit $U = \prod_{z \in E} U_z$, $U_z = F$ sauf $U_x = \mathscr{B}\left(f(x), \frac{\varepsilon}{3}\right)$, $U_y = \mathscr{B}\left(f(y), \frac{\varepsilon}{3}\right)$, $U_{x+y} = \mathscr{B}\left(f(x+y), \frac{\varepsilon}{3}\right)$; $U \in \mathscr{V}(f)$ donc $\exists g \in \mathscr{L}(E, F) \cap U$:

$$\|g(x) - f(x)\| < \frac{\varepsilon}{3}, \ \|g(y) - f(y)\| < \frac{\varepsilon}{3}, \ \|g(x+y) - f(x+y)\| < \frac{\varepsilon}{3},$$

alors :

$$\|f(x+y) - f(x) - f(y)\| \leqslant \|f(x+y) - g(x+y)\| + \|g(x+y) - f(x) - f(y)\|$$

g est linéaire :

$$\leqslant \frac{\varepsilon}{3} + \|g(x) + g(y) - f(x) - f(y)\| \leqslant \varepsilon$$

donc $\forall \varepsilon > 0$ $\|f(x+y) - f(x) - f(y)\| \leqslant \varepsilon$ d'où

$$(x+y) = f(x) + f(y).$$

Même raisonnement pour $f(\lambda x) = \lambda f(x)$.

3) *i*) $\Longrightarrow$ *ii*) soit $V \in \mathscr{V}(0)$ donc $V \supseteq \prod_{x \in E} V_x$ V_x, $= F$ sauf pour $x_1, \ldots, x_n$ et $V_{x_i} = \mathscr{B}'(0, \varepsilon_i)$ soit $\varepsilon = \min_{1 \leqslant i \leqslant n} \varepsilon_i$, donc $\varepsilon \neq 0$ et par hypothèse :

$\forall i = 1, \ldots, n$ $\exists M(x_i) \in \mathbb{R}$ $\sup_{f \in M} \|f(x_i)\| \leqslant M(x_i)$.

Soit $R = \max_{1 \leqslant i \leqslant n} M(x_i)$. Si $R \neq 0$ soit $\lambda_V = \dfrac{R}{\varepsilon}$: $\forall f \in M$, $g = \dfrac{\varepsilon}{R} f \in V$ car $\forall i : g(x_i) = \dfrac{\varepsilon}{R} f(x_i)$ donc $\|g(x_i)\| \leqslant \varepsilon_i$ et alors $f = \lambda_V . g \in \lambda_V . V$. Si $R = 0$ on a $M \subseteq V = 1.V$.

ii) $\Longrightarrow$ *i*) soit $x \in E$ et $V = \prod_{z \in E} V_z$, $V_z = F$ sauf $V_x = \mathscr{B}(0, 1)$; $V \in \mathscr{V}(0)$ donc $\exists \lambda_V$: $M \subseteq \lambda_V . V$ d'où $\forall f \in M : f = \lambda_V . g$, $g \in V$ et l'on a : $\|f(x)\| = |\lambda_V| . \|g(x)\| < |\lambda_V| = M(x)$.

4) *a*) Si M est équicontinue en tout point on a en particulier pour $x = 0$: $\forall \varepsilon$ $\exists \eta$: $[\|z\| \leqslant \eta \Longrightarrow \forall f \in M$ $\|f(z)\| \leqslant \varepsilon]$ et pour $\varepsilon = 1$:

$\exists \eta$: $[\|z\| \leqslant \eta \Longrightarrow \forall f \in M$ $\|f(z)\| \leqslant 1]$.

Soit alors $t \in \mathscr{B}'(0, 1)$ et $z = \dfrac{\eta}{\|t\|} \cdot t$, on a $\|z\| = \eta$ donc

$$\forall f \in M \quad \|f(z)\| = \frac{\eta}{\|t\|} \cdot \|f(t)\| \leqslant 1 \quad \text{d'où} \quad \|f(t)\| \leqslant \frac{1}{\eta}.$$

D'où $\forall f \in M$ $\|f\| \leqslant \dfrac{1}{\eta}$ et M est bornée.

b) Si M est bornée : $\forall f \in M$ $\|f\| \leqslant A$. Alors $\forall x \in E$ et $\forall f \in M$

$\|f(x)\| \leqslant \|f\| . \|x\| \leqslant A . \|x\| = M(x)$;

donc $\sup_{f \in M} \|f(x)\| \leqslant M(x)$.

2

I

Soit $(L_n)_{n \geqslant 0}$ un recouvrement dénombrable de compacts de X.

1) $\forall x \in K_0 = L_0$ soit V_x un voisinage compact de x : $(\mathring{V}_x)_{x \in K_0}$ est un recouvrement ouvert de K_0, d'où un recouvrement fini : $K_0 \subseteq \bigcup_1^n \mathring{V}_{x_i}$; alors

$K_0 \subseteq \mathring{K}_1$ où K_1 est le compact $\bigcup_1^n V_{x_i}$. D'où par récurrence un compact K_n tel que $K_n \cup L_n \subseteq \mathring{K}_{n+1}$ et l'assertion *a*) est immédiate.

2) En effet K est recouvert par $\bigcup_{n \geqslant 0} \mathring{K}_n$ donc par un nombre fini

$\mathring{K}_{n_1}, \ldots, \mathring{K}_{n_r}$ et $K \subseteq K_n$

où $n = \max_{1 \leqslant i \leqslant r} \{n_i\}$.

3) $\mathbb{R}$ est localement compact et réunion des intervalles compacts

$[\![-n, +n]\!]$, $n \in \mathbb{N}$.

II

1) Les axiomes (D_1) et (D_3) sont immédiats; si $d(f, g) = 0$ on a $\forall n$ $d_n(f, g) = 0$ donc $d_n(f, g) = 0$ d'où $\forall n$ $\forall x \in K_n : f(x) = g(x)$ et $f = g$. De plus d est bornée car $d(f, g) \leqslant \sum_n \frac{1}{2^n} = 2$.

2) Soit $K \in K(X)$ et U ouvert de Y. Si $f \in T(K, U)$, $\exists n : K \subseteq K_n$ (I.2). On a pour tout $x \in K$: $U \in \mathscr{V}(x)$ donc $f(x) \in \mathscr{B}(f(x), r_x) \subseteq U$. Or

$$f(K) \subseteq \bigcup_{x \in K} \mathscr{B}\left(f(x), \frac{r_n}{2} x\right)$$

et $f(K)$ compact donc : $f(K) \subseteq \bigcup_{i=1}^{t} \mathscr{B}\left(f(x_i), \frac{r_i}{2}\right) \subseteq U$. Soit alors

$$r = \frac{1}{2^n} \min_{1 \leqslant i \leqslant t} \left\{\frac{r_i}{2}\right\};$$

montrons que $\mathscr{B}(f, r) \subseteq T(K, U)$: si $g \in \mathscr{B}(f, r)$: $\sum_{p \geqslant 0} \frac{1}{2^p} d_p(f, g) < r$ donc $\frac{1}{2^n} d_n(f, g) < r$ d'où $\delta_n(f, g) < 2^n . r = \min_{1 \leqslant i \leqslant t} \left\{\frac{r_i}{2}\right\}$; alors $\forall x \in K$, $x \in K_n$ donc $\delta(f(x), g(x)) < \min_{1 \leqslant i \leqslant t} \left\{\frac{r_i}{2}\right\}$ et comme $f(x) \in f(K)$ $\exists i$:

$$f(x) \in \mathscr{B}\left(f(x_i), \frac{r_i}{2}\right) \quad \text{et} \quad \delta(g(x), f(x_i)) \leqslant \delta(g(x), f(x)) + \delta(f(x), f(x_i))$$

$$< \frac{r_i}{2} + \frac{r_i}{2} = r_i$$

d'où $g(x) \in \mathscr{B}(f(x_i), r_i) \subseteq U$; d'où $g(K) \subseteq U$ et $g \in T(K, U)$.

3) *a*) Pour n assez grand on a $\frac{1}{2^n} < r$ d'où

$$\frac{1}{2}\left(r - \frac{1}{2^n}\right) = \frac{r}{2} - \frac{1}{2^{n+1}} = \varepsilon > 0.$$

b) En effet $f(K_n) \subseteq \bigcup_{x \in K} \mathscr{B}\left(f(x), \frac{\varepsilon}{3}\right)$ et $f(K_n)$ étant compact : $f(K_n) \subseteq \bigcup_{i=1}^{t} \mathscr{B}\left(p_i, \frac{\varepsilon}{3}\right)$. On en déduit $K_n \subseteq \bigcup_{i=1}^{t} f^{-1}(\overline{\mathscr{B}}_i)$ donc

$$K_n = \bigcup_{i=1}^{t} K_n \cap f^{-1}(\overline{\mathscr{B}}_i).$$

c) $K_n \cap f^{-1}(\overline{\mathscr{B}}_i)$ est compact car fermé dans le compact K_n, et $\mathscr{B}\left(p_i, \frac{2\varepsilon}{3}\right)$ est ouvert dans Y; de plus $f \in T\left(K_n \cap f^{-1}(\overline{\mathscr{B}}_i), \mathscr{B}\left(p_i, \frac{2\varepsilon}{3}\right)\right)$ car $\mathscr{B}'\left(p_i, \frac{\varepsilon}{3}\right) \subseteq \mathscr{B}\left(p_i, \frac{2\varepsilon}{3}\right)$ donc V qui est intersection finie de voisinages de f est un voisinage de f.

d) Si $g \in V$ on a $\forall i = 1, \ldots, t$: $g(K_n \cap f^{-1}(\overline{\mathscr{B}}_i)) \subseteq \mathscr{B}\left(p_i, \frac{2\varepsilon}{3}\right)$. Pour tout $x \in K_n$ il existe i tel que $x \in f^{-1}(\overline{\mathscr{B}}_i)$ donc $\delta(f(x), p_i) \leqslant \frac{\varepsilon}{3}$, or

$$g(x) \in \mathscr{B}\left(p_i, \frac{2\varepsilon}{3}\right) \quad \text{donc} \quad \delta(p_i, g(x)) < \frac{2\varepsilon}{3} \quad \text{d'où} \quad \delta(f(x), g(x)) < \varepsilon$$

et $d_n(f, g) \leqslant \varepsilon$; comme pour $p \leqslant n$ on a $K_p \subseteq K_n$: $d_p(f, g) \leqslant d_n(f, g) \leqslant \varepsilon$; alors $d(f, g) \leqslant \sum_{p=0}^{n} \frac{1}{2^p} d_p(f, g) + \sum_{p \geqslant n+1} \frac{1}{2^p} \leqslant \sum_{0}^{n} \varepsilon \cdot \frac{1}{2^p} + \frac{1}{2^n} \leqslant 2\varepsilon + \frac{1}{2^n} < r$.

On a montré que la topologie de la convergence compacte est métrisable dans les hypothèses : Y métrique et X localement compact dénombrable à l'infini.

4) Immédiat : $\forall n \;\; \delta_n(f, g) = \sup_{x \in K_n} \|f(x) - g(x)\| = \delta_n(f + h, g + h)$, $\mathscr{C}(X, Y)$ étant muni canoniquement de la structure d'espace vectoriel classique.

5) Si X est compact on a

$$X = K_0 \quad \text{et} \quad d(f, g) = \min\{1, \sup_{x \in K_0} \|f(x) - g(x)\|\}$$

distance équivalente à $d'(f, g) = \sup_{x \in K_0} \|f(x) - g(x)\|$, et d' vérifie l'axiome (D_5) de Ex. V. 4 d'où la norme : $\|f\| = \sup_{x \in K_0} \|f(x)\|$ qui est la norme de la convergence uniforme; on retrouve le résultat de Ex. V. 16, question 3.

III

1) En effet $\mathscr{B}(0, 1)$ vérifie immédiatement cette propriété.

2) *a*) démontré à la partie II.

b) si $f \in \mathscr{A}_n$ on a :

$$d(0,f) = \sum_{p \geqslant 0} \frac{1}{2^p} d_p(0,f) = \sum_{p \geqslant n+1} \frac{1}{2^p} d_p(0,f) \leqslant \sum_{p \geqslant n+1} \frac{1}{2^p} = \frac{1}{2^n} < \varepsilon$$

(en effet pour $p \leqslant n$ $K_p \subseteq K_n$ donc $d_p(0, f) \leqslant d_n(0, f) = 0$). De plus $\mathscr{A}_n$ est un sous-espace vectoriel de $\mathscr{C}(X, Y)$ de façon évidente.

c) $\forall \varepsilon > 0$ on vient de montrer qu'il existe un sous-espace vectoriel $\mathscr{A}_n$ de $\mathscr{C}(X, Y)$ contenu dans $\mathscr{B}(0, \varepsilon)$ voisinage de 0; or $\mathscr{A}_n \neq \{0\}$ car X est non compact donc $K_n \subsetneq X$. D'après le lemme d'Urysohn il existe f : $X \to [0, 1]$ continue telle que $f|K_n = \{0\}$ et $f|\complement \mathring{K}_{n+1} = \{1\}$; si $\gamma : [0, 1] \to Y$ est définie par $\gamma(t) = tz$ où $z \in Y$, $z \neq 0$ on a $\gamma \circ f \in \mathscr{C}(X, Y)$, $\gamma \circ f \in \mathscr{A}_n$ et $\gamma \circ f \neq 0$. Exemples : $\mathscr{C}_c(\mathbb{R}, \mathbb{R})$, $\mathscr{C}_c(\mathbb{R}, \mathbb{C})$.

Bibliographie

BOURBAKI N. *Topologie générale* chap. 1, Hermann, Paris, 1971.

CHOQUET Y. *Topologie*, Masson, Paris, 1969.

DIEUDONNÉ J. *Fondements de l'analyse moderne*, Gauthier-Villars, Paris, 1968.

LIPSCHUTZ S. *General tolopogy* (Schaum's Outline Series), 1965.

SCHWARTZ L. *Topologie générale et analyse fonctionnelle*, Hermann, Paris, 1971.

Index des notations

Index terminologique

Printed in Dunstable, United Kingdom

91226151R00173